HANDBOOK OF MATERIAL FLOW ANALYSIS

For Environmental,
Resource, and Waste Engineers

物质流分析的理论与实践
（原著第二版）

（奥地利）保罗·汉斯·布鲁纳　　赫尔穆特·莱希伯格　编著　　刘　刚　楚春礼　译
Paul H. Brunner　　　　　　　Helmut Rechberger

化学工业出版社

CRC Press
Taylor & Francis Group

·北京·

内容简介

　　《物质流分析的理论与实践》从理论与实践相结合的角度，概述物质流分析的历史、目标和应用范围，系统介绍物质流分析理论方法体系，结合具体案例阐明物质流分析方法的应用实践，及其在资源管理、废物管理和环境管理等方面的政策支撑作用。此外，本书还专门介绍物质流分析软件 STAN 安装和分析的具体步骤。全书分为四章，第一章为概述，第二章为物质流分析方法论，第三章为案例研究，第四章为未来的发展展望。

　　《物质流分析的理论与实践》可作为高等院校环境科学、环境工程、环境管理、环境生态工程、资源循环科学与工程高年级本科生和研究生的教材使用，还可供从事产业生态学和物质流分析的各界专业人员和研究人员参考。

Handbook of Material Flow Analysis: For Environmental, Resource, and Waste Engineers, Second Edition/by Paul H. Brunner, Helmut Rechberger

ISBN 978-1-4987-2134-9

Authorized translation from English language edition published by Taylor & Francis Group, LLC. CRC Press is an imprint of Taylor & Francis Group; All rights reserved.

本书原版由 Taylor & Francis 出版集团旗下，CRC 出版公司出版，并授权化学工业出版社独家翻译出版发行，版权所有，侵权必究。

Chemical Industry Press Co., Ltd. is authorized to publish and distribute exclusively the **Chinese (Simplified Characters)** language edition. This edition is authorized for sale throughout **Mainland of China**. No part of the publication may be reproduced or distributed by any means, or stored in a database or retrieval system, without the prior written permission of the publisher.

本书中文简体翻译版授权由化学工业出版社独家出版并仅限在中国大陆地区销售。未经出版者书面许可，不得以任何方式复制或发行本书的任何部分。

Copies of this book sold without a Taylor & Francis sticker on the cover are unauthorized and illegal.

本书封面贴有 Taylor & Francis 公司防伪标签，无标签者不得销售。

北京市版权局著作权合同登记号：01-2022-3221

图书在版编目 (CIP) 数据

　　物质流分析的理论与实践/(奥) 保罗·汉斯·布鲁纳 (Paul H. Brunner)，(奥) 赫尔穆特·莱希伯格 (Helmut Rechberger) 编著；刘刚，楚春礼译.—北京：化学工业出版社，2022.9

　　书名原文：HANDBOOK OF MATERIAL FLOW ANALYSIS: For Environmental, Resource, and Waste Engineers

　　ISBN 978-7-122-41723-7

　　Ⅰ.①物… Ⅱ.①保… ②赫… ③刘… ④楚… Ⅲ.①环境资源-资源管理-研究 Ⅳ.①X37

　　中国版本图书馆 CIP 数据核字 (2022) 第 104730 号

责任编辑：满悦芝		文字编辑：杨振美
责任校对：张茜越		装帧设计：程艺旋

出版发行：化学工业出版社（北京市东城区青年湖南街 13 号　邮政编码 100011）
印　　装：大厂聚鑫印刷有限责任公司
787mm×1092mm　1/16　印张 18½　字数 452 千字　2022 年 10 月北京第 1 版第 1 次印刷

购书咨询：010-64518888　　　　　　　　售后服务：010-64518899
网　　址：http://www.cip.com.cn
凡购买本书，如有缺损质量问题，本社销售中心负责调换。

定　　价：128.00 元　　　　　　　　　　　　　　　　版权所有　违者必究

译者序

当前，人类社会正面临巨大变革挑战。从原始文明、农业文明、工业文明到信息文明，人类推动社会不断进步，在改善衣食住行等基本生活条件和提高教育、医疗等人类福祉水平的同时，面临的资源环境与可持续发展挑战日益加剧。为了推动根本性变革、寻求可持续发展道路，联合国先后提出了千年发展目标、2030可持续发展目标，制定可持续发展路线图，努力推动资源节约、循环经济与可持续生产和消费。在世界各国都在积极探索资源高效、环境友好、低碳甚至零碳发展路径之时，中国也正积极承担发展中大国的责任，推进生态文明建设，努力形成节约能源资源和保护生态环境的产业结构、增长方式和消费模式。

物质是人类社会生存和发展的基础。人类社会对资源的开发和利用，直接或者间接导致了威胁人类生存和发展的资源和环境瓶颈问题，包括资源短缺、气候变化、生物多样性减少等。因此，推动人类社会进行根本性可持续发展变革的核心就是对这些资源的源、流和汇进行调控和优化。物质流分析理论与方法通过界定物质流动系统，搭建物质流分析账户，构建物质流过程模型，量化人类社会物质代谢特征，揭示物质流动规律，探索物质流量和存量变化的驱动机制，从而为资源可持续利用、管理及系统优化提供科学基础。

本书作为西方物质流分析领域的经典教材，从理论与实践相结合的角度，阐述了物质流分析的历史、目标和应用范围，系统介绍了物质流分析的理论方法体系，并结合具体案例阐明了物质流分析方法的应用实践，及其在资源管理、废物管理和环境管理等领域的政策支撑作用。此外，本书还专门介绍了物质流分析软件STAN安装和分析的具体步骤。本书作者维也纳工业大学的Paul H. Brunner和Helmut Rechberger教授是物质流分析领域的开创性和代表性学者，他们对推动德语区、欧洲乃至全球物质流分析的发展做出了重要贡献。在与两位教授的多年交流合作中，我们深感把本书翻译并介绍给中文读者的必要性，也很高兴如今一起促成了中译本的出版。

本书可作为产业生态学和物质流分析等课程的基础教材和专业指导用书。我们希望通过这些物质流分析的专业基础知识、具体案例以及应用，能够为我国物质流分析教学与研究提供助益，并为从物质流动调控视角描述社会物质代谢特征，制定资源、废物和环境管理方略，优化生产和生活方式，在局地、区域以及国家等不同层面落实生态文明建设、推动碳达峰与碳中和贡献智慧和力量。

本书由刘刚、楚春礼翻译。感谢作者 Paul H. Brunner 和 Helmut Rechberger 在本书翻译过程中提供的大力支持。感谢李想、欧阳锌、张怡等提供的技术协助。感谢 CRC 出版社及化学工业出版社对本书出版的大力支持。本书翻译正值 2020 年新冠肺炎疫情暴发期间，疫情带来的全球性影响也加深了我们对全球性、系统性可持续发展挑战的理解。

由于译者水平所限，书中可能存在疏漏之处，敬请广大读者给予批评和指教。

刘　　刚　楚春礼

2022 年 9 月

原书作者中译本推荐（翻译）

推动资源管理，保障资源安全，促进环境保护，需要恰当的方法量化物质流动规律、评估物质流量和存量变化，并进行优化设计。现代社会空前的高消费模式加剧了这一需求。如今，全球各国纷纷在实现节约资源和保护环境的循环经济发展道路上进行探索。

在全球各地探索实现循环经济目标时，早期瑞士、奥地利、日本等国家为应对资源稀缺问题提出的物质流分析（Material Flow Analysis，MFA）方法，恰好提供了这一政策支持工具，能够帮助推动传统线性的资源利用模式向循环利用的模式转变。建立在物质守恒定律的基础之上，MFA 具有对比和验证全球不同路径选择的优势。

中国是世界上人口最多的国家，也是全球资源消耗的大国。因此，中国的可持续资源利用政策将对全球资源配置和供给产生深远影响。物质流分析，将资源政策与可能取得的效益相关联，能够为中国制定相关政策提供科学保障，特别是不同国家和地区同时使用该工具时，将为全球循环经济模式转型提供策略支持。

近年来，MFA 方法逐步得到中国的认可，被广泛应用于研究与实践。我们认为，此时将本书翻译成中译本适逢其时。在此，我们感谢刘刚教授和楚春礼副教授为此所作的努力。中译本适合高等教育、研究生教育以及科学家和工程师使用，适合广大研究者和实践者应用于实践案例中。我们希望，在大家的共同努力下，本书能够在全球范围内广泛应用，为解决全球资源和环境挑战做出积极贡献。我们坚信，本书将为中国实现资源的可持续利用提供巨大支持。

保罗·汉斯·布鲁纳于奥地利维也纳，

赫尔穆特·莱希伯格于瑞士安德马特

2020 年 11 月

Preface Chinese Edition

The management of resources in view of availability and environmental protection requires sound methodologies for measuring, evaluation and design of material flows and stocks. Because of the unprecedent high consumption pattern of modern societies, this topic is more relevant than ever. Today, many countries focus on the transition towards circular economies, aiming at less resource use and reduced environmental loadings.

Material Flow Analysis, originating in regions of traditional resource scarcity such as Switzerland, Austria, and Japan, thus comes in time. With circular economy as an emerging objective in many regions of the world, MFA methodology is instrumental to support policy measures for the transition from mainly linear resource use to circularity. Because of its mass balance approach, MFA is most useful to validate and impartially compare different measures taken around the globe.

China as the most populated nation in the world is a key driver for global resource consumption. Hence, implementation of Chinese policies aimed at sustainable resource use will have a large effect on worldwide resource distribution and availability. The methodology of MFA is an appropriate base for such policy development. It allows for linking measures and effects, and—if uniformly applied in different countries and regions—serves well to point out those strategies that are most successful on the way towards a circular economy.

The rapidly increasing applications of MFA in China show that the potential of MFA has been recognized there. Hence, in our opinion, the Chinese translation of our Handbook comes at the right time, and we are much obliged to Gang Liu and Chunli Chu for taking on this demanding task. Like the English edition, the Chinese version is directed at higher education as well as post graduate courses, and enables scientists, engineers, and in particular students to get to know and apply MFA in their daily practice. We do hope that the Chinese version of the Handbook will make its contribution to MFA becoming a "common language", globally used for solving resource and environmental issues. We are convinced that it will support China on its path towards a more sustainable use of resources.

Paul H. Brunner and Helmut Rechberger
Vienna and Andermatt, November 2020

第二版前言

　　自本书第一版出版上市已经过去数年，再版需求愈发强烈。一方面，物质流分析（MFA）研究热度不断提升，从 1975 年每年发表百余篇论文已经发展到 2015 年每年发表超过 5000 篇，该领域得到了各界读者的广泛关注。另一方面，MFA 的研究领域不断扩展，并且仍在快速发展，特别是最近数年，MFA 方法不断丰富和完善，动态 MFA、不确定性研究，以及相关软件研发，都取得了突破性进展。基于此，我们决定再版本书，以满足更广大工程师和科研工作者的需求。

　　最初，MFA 着眼于刻画和分析各个单一过程，例如，化学生产或者废物管理中的单一过程。在过去二十年中，认识和评估复杂系统的研究快速发展，例如区域物质平衡、大尺度流域元素流动、国家和全球经济体中的物质流量和存量，其中必须要应对如何分析整个人类系统与自然系统复杂相互作用关系的挑战，这些挑战涉及不同尺度，包含不同子系统。在这样的背景下，MFA 逐步发展成为产业生态学、资源管理、废物管理等学科领域的核心支持方法。此次出版的第二版本全面考虑了这些新的发展和挑战，新增引用文献覆盖了所有相关文献，新增案例研究阐释了 MFA 应对产业生态学挑战的潜力，新设 STAN 软件章节搭建了构建 MFA 模型的统一的标准化框架。而对于第一版中 MFA 方法涵盖的诸如物质账户、投入产出分析等方法在新的版本中并没有太多扩展。之所以如此，一方面是因为如前所述，近期 MFA 领域发展太过迅速，因此很难在一个版本中就将所有新的发展都囊括进来；另一方面，关于物质账户和投入产出分析已经有了很多优秀的参考书，我们在相关章节进行了推荐；最后，本书侧重于全面介绍不同尺度的物质流分析和元素流分析，纳入不确定性研究，提供能够综合分析商品、元素以及能源的功能强大的软件。读者可以在本书的主页上找到书中思考题的答案，在 STAN 主页上找到更多研究案例。

　　虽然在广度和深度上，第二版都有了一定拓展，但是本书仍然适用于一般读者，以及开始进入 MFA 领域的工程师和科学家，和具有了一定从业经验的工程师和研究者，提供基本的 MFA 方法和案例以及复杂系统的物质平衡应用案例。本书的宗旨始终是为人类系统分析、评估以及优化研究提供透明的、可重复的基础方法。我们希望，书中推荐的方法能够得到广泛应用，促进知识、思想的创新以及数据的更新，推动 MFA 领域的发展。无论何时，我们都要牢记，优化物质利用，不损害子孙后代的公平机会，不造成环境风险，保证足够的资源可获得性，需要全球共同的艰苦努力。

我们特别感谢维也纳工业大学（德语：Technische Universität Wien）的同事们为此书所付出的诸多努力和真知灼见：感谢奥利弗·辛西奇（Oliver Cencic）编写 2.3 节和 2.4 节，感谢大卫·莱纳（David Laner）对第二章、第三章的贡献，感谢鲁道夫弗鲁维特（Rudolf Frühwirt）对第二章的统计分析的贡献，感谢塔娜·维津卡洛娃（Dana Vyzinkarova）对案例研究的贡献，感谢英格·亨格尔（Inge Hengl）和玛丽亚·古内施（Maria Gunesch）为书中的图表、参考文献以及版权的贡献。感谢泰勒弗朗西斯集团高级编辑伊尔玛·沙格拉·布里顿（Irma Shagla Britton）为推动本版图书出版所付出的巨大努力。

Paul H. Brunner and Helmut Rechberger

瑞士安德马特，奥地利维也纳

第一版前言

大约 40 年前，艾贝尔·沃尔曼（Abel Wolman）在《科学美国人》（*Scientific American*）发表的一篇文章中首先使用了城市代谢（metabolism of cities）这一表述，他创造性地将城市比作一个生命体，输入、贮存和输出物质和能量，从此，很多人受到该思想的启发，开展大量研究，刻画了诸多公司、区域、城市以及国家的代谢过程。尽管人类圈的称谓已经出现在诸多书本和文章中，关于人类圈研究的方法却发展相对缓慢。因此，本书旨在建立、推广一套研究人类社会系统的物质代谢的相对固定的、易懂的并且实用的方法体系。

作为本书的两位作者，我们都在物质流分析（MFA）领域耕耘多年，将该方法广泛应用于环境管理、资源管理、废物管理和水质管理等诸多领域并取得很好的效果。基于此，我们决定编著本书，分享我们多年的研究和实践经验，供工程领域的学生、专家以及其他读者参考。我们希望以此来推动 MFA 的发展，推动 MFA 形成统一的实践范式，从而帮助未来的工程师建立一套解决资源导向问题的通用方法、工具。

此外，本书还希望能够为推动资源节约、环境保护以及"可持续的物质管理"贡献力量，我们认为，人类活动不应该耗竭自然资源、破坏自然系统，我们的后代必须能够获得与我们同等的获取资源、享受环境的机会。而要实现这一目标，必须要进一步推进技术和社会科学的发展。本书中提供的研究案例有助于理解 MFA 在推进可持续物质管理方面的应用潜力。

本书为参考用书，着重服务实践。书中的 14 个研究案例阐释了如何在实践中应用 MFA。每章之后设置"问题"，希望能够帮助读者练习书中方法，加深理解，拓展专业深度。书中的 MFA 工具尚不完善，有待于进一步改进。希望本书能够如我们所愿，切实帮助读者加深对人类社会系统的理解，优化人类社会系统设计。本书仅是一个开始而非终点，因此请广大读者向我们提出更多的评论和建议。同时，也希望本书能够推动 MFA 的广泛应用，促进有关 MFA 的讨论，如果读者有任何评论，可以联系我们。

我们特别感谢奥利弗·辛西奇（Oliver Cencic）编写 2.3 节 MFA 中数据不确定性的处理和 2.4 节 MFA 软件 STAN，特别感谢维也纳工业大学固废与资源管理团队为本书终稿修改提供的支持，感谢德梅特·赛汉（Demet Seyhan）准备磷的研究案例，感谢鲍勃·艾瑞斯（Bob Ayres）和迈克尔·里特霍夫（Michael Ritthoff）为 2.5 节提出的重要建议，感谢英格·亨格尔（Inge Hengl）为本书设计和最终成稿所做的巨大贡献！赫尔穆特·莱希伯格（Helmut Rechberger）感谢彼得·巴奇尼（Peter Baccini）抽出宝贵时间为本书润色。最后，我们特别感谢鲍勃·迪恩（Bob Dean）、乌尔里克·洛姆（Ulrik Lohm）、斯蒂芬·摩尔（Stephen Moore）和雅科夫·韦斯曼（Yakov Vaisman）针对本书初成稿提出的建议。

Paul H. Brunner and Helmut Rechberger

瑞士安德马特，奥地利维也纳

目 录

第一章　概述　　　　　　　　　　　　　　　　　　　　**1**

1.1　目标与主要内容 ·· 1
1.2　物质流分析与元素流分析 ··· 2
1.3　物质流分析的发展历程 ·· 4
　　1.3.1　圣托里奥的人体代谢分析 ······························· 4
　　1.3.2　列昂惕夫的经济学投入产出分析方法 ·············· 6
　　1.3.3　城市代谢分析 ·· 7
　　1.3.4　区域物质平衡 ·· 8
　　1.3.5　人类社会代谢 ·· 9
　　1.3.6　MFA领域的最新进展 ······································ 10
　　思考题——1.1节到1.3节 ·· 13
1.4　物质流分析的应用 ··· 13
　　1.4.1　环境管理与环境工程 ······································ 15
　　1.4.2　产业生态学 ··· 15
　　1.4.3　资源管理 ·· 17
　　1.4.4　废物管理 ·· 19
　　1.4.5　人类社会代谢 ··· 20
　　1.4.6　物质流分析与其他方法联用 ···························· 27
　　1.4.7　政策评估与决策 ·· 29
1.5　物质流分析的目标 ··· 31
　　思考题——1.4节到1.5节 ·· 31

第二章　物质流分析方法论　　　　　　　　　　　　　　**33**

2.1　物质流分析术语及其定义 ··· 33
　　2.1.1　元素 ··· 33
　　2.1.2　商品 ··· 34

2.1.3　物质 ································ 34

2.1.4　过程和存量 ····················· 35

2.1.5　流量与通量 ····················· 36

2.1.6　迁移系数 ························· 38

2.1.7　系统与系统边界 ··············· 38

2.1.8　行为 ······························ 39

2.1.9　人类社会及其代谢 ············ 43

2.1.10　物质流分析 ··················· 44

2.1.11　物质账户 ····················· 45

思考题——2.1节 ··························· 46

2.2　物质流分析步骤 ······················· 47

2.2.1　元素筛选 ························· 48

2.2.2　系统时空边界确定 ············ 51

2.2.3　相关流、存量、汇和过程识别 ··· 51

2.2.4　物质流量、存量与浓度测定 ··· 52

2.2.5　总物质流量和存量评估 ······· 53

2.2.6　结果计算：静态与动态 MFA ··· 55

2.2.7　结果展示 ························· 57

2.2.8　物质账户 ························· 59

思考题——2.2节 ··························· 60

2.3　MFA 中数据不确定性的处理 ········· 61

2.3.1　数据收集 ························· 62

2.3.2　不确定性传递 ··················· 69

2.3.3　数据校正 ························· 76

2.3.4　敏感性分析 ····················· 91

2.3.5　案例 ······························ 94

2.4　MFA 软件 STAN ······················· 97

2.4.1　使用 STAN 软件的环境要求 ··· 99

2.4.2　图形用户界面 ··················· 100

2.4.3　建立图形模型 ··················· 100

2.4.4　输入数据 ························· 104

2.4.5　执行计算 ························· 107

2.4.6　设置元素图层 ··················· 109

2.4.7　设置时段 ························· 110

2.4.8　使用数据浏览器 ··············· 112

2.5　MFA 结果评估方法 ···················· 115

2.5.1　引言 ······························ 115

2.5.2　单位服务的物质强度 ·········· 116

2.5.3　可持续过程指数 ··············· 117

2.5.4　生命周期评价 ··················· 119

　　　　2.5.5　瑞士生态分数 ⋯⋯⋯⋯⋯⋯⋯⋯⋯⋯⋯⋯⋯⋯ 120

　　　　2.5.6　㶲分析 ⋯⋯⋯⋯⋯⋯⋯⋯⋯⋯⋯⋯⋯⋯⋯⋯⋯⋯ 121

　　　　2.5.7　成本效益分析 ⋯⋯⋯⋯⋯⋯⋯⋯⋯⋯⋯⋯⋯⋯⋯ 124

　　　　2.5.8　人类社会流与自然地质流比值 ⋯⋯⋯⋯⋯⋯⋯ 125

　　　　2.5.9　统计熵分析 ⋯⋯⋯⋯⋯⋯⋯⋯⋯⋯⋯⋯⋯⋯⋯⋯ 127

第三章　案例研究　　　　　　　　　　　　　　　　　135

　　3.1　环境管理 ⋯⋯⋯⋯⋯⋯⋯⋯⋯⋯⋯⋯⋯⋯⋯⋯⋯⋯⋯ 136

　　　　3.1.1　案例研究1：区域铅污染 ⋯⋯⋯⋯⋯⋯⋯⋯⋯ 136

　　　　3.1.2　案例研究2：区域磷管理 ⋯⋯⋯⋯⋯⋯⋯⋯⋯ 148

　　　　3.1.3　案例研究3：大流域的氮污染 ⋯⋯⋯⋯⋯⋯⋯ 154

　　　　3.1.4　案例研究4：环境影响声明的支持工具 ⋯⋯⋯ 159

　　思考题——3.1节 ⋯⋯⋯⋯⋯⋯⋯⋯⋯⋯⋯⋯⋯⋯⋯⋯⋯⋯ 168

　　3.2　资源节约 ⋯⋯⋯⋯⋯⋯⋯⋯⋯⋯⋯⋯⋯⋯⋯⋯⋯⋯⋯ 170

　　　　3.2.1　案例研究5：氮管理 ⋯⋯⋯⋯⋯⋯⋯⋯⋯⋯⋯ 170

　　　　3.2.2　案例研究6：铜管理 ⋯⋯⋯⋯⋯⋯⋯⋯⋯⋯⋯ 173

　　　　3.2.3　案例研究7：建筑废物管理 ⋯⋯⋯⋯⋯⋯⋯⋯ 183

　　　　3.2.4　案例研究8：塑料废物管理 ⋯⋯⋯⋯⋯⋯⋯⋯ 194

　　　　3.2.5　案例研究9：铝管理 ⋯⋯⋯⋯⋯⋯⋯⋯⋯⋯⋯ 197

　　思考题——3.2节 ⋯⋯⋯⋯⋯⋯⋯⋯⋯⋯⋯⋯⋯⋯⋯⋯⋯⋯ 201

　　3.3　废物管理 ⋯⋯⋯⋯⋯⋯⋯⋯⋯⋯⋯⋯⋯⋯⋯⋯⋯⋯⋯ 202

　　　　3.3.1　MFA应用于废物分析 ⋯⋯⋯⋯⋯⋯⋯⋯⋯⋯⋯ 203

　　　　3.3.2　MFA作为废物管理的决策支持工具 ⋯⋯⋯⋯ 210

　　思考题——3.3节 ⋯⋯⋯⋯⋯⋯⋯⋯⋯⋯⋯⋯⋯⋯⋯⋯⋯⋯ 235

　　3.4　产业应用 ⋯⋯⋯⋯⋯⋯⋯⋯⋯⋯⋯⋯⋯⋯⋯⋯⋯⋯⋯ 236

　　　　3.4.1　案例研究16：　MFA作为制造业优化的

　　　　　　　支持工具 ⋯⋯⋯⋯⋯⋯⋯⋯⋯⋯⋯⋯⋯⋯⋯⋯ 237

　　3.5　区域物质管理 ⋯⋯⋯⋯⋯⋯⋯⋯⋯⋯⋯⋯⋯⋯⋯⋯⋯ 249

　　　　3.5.1　案例研究17：区域铅管理 ⋯⋯⋯⋯⋯⋯⋯⋯ 249

　　　　3.5.2　案例研究18：磷账户作为决策支持工具 ⋯⋯ 252

　　思考题——3.5节 ⋯⋯⋯⋯⋯⋯⋯⋯⋯⋯⋯⋯⋯⋯⋯⋯⋯⋯ 257

第四章　展望：未来的方向　　　　　　　　　　　　　258

　　4.1　关于MFA的未来 ⋯⋯⋯⋯⋯⋯⋯⋯⋯⋯⋯⋯⋯⋯⋯⋯ 258

　　4.2　标准化 ⋯⋯⋯⋯⋯⋯⋯⋯⋯⋯⋯⋯⋯⋯⋯⋯⋯⋯⋯⋯ 260

　　4.3　MFA与立法 ⋯⋯⋯⋯⋯⋯⋯⋯⋯⋯⋯⋯⋯⋯⋯⋯⋯⋯ 261

　　4.4　产业生态学与人类社会代谢 ⋯⋯⋯⋯⋯⋯⋯⋯⋯⋯ 262

　　　　4.4.1　MFA与IE ⋯⋯⋯⋯⋯⋯⋯⋯⋯⋯⋯⋯⋯⋯⋯⋯ 262

    4.4.2 MFA 作为产品设计和工艺改进的工具 ⋯⋯⋯⋯ 263

    4.4.3 MFA 作为系统设计的工具 ⋯⋯⋯⋯⋯⋯⋯⋯ 263

    4.4.4 MFA 作为人类社会代谢设计的工具 ⋯⋯⋯⋯ 263

参考文献   265

概　述

1.1　目标与主要内容

　　尽管这家废物处理工厂已经投资了 5000 万美元，开了很长时间的会议，讨论也非常激烈，但它利用废物生产再生原材料且质量达到一定标准的目标仍然没有实现。工程师、工厂主、废物管理专家、投资人、政府代表都参与了商讨能够实现该目标的可行方案。其中，化工工程师拿着一张纸，询问工厂收集的废物原料中汞、镉、多溴联苯醚（PBDEs）和其他有害物质的含量，废物管理专家很轻易地给出了浓度范围。工程师询问当前产品（纤维素纤维、塑料以及堆肥）的标准，他又一次得到了需要的信息。利用获得的信息进行计算后，工程师说："如果工厂要生产大量满足标准的再生材料，至少需要除去废物原材料中 80% 的有害物质，并将其焚烧处理。有人知道哪些机械处理方法能够完成废物分离吗？"没有专家知道如何在可控成本范围内解决这一问题。因此，投资人和政府代表开始质疑为什么耗资如此巨大、设计完美的工厂竟然无法实现这一目标。当地的一位老镇长，曾经历过工厂因臭气排放和产品质量等各种问题而受到市民抱怨，回答说："看起来道理很简单：进去的是垃圾，出来的也是垃圾。您还能期待什么？"

　　防止这一尴尬情形的出现是本书的目标之一。利用书中推荐的方法，读者可以从精细化资源管理的角度对生产工艺和系统进行设计。书中的资源涉及原材料和能源的获得，同时还与环境、废物密切相关，因此，必须建立起资源输入、流动路径以及汇之间的联系，关注其遵循的物质守恒定律。本书还提供了很多研究案例、示例以及思考题，希望读者能够通过这些练习，熟悉、掌握物质流分析（MFA）应用的技术方法。

　　除了提高 MFA 方法应用能力之外，本书还为关注可持续资源管理的读者提供了新的视角和思考方向。如果人类能够确保持续长久地保护环境，经济化、保护性地开发利用资源，就能够最大程度地享受经济发展和社会进步带来的效益。在本书中，我们有证据表明，人类社会当前的管理方式很可能会导致未来面临严峻挑战，因此，为了实现高质量发展，并给后代留下可持续发展的机会，人类必须做出改变。如今，这些改变已经在发生着，并且是可行的，一定能够最终改善生活品质。我们认为，如果利用 MFA 来支撑这些改变，人类将会以更好的方式发展。我们需要平衡，不仅仅是技术系统的平衡，还包括社会系统和经济系统的平衡。尽管如此，仍有一点必须说明：因为作者有工程师和化学家的背景，本书侧重于从技术角度进行论述，对于一些社会和经济问题，书中可能会提及，但未进行深层次讨论。

作为工程师指导用书，本书适用于资源管理、环境管理、废物管理等领域的工程师学习。基于 MFA 的方法技术能够将环境和资源因素纳入设计过程中，有助于支持新产品、新工艺以及新系统的设计与实践。此外，本书还适合私人公司、相关领域咨询工程师、政府机构以及本科和研究生阶段教学使用。特别是在 MFA 领域接受综合性、专业性教育的工程专业学生，可以将本书作为教材。书中提供了大量案例和思考题，系统介绍了 MFA 在实践中的应用过程，展示了应用的结果及其现实意义。本书每一章的结尾都设计了思考题，以帮助读者理解本章知识，练习方法，解决实际问题。

本书共分为四章。第一章为概述，简要介绍了 MFA 的历史、目标和应用范围，便于读者全面了解 MFA 方法和应用。第二章为物质流分析方法论，聚焦于 MFA 方法体系，系统介绍 MFA 的术语、定义以及分析框架和步骤，探讨了应用 STAN 软件开展 MFA 分析的适用性。第三章为案例研究，主要介绍在实践中开展的 MFA 具体案例，有助于读者通过案例了解 MFA 的适用范围（STAN，2016；Cencic et al.，2006）。此外，通过实践操作，读者还可以发现 MFA 绝不仅仅是一些简单工艺的投入产出平衡分析，而是一个挑战性高、常常需要跨学科合作的、能够解决现实世界复杂系统中物质流动和汇有关问题的过程。第四章为未来展望，探讨了 MFA 未来的发展潜力和趋势。本书最后是参考文献列表。

1.2　物质流分析与元素流分析

物质流分析（material flow analysis，MFA），是指对某一指定系统，在指定时间和空间范围内的物质的流量与存量变化的系统分析，如果分析对象为具体某一种元素，则称为元素流分析（substance flow analysis，SFA）。通过 MFA，能够综合分析从物质来源、流动路径到中间媒介以及最终的汇的整个系统过程。因为物质遵守质量守恒定律，所以，借助简单的质量平衡便可以对某一过程的所有输入、输出和存量进行物质流分析，正因为如此，MFA 能够为资源管理、废物管理、环境管理以及政策评价提供有力的决策支持。

对于界定空间范围的某一系统，MFA 能够提供某些物质的所有流量和存量随时间变化的时间序列信息，借助输入输出平衡关系，能够刻画废物流、环境负荷变化特征，识别其来源。因此，MFA 能够实现物质存量枯竭或累积的早期预警，通过增加资源储备或制定使用策略（例如城市矿产开发）及早准备应对方案。此外，如果进一步拉长时间跨度，物质流分析还有可能识别出那些在短期内变化不明显但是长期缓慢累积却能引发破坏的改变。

除了物质流量和存量以外，人类社会系统管理还必须同时考虑能量、空间、信息以及社会经济问题等因素（图 1.1），才能实现人类社会"以负责任的方式"发展。但是，这些问题未能全部包括在物质流分析的过程中，只是在大多数情况下，在 MFA 结果解释和应用时才对其进行讨论，因此，MFA 往往需要与能流分析、经济分析、城市规划等相互配合。

分析人类社会系统特征时，不同物质流分析的结果需要具有可比性，这样才能得到准确的结论，并且具有重复开展的可能，因此统一方法和规范十分必要。所以，本书定义了分

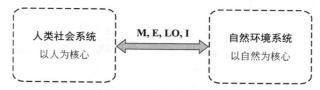

图 1.1　人类社会系统和自然环境系统之间存在物质（M）、能量（E）、
生物体（LO）和信息（I）交换流动

析、描述和模拟物质流系统的术语和步骤，以确保系统中各物质流量和存量数据具有可比性，分析具有可重复性。关于物质流分析的方法将在第二章详细介绍，第二章还介绍了如何利用 STAN 软件实现分析过程（见 2.4 节）。

物质（material）一词既指各种元素，又指具体的商品。在化学领域，元素（substance）是仅由一种统一的单位组成的某种物质（Atkin et al.，1992）。如果以原子为单位，该物质就被称作元素，例如碳元素、铁元素等；如果以分子为单位，该物质就被称作单质或化合物，例如二氧化碳、氯化铁等。商品（goods）是指在市场中具有经济价值的单质或者混合物，其价值可能是正的（汽车、燃料、木材等），也可能是负的（生活垃圾、活性污泥等）。在经济学领域，商品一词定义范围更为广泛，还包括能源（如电）、服务、信息等非实物商品。在 MFA 方法论中，商品仅仅指实物商品，而且，在开展具体 MFA 的过程中，MFA 定义的商品与经济学家所指的其他商品之间的联系可能很重要，例如关于资源保护的决策。

过程（process）是指各种物质的迁移、转化或贮存。迁移过程可能是自然发生的过程，如河流中溶解态磷的迁移；也可能是人为过程，如管道中天然气的流动或废物的收集过程。转化（如森林火灾与人为加热导致碳氧化成二氧化碳这两种不同的过程）和贮存（如自然沉降与人类垃圾填埋）过程也是如此。

存量（stock）是指分析系统内物质贮存、汇集而成的库，单位为质量单位千克（kg）。存量是由某个过程贮存下来的物质构成的，是过程的组成部分，各种存量是系统代谢的重要特征之一。对于稳态条件（输入等于输出）来说，某一存量中某种物质的平均滞留时间可以通过该种物质的存量除以进入或流出该存量的该种物质的量进行计算。存量可能保持不变，可能增加（物质积累），也可能减少（物质消耗）。

物质通过流量（flows，单位时间内的质量变化）或通量（fluxes，各部分或截面之间单位时间内的质量变化）连接过程，跨越系统边界的流量或者通量被称为进口量（imports）或者出口量（exports），而对于某一过程，进入和流出的流量或通量被称为输入（inputs）和输出（outputs）。

系统（system）由指定边界内的诸多物质流动、贮存以及各种过程组成。最简单的系统有时仅仅由一个简单的过程构成，但是大多数情况下，MFA 分析的系统通常是某个区域、城市生活垃圾焚烧炉、家庭、工厂或者农场等。系统边界（system boundary）是指限定的时间或空间范围，既包括特定的地理边界（如某个区域），也包括人为划定的边界（如家庭，包括为家庭服务的交通、垃圾收集、污水处理等过程）。在划定系统的时间边界时，必须考虑分析目标、数据可得性、能够实现输入输出平衡的可能时段、存量内物质的滞留时间以及其他因素。有关内容将在 2.1.7 节进一步讨论。

如果 MFA 聚焦于某一种元素，如本书 3.5.2 节研究的磷，那么它就是 SFA。在某种程度上，SFA 是 MFA 的一种特殊类型（$n=1$，n 是指分析物质的种类）。商品（如矿物肥料）

中包括的元素（如磷）是计算各种流量的基础。在大部分情况下，系统设计的目的都是优化系统的物质流动，因为物质是商品的组成部分，所以通常这一目标都是通过改变商品的流动来实现的。在 SFA 中，关注点转变为具体元素，此时就必须注意商品和元素（即物质）都是 MFA 和 SFA 的组成部分。相对于 SFA，MFA 范围更广。

开展物质流量与存量分析，除上述基本术语外，如果目的是评价或设计新的人类活动过程或者系统，就会涉及行为的概念。行为（activity）是指包括满足人类某种基本需求的整个体系，如成长、居住、交通或者社会活动等系统，而这些系统又包括各种物质流量、存量和过程（Baccini et al.，2012）。分析某一具体行为的物质流动过程，可以帮助实现对未来可能产生的环境负荷和资源耗竭等问题的早期预警。"随着人口的不断增加，什么样的商品、元素和能源的过程、流动和贮存才能够长久、高效、可持续地养育不断增长的全球人口？"，"交通系统如何在满足不断增加的世界人口的同时又不损害后代的资源权益？"，这些将是人类未来发展面临的问题。通过设置行为的不同情景分析模式，MFA 能够帮助识别某些物质流动的主要变化特征，从而为评估食物生产、交通以及满足人类其他基本需求的系统以及设计更加高效的新系统提供支持。

1.3   物质流分析的发展历程

在 MFA 工具用于资源、废物和环境管理之前，质量守恒定律广泛应用于医药、化学、经济学、工程学、生命科学等领域。MFA 所遵循的"质量守恒"或者"输入等于输出"原则，是 2000 多年前由希腊哲学家提出来的。法国化学家安托万·拉瓦锡（1743—1794）通过实验证明了在化学反应过程中，物质的质量并不会发生变化。"物质不会凭空产生，不管是通过人工还是自然变化，在任何过程中，物质的总质量都将保持不变，这是基本原则"（Vidal，1985）。

到了 20 世纪，MFA 开始在多个领域初步应用。尽管 MFA 的称谓并未统一，系统的 MFA 方法也尚未建立，但是很多研究人员都开始应用质量守恒原则来平衡各种过程。在工艺和化学工程领域，常常需要分析和平衡化学反应的输入和输出。在经济学领域，20 世纪 30 年代列昂惕夫（Leontief，1977；Leontief，1966）发明投入产出表，奠定了广泛应用投入产出方法解决经济问题的基础。资源保护和环境管理领域的首次研究出现于 20 世纪 70 年代。起初的应用主要是两方面：城市代谢分析和流域或城市等区域污染物调查。在随后的数十年中，MFA 逐步发展成为在诸多领域广泛使用的工具，例如过程控制、废物和废水治理、农业营养盐管理、水环境质量管理、资源保护与恢复、产品设计、生命周期评价（life cycle assessment，LCA）等。

1.3.1   圣托里奥的人体代谢分析

在关于物质流分析的最早的报告中，其中一篇是圣托里奥（Santorio, S. Sanctuarius，1561—1636）在 17 世纪完成的。在这份报告中，圣托里奥得到了和现代研究者开展的人类代谢分析极具相似性的结果。圣托里奥是意大利帕多瓦市（Padua）的医生，同时也是位于威尼斯的威尼斯医生联盟的主席，他对人体代谢非常感兴趣，建立了平衡人体代谢的输入与输出的首个方法［图 1.2(a)～(c)］。

圣托里奥测量了一个人的体重、他/她摄入的食物和饮料以及他/她的排泄物。可是研究结果却与预期差距很大，这令他很失望，但同时也激起了他更大的好奇：人的输入和输出竟然在质量上不相等。此外，他还发现，人体实际可见外排物质的质量还不到人摄入量的一

(a) 被研究者坐在与天平相连的椅子上，天平用于测量人的体重和食物、饮料的质量

(b) 被研究者的所有排泄物都被收集起来并进行测量，尽管如此，输入量 A 和输出量 B 仍然不相等，差额部分去哪里了呢?

图 1.2

(c) 尽管圣托里奥设计的装置未能证明差额部分在夜里通过未知途径离开人体的猜想，但是通过该实验，他证明了人体通过未知途径损失的部分超过输入质量的一半

图 1.2　圣托里奥（1561—1636）设计分析人体物质代谢的实验

半，他觉得一定有某些未知的不可见的人体输出是在夜间发生的。于是，他把一个人封闭在一个密闭空间内过夜，可是最后他只收集到了一点汗液，其质量与输入和输出相差的那一部分还有很大的距离。16 世纪时，人们还不知道，人类呼吸的空气实际上也会贡献很大的质量差额。毕竟，圣托里奥生活的年代在拉瓦锡发现氧化过程、证明氧气的存在之前。因此，圣托里奥并没有把人呼吸的空气的质量计算进去，不管是吸入的新鲜空气，还是呼出的气体。1614 年，圣托里奥把自己对于人体的代谢研究写成 *De Medicina Statica Aphorismi*（《静态医学格言》）一书，他也因此被称为 "人类代谢科学之父"，并因此而闻名。他在结论中写道："一位医生，对病人的健康负责，一般只考虑饮食和排泄等可见过程，而不会考虑那些导致不易察觉的排汗等现象的不可见过程，这会误导病人，使病人的疾病无法治愈。"圣托里奥是第一位并且很可能是唯一一位在那个年代开展这样的代谢研究的人，因此，很多病人都信任他，找他看病。

　　圣托里奥实验的结论与近代 MFA 研究有很多相似之处：首先，完全评价和优化人体代谢系统仍然是不可能的，比如在不了解物质流动和存量（即系统代谢）的情况下，是无法治愈病人的；其次，在一个过程或者系统中，如果缺失关于过程或系统的基本信息，比如缺失主要的输入或者输出，是无法平衡这个过程或者系统的；再次，一个过程或者系统的输入输出不平衡是经常存在的情况，这提出了新的研究课题；最后，有些分析工具并不适用，无法精确地测量出物质平衡的改变。

1.3.2　列昂惕夫的经济学投入产出分析方法

　　瓦西里·列昂惕夫（Wassily W. Leontief，1906—1996）出生于德国，是一个美国经济学家，主要研究人类产业系统的相互依存关系，找寻研究经济系统不同部门之间经济行为关系的有效工具。1973 年，列昂惕夫获得诺贝尔经济学奖，其主要贡献之一就是 20 世纪 30 年代提出的投入产出分析方法（Major，1938；Leontief，1977）。该成果的核心被称作投入产出表：利用投入产出表系统量化一个复杂经济系统各部门之间的相互关系；该表以静态或动态的方式将商品、生产过程、运输以及需求完美地关联起来；生产系统为供应端，由各生产部门之间商品的流动网组成。经济部门之间的投入产出分析广泛应用于经济政策领域，实践证明，该方法能够为市场经济、计划经济的未来预测和规划提供有效信息。此外，它还常常用于分析经济重组过程中发生的突发性大规模变化。

为了分析生产系统对环境系统的影响，拓展的投入产出方法将生产过程的排放和废物也纳入投入产出分析中。近年来，投入产出方法又与 LCA 方法联用，形成了经济投入产出生命周期分析方法（Economic Input-Output LCA Methods）（Hendrickson et al.，1998），实现了对不同类型的商品、服务、产业的相对排放量和资源消耗量的评估。将投入产出方法与 LCA 联用，使得关于多个经济体系投入、产出的大量数据都能够应用于 LCA 中，为 LCA 提供了大量新信息。

1.3.3　城市代谢分析

圣托里奥分析了人体的物理需求，这是人体的"内禀"代谢，只占人类社会物质通量的很小一部分。而"外源"代谢，包括很多不是用于满足人体需求的商品的使用和消耗，这一部分的规模变得越来越大，远远超过"内禀"代谢。因此，在人口和经济密集的地区（如城市区域），大量物质、能源和空间被消耗。如今，城市规模和人口迅速扩张，城市中已经积累了规模巨大的物质存量，并且还在不断增加。

艾贝尔·沃尔曼（Abel Wolman）在 1965 年首先使用城市代谢（metabolism of cities）这一表述（Wolman，1965）。他假定有一个人口为 100 万的美国城市，使用美国当时的商品生产和消费数据，分析了该城市的人均输入与输出量，此外，他还建立了该城市产生的大量废物的数量与城市输入之间的关联。复杂的城市代谢很快引起了很多研究者的关注，他们发展出越来越多的专门用于量化城市能源和物质流动、分析大量物质流动对资源耗竭和环境负荷影响的工具，其中最为著名的是迪维尼奥（Duvigneaud）和迪纳耶耶尔（Denayeyer-De Smet）对布鲁塞尔的研究（1975）以及纽卡姆（Newcombe）、卡尔玛（Kalma）和阿斯顿（Aston）（1978）对香港的分析。

1975 年，迪维尼奥和迪纳耶耶尔仿照自然生态系统对布鲁塞尔市进行了分析（Duvigneaud et al.，1975）。他们分析了城市对诸如燃料、建筑材料、食物、水、废弃物、污水、废气等所有物品的输入和输出量，以及整个城市的输入和输出量，建立了能源平衡关系。他们认为，布鲁塞尔市对周边的其他地区经济体有高度依赖性，所有能源都依赖进口；布鲁塞尔市内的太阳能资源理论上能够满足城市的所有能源需求，因此这种依赖关系有可能通过使用太阳能替代化石能源而改变；城市降雨并未得到利用，所有饮用水都依赖进口；建筑材料和食品在使用末端未得到循环利用，而是作为废物输出；能源和原材料的线性利用模式导致的高污染负荷破坏了城市及其周边地区的水质、大气和土壤环境。他们指出，必须改变城市结构，提高资源与能源利用效率，循环利用物质，减少环境排放。像圣托里奥为了人体的健康着想一样，他们也认为，为了城市的持续福利，必须分析城市的代谢特征，并且，只有通过跨学科方法才能够分析、发现和实施必要的变革措施。

同样在 20 世纪 70 年代初期，纽卡姆及其合作者对亚洲城市香港的代谢特征进行了研究。该市正处于人口与经济的快速发展阶段，这归因于其位于西方贸易和东方生产制造交汇中心的得天独厚的位置优势。通过研究他们发现，香港的基础设施所使用的原材料和能源几乎比大部分发达城市都低一个数量级。他们认为，如果全球城市的物质消耗都达到现代都市的水平，将需要消耗数量庞大的原材料和能源，这将对全球资源和环境造成巨大负担。他们同时指出，为寻求未来城市可持续发展的有效方案，必须了解城市代谢规律，分析城市系统的商品、原材料以及能源的流动特征。1997 年，寇尼格（König，1997）重新开展了对香港的代谢分析，分析了香港及其周边地区物质流量大量增加带来的影响。

1.3.4　区域物质平衡

20 世纪 60 年代末，围绕区域重金属的研究首次开展。为了识别、量化金属来源，诸如路径分析、物质平衡等方法得以发展并应用于区域研究中。其中一项著名的区域物质流研究由亨齐克（Huntzicker）、弗里德兰德（Friedlander）和戴维森（Davidson）完成（1975）。1972 年，他们建立了洛杉矶盆地来自汽车排放的铅的平衡关系。1998 年，兰奇（Lankey）、戴维森和麦克迈克尔（McMichael）再次进行了分析。他们提出一种基于大气颗粒物粒径分布、大气铅含量以及表面沉积通量测定的物质平衡方法，研究结果揭示了洛杉矶盆地铅的重要源、路径和汇。他们提到，由于方法的限制，无法对环境中铅的流失作详尽分析，尽管如此，质量平衡方法还是识别并量化出了所有重要的流动路径。他们认为，"物质平衡流动路径"的分析方法，总体上来说是一个非常适合评价污染物的工具。同时这一工具还有助于评估环境管理决策，例如减少汽车燃料中铅的含量，铅的输入量和输出量将基本达到平衡，因此，减少汽车燃料中的铅将有助于大量减少整个洛杉矶盆地的铅的输入量。此外，他们的 MFA 方法还识别出道路尘的二次起尘也是铅的重要二次污染源，这一部分的比重将随着时间而逐渐降低。

20 世纪 80 年代早期，艾瑞斯（Ayres）等也开展了一项重要研究（Ayres et al.，1989）。他们分析了 1885—1985 年这一百年间哈德逊-拉里坦盆地主要污染物的源、流和汇。他们选择重金属（银、砷、镉、铬、铜、汞、铅和锌）、杀虫剂［滴滴涕（双对氯苯基三氯乙烷，DDT）、环氧乙烷（TDE）、艾氏剂（aldrin）、六六六（六氯环己烷，BHC）、林丹（γ-六氯环己烷，lindane）、氯丹（氯化莰，chlordane）等］以及其他重要污染物［多氯联苯（PCB）、多环芳烃（polycyclic aromatic hydrocarbon，PAH）、氮、磷、总有机碳（total organic carbon，TOC）等］作为研究对象，希望通过研究能够调查人类行为对水环境的长期影响，特别是对哈德逊河湾鱼类的影响。研究者设计了如下步骤：

① 界定系统边界；

② 建立模型，为每种选定污染物建立源、流、汇关系；

③ 系统中主要流动关系的历史重现；

④ 如果通过历史记录不能获得主要物质的流动数据，则通过类比其他区域或环境转移模型生成必要数据；

⑤ 比较河流盆地的测量浓度与模型计算结果以验证模型。

研究人员运用这套 MFA 方法平衡了哈德逊-拉里坦盆地的煤炭燃烧等简单过程，也平衡了消费等复杂的复合过程。尽管重新构建历史所需的数据不足，但是研究者最终还是在验证模型值和盆地环境实测值时取得了较为满意的结果。

艾瑞斯等利用研究结果识别和分析出了每种污染物的主要源和汇，区分出点源和非点源污染、生产和消费过程的关联程度，发现了多种污染物的主要来源。此外，通过模型，他们还能预测人口、土地利用以及政策变动等对环境污染物的影响。在随后的十年中，艾瑞斯进一步将对单一物质的研究扩展到更多综合系统中，并最后发展成为研究整个"产业代谢"（industrial metabolism）（Ayres，1994）。他利用 MFA 方法研究各不同产业系统中的复杂的物质流动和循环特征。他的目标是通过改进技术体系、实施基于资源和环境保护的远期规划、减少废物产生量和推进材料循环利用，实现更加高效的产业代谢。

20 世纪 80 年代和 90 年代，亨茨克（Hentzicker）和艾瑞斯等研究者带动了很多人在流域、国家或全球尺度上开展区域元素流研究。区域（region）一词在本章中主要是指地球表面的地理上的一片区域，可能小到几平方公里，也可能大到一个洲，甚至整个地球，这与城市规划等区域科学中所定义的概念不同。下面举几个例子：

劳胡特（Rauhut）和巴尔泽（Balzer）（1976）是第一批公布与美国矿业局类似的国家物质清单的研究者之一。他们的研究非常细致深入，足以作为某些重金属政策的决策基础，如为从环境保护的角度管理镉的政策提供支持。

来自荷兰环境科学中心、莱顿大学的范·德沃特（Van der Voet）、克莱金（Kleijn）、胡普斯（Huppes）、乌多·德海斯（Udo de Haes）以及其他研究者提交了多份关于欧洲经济和环境系统中多种元素的流量与存量的报告。他们发现 MFA 是一个在环境管理和废物管理领域非常有用的政策、决策支持工具。荷兰开展的 MFA 研究包括氯（Kleijn et al.，1994）、镉（Van der Voet et al.，1994）以及其他重金属（Gorter，2000）和无机盐。针对研究中遇到的跨区域数据获取问题，他们提议建立 MFA 方法应用的国际化标准。

来自奥地利卢森博格国际应用系统分析中心（IIASA）的斯蒂格利亚尼及其合作者运用 MFA 方法对莱茵河盆地的污染物进行评估（Stigliani et al.，1993），他们识别了所研究重金属的主要源和汇，提出了莱茵河盆地未来污染物管理的结论性建议。同样在 IIASA，艾瑞斯等利用物质平衡原则分析了某些特定化学物，在报告中，他们报道了广泛使用的四种无机物（氯、溴、硫、氮）的含量及其环境影响，让人们进一步了解了原材料在社会中生产、加工、消费和处置各过程的流动关系，以及这些社会活动与资源保护和环境变化之间的联系。基于这些物质流分析，艾瑞斯提出了工业代谢的理念。

在全球尺度上，兰兹（Lantzy）与麦肯齐（Mackenzie）等地质化学家（1979）开展了一些重要研究，建立了岩石圈、水圈和大气圈之间的金属循环关系，为人们理解自然地质和人类圈这类大尺度的金属行为奠定了基础。本书中，尼里亚古（Nriagu）研究了在人类健康和环境保护背景下砷、钒、汞、镉等元素的来源、命运与行为（Nriagu，1994），他详细评估了这些化学物质及其毒性的影响，建立了这些物质在地区和全球流动中的综合性信息。

上述这些基于 MFA 方法开展的区域或全球尺度的研究案例，都是各个领域的经典案例，展现了 MFA 方法的广泛应用，除了这些案例，其他很多研究也取得了优秀的研究成果。

1.3.5　人类社会代谢

巴奇尼（Baccini）、布鲁纳（Brunner）和贝德（Bader）进一步扩展了 MFA 的应用范围（Baccini et al.，1991，2012，1996）。他们提出了一套系统和综合性的方法，引入行为（activity）和人类社会代谢（metabolism of the anthroposphere）等概念（参见 2.1.8 节和 2.1.9 节），他们希望建立分析、评估和调控人类行为系统代谢过程的有效方法，并将其应用于区域层面的资源利用优化和环境保护。在解决废物管理问题的过程中，他们发现将筛选策略聚焦在材料使用末端环节是一种低效方案，关注点开始从单一废物流转变为整个材料流动过程的高效率。因此，他们提出了一套聚焦于全过程的综合性方法，关注物质和能量的迁移、转化、行为和结构，以及它们在区域中的相互依赖关系。在 SYNOIKOS 项目中，巴奇尼与奥斯瓦尔德（Oswald）周边的建筑师合作，将生理学方法与建筑学方法联用，分析、重新界定并重构了城市区域特征（Baccini et al.，1998），这一项目很好地展示了将 MFA 方法与其他学科方法结合起来实现新的更高效、可持续的人类社会系统设计的强大功能。

一位研究蚂蚁代谢的昆虫学家洛姆（Lohm）与伯格贝克（Bergbäck）也很早就采用人类社会代谢理念，应用 MFA 方法研究代谢过程（Lohm et al.，1994）。在对斯德哥尔摩代谢的开创性研究中，他们关注了私人家庭及基础设施的材料和物质存量。他们发现，在城市中有相当多的铜、铅等具有巨大的潜在价值。洛姆和伯格贝克关注城市系统，其目的是防止由于城市存量排放而导致环境污染，保护和利用那些潜在的或者部分贮存在城市中的有价值的物质资源。

菲舍尔·科瓦尔斯基等（Fischer-Kowalski et al.，1997）采用了较为类似的一套工具，应用社会学方法扩展了代谢方法论。他们提出用"殖民化"的概念描述人类社会对自然界的管理，研究了从早期农业社会到今天代谢增强的社会的过渡过程。瓦克纳格尔（Wackernagel）、蒙弗雷达（Monfreda）和杜林（Deumling）（2002）提出一套方法，通过一定程度上与 MFA 结合，用于量化不同区域的生态足迹。研究发现，经济发达地区的资源供应和污染处置很大程度上依赖于内陆地区，他们建议开展不同地区生态足迹的对比研究并降低区域生态足迹。他们认为必须重新定义发展：如果度量准确的话，当今大部分地区的福利并未增加，这些地区需要转变其发展方向（Wackernagel et al.，1996）。同样，基于 MFA 方法，来自伍珀塔尔气候与能源研究所的施密特·布莱克（Schmidt-Bleek，1997）与冯·魏茨泽克（von Weizsäcker）、洛文斯（Lovins）（1997）提出：面对环境负荷与资源保护的挑战，当前经济体的资源流量规模太大，要实现可持续发展，必须将资源流强度削减 75% 或 90%。来自伍珀塔尔同一个小组的布林格祖（Bringezu）搭建了一个交流物质流统计方法的平台——Conaccount 平台，汇集了很多来自欧洲研究机构的研究者（Bringezu et al.，1998）。同时，伍珀塔尔研究中心也开始收集来自欧洲、亚洲和美洲各国的国家物质流数据。在"国家重量（The Weight of Nations）"研究报告中，马修斯（Matthews）及其合作者分析并比较了奥地利、德国、日本、荷兰和美国五个工业经济体的物质输出流（Matthews et al.，2000）。他们构建了物质流分析的实物指标体系，以补充原有如国内生产总值（GDP）等国家经济指标。2000 年，来自耶鲁大学产业生态中心的研究者，在汤姆·格莱德尔（T. Graedel）的带领下，发起了一项持续数年的研究项目，旨在建立国家、大洲和全球尺度上的铜和锌的物质平衡关系，也被称为存量与流量项目（stocks and flows project，STAF）（Graedel，2002）。

1.3.6 MFA 领域的最新进展

在过去的 20 年间，越来越多的国家和地区加入物质流账户（material flow accounting）

研究，即行政区域内商品流量与存量的经济数据报告研究（Dittrich et al.，2012）。经济系统物质流分析（economy-wide material flow accounts）旨在建立各经济体之间的实物物质流，以作为资源和环境政策的决策依据，主要研究方法有：a. 标准化与数据记录；b. 基于国内物质消耗（Matthews et al.，2000；Bringezu et al.，2003；Science Communication Unit，2013）和总物质需求（TMR）等指标的资源效率评估。这些指标不断发展，提供基于物质输入的对产品和服务的评价，例如，应用 TMR 指标评价从钢铁生产废渣中回收磷等独立的再利用过程（Yamasue et al.，2013），对全球物质足迹进行研究（Wiedmann et al.，2013），等等。与碳足迹分析类似，研究者计算经济体所需要的资源总消耗量，包括经济体自给的资源、从内陆其他地区或其他国家进口的资源。

MFA 旨在分析指定系统的物质迁移、转化和贮存等各种过程，用以推断其未来的发展方向：MFA 方法在发展之初，主要是对物质流量与存量系统进行静态描述和分析，随着研究的深入，决策需要了解流量与存量随时间的动态变化，因此就需要开展动态 MFA 研究。如此一来必须引入系统的时间因子模型，人类社会物质流量与存量大多是时间的函数，如果物质流动随时间的变化以及相应的影响因子能够确定，就可以基于预设目标，对物质系统的发展施加影响。

因此，近年来 MFA 领域的一个关键进展就是动态 MFA 方法的广泛应用，借助确定性或随机函数，依据当前状态描述未来的物质系统状态。20 世纪 90 年代，动态物质流方法出现（例如：Zeltner et al.，1999；Kleijn et al.，2000；Müller et al.，2004）后，应用动态模型分析物质流系统随时间变化趋势的研究开始大量涌现。缪勒（Müller）、希尔蒂（Hilty）、魏德默（Widmer）、施鲁普（Schluep）和福尔斯蒂希（Faulstich）等综述了 60 项金属流量与存量的动态模拟研究（2014）。特别是金属，由于其在社会中的广泛使用和大量积累，以及其作为可再生材料的巨大潜力，成为了许多动态 MFA 研究的对象。此外，动态 MFA 还研究了某些有毒有机物的管理（例如，Morf et al.，2008），基于过去和当前存量的函数关系，掌握物质存量的变化趋势，就可以预测出未来物质流动的特征，以提高资源回收率或废弃物削减的效率（Chen et al.，2012；Müller et al.，2014）。建立动态物质流分析方法，受到以下几个方面因素的影响：

① 建立动态物质流模型需要大量数据。因此，数据来源复杂，且质量参差不齐，此时就需要进行模型校准以及数据适用性检查，以评估模型结果的合理性（Buchner et al.，2015；Pauliuk et al.，2013）。

② 不确定性和敏感性分析对于动态物质流模拟越来越重要，被用以评估结果的稳健性，识别关键因子（例如：Glöser et al.，2013；Melo，1999）。

③ 开展动态物质流分析，常常采用自上而下的方法（top-down approach）估算物质存量（基于净流入量、净流出量和产品生命周期函数）。不过，近年来，很多研究者尝试采用独立的自下而上的方法（bottom-up approach）进行真实性检测和模型校准（Buchner et al.，2015；Liu et al.，2011；Müller et al.，2014），或者完全依赖自下而上的方法分析存量随时间的变化（例如：Tanikawa et al.，2015）。后者常常需要大量的数据，不过在针对空间或者组织结构等特定分析对象时，也表现出了高精度的优势。

④ 动态物质流（dynamic MFA）研究的一个新方向，是考虑材料的品质差异和回收再生的污染因素，分析再生利用循环的潜力函数的限定因子（特别是对于合金和塑料混合物）。品质问题在一定程度上可能会限制循环利用的价值，多个对铝的动态 MFA 研究发现了这一问题

并进行了讨论（Hatayama et al.，2012；Løvik et al.，2014；Modaresi et al.，2012）。

尽管动态 MFA 发展迅猛，但静态 MFA 仍然非常重要，同时在该领域也开展了大量研究。静态 MFA 提供了某一系统某个时间点的状态特征，同时，还可以在多个不同的尺度上开展相对复杂的研究，分析系统物质使用和损耗的模式。开展静态 MFA 研究的价值在于：a. 在很多情况下，静态 MFA 研究适合并足够了解一个物质系统；b. 开展静态 MFA 消耗的资源要远远小于动态 MFA；c. 在静态 MFA 的基础上，开展动态 MFA 往往更为高效。

静态 MFA 和动态 MFA 的应用领域依然主要集中在环境管理与工程、产业生态学、资源与废物管理以及人类社会代谢（请参阅 1.4.1 节到 1.4.5 节）等领域。在环境领域，持久性有机污染物（POPs）以及纳米颗粒引起了 MFA 研究者们的关注（Morf et al.，2005；Vyzinkarova et al.，2013；Gottschalk et al.，2010）。不过，近年来 MFA 研究者的兴趣似乎明显开始从环境问题向资源问题转移，例如很多文章涉及特殊金属（稀土金属、铂族金属）或无机营养元素（以磷为主）的清单研究，以及从建筑废物、废弃电子电气设备（WEEE）、塑料等个别废物流中回收可再生材料（Du et al.，2011；Alonso et al.，2012；Habib et al.，2014；Kuriki et al.，2010；Ott et al.，2012）。MFA 成为关键性评估（criticality assessment）的重要工具，用于从公司、国家或全球角度评估与原材料或再生原材料短缺相关的风险（Graedel et al.，2011）。

"城市矿产"（urban minning）是近年来 MFA 关注的另一个领域，该领域主要研究长时间尺度贮存的物质存量及其循环利用潜力，因此，大量 MFA 研究对人类社会中资源储量的数量和价值进行了评估。有些研究比较存量与人类探明资源储量的关系（Johansson et al.，2013；Lederer et al.，2014），有些研究旨在识别循环利用效率更高的城市存量（Hashimoto et al.，2007），有些研究模拟这些存量中有毒金属（镉、汞）的消耗特征（Månsson et al.，2009）。

作为人类社会代谢（anthropogenic metabolism）研究的一个常设主题，城市代谢（urban metabolism）近年来成为 MFA 应用潜力巨大的一个领域。欧盟近年来在 Horizon2020 框架下支持了很多废物或资源目标类的研究项目，依靠城市代谢方法，推动了 MFA 研究的进一步应用。欧盟希望城市规划者和基础设施建设方使用这些方法，提高城市物质或能源利用效率。这最终将：①通过减少废物产生和污染排放来促进欧盟城市环境主题战略（The EU Thematic Strategies）的实施；②通过节约初级资源促进资源可持续利用，推动经济发展，提高社会福利。

MFA 领域另一个新兴方向是从经济、资源和环境限制方面优化生产过程，例如制造业或者农业生产过程（Müller，2013；Krolczyk，2015；Eisingerich，2015）。是否会涌现出一些主要从经济因素出发，关注经济部门资源转化、物流和管理的物质流研究，尚需拭目以待。

静态 MFA 和动态 MFA 研究推动了方法学的研究，研究主要集中在建立通用、可靠、满足质量守恒原则的，包括关于结果和基础数据不确定性的充分信息的数据库。从早期 MFA 领域不确定性的表达概念开始（Hedbrant et al.，2000），系统性评价数据获取、数据管理以及模型计算过程中的不确定性引起了越来越广泛的关注（例如：Zoboli et al.，2015；Laner et al.，2014；Cencic et al.，2015；Do et al.，2014；Montangero et al.，2007）。研究者提出利用各种方法处理物质流模型中的数量不确定性问题，包括不确定性的定性描述方法，不确定性传递的复杂数学模拟，以及数据核算研究（例如：Cencic et al.，2015；Dubois et al.，2014）。由于 MFA 软件（如 STAN）以及其他模型工具计算能力和默认不确定性分析选项的巨大增长，不确定性和敏感性分析已成为最先进的 MFA 的标准元素（Laner et al.，2014）。

　　MFA 与 LCA 等环境影响评价工具组合也在近年来取得了快速发展。20 年前，MFA 就被推荐作为生命周期清单（LCIs）编制的基础工具（Tukker et al.，1997）。MFA 具有符合质量守恒原则的优势，而 LCA 并没有这一要求（Andersen et al.，2010；Tonini et al.，2013），质量守恒是每个 MFA 的基本要求，这有效提高了数据的兼容性，而数据兼容性是开展生命周期清单编制及生命周期评价的关键问题（Ayres，1995）。有些研究将 MFA 结果与 LCI 数据和影响评价方法相结合，评价物质流、能源流系统的环境性能，特别是废物处置和循环利用（例如：Laner et al.，2007；Lederer et al.，2010；Brunner et al.，2016）。MFA 和 LCA 的另一种组合是通过形式优化识别代谢系统的环境更优设置（例如，考虑富营养化、全球变暖、资源耗竭）（Höglmeier et al.，2015；Vadenbo et al.，2014a；Vadenbo et al.，2014b）。与预设情景的办法不同，某一特殊物质根据一个优化程序的结果来确定，该程序由给定物质流动网络、特定限制条件、规定函数（需要设定）、决策参数以及目标函数（见 1.4.6 节）共同确定。通过联用，能够从系统角度综合考虑不同生产系统和社会行为之间的物理约束和相互作用，然后优化资源使用。

思考题——1.1 节到 1.3 节

　　思考题 1.1　（a）MFA 基于一个基础物理学定律，是什么定律？内容是什么？（b）该定律给 MFA 带来哪些好处？

　　思考题 1.2　请将以下 14 种材料分为元素和商品两类：镉、聚氯乙烯、氮分子（N_2）、三聚氰胺、木材、饮用水、个人电脑、钢、铁、铜、黄铜、分拣出来的废纸、葡萄糖、铜矿石。

　　思考题 1.3　粗略估算你每天的物质输入、输出量（不包括"生态包袱"），哪种类型的物质占比最大？（a）固体原材料与化石燃料；（b）液体物质（不包括化石燃料）；（c）气体物质。

　　思考题 1.4　斯德哥尔摩市输入的锌大概是 2.7kg/（人·a），输出的锌大概是 1.0kg/（人·a），存量大概是 40kg/人（Bergbäck et al.，2001），在稳态的假设条件下，请计算锌存量增加一倍所需的时间。

1.4　物质流分析的应用

　　1.3 节的发展历程表明，物质流分析应用广泛。本节将进一步讨论这些应用领域，深入揭示其分析尺度、学科门类与应用领域，相关应用的具体案例将在第三章讨论。

　　（1）尺度

　　MFA 非常适合分析各种尺度的物质和化学系统，从各种独立过程到由多个子系统组成的复杂系统。从单个独立的工艺和运营过程，到由多个工艺和运营过程组成的简单系统，再到为社会提供服务的复杂系统，MFA 通过逐层深入分析，能够清晰地描绘物质从资源到贮存的完整过程。不同尺度的分析都围绕类似的目标，即为理解社会物质所起的基础作用提供支持。另外关键的一点是所有尺度的物质流分析都需要进行物质平衡。必须说明的是，要实现上述目标，理解代谢系统，同时往往需要进行元素尺度的分析。就像商品产量信息是经济方面的一个考虑因素，元素信息也是品质问题的考虑因素之一（例如，产品品质与人类健康和环境相关）。因此，很多 MFA 研究需要同时分析商品和元素两个尺度。两者都需要遵循质量守恒原则，因此关于商品和元素的大量数据有助于降低不确定性（见 2.3 节）。

① 单一过程：由于过程以一种已明确定义和透明的方式，将输入（资源）、存量和输出（产品、废物、污染物）联系在一起，因此 MFA 常常应用于评价和改进单一过程。物质平衡奠定了评估与调控资源消耗、环境负荷以及生产或者处置成本的基础。单一过程尺度的应用领域包括从经济、环境或资源限制的角度对单一工业生产或处置过程进行优化等。

② 简单的物质系统：包括几个过程、商品或者元素，MFA 在该领域的应用与单一过程类似。此外，MFA 还建立了各过程与流之间的关系，通过与其他评价方法联用（见 2.5 节），能够识别出与达到某一特定目标最相关的那些过程、存量和流量。因此，MFA 为运营决策和战略决策（如企业家的决策）提供了良好的物质基础信息。

③ 复杂的物质系统：包括大量的过程、商品和元素。在大尺度层面，MFA 非常适合为战略、政策决策与评价提供工具支持。特别是在废物、资源和环境管理领域，MFA 常常用于分析大规模的系统，如国家经济体（Matthews et al.，2000；OECD，2008）、全球金属利用（Glöser et al.，2013）或者国家废弃物管理系统（Allesch et al.，2015）。MFA 的最大优势就是能够在大尺度系统的不同尺度执行统一规则：在质量守恒原则约束下，所有的单个过程、系统整体以及子系统都是平衡的。由于存在大量商品和元素的流量、存量，因此重复计算在大系统中经常发生，从而导致需要考虑的流被遗漏以及不确定性被低估的情况（参见 2.3 节）。

（2）学科门类

MFA 方法作为分析物质从源到汇过程的工具，广泛应用于多个学科领域。首先是在化学（Lavoisier 的研究，见 Vidal，1985）和化学工程领域的应用。自列昂惕夫（Leontief，1966，1977）引入投入产出表后，MFA 迅速应用于经济学。艾瑞斯（Ayres et al.，1989）将 MFA 应用于环境保护以及后来的资源管理和产业生态学（IE），MFA 方法又重回自然和工程科学领域。20 世纪 90 年代早期，巴奇尼和布鲁纳提出一个新的科学学科——人类社会代谢，包括人类系统分析、评价和设计及其与环境和自然资源的相互作用的研究（Baccini et al.，2012）。伍珀塔尔研究中心引入物质账户统计概念，搭建 Conaccount 平台，将 MFA 引入社会经济学领域（见 Bringezu，1997）。物质统计和相应的指标体系被用于评价经济系统内部和之间以及经济系统与其他系统之间的物质流动和存量，度量资源效率，因此，MFA 又应用于政策科学领域，作为政策评估和政策决策的重要工具。格莱德尔将 MFA 广泛应用于产业生态学，特别是用于全球尺度的金属流动分析（Graedel，2004）。如今，MFA 已经成为工程学、管理学、经济学和政策学的一项基础工具。从这些应用可以看出，MFA 已经被研究者广泛应用于多个学科门类。

（3）应用领域

本节总结出 MFA 应用的三个主要领域：资源管理、环境管理和废弃物管理。此外，MFA 在产业生态学和人类社会代谢领域也发挥着重要作用。MFA 新的应用领域包括制造业、工艺设计、工程学。在诸多领域中，MFA 主要服务于各个尺度的分析和优化。MFA 解决的主要问题包括（但不限）资源效率提升、城市采矿方案设计、地表水和地下水等的污染预防和保护、流域与无机营养盐管理、废弃物最小化、废弃物分析、循环利用以及最终存量的研究。

物质流账户及相应的 MFA 衍生指标广泛应用于度量国家和国际间的物质流动和资源生产力（OECD，2008）。这些账户为各国政府制定和实施国家政策提供支持。物质流账户只将商品纳入其中，而不包括各种独立的元素，正是由于这一特征，该方法并不适合于从环境负荷或资源质量角度开展详细的影响评估，因为那需要元素尺度的数据支持。此外，由于能够借助国家经济数据库，相比于元素流和元素存量较为匮乏的数据来说，物质流账户更易于建立，数量相对较多。

下面将进一步讨论 MFA 在各主要领域应用的优缺点。在 1.4.5 节，将更深入讨论 MFA 在人类社会代谢领域应用的一些结论。一方面，这些应用有助于人们理解"人类社会代谢"并推动其发展；另一方面，它们展示了现代世界代谢的完整画卷，帮助人们掌握并应用 MFA 方法分析、评估和改造人类社会代谢的未来走向。

MFA 方法与其他类似方法之间的区别将在第二章进行讨论，如路径分析、投入产出分析、生命周期评价。

1.4.1　环境管理与环境工程

环境是一个复杂的系统，由生物体、能源、物质、空间和信息构成。人类与其他生物一样，利用环境进行生产，排放废弃物。我们利用土地、水和空气制造食物、搭建住所，又要把排泄物、其他废物、残骸等废弃物排放回去。环境工程领域主要研究：①自然和人工环境中物质的归宿、迁移和影响；②污染治理与污染预防优化方案的设计（Valsaraj，2000）。管理方案和工程措施的主要目标为：①将水体、大气和土壤中元素的流量和浓度控制在不损害自然系统功能的水平以内；②将相应经济成本控制在人类承受范围之内。

MFA 在环境工程与环境管理领域有着广泛的应用，包括环境影响报告编制、危险废物场地修复、大气污染控制策略设计、流域无机盐管理、土壤监测方案规划和污水污泥管理。MFA 为其提供关于物质流量和存量在环境与人类圈内部及相互之间的迁移关系的详细信息，缺乏这些信息，应对措施可能就不会侧重于优先来源和途径，导致效率降低、成本增加。

此外，MFA 还具有信息透明的特点，这对于环境影响报告非常重要。一旦边界条件发生变化（如改变输入或工艺设计），排放值就有可能达到环境标准的要求，因此，仅仅一个排放值无法满足过程核查的要求。这种情况下，如果提供相应过程的物质平衡和迁移系数信息，不同条件下的结果就可以得到验证。

不过，在环境工程和环境管理领域应用 MFA 也有明显的局限性，那就是仅仅依靠 MFA 工具不足以评价和支持工程与管理措施。尽管如此，MFA 仍然是其必要的支持工具，用于提供基础性信息，是进入后续评价或者设计步骤的前导过程，具体参见 2.5 节。

1.4.2　产业生态学

尽管早期开展了零零散散的一些工作，但是产业生态学的概念在 20 世纪 90 年代早期才真正建立并逐步发展起来（Frosch et al.，1989；Thomas et al.，1994；Erkman，1997；

Desrochers，2000；具体的发展历史，请参阅 Erkman，2002）。杰林斯基（Jelinski）、格莱德尔（Graedel）、劳迪斯（Laudise）、麦考（McCall）与帕特尔（Patel）（1992）最先提出产业生态学的定义，他们提出，产业系统与周边环境并非孤立的，而是相互依存的，产业生态学旨在优化整个物质循环过程，即从原材料开采到生产、原材料加工、产品组装、终端产品、废弃乃至最终处置的过程。在总部位于耶鲁大学森林与环境研究学院的《产业生态学》期刊（*Jorurnal of Industrial Ecology*）网页上可以找到产业生态学的普遍认可的定义。该期刊提出，产业生态学是系统地分析地方、区域或全球范围在产品、加工过程、工业部门以及经济系统中物质与能源使用和流动的快速发展的一个新领域。产业生态学关注工业在降低整个产品生命周期中的环境负荷方面的潜在作用，从原材料提取到产品制造、产品使用，再到产品终端的废弃物管理。艾瑞斯（Ayres，1994）以及艾瑞斯和西蒙尼斯（Simonis）（Ayres et al.，1994）等提出的产业代谢理念，是指分析整个经济系统的物质和能源流动，而产业生态学范围相对更广。与自然生态系统类似，产业生态学旨在重建经济产业系统，使之实现可持续发展。产业系统被看作特殊类型的自然生态系统，或者说是模拟自然生态系统（Frosch et al.，1989）。还有研究者将产业生态学定义为研究可持续性的科学（Graedel et al.，2002），在这一理念下，可持续性的维度不仅包括生态方面，还包括社会和经济方面（Allenby，1999）。

显然，产业生态学领域涵盖了众多领域和方法（Lifset et al.，2002）。同时也有人批评该方法缺乏清晰的界定，无法摆脱自我局限性，此外，模拟自然生态系统构建产业系统的合理性也受到了质疑（Commoner，1997）。尽管如此，MFA 在以下几个方面为产业生态学的发展提供了支持（改编自 Ehrenfeld，1997）：

① 控制资源利用的路径和工业生产方法；

② 构建工业循环过程；

③ 削减工业末端排放；

④ 构建能源使用系统；

⑤ 平衡工业输入与输出，将其保持在自然生态系统承载能力范围之内。

下面的应用说明了 MFA 在产业生态学领域的作用。

首先，充分理解产业代谢需要描述产业经济体系中最重要的物质流动过程。包括经济领域的商品尺度（如能源物质、建筑材料、钢铁、肥料）与化学元素尺度（如碳、铁、铝、氮、磷、镉）的相关物质筛选。系统边界的界定必须涵盖这些物质从摇篮（开采）到坟墓（物质的最终汇）的完整过程。MFA 能够识别出材料生命周期中那些最重要的过程，量化经济系统和环境中各物质存量，揭示物质的环境耗损和最终贮存量，并发现那些中间循环利用的过程。此外，MFA 还可以用于比较过程尺度或系统尺度的不同优化方案。

其次，产业生态学的另一个目标是建立闭合循环（如公司之间的网络关系，即产业代谢），需要再利用的废物组成、相关技术工艺特征等信息的支持。尤其是，因为闭合循环链有可能将污染物累积在产品或存量中，所以必须借助合适的 MFA 工具进行调控。实际上，对废物循环利用或再利用来说，目前还难以保障得到正面积极的结果。例如：用被污染的飞灰生产水泥；再利用动物蛋白导致牛海绵状脑病（BSE），也就是常说的疯牛病；再生塑料导致产品中含有多溴联苯醚（PBDEs）（参见 3.3.2.4 节）。

最后，物质减量化也是产业生态学的目标之一，可以通过提供功能或服务而非产品来实现。MFA 可以用于核查是否真的实现了物质减量化（如办公无纸化）。物质减量化的实现途径还包括延长产品的生命周期（Truttmann et al.，2006）或生产质量更小的产品。

丹麦卡伦堡常常在产业生态学文献中被用作产业生态系统的典型案例。在卡伦堡，企业和工厂集中在三公里的半径范围之内，在它们之间进行着物质（飞灰、硫、污泥、酵母底泥）和能量（蒸汽、热）的相互交换（Chertow，2000），废热被用于为社区供热和其他再利用途径（如冷却），一直被看作产业生态的成功案例（即热电联产）。但是卡伦堡各参与主体之间物质流动联系却相对较少，这表明在现实社会中，闭合循环的理念非常难以实现。物质平衡关系被认为是支持真正的产业生态系统的主要工具之一。

1.4.3 资源管理

资源分为两类：一类是自然资源，如矿物质、水、空气、土壤、陆地、生物质（植物、动物、人）；另一类是人造资源，如整个人类社会，包括物质、能源、信息（如文化遗产、科学技术知识、艺术、生活方式）和劳动力。人造资源主要存在于：①家庭、农业、工业、贸易、工商业、管理、教育、卫生保健、国防与安全系统；②用于供应、交通运输、通信及废物处置的基础设施和网络。如果大规模开采矿产资源，许多自然资源将大量转移到人造资源中（见1.4.5节），人类社会不断增加的贮存量将在未来变成潜在的资源。

资源管理的一项重要功能是为人类系统提供充足的资源，因此，资源可得性和潜在的稀缺性就变得尤为重要，针对不同资源的供应情况开展了大量研究。资源约束的表现不尽相同。首先，经过一段时间开采以后，产品储备在数量和品质方面都会下降（自然地质方面的稀缺）。这一现象常常用峰值 X 表示（X 代表石油、磷、铜等）（见 Seppelt et al.，2014）。峰值理论也存在争议，到目前为止还没有发现现实中产量下降的情况。尽管如此，很多种资源储备的品质已经发生下降是不争的事实（矿石品级下降，污染物含量增加）。

其次，耗竭还可能以技术局限的形式出现（技术匮乏）。如，祖瑟（Zuser）和莱希伯格（Rechberger）（2011）研究发现，在当前技术条件下，或者在预期的技术进步条件下，有些政治目标（例如到2040年光伏供能在全球能源需求中占比达到25%）在技术上是无法实现的，因为对于碲来说，年产量必须提高30到180倍，同时镓的年产量必须提高4到20倍。这两种金属都是锌、铅、铝矿产的副产品，在短短几十年内要实现如此大幅度的增产，在经济上很难实现。

最后，占主导地位的市场供应商一旦降低供应量，资源将无法获得，例如曾经发生的石油和磷的例子。在过去的数十年中，原材料商品市场变得越来越不稳定。全球大约有50个商品市场。在数量上，货币交易远远超过实物形式的商品贸易，部分原因是价格波动非常大（市场稀缺）。

资源关键性评估是分析资源局限的方法之一。研究者提出多种方法用于量化资源供应风险，这些风险包括地质、技术、经济、环境、社会、制度和地缘政治因素。此外，还包括公司、国家和全球等不同尺度供应约束的脆弱性（参见 Graedel et al.，2011）。通过资源关键性评估，可以提出某一具体经济体的关键原材料列表，例如欧盟提出其经济体的20种关键原材料（见图1.3）。

资源管理分为三个步骤：①分析、规划与配置；②开采、精炼和利用；③资源循环利用及最终处置。MFA 在分析和规划方面具有不可替代的作用，是模拟资源消耗、存量变化的基础，因此也是预测资源稀缺可能性的必要工具。MFA 还能帮助识别资源在自然和人类社

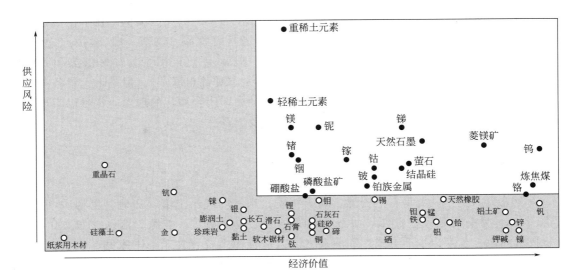

图 1.3　关键原材料界定工作组从 54 种候选材料中筛选出的 20 种具有关键经济价值和
供应风险的原材料（右上角）（EC, 2014）

会的各种存量累积和资源耗竭，如建筑、土壤、沉积物等。缺少 MFA 的支持，就无法识别
资源存量从自然矿产到人类社会存量的转移变化。如果在人类社会系统的输入和输出端开展
相同的 MFA，就能够揭示对最终各种汇和循环措施的需求情况，从而有助于设计循环利用
和最终处置策略，将资源管理、环境管理与废物管理联系起来。

　　对给定存量进行输入流和输出流的分析，能够得到存量达到耗竭或贮满状态前随时间变
化的数据信息。如土壤肥力不足，磷的含量会逐渐消耗，再比如焚烧炉飞灰或者电镀污泥填
埋场存在贵金属的逐渐累积，这些变化都很难通过直接方法进行估计，特别是当存量中物质
种类复杂，随时间变化很缓慢时。这种情况下，从物质守恒角度比较存量的输入与输出的流
量差异，计算几个关键时刻的存量（那些到达一定限量或者是参考量的时刻），会更为准确，
更具经济可行性。直接测量则需要测试大量样品，进行大量分析，而由此得到的流数据的异
质性也会导致平均值的巨大标准偏差。平均值之间的巨大偏差累积到一定程度，就会导致统
计显著性的改变。有证据表明，异质性物质的缓慢变化只能通过长时间尺度持续测量才能保
证可靠的统计显著性。可见，相比于持续的土壤监测，MFA 在早期识别资源品质变化方面
更适合，更能节约成本，例如用于识别土壤中有害物质的积累。更多相关信息，请参见奥布
里斯特（Obrist）、冯·施泰格（von Steiger）、舒林（Schulin）、谢勒（Schärer）、巴奇尼
（Baccini）的文献（1993）及 3.1.1 节。

　　LCA 方法常常被用于分析生产某个产品或者获得某项服务所需要的资源（特别是涉及
资源保护），通过分析可以得到资源消耗和污染排放的具体数量。MFA 可以作为 LCA 的前
期工作基础（生命周期清单构建），因此也是产业资源保护的基础。关于 MFA 与 LCA 联用
的更多信息，请参阅兰纳（Laner）和莱希伯格（Rechberger）的文献（2016）。

　　资源的价格与品质往往依赖于有价值的物质的含量或有毒物质所占的比例，因此，了解
某个地质或人为过程与系统是否富集或稀释了某种元素就显得尤为关键。MFA 在开展基于
统计的熵分析等评价工具的应用中具有重要作用（参见 2.5.1.8 节及 3.2.2 节），可以用于
比较不同过程或系统在富集或者稀释某些有价值元素或有毒物质方面的潜力差异。

1.4.4 废物管理

废物管理着眼于人类活动与环境之间的物质交换界面，其概念与目标仍在不断发展。人们从临时住处收集垃圾并将其转移，算是最早的统一组织的废物管理活动，人们因而得以保障卫生状况，预防疾病。但是，进入 20 世纪，废弃物数量大幅增长，其组分也变得更为复杂，带来了各种各样的问题。首先，废物倾倒场所（填埋场）渗滤液会污染地下水，释放温室气体；其次，填埋场地越来越紧缺；此外，尽管采取了卫生填埋的办法，但是仍然无法解决长时间尺度上的上述各类污染问题。如今，卫生填埋已经发展成为综合性应对与处理方案，包括制定预处理与收集策略，为后续循环利用或采用生物、物理、化学和热处理技术的后续处理过程而实施的分类程序，以及不同填埋类型的选择。如今，人们已经把纸张、玻璃、金属、生物可降解物质、塑料、有害物以及其他组分进行分类（在某些地区已经成为强制行为）。

现代废物管理的目标包括：

① 保护人体健康与环境；

② 保护资源，如矿产资源、能源、空间资源；

③ 废物处置之前进行预处理，以减少填埋后的后续处理需求；

④ 终端富集❶。

终端富集理念，也是污染预防原则的组成部分：当代人定义为废物的物质，对于未来的后代来说，未必是没有经济价值或者产生生态负担的资源。如今，为了与可持续发展对此所做的要求保持一致，很多西方国家先进的废物管理政策都规定了相关内容（Resource Conservation and Recovery Act，1976；BMUJF，1990；BMUR，1994；EKA，1986；EC，1975）。从这一目标可以看出，废物管理并非只关注商品（纸张、塑料等）和材料服务功能（如包装），同时还注意到了各元素的自然属性。

有害物质威胁人体健康。在市政固体废物（城市生活垃圾）燃烧时，如果燃烧炉技术标准不高，就会导致重金属挥发进入空气，危害人体健康；污染地下水的并不是填埋场的渗滤液，而是填埋场渗滤液中的有害物质成分带来的风险；实际上，包装材料与循环再利用并非直接相关，而是包装物的元素组分决定着其是否适合循环再利用。因此，对于先进的废物管理程序来说，要制定相关步骤，鉴别并控制人类社会与环境交互面的各种物质，以实现下述目标：

① 再生和循环利用那些不需要太大经济成本或不会产生负向元素流的物质，循环利用过程中产生的污染物排放或者副产品都是负向流。循环过程本身还可能导致商品或贮存库中污染物的富集，如循环利用可能会导致再生塑料中重金属含量增加，农业上使用污水处理厂的污泥会导致土壤中金属的累积。

② 对于不可循环利用的物质需要进行处理与处置，以防止有害物质流入环境。制定合理的贮存方案，在设计阶段就应将所有物质都考虑进去，物质在贮存地长时间贮存（1 万年以上）不会对环境产生负面影响。

MFA 适用于元素流管理，因为能准确确定废物中元素组分，且经济成本不高（见3.3.1 节），这对于废物流的最佳循环利用/处理技术选择、新的废物处理设施规划和设计都

---

❶ Final-storage，此处翻译为终端富集。

非常关键。如有些混合型塑料废物由于工艺原因无法循环利用，如果其中重金属与其他污染物的含量不超过限值要求，则可以用作燃料（参见 3.3.2.2 节）。

    MFA 还适用于制定针对元素的循环利用或处理设施的管理方案。如焚化炉的元素控制与机械-生物联合处理设施的元素控制并不相同，这些基础信息可以为可持续废物管理的系统设计提供支持。北莱茵-威斯特法伦州（North Rhine-Westphalia）（德国）最早正式将 MFA 作为废物管理的标准工具（MUNLV，2000）。

    除此之外，MFA 还可用于产品的优化设计，使产品在生命周期末端成为"废物"之后易于回收利用或处理处置，如面向循环的设计、面向处置的设计，以及面向环境的设计。

    所有物质都遵循质量守恒定律，基于该原则，MFA 能够判断预期目标达成与否，同时还能通过平衡识别出改善潜力最大的过程和流。

    废物管理是经济体不可或缺的组成部分，有些具有 MFA 经验的专家建议将废物管理改为物质管理或资源管理，他们提出，如果能够从系统的整体视角，对整个经济系统的物质流动进行调控，比将废物管理从生产供应及消费管理中剥离的传统做法更为高效。

1.4.5　人类社会代谢

    巴奇尼和布鲁纳（1991）应用 MFA 方法，分析、评价和优化了人类社会代谢体系中的一些关键过程和产品，后来，布鲁纳和莱希伯格又在另一项研究（2001）中，系统总结了人类社会代谢的各种特征。接下来的案例充分展示了 MFA 在识别和揭示人类社会代谢核心问题方面的优越性，如资源管理、环境管理和废物管理。

1.4.5.1　爆炸式增长

    在史前时代，整个人类社会代谢（为满足人类食物、居住、出行等需求所需要的物质和能源的输入、输出和贮存）与人体生理代谢非常类似，人的食物需求、呼吸需求和庇护需求占主体。进入现代社会以后，与人相关的整个物质流量增加了 10～20 倍（图 1.4），其中食物和呼吸所占比例相对很小，而其他活动，如清洁、居住、交通、通信等则占比很大（表1.1），这些活动需要大量的商品和物质支持，而在史前时代这些都相对小得多。

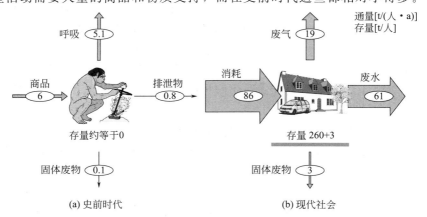

(a) 史前时代   (b) 现代社会

图 1.4　与现代人的消耗量相比，一个原始人在家庭范围内的物质流量大约要小一个数量级。需要说明的是，该图中只考虑了直接物质流。现代人家庭范围之外用来制造家庭消费商品的物质（和废物）的人均流量要超过 100t/a（Brunner et al.，2001。使用需获授权）

表 1.1　现代人一些行为的物质流量与存量表

行为	输入/[t/(人·a)]	输出/[t/(人·a)]			存量/(t/人)
		废水	废气	固体废物	
食物供给①	5.7	0.9	4.7	0.1	<0.1
清洁②	60	60	0	0.02	0.1
居住③	10	0	7.6	1	100+1
交通④	10	0	6	1.6	160+2
总计	86	61	19	2.7	260+3

注：当前经济中最突出、史无前例的特点是私人家庭单元中积累了巨大数量的物质存量（Burnner et al.，2001）。

① 包括所有与私人家庭中食物消费有关的商品流，如食物、烹饪用水等。

② 包括洗衣、厨房、个人卫生、厕所等所需要的水、化学品、设备。

③ 包括生活所需的住房、家具、用具等。

④ 为满足私人家庭所需，用于运输人员、商品、能源与信息所需的所有材料（汽车、火车、燃料、空气等，包括道路建设所用的材料）。

在过去两百年中，商品消费量大量增长，并且并没有迹象表明这种趋势会减缓。图 1.5 展示了这些基础物质，如轮胎、纸张、塑料等 1989—1999 年的增长情况。图 1.6 展示了美国一百年间建筑材料的增长情况。

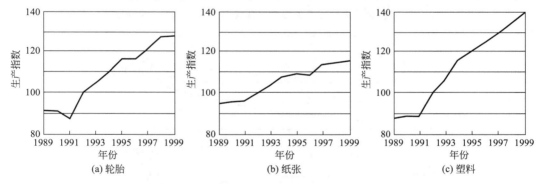

图 1.5　消费品的消费增长，以美国 1992 年的生产指数为基准值 100。美国轮胎、纸张和塑料的消费案例表明，从 1989 年到 1999 年，物质流量保持高增长率（Anonymous，2000）

（来源：Chem. Eng. News，June 26，2000，78（26），49. 版权为美国化学会所有，使用需获授权）

物质流量的增加与经济增长紧密相关，经济增长以物质为基础，经济发展会导致物质周转率的增长。因此，需要创新经济发展模式，使经济增长与物质消耗增长脱钩，从而在不增加资源消耗的情况下获得长期福利。

如果再考虑重金属、持久性有毒有机污染物等潜在有害物质的增长速度，就更加迫切地需要创新经济模式了。在元素层面，元素消耗增加量远超一个数量级。如全球人类社会铅元素流量在过去几千年中增加了 10^6，即 6 个数量级（图 1.7）。

物质增长并非仅仅存在数量方面的问题，品质方面同样严峻。如果总物质流量增加 1～2 个数量级，同时某些有害元素增加 5 个数量级，人类社会系统的存量与输出都将充斥着这些元素。因此，未来必须更加审慎地管理存量和废物，以避免这些有害元素的积累。显然，从环境视角来看，元素流的增长比大宗货物的增长更为重要。

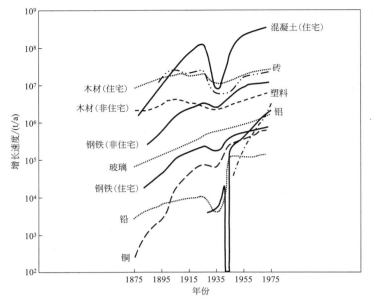

图 1.6   1875—1975 年美国建筑材料的增长情况（Wilson，1990）。1900 年左右，混凝土取代木材，成为主要的建筑材料。20 世纪 70 年代，塑料和铝成为增长最快的建筑材料之一。建筑材料消耗量的变化同时也会改变建筑的存量，从而对未来的废物管理产生重要影响，而且，对于大量使用的塑料和铝、铜等金属必须进行安全处置（转载自 Wilson，1990。获 Elsevier 授权）

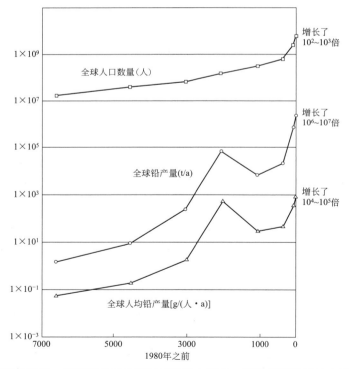

图 1.7   全球铅产量剧增。采矿技术和经济发展的巨大进步，将铅的开采量从人均 0.1g/a 提高到人均 1000g/a。同时人口也在增长，尽管人口增长率低于人均铅产量增长率，但是这也导致铅的总开采量从 1t/a 增长到超过 3×10^6 t/a（铅数据源自 Settle et al.，1980）（Brunner et al.，2001。版权归 Wiley-VCH Verlag GmbH 和 Co. KGaA 所有，使用需获授权）

1.4.5.2　人类社会流量规模超过自然地质流量

人均资源消耗量的提升导致开采量增加，最终的结果就是人类社会某些物质的流量已经超过了这些物质在地质（或自然界）流动的规模。对于人造有机物［如 PVC（聚氯乙烯）］来说，这毋庸置疑，但是对于镉（图 1.8）来说就不那么明显了。人类从地质圈层开采输入到人类社会的镉的量已经比侵蚀、风化、浸析、火山活动等自然地质流量大 3～4 倍。这就会造成某些环境组分如土壤中镉的含量大幅增加。人类社会镉存量的增加对后代是不利的，他们需要付出巨大的经济代价管理这些存量，以避免其毒性带来的风险。

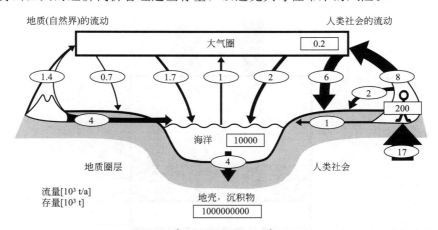

图 1.8　20 世纪 80 年代全球镉流量（10^3 t/a）和存量（10^3 t）情况。人类活动导致的流量（右侧）
超过自然地质流量（左侧），人类社会排放到大气中相对更多的镉导致土壤中人为镉的大量积累。
人类社会中镉存量以每年 3% 的速度增长，必须对这些存量进行谨慎管理，以防止这些镉未来对
环境造成负面影响（摘自 Brunner et al.，1981，使用需经授权）

在国家层面，也有一些关于人类社会物质流量超过自然地质流量的报道。伯格贝克（Bergbäck，1992）对比了瑞典自然风化、侵蚀速率与人类排放速率，发现铅、铬、镉的排放速率都超过了自然风化速率，其他一些发达国家的研究也得到了类似的结论。这说明现代经济体的巨大物质流量已经慢慢改变了元素在环境组分中的浓度（图 1.9）。

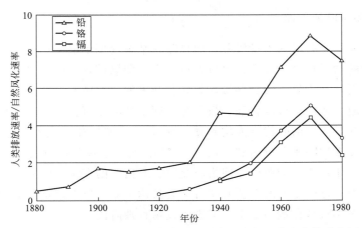

图 1.9　瑞典的铅、铬、镉人类排放速率和自然风化速率的对比
（来自 Bergbäck，1992，使用获授权）

1.4.5.3   线性的城市物质流动

图 1.10 展示的是维也纳的物质流，与其他城市相似，该城市的物质流动也呈现出线性的特征。要实现从线性到循环系统的转变，需要新技术的支持，这意味着包括生活方式、价值观、优先行动选择，以及技术体系和经济系统的大规模转变在内的全方位改变。而当前，这样的根本性改变还没有发生，也缺乏有足够说服力的证据证明完全的物质循环是可行的、必需的（Becker-Boost et al.，2001）。尽管有些国家正在逐步转向循环经济，其优势是减少对原生资源投入的需求，提高资源利用效率，但是还不能确保这能减少环境污染。

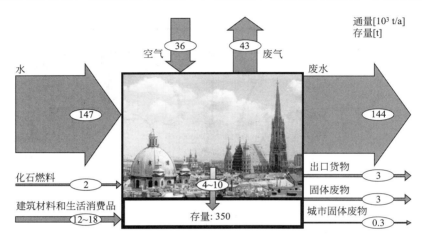

图 1.10   在 20 世纪 90 年代，维也纳市每年人均物质消耗量约 200 吨，同时还有略少于 200 吨的物质以线性方式从维也纳流向其他地区。物质每年以人均 4～10 吨不等的量累积，导致城市人均物质存量增长了 350 吨，在 50～100 年内翻了一番。综合来说，现代人类社会代谢整体上表现出线性特征，只有不到 5% 的物质能在区域内循环利用。图 1.4 和表 1.1（私人家庭的物质流量）的差异表明：维也纳的数据同时还将私人家庭以外区域的工业、服务部门、公共服务和行政管理等的物质流量纳入在内（Brunner et al.，2001。版权归 Wiley-VCH Verlag GmbH 和 Co. KGaA 所有，使用获授权）

1.4.5.4   物质存量增加迅速

经济发展过程中需要输入大量资源，而且输入基本都多于输出，所以结果就是很多发达地区积累了大量的物质存量。开采并出口大量煤炭、金属矿物、砂、碎石、木材等资源的地区是个例外。人类社会积累了大量存量，如矿石开采的残留尾矿，工业、商业、农业的物质存量，家庭、交通、通信、行政管理、教育等基础设施的城市存量，规模相对较小但在持续增长的填埋垃圾存量。史前时代（人均物质存量小于 1 吨）和现代的存量累积不可同日而语，当前城市居民人均物质存量达到了约 200～400 吨。这些存量迫切需要管理与维护。当前关于城市存量（如建筑、能源供应网络、交通、通信等的存量）的更新和维护的决策具有长远的意义，因为存量中物质的滞留时间可能会长达 100 年以上，这意味着一旦物质进入存量，很可能短期内无法从存量中输出，即进入废物管理阶段。

城市存量对资源管理和环境管理具有重要意义：

① 城市存量积累了很多有价值的资源，未来具有巨大的循环利用潜力；

② 城市存量代表着几乎未知的资源，且其重要性目前尚未引起注意，有待开展有针对性的经济、资源和环境影响评价；

③ 对环境来说，城市存量也是持续大量污染物的潜在来源，城市存量包含大量有害物质，其数量甚至超过当前环境保护关注的有害废物垃圾填埋场。

这对城市体系设计规划者和工程师提出了新的要求。未来，应该掌握城市存量中物质的位置和数量信息，优化设计物质进入存量的途径，需要考虑其未来再利用时的便利性与环境影响的可控性。各经济体也面临巨大挑战，不仅要维持经济快速增长，带来更多的存量，也要面临没有更多空间储存这些存量、为这些不断增长的存量寻求合理出路的问题。

1.4.5.5　消费排放量超过生产排放量

在服务型社会中，一方面，大多数生产阶段的排放量都在减少，而消费阶段的排放量却在增加，如二氧化碳、重金属的排放。这主要是因为很多国家已经采取各种措施控制工业排放。另一方面，随着进入消费过程的输入不断增长，消费末端的排放负荷和废物数量等输出就会增加（Ivanova et al.，2016）。安德伯格（Anderberg）、伯格贝克和洛姆的研究（1989）表明，在瑞典，工业活动一直是重金属排放的最大来源，直到 20 世纪 70 年代后消费导向的非点源排放开始占据主体（图 1.11）。

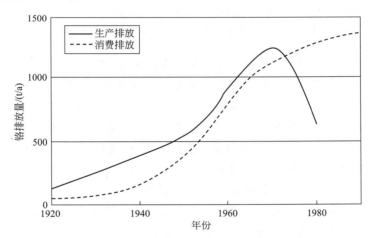

图 1.11　瑞典铬的消费排放与生产排放对比。污染治理措施和对重工业活动的限制降低了
生产排放，同时消费品需求量的增长以及材料使用的耗散性损失导致消费排放的增加
（摘自 Anderberg et al.，1989，获瑞典皇家科学院授权）

图 1.12 是一个基于 MFA 的实际例子。一家镀锌企业，经过生产工艺优化之后，大部分锌渣和废物基本实现内部或外部再利用，从生产过程来看，企业已经最大程度地实现了环境保护。但 MFA 结果表明，当前环境中锌最大的贡献源是产品锌镀层的腐蚀：在锌镀层使用的整个生命周期，这些镀上去的锌基本都损失到环境中去了。因此，尽管电镀工艺阶段采取了污染防治措施，但是，仍然有 85% 的锌流失到环境中。因为腐蚀过程是缓慢发生的，金属在表面的滞留时间非常长，所以金属流失到环境中所需的时间可能长达数年甚至数十年。今天的镀锌保护层会成为明天的环境负荷。当前，这些排放的重要性还没有得到评价或评估，因此，目前还没有方法来度量、分析这些污染源对环境的影响。对于最先进的表面涂层技术来说，对环境造成最大危害的不是生产过程的废料，产品本身才是环境负荷的重要来源。

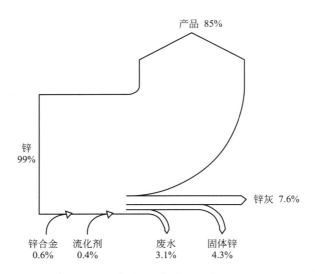

图 1.12　某先进锌电镀企业的锌流：85％的锌用作表面防腐蚀锌镀层随产品一起出售，其余 15％
未随产品一起出售的锌基本全部实现回收利用，生产过程中对环境的排放量很小。在镀锌产品
使用的整个生命周期，大部分锌都因为腐蚀而排放到环境中。可见，尽管工厂通过污染防治
措施努力保护环境（清洁生产），但大多数锌最终还是流失到了环境中（Brunner et al.，2001。
版权归 Wiley-VCH Verlag GmbH 和 Co. KGaA 所有，获授权）

　　出现这一新的现象，一方面归因于工业生产在环境保护方面采用了先进的技术和严格的政策，而另一方面则是因为持续快速增长的消费导致存量不断增长，而这些存量以持续但相对难以发现的方式向水体、大气和土壤中释放了大量物质。诸如此类消费相关的存量排放污染的例子还有建筑物表面的风化（锌、铜、铁等），汽车及交通基础设施的侵蚀和腐蚀（底盘、轮胎、刹车、栏杆、灯柱），空间采暖或制冷以及交通导致的二氧化碳及其他温室气体的排放，以及氮负荷过多等问题。城市是这些非点源的高发区。新的现状要求污染减量策略也要做相应改变。环境管理必须关注首要污染源才能取得效果，所以未来产品设计和环境规制必须将消费者输出作为关注对象。消费行为和生活方式决定着人类社会的物质通量，因此需要寻求有效方案来影响消费行为。

　　与工业污染相比，消费相关排放的预防更为困难，这是因为：

　　① 对于公司而言，要求其改变或者停止生产某个产品要远比在生产装置上加装污染消减设备困难。

　　② 消费相关排放源的数量要远远大于生产设备。

　　③ 一个消费者的排放量可能不大，只有当大量排放源累积在一起时才会对环境造成巨大的危害。因此，对于个人影响不大而整体影响巨大的关系，需要首先建立起单个消费者的小额贡献与总体贡献相关联的意识，才能解决这个问题。

　　④ 总体而言，工业源的排放削减效率要远远高于分散分布的家庭或者汽车这种小点源排放的削减。

1.4.5.6　废物数量和组分的变化

　　快速增长的消费导致废物数量和组成不断变化，而且这种变化还将持续下去。对于具有长滞留时间的物质，如建筑材料，在生命周期末端废物引起重视之前就已经积累了大量的存量。废物管理需要应对存量中的大部分物质，随着生产产品复杂性的不断提高，废物组成的品类也在不断增加，很多混合物组分过于复杂，几乎无法用物理方法进行分离。对于具有长滞留时间的存量需要进行保护，以防止生物质、辐射、温度、风化、腐蚀等对其造成破坏。因此，相比于如今可循环利用的短生命周期的消费品（如包装材料、新闻纸、玻璃）来说，这些长滞留时间的存量中包含了大量有害物质（如作为稳定剂或添加剂添加进去的重金属、持久性有机物），所以，如果要想在未来安全地循环利用这些长时间滞留在存量中的物质，就必须移除其中包含的大量有害物质。

1.4.6 物质流分析与其他方法联用

过程和系统优化依赖于可靠的分析与评估，以及恰当的工具。关于所需工具集合，以及MFA、投入产出分析、LCA、风险评估以及其他环境决策系统分析方法，大量研究都进行了讨论（例如：Wrisberg et al.，2002；Finnveden et al.，2006）。MFA与其他方法联用，不仅可以支持环境决策，还能为本节（见1.4节）讨论的其他诸多领域提供支持，特别是MFA与其他方法联用，从多重标准的角度整体优化人类社会系统，效果尤为显著，原因是MFA具有两方面的优势：

首先，能够帮助专家深入了解所研究的系统。为了刻画物质流、过程以及深入了解它们的变化，就必须划定系统边界，确定系统的关键元素，根据质量守恒定律建立相互之间的联系，并进行量化，通过分析常常能获得新的系统信息。其次，MFA结果为后续评价奠定了透明、可重复的基础，这样一来，就有可能从不同视角检验结果的意义，如资源管理、废物管理、环境影响或经济等视角。基于评价结果，可以按照既定目标对系统及相关过程进行调整和优化。

通常，第二点优势是开展MFA的真正驱动力：从资源潜力和环境影响的角度对流过某一经济系统的物质流［如金属铜（Graedel et al.，2004）或无机磷（Zoboli et al.，2015）］进行分析，或将废物管理系统与法律规定的目标进行比较，如人体健康与环境、资源保护等（例如Allesch et al.，2015）。

MFA分析、刻画物质流量、存量及其变化，这本身并不涉及价值评判。仅仅依靠MFA无法区分不同的流量与存量是有益的还是有害的，必须借助其他信息和评价标准。①LCA等评价方法提供了此类价值评判的标准（臭氧层破坏、酸化、人体毒性、生态毒性，诸如此类）；②比较人类社会系统MFA结果与自然循环的流量与存量，能够提供关于元素富集或者耗竭的信息，如果进一步与自然地质存量的限值标准（如土壤或水质标准）相结合，MFA结果就对环境评价非常具有价值了；③MFA与熵值分析联用，能够估计某一包含复杂过程的代谢系统中具体物质的耗散性是升高的还是降低的；④经济分析能够为流量和存量赋予货币价值，从而可以从经济角度评价一个系统。

MFA工具可以为LCA或者经济分析等后续评价步骤提供支持，确保后续用于评价的数据具有连续性、可靠性和透明性。应用MFA时，进入某一系统的所有物质都必须予以考虑，才能满足质量守恒定律要求。某些评价系统并不要求质量守恒，这往往会导致前期被忽视的某些"隐藏"的物质流在后期产生影响，只有开展所有输入必须与输出相匹配的分析时，才能发现这些隐藏的物质。特别是在元素尺度开展MFA（即元素流分析，SFA）时，所有元素满足质量守恒，要求评价者将所有有毒元素流都考虑进去，而不基于质量守恒定律的评价方法则往往难以考虑周全。

在实践应用中，MFA 与其他评价方法的联用一般是：首先建立 MFA 进行量化，再利用 MFA 分析结果作为 LCA 及其他方法后续评价步骤的信息支持。

MFA 与基于 LCA 的评价方法联用的实际例子有很多，如污水污泥处理技术比较研究（Lederer et al.，2010），制冷设备生命周期末端处理技术比较研究（Laner et al.，2007），国家废物管理系统评价研究（Brunner et al.，2016）。MFA 与 LCA 的深度联用已经形成了正式的优化框架，帮助从系统角度开发更优的资源使用策略。以 MFA 为基础，能够刻画资源流动，确定不同过程的迁移系数，基于这些信息，LCA 能够识别可以实现某些功能要求（如满足资源要求）和约束条件（如工厂容量、不同质量的物质输入不同利用方向）下的最具环境效益的解决方案。这样的优化框架已经应用于瑞士苏黎世（Zürich）地区的污水污泥管理实践中（Vadenbo et al.，2014a；Vadenbo et al.，2014b）。与当前使用的方法相比，推荐的模拟方法能够更好地识别出更具环境效益的污水污泥管理方案，并且能分析不同污水污泥管理策略下各环境目标之间的损益关系。除了再生资源利用的优化外，该方法还被应用于评价区域的木材资源优化利用（Höglmeier et al.，2015）。木材使用范围广泛，对其使用过程中的环境影响进行优化模拟就更为重要，特别是木材使用还会影响其他资源系统（如，木材代替化石燃料从而促进能源节约），因此，需要从系统整体环境效益的角度，制定木材使用策略。

在人类社会系统资源的角度，MFA 已经被作为主要工具之一应用于人类社会物质流量与存量的预测和开发（Lederer et al.，2014）。有时，MFA 会与环境评价或者经济性评价工具联用，对某一技术（如 Fellner et al.，2015）或具体项目（如 Winterstetter et al.，2015）进行分析，筛选出人类社会中具有经济开发潜力的那些资源。有时，MFA 还应用于资源使用和原材料供应的关键性评价方面（Graedel et al.，2011）。MFA 可作为主要基础工具，用于识别当前循环利用的水平，评估给定原材料的再生和循环利用程度（见 Nassar et al.，2011）。MFA 还常常与基于统计的熵分析联用，某一物质（资源）使用的耗散性特征越强，它就越难以循环利用，因此该物质的使用模式也就越难以持续（Georgescu-Roegen，1971；Rechberger et al.，2002；Yue et al.，2009），基于这一基本原则，可评估具体物质流系统的耗散性特征（Rechberger et al.，2002）。

在环境风险方面，MFA 被作为分析有害物质关于清洁循环和合适的汇的实现路径的支持工具（Brunner，2010），以研究某一具体策略是否适用于管理在人类社会或环境中具有累积或耗竭效应的有害物质。尽管当前这种富集或耗竭作用还不是政策的主要标准之一，但是对其开展进一步评估、采取可能的行动是有必要的（Vyzinkarova et al.，2013）。如果能与毒性数据结合，MFA 能够获得更多指向性结论。MFA 有些指标能够评估进入某些合适的汇的元素的分配情况，因此可以用作"早期预警"的工具（Kral et al.，2014）。MFA 与风险评价方法联用，能够帮助评估元素不同使用方式带来的风险（Chen et al.，2014）。特别是对于潜在暴露途径尚不可知的情况，以及/或者当前累积在人类社会存量中未来可能会成为污染物的情况，基于 MFA 进行诊断就会非常有用。具体例子请参阅相关文献（Gott-schalk et al.，2010）。

关于 MFA 结果的评价方法的深入讨论请参见 2.5 节。

1.4.7　政策评估与决策

在资源管理、废物管理和环境管理各领域，评估政策和设计政策都是巨大的挑战，因为其需要非常可靠的信息支持。当前一般的做法，由于信息、数据和方法的局限性，评估步骤都十分简单直接。而设计新政策则需要更多信息，要求基于过去的发展对未来的变化和发展方向进行预测，通常采用情景分析法分析不同政策选择情景的效果（如 Brunner et al.，2015）。MFA 非常适合此类研究，因其能够提供关于现状描述的可靠信息，为设置不同情景提供基础。另外，MFA 还能够描述相关系统各元素有一些简单改变的情景，如引入某些新的过程（迁移系数改变）、新的产品（商品积累或者耗竭）或一些新的元素。同时 MFA 还能分析外部影响，如对于资源利用效率的某些要求，或新的政策规定去除某些有害元素。通过 MFA 模拟系统代谢，当迁移系数发生变化，或有新的流量与存量发生变化时，重新计算情景变化会非常容易操作。

在人类社会代谢领域，人类社会中的物质流动是高效利用、资源耗竭/累积以及环境污染的主因，要预测变化的影响或设计出预防耗竭和污染的政策，就离不开对商品和元素流量与存量特征信息的掌握（Baccini et al.，2012；Baccini et al.，1996）。资源与环境政策评估研究的理论与实践经验已经用于为环境政策的模式转变提供支持（Pesendorfer，2002）。在开展环境保护的前几十年中，尽管焦点主要集中在工业和消费过程的输出，即末端排放上，但是后续的政策主要集中在减少物质输入方面，基于经济投入产出分析的物质账户方法就是输入导向和基于 MFA 的一个政策实例（Miller et al.，1985），该方法能够用于预测投资或技术变化带来的影响。

MFA 非常适合为政策制定者提供支持，因此被广泛应用于管理部门、政府机构、公司和国际组织，尤其适合国家和区域尺度的环境保护、资源管理和废物管理的政策制定和评估，同时也适用于经济贸易和技术进步类政策。此外，MFA 还能够为产业、贸易和非政府组织发展新技术、推进环境管理项目提供决策支持。

如 1.4.6 节所述，仅 MFA 本身不足以支持政策决策，它必须与其他方法联用，综合考虑经济价值、产品质量和环境负荷等评价指标，才能提供可靠的度量标准。

MFA 能够为政策决策和评估提供有效支持的原因如下：

① 质量守恒律：决策者和各利益相关方制定政策需要可靠的、可重复的和透明的信息支持，质量守恒律能为此提供保证。特别是斯坦（STAN）图和桑基（Sankey）图（见2.4 节）等图表可以将 MFA 结果信息以图表形式呈现，更有利于决策者获得直观、综合的决策信息。在 MFA 框架支持下，决策者可以深刻理解"所有输入都将在终端变为输出"这一关系。

② 商品与元素：政策决策往往是多维度的，会同时涉及多个领域，以 MFA 为基础，多个领域可以实现交叉，如经济、环境、资源（原生资源或再生资源），因为 MFA 既考虑了商品层面，也涵盖了元素尺度。商品是经济活动的基础，覆盖经济的所有方面，而各元素则是决定商品、资源或者环境影响等质量的因子。MFA 结果能够同时提供这两个层面的信息。此外，商品和元素在 MFA 中还表现出数量上的相互关联的特征（例如通过 STAN 软件），从而就可以为决策者提供可靠的物质综合系统的全景图。相对而言，伍珀塔尔研究中心提出的物质账户工具只能观察商品层面的经济信息（Matthews et al.，2000），在这一层

面，无法实现对影响效果的评价，如环境影响。基于商品和元素设计 MFA 框架，能够解决与影响相关的这类问题，还能建立影响发生位置与资源之间的严格关联，从而确保政策决策的高度针对性。

③ 系统理解：与 LCA 等评价工具相比，MFA 全面刻画了物质系统从流到汇（或者从输入到内部存量和输出）的过程，系统边界相互贯通，边界清晰，系统内的每个过程特征都由迁移系数描述，各种商品和元素的每一个流量和存量都有具体的数值，整个物质系统的运行特征清晰可见。此外，系统理解对于已有经验和知识的传播也尤为重要。

④ 不确定性：由于所依赖的知识基础具有不确定性，政策、决策不可避免地存在一定程度的风险（Morgan et al.，1990）。通常，决策者会对具有不同代价和效益的变量进行权衡比较，如从产品质量、环境负荷、资源保护等不同视角出发。如果各变量的不确定性相同，决策就相对容易。但是如果各变量的不确定性差别很大，决策就会非常具有挑战性。MFA 以系统和透明的方式处理不确定性问题（见 2.3 节），从而能够为不确定性条件下的政策、决策提供数字化、质量平衡核准的基础支持。

⑤ 统一度量：基于基本的常识和科学基础，MFA 使用简单、统一的度量单位度量各种物质流量和存量的值，比较不同地区（Klinglmair et al.，2016）、国家、公司等分析对象的数据和结果（如资源生产力）。此外，MFA 还便于收集统计数据，便于和其他政策分析人员及研究者在比较数据和结果时具有共同的方法基础。需要指出的是，目前 MFA 方法还没有实现国际方法和标准统一，未来仍需要进一步统一 MFA 定义、通用对比指标以及标准化。

⑥ 监测工具：对于很多政策、决策来说，都需要监测从源到汇的物质流动过程，如建立环境负荷与相应污染排放之间的联系，对城市矿产中资源累积进行预测，发现提高性能和资源效率的机会等。MFA 可以作为一个有效的监测工具，不过，更多情况下用于经济领域的监测，不同于传统意义上依据采样和化学分析的监测。MFA 监测在支持政策评价方面很实用，非常适合物质账户等面向输入的方法（Pesendorfer，2002），以及关注末端排放和累积的面向输出的方法。

⑦ 早期预警：开展不同时间段的 MFA（静态或动态）系统研究，可以观测到人类社会和环境存量中物质流的变化，这有助于早期预警，尽早识别出有益或有害的积累或耗竭，如城市物质存量，土壤、水体和大气中的存量。同时，MFA 对产业、贸易、商业及公共服务的效益也非常明显，因为如果能够对未来约束进行评估，就可以据此采取必要预防措施或提高企业应对能力。

⑧ 设定优先级：MFA 可以展现物质系统的全景，因此能刻画各独立过程的流量与存量的相对重要性。因此，由于经济原因或环境保护、资源保护原因而导致物质流量减少或者增加时，MFA 就能够帮助识别出需要调整的关键流量和存量对象。

⑨ 跨学科交叉：政策决策需要多学科成果的支持，如经济学、工程科学、自然科学等。MFA 适用于分析不同政策领域交叉的问题，支持在多个领域都会产生影响的决策，如社会经济、环境与工程等方面。MFA 为各学科交叉提供了一个互动平台，各利益相关方都可以通过该平台参与某一决策过程。明确界定某一物质系统后，各学科就都可以便捷地建立各自领域涉及的与共同目标相关联的内容。

1.5　物质流分析的目标

前文已经对 MFA 的应用领域进行了详细讨论，本节将简要概括 MFA 的核心目标。

总体来说，MFA 是分析与物质相关的系统的流量与存量的工具，可用于描述具体物质系统的行为特征。MFA 工具与 LCA、能流分析、经济分析、面向消费者的分析等工具联用，有利于理解和管理人类社会系统。MFA 的核心目标如下：

① 通过定义明确、统一的术语，借助选定系统边界的实物量的模拟工具，建立各个过程和物质流之间的联系，量化代谢系统的数量关系。

② 通过建立输入（源）、存量及输出（汇）之间的联系，追踪各过程，如从废物和末端排放追踪到最初的物质输入或初始过程，识别该代谢系统中关键的流、过程和存量。

③ 跟踪物质系统随时间的变化，关注其历史过程，基于历史与当前趋势，或基于发展路径假设（如新技术或者消费者行为等驱动因素的变化），预测未来的状况。

④ 尽可能降低系统的复杂性，同时确保为决策提供可靠的、可信的基础支持。

⑤ 采用质量平衡方法进行过程核查，识别缺漏，这也是 MFA 与其他基于经济数据而非大宗流动信息的统计方法的不同处。

⑥ 提供集中、综合、可理解的具体系统的流量与存量的结果，并借助合适的程序和结果可视化技术（如桑基图）提高透明度，促进广泛理解，推动各利益相关方的广泛交流。

⑦ 建立敏感性和不确定性分析框架，提供流量与存量的主要敏感性和不确定性来源。

⑧ 为 LCA、熵、经济分析、投入产出研究等评价工具提供基础支持。

⑨ 服务于环境、资源与废物管理：a. 对潜在有害或有益的累积与耗竭存量进行早期识别，以及对未来环境负荷及时进行预测；b. 设定环境保护、资源节约和废物管理措施的优先性，如哪种措施效益最大，哪种措施应该最先实施；c. 产品、工艺和系统设计，促进环境保护、资源节约与废物管理（绿色设计、生态设计、循环再生设计、面向处置的设计等）。

综上所述，MFA 是资源管理、环境保护等领域的核心工具之一。与 LCA、风险评价、经济分析等评估方法相比，MFA 不以评估物质流量与存量为目标，而是旨在为这些评估提供实物量的数据支持，只有与其他方法联用，MFA 才能实现影响评估。MFA 与物质账户"流量越小越好"、总体物质通量削减 75% 或 90%（Schmidt-Bleek，1998）的理念不同。关于应用于环境管理工具的不同目标的更多信息请参阅乌多·德海斯等的研究成果（2000）。

思考题——1.4 节到 1.5 节

思考题 1.5　假如你想重复圣托里奥实验，你会选择以下三种方法中的哪一个来测量被测试者的输入呢？（a）称量这个人吃的所有食物；（b）分别称量这个人在吃饭前后的体重，比较差值；（c）两者都做。注意：称量 1kg 和 100kg 时采用不同的天平。

思考题 1.6　为了节约资源，研究者提出 4 倍因子和 10 倍因子法（Schmidt-Bleek，1997；von Weizsäcker et al.，1997），两者要求总物质通量分别减少 75% 和 90%。（a）基于现有技术，在经济承受范围内，你会如何减少私人家庭单元的物质流量？参考表 1.1，对每种行为按照 4 倍因子减少物质流量的目标潜力进行讨论。（b）你认为 X 倍因子理论的主要优缺点是什么?

思考题1.7   图1.8给出了20世纪80年代全球镉的流量和存量。20年之后,2003年一份未公开发表的综述研究指出,人类社会镉的流量和存量发生了如下变化:镉开采稍有增加,从$18×10^3$t/a增加到$20×10^3$t/a,人类社会存量翻了一番还多(增加$300×10^3$t)。由于环境保护的限制,向大气环境和水环境的排放量降低了约80%,而含镉商品的滞留时间数据显示,每年大约有$20×10^3$t的镉转变成不再使用的商品,或被作为废弃物丢弃掉,或在人类社会中"流失"了。垃圾填埋场的镉的具体含量不可知,大概$2×10^3$t/a到$20×10^3$t/a。(a)讨论减少大气镉沉降对土壤的影响;(b)过去20年中,如果人类社会镉存量从$200×10^3$t增加到了$500×10^3$t,试估算进入垃圾填埋场的镉的量;(c)2000年左右,镍镉电池大约占镉使用总量的75%,你觉得可以采取哪些措施控制含镉电池的使用和处置带来的问题?

思考题1.8   制作一份你家产生的各项固废的数量列表[单位:kg/(人·a)]。从制作一份你家各种主要输入的物质列表开始。利用表1.1,你针对思考题1.3的方法,以及你自己观测到的数据,将你的家庭、汽车、水、食物等产生的所有废物都涵盖进去,根据收集类别(例如生活垃圾、建筑废物、危险废物)对其进行分类。

思考题1.9   阅读最新两期《产业生态学》(*Journal of Industrial Ecology*)中的文章,从中找出MFA的最新应用案例,指出MFA的目标、步骤以及分析结果,讨论MFA结论及意义是否充分可视化,评估MFA是否是实现这些目标的唯一可行方法,是否还有其他方法也能实现同样的分析结果。

第二章

物质流分析方法论

本章介绍并描述物质流分析的方法论。使用 MFA 方法开展不同的分析活动时，界定术语和方法分析步骤，是保证分析结果具有可重复性、透明性，并且能够相互交流、比较的前提，因此，本章采用巴奇尼和布鲁纳 20 世纪 80 年代给出的术语和对步骤的界定。在 1.1.3 节中指出，多名研究者推动了 MFA 的发展，同时也在应用中界定了不同的 MFA 术语，诸如元素和物质，有人用其指代元素，有人用其指代商品，还有人偶尔会用不同的称谓描述同一对象。如此一来就会对全球各地应用 MFA 开展实践分析产生影响，特别是对于初学者来说，如果一些基本术语乃至概念或方法不一致，就会导致学习和应用的困难。本章对此类问题进行了讨论，希望通过分析其适用条件，为读者提供相对统一的 MFA 方法体系。

2.1 物质流分析术语及其定义

2.1.1 元素

查阅词典，我们可以发现 MFA 领域涉及的元素（substance）有如下含义：指组成某一物体的实物；材料（Guralnik et al.，1968）；某种特殊的或确定的化学组分（Gove，1972）或单质；特定的特别是复杂的组成材料（Morris，1982）。对于物质（material），有以下解释：单质的；元素的（Guralnik et al.，1968）；可以组成或者能够生成某物体的元素、成分或物质（Gove，1972）；能够通过反应生成某种实物的元素或者多种元素的集合（Morris，1982）。尽管这些概念很明确，但是 MFA 研究必须重新明确其概念，这是因为，例如对于木材，很难依据上述定义确定其是元素还是物质。在日常表达中，这些定义都或多或少被用作描述同一件事物，因此，进行物质流分析需要采用化学科学定义的元素（substance）。元素是指由任意相同的单元组成的（化学）单质或化合物。所有元素都具有唯一的、特有的组成，因此都是同质性的（Sax et al.，1987）。根据此定义，显然木材并不是一种元素，它由多种不同元素构成，如纤维素、氢、氧等。因此，元素只能包括特定的单元组分。如果特定单元组分是原子，它就是一种化学元素，如碳（C）、氮（N）、镉（Cd）；如果特定单元组分是分子，如二氧化碳（CO_2）、氨气（NH_3）、氯化镉（$CdCl_2$），那么它就是化合物。在 MFA 中，化学元素或者化合物都被作为元素对待。需要指出的是，研究者偶尔会使用不同的元素定义：元素是指大小、形状不同，但是颜色、密度、电导率、溶解度等相同的某类单质的集合（Holleman et al.，1995）。这一表述中，元素有形状，显然一段 PVC 中包含的Cd 就不能算作一种元素了，因为 Cd 以复合形态存在，并广泛分布在 PVC 中，形成了一种新的同质性混合物，Cd 并没有独立的形状，因此，就不能算元素。在物质流分析中，我们并不采用这一定义，因为物质流分析需要跟踪各元素在某一系统中的命运，而不关注其物理或化学形态，因此必须分析由 PVC 制成的窗户框架中的 Cd 与其他元素对象。

对于物质流分析来说，如果元素在一个过程中没有被破坏或者流失，元素就被认为是守恒的。这一原则适用于在各过程条件下以稳定形态存在的各种元素和化合物。例如，在燃烧过程中，Cd 可能转变为 $CdCl_2$，因此，对于该过程，由于 $CdCl_2$ 的存在，无法建立平衡关系，就必须把 $CdCl_2$ 处理为不守恒的元素，而把元素 Cd 作为守恒的分析对象，因为 Cd 元素不会消亡。在化学领域，守恒是指物质不会发生反应，因此概念有所不同。在环境科学领域，守恒只是指元素一直存在于环境当中，不会受到一般的化学或生化反应的影响。

元素对于环境管理与资源管理极其重要，它们影响商品的价值或者毒性。很多物质流分析旨在识别具有潜在环境危害的各种流，研究这些元素在水体、土壤等环境要素中的命运。还有些物质流分析旨在进一步掌握人类社会系统中资源积累或者消耗的状况，其关注的元素常常包括重金属（Cu，Zn）或者营养元素（N，P）。物质在人类社会中流动，会因为其组成（元素）或数量而带来问题。在 2.1.10 节会对元素和物质进行进一步的讨论。

2.1.2 商品

商品（good）一词是指生产或出售的产品，常用于复数形式（goods）。此处，商品并不是"不好的"（bad）的反义词，此处是名词，而非形容词，废弃物也可被称为商品（Brunner，2001）。商品是指具有正向或者负向经济价值的经济学上的物品，商品由单一元素或者不同元素构成。因此，木材是一种商品。其他商品的例子包括饮用水（含有 H_2O、Ca 以及其他微量元素，因此水并非一种元素）、矿石、水泥、电视、汽车、垃圾、污水污泥等。所有这些物质都具有经济上的价值属性，它们在市场上流通，有时也会出现在各种统计报告中（地区政府、国家或国际组织和机构、公司等）。因此，大部分商品的生产数据都能获取（例如以 t/a 为单位），这些信息为建立物质平衡提供了基础。

有些情况下，产品（product）、制造品（merchandise）或贸易品（commodity）等与商品一样都会出现，这些都表示相同的意思，都是日常表达。不过，产品常常倾向于描述产出，而不关注某一过程或者反应的输入。制造品或者贸易品常用于描述商品的正向经济价值，很少用于描述具有负向经济价值的垃圾或污水污泥等。只有很少一部分商品没有经济价值，如空气或者雾。

2.1.3 物质

物质（material）一词在 2.1.1 节进行了说明。尽管物质流分析日常使用中并不专门区分元素和物质，但是实际上物质既指元素又指商品，因此碳和木材都是物质。

2.1.4　过程和存量

过程表示物质的转化、迁移或者贮存（Baccini et al.，1991）。需要注意的是，有些作者会使用库（reservoir）一词，而不用过程（process）。库的含义相对更窄，并不能涵盖过程所指代的所有特征。过程是指事物质量的变化（矿产变成产品或废物），而库主要是指数量的变化（矿产储量变化，地下水量的变化，垃圾填埋场垃圾数量的变化），所以库更多情况下是作为存量（stock）的同义词。过程的含义相对更广泛，同时包括数量和质量的变化（位置也属于质量的一部分）。

物质在经济体内不同层面发生迁移转化。采矿和冶金业的初级生产过程中存在转化，如从矿石中提炼出金属。消费过程中存在转化，如家庭消费商品使其变成废物或污染物排放。其他例子还有：

① 在人体中，食物、水、空气等转变成 CO_2、尿液、粪便以及人体组分。

② 在某个指定区域的私人家庭单元内，各种输入都被转化成污水、废物、废气以及其他有用的输出。

③ 污水处理厂将污水转化成净化水和污水污泥。

④ 汽车燃烧化石燃料，以 $0.003s^{-1}$ 的速度产生 CO_2。

⑤ 发电厂以 $60s^{-1}$ 的速度消耗燃料（为一辆汽车的 20000 倍）。

⑥ 城市代谢，将大量输入转变成相应的输出。

⑦ 某个地区的整个农业系统，如美国或者某一河流流域的所有国家，将无机氮转化成有机氮等。

物质的转化并非仅仅发生在人类圈，实际上，与自然系统关系更为紧密。例如，森林将 CO_2 转化为 O_2 和生物质，土壤将生物质残留物转化成营养物质和 CO_2。

同样，商品、人、能量以及信息的迁移或运输也可以描述为一个过程，在该迁移过程中，商品并未转化为其他物质，而是发生了位置改变。迁移过程包括所有消耗的物质流，以及产生的垃圾和排放。转化和迁移过程可以总结在一张表中（见图 2.1），涉及的过程通常被假定成不同的黑箱，在分析时并不考虑黑箱内部的具体过程，而只关注输入和输出。否则，就要将该具体过程再细分成不同的子过程。

通过划分子过程可以更深入地分析整个过程的各种功能（见图 2.2）。如果将某一过程细分为不同的子过程，这些子过程、流量和存量的集合就构成了一个子系统。在 MFA 模型中，有时需要定义不同层次的子系统，如此一来，高层级系统中的主要流量与存量将更加清晰、易于可视化和理解。如果研究者想要了解更多的细节，就可以逐层深入，细致地分析次级系统的过程、流量与存量。同样，如果要改善某一具体过程的输入或输出，就需要了解该过程的内部机制，也就需要分析该过程的子过程及各流量之间的关系。此外，还有一种情形，就是当某一输入或输出数据缺失或无法获得时，需要细分某一过程的次级过程，通过这些次级过程的流动就可以算出缺失的数据。

除了黑箱法之外，还可以借助第三种过程类型来描述某个过程中的物质的量。储存在某一过程中的物质的数量称为该过程的物质的存量。存量以及单位时间存量的改变速度（物质的积累或消耗速率），都是用于描述过程的参数。物质停留时间非常长的（$t_R > 1000$ 年）过程被定义为最终的汇。

对于存量，如住宅储存的水泥、家具、电器等商品，储存时间从几年到几十年不等。再如垃圾填埋场，人们将大部分不可回收利用的物质送往垃圾填埋场，贮存时间达到数百到上千年。自然界的存量的例子有大气或者海洋储存 CO_2，土壤或沉积层储存重金属等。某一过程中的存量常常被表示为"过程"箱中的一个小箱（见图 2.1）。

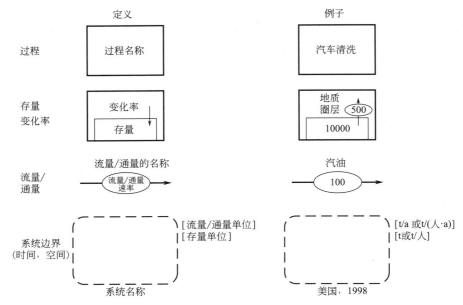

图 2.1　MFA 图中使用的主要符号（当作图空间不够时，有时会省略表示流量/通量速率的椭圆）

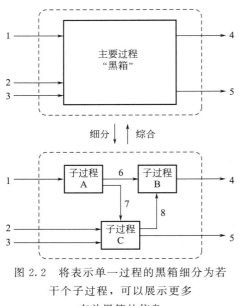

图 2.2　将表示单一过程的黑箱细分为若干个子过程，可以展示更多有关黑箱的信息

MFA 表明，在人类发展历程中，发达经济体已经积累了大量的物质存量，因此，存量研究在产业生态学领域中越来越重要。在过去五十年中，数十亿吨物质积累在建筑、建成环境和基础设施中，这些商品长久滞留（几百年），因此，从某种意义上说这些存量就成了这些物质的临时储存器，达到一定滞留时间之后，就会作为输出（二次资源）释放出来。如，经济和技术条件发生变化，或这些临时储存器的储存功能降低时，存量的输出很可能就会变成经济系统输入的重要供给源。因此，掌握存量的动态特征，了解存量的组成、各种物质的平均滞留时间及其变化和驱动因子就变得尤为重要。通常，可以通过动态 MFA（自上而下）或自下而上的方法（见 3.2.3 节）对存量进行分析。

2.1.5　流量与通量

在 MFA 中，有时流量（flows）和通量（fluxes）不会区分得非常清楚。流量是指"物质流动的速率",是单位时间内物质流过某一容器（如水管）的量，流量的实物单位通常为 kg/s 或 t/a。通量是指通过单位横截面的流量，对于水管来说，通量是指流过水管横截面的流量，通量单位通常为 kg/(s•m²)。可见，某一系统（如水管）的流量与通量的单位是不同的。通量有时会被认为是一种特殊的流量，总截面的所有通量之和为总的流量（见图 2.3）。

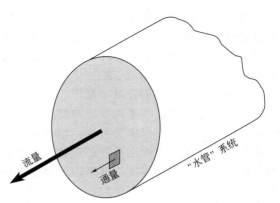

图 2.3 流过某水管的水的总流量和部分具体流量（通量）

在 MFA 中，通常使用的横截面包括某个人、某个系统的边界面或者某个家庭、某个公司整体。有时，整个系统也会作为一个截面，此时，通量是指过程中发生的所有物质交换。例如，某个区域输入的所有石油都被界定为一个通量，该研究就将整个地区作为横截面。同样，人均流有时也被界定为一个通量，此时横截面就变成了该区域内的居民。

本书将某一系统实际发生的物质交换定义为流量，系统本身并不作为一个横截面，只有与某个截面相关的那些物质流才被定义为通量（见图 2.4）。

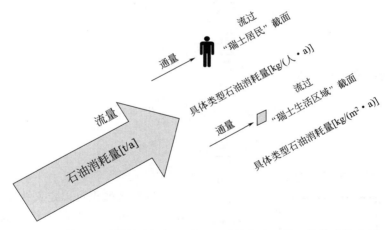

图 2.4 "瑞士"系统的流量与通量，通量是指流经截面的特殊的流量

表 2.1 中展示了流量、截面以及通量的一些示例。

表 2.1 流量、截面以及通量示例表

项目	系统	截面	截面规模	流量	通量
纸消耗量	瑞士	瑞士人口	730 万	1.8×10^6 t/a[1]	246kg/（人•a）
废物处理量	城市生活垃圾（MSW）燃烧炉	炉排	50m²	15t/h	300kg/(m²•h)
SO_2 排放量	瑞士	国土面积	42000km²	30000t/a[1]	0.7g/(m²•a)
氮总沉积量[2]	维也纳	城市面积	415km²	1400t/a	3.4g/(m²•a)

[1] 2000 年数据；

[2] Paumann et al.，1997。

　　使用通量进行分析的一个优点是通量有特定的值（像密度和热容一样），便于在不同过程和系统之间进行比较，有时，通量也被用作快速、粗略评估人类社会、某些过程或物质流量的参考值：经济水平高的社会，生活垃圾产生量大约为 500kg/（人·a）；一辆经济型小汽车每百公里消耗不到 5L 汽油。

　　流量与通量用箭头表示（见图 2.1），每个流量和通量以及初始和最终过程都需要定义。产生流量与通量的过程进入系统的部分称为输入过程，而产生离开系统的流量与通量的过程则称为输出过程。根据定义可知，输入和输出过程都位于系统边界之外，因此它们不包括在平衡关系内，输入或输出过程的存量并不会被考虑在内（见图 2.7）。设计某一 MFA 系统，当数据不足而难以完成时，就可以借助这些输入和输出过程的数据：因为输出或输入过程并不包括在平衡关系内，则可以在设计时把信息不足的某个过程转移到系统边界之外。商品流用 $\dot{m}$ 表示，元素流用 $\dot{x}$ 表示。

2.1.6　迁移系数

　　迁移系数（TC）描述了某一商品或元素在某一过程中的比例关系，既适用于单个输入，也适用于总输入，其定义见式（2.1）～式（2.4）以及图 2.5。

　　具有不同迁移系数的输入：

$$\dot{m}_{\text{output},j} = \sum_{i=1}^{k_\text{I}} \text{TC}_{i,j} \times \dot{m}_{\text{input},i} \tag{2.1}$$

$$\sum_{j=1}^{k_\text{O}} \text{TC}_{i,j} = 1 \tag{2.2}$$

　　具有相同迁移系数的输入：

$$\dot{m}_{\text{output},j} = \text{TC}_j \times \sum_{i=1}^{k_\text{I}} \dot{m}_{\text{input},i} \tag{2.3}$$

$$\sum_{j=1}^{k_\text{O}} \text{TC}_j = 1 \tag{2.4}$$

　　式中，k_I 为输入流的数量；k_O 为输出流的数量。

图 2.5　元素 x 迁移到输出流 2 的迁移系数，
根据公式计算：$\text{TC}_2 = \dot{x}_{\text{O},2} / \sum_i \dot{x}_{\text{I},i}$

　　迁移系数也可以定义为某一过程输出的所有商品或者元素，迁移系数乘 100，就是某一元素转移到某个输出商品中的总的比例（称为所占份额）。这是一个物质特征值。此外，迁移系数还与技术有关，代表着某一过程的特征。迁移系数不一定是常数，而是取决于诸如过程条件（例如温度、压力）和输入组分等因素。在分析中，有时也将迁移系数看作在一定范围内变动的常数（见图 2.6），可以用于开展系统对象或不同情景的敏感性分析。

2.1.7　系统与系统边界

　　系统是 MFA 研究的目标对象，系统由各种 MFA 元素、元素间的相互作用关系，以及这些元素与其他元素之间的时空边界构成。在系统中，各实物单元相互连接，相互作用，从而形成一个整体（Patten，1971；Ayres，1994）。开放系统还与周边事物相互作用，输入或输出物质和能源；封闭系统则完全独立，在系统边界处没有与外界的物质和能量交换。在 MFA 中，各实物单元被定义为过程，各过程之间的相互连接或相互作用被定义为流量。单个过程或多个过程都可以形成一个系统，在实际分析中，有时很难界定系统，MFA 的失败也往往是因为系统没有界定好。系统边界包括时间边界和空间边界。

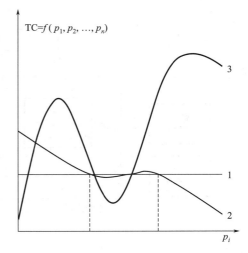

图 2.6　各种类型的迁移系数：TC1 独立于参数 p_i；p_i 值在一定范围内时，TC2 可以当作常数处理；TC3 对参数 p_i 的变化敏感

时间边界取决于研究的系统类别，以及针对的问题。时间边界是指开展研究和物质平衡时对系统设置的时间跨度，理论上可以是燃烧过程的 1 秒，也可以是垃圾填埋过程所需要的 1000 年。研究中，1 小时、1 天或者 1 年为经常使用的时间边界。对于公司、城市或者国家来说，1 年跨度的数据往往易于获取，因为财务统计等报告通常是以年为单位完成的，所以以年为单位的信息比其他时间尺度的信息更容易搜集到。

空间边界常常与各过程发生的地理区域密切相关，可能是一个公司、一座城市，或是像美国长岛海峡（Long Island Sound）或多瑙河流域（Danube River watershed）这样的一片区域，还可能是像美国这样一个国家，像欧洲这样一片大陆，乃至整个地球。有时 MFA 也会使用一个抽象的区域作为经济体的某个特殊部分的边界，如一个国家的废物管理系统，单个家庭或者是某个指定经济体的人为指定的区域。对于大部分研究来说，都必须界定系统的空间边界，有时甚至需要界定三维边界（Z 轴）。区域之间的气体（以及污染物）交换大部分都发生在地球表面以上 500m 范围内的大气圈层中（也称为地球边界层，PBL），在其之上的大气圈层中，物质交换则几乎可以忽略不计。在地表以下，系统边界可以延伸至地下水层。图 2.1 和图 2.7 中，用虚线圆角矩形表示系统的空间边界。

循环一词通常应用于如国家或大洲等大系统的物质平衡（Ayres，1994；Van der Voet，1996；Van der Voet et al.，2000；Graedel et al.，2002）。该表述来源于驱动生物圈的碳、氧、氮、氢、硫、磷等元素的宏观生物化学循环。在自然系统中，这些元素的循环过程非常缓慢，这与人类社会元素循环非常不一样（例如 1.4.5.3 节关于城市物质循环的内容，以及 3.2.2.1 节关于铜循环的内容），因此，在分析城市区域、国家经济系统等人类社会系统时采用循环一词有时会有些奇怪。

2.1.8　行为

除社会、文化、技术和经济进步外，人类还有吃饭、呼吸、睡觉、交流、出行等基本需求（Baccini et al.，1991），可持续社会的主要目标就是要以最小的成本满足这些基本需求。行为（activity）是指为了满足人的某项基本需求所发生的所有商品和元素的相关过程、流量与存量。除此之外，人类还有爱、安全、知识交流、社会认可等其他非物质需求，这些很难量化，因此也无法纳入 MFA 范围。不过，尽管无法量化，这些非物质需求却是物质需求

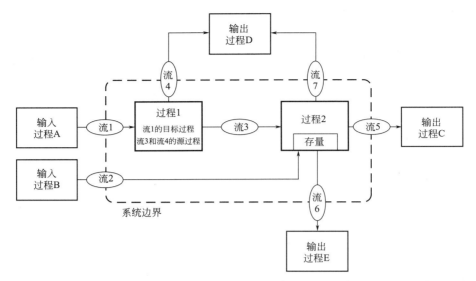

图 2.7　MFA 系统及各种术语示例，输入、输出流以椭圆表示，位于系统边界，便于理解。
需要说明的是：不能将系统边界以外的过程纳入平衡过程

的重要驱动因子。

定义行为有助于对满足人的需求的某种方式进行分析，评估其局限性和优化潜力，提出
对该方式进行优化的策略和措施建议。

大部分重要的行为都可以按照如下所述进行定义。[需要说明的是，此处列举的行为并
未包括所有行为，其他如休闲、健康、运动等行为也可以根据必要性进行定义，以分析和解
决与其相关的资源等问题（Baccini et al.，1991）。]

2.1.8.1　食物供给

食物供给行为包括与生产、加工、配送、消费固态或液态食物有关的所有过程、商品和
元素。食物供给起始于农业生产（如谷物种子、水、空气、土地、肥料等商品，以及大豆等
作物的生长过程）、食物加工（如罐头厂加工过程，形成罐装豆子等商品）、配送（如商店销
售过程）和消费（如私人家庭中储存、预处理和消费罐装豆子的过程），终止于向大气、废
物废水处理系统排放气体（呼吸）、粪便、尿液以及固体废物（罐子和吃剩的豆子）。这些系
统属于清洁行为，下一段将会讨论。图 2.8 描述了这类行为的主要过程。

2.1.8.2　清洁❶

在人类社会系统中，通常要将有用的物质与不需要的物质分离，如：利用甘蔗生产糖的
过程中，将蔗糖与木质素及其他杂质分离；在干洗过程中，利用四氯乙烯等有机溶剂从衣物
表面去除污渍。人们还需要去除身体上附着的尘土和汗渍，从身体中去除代谢产生的没用的
物质和废物，如呼吸产生的二氧化碳，肾脏中多余的盐，或粪便中未消化的生物质。上述所
有这些过程都称为清洁行为，即将有价值的物质与不需要的物质分离的行为。清洁行为是人
类一项重要的生理学行为，是人们保持物质输入（食物、饮料）与输出（粪便、尿液、废

---

❶ To clean，此处翻译为清洁，包括清洁和清除活动。

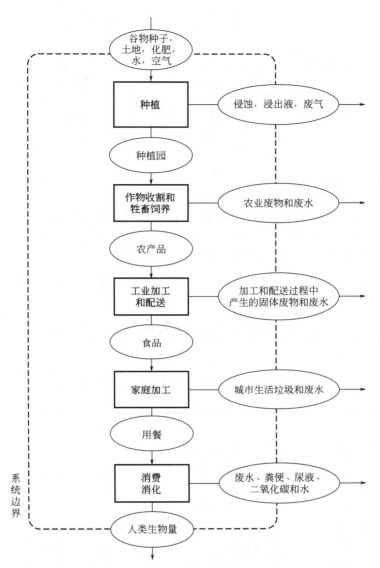

图 2.8 食物供给行为中发生的各主要过程链，其中各过程所需的商品（能量、设备、
工具等）并未纳入系统（获得 Springer Science 及 Business Media 授权。
Baccini et al.，1991；Baccini et al.，2012）

气）平衡的基础。如果不排出产生的二氧化碳和其余废物，人们将无法生存。个人的其他清洁行为还包括私人或商业洗衣房（见图 2.9）、餐具清洗、房屋打扫等，产业的清洁行为包括冶炼、金属提纯、烟道气处理等，社区的清洁行为包括废水和垃圾处理、公共卫生管理等。同时，清洁对于保持个人卫生和公众健康也是必不可少的。

2.1.8.3 居住与工作

居住与工作行为包括建设、运营以及维护住宅和工作设施所需要的所有过程，其中主要过程包括设施建造、设施运营与维护、机器制造、机器设备的运营及维护、家具和家用电器制造、衣物和休闲设施制造、消费。

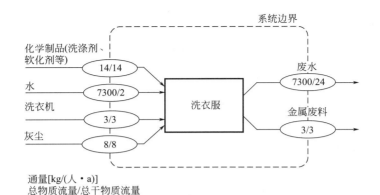

图 2.9   家务过程洗涤子过程中清洁行为的商品物质流，去除纺织品中 1kg 灰尘需要大约 100kg 水
［单位：kg/(人•a)，左侧数字表示总物质流量，右侧数字表示总干物质流量］（获得 Springer
Science 和 Business Media 授权。Baccini P et al.，1991；Baccini P et al.，2012）

表 2.2 列举了与建筑建造有关的一些子过程和商品。图 2.10 描述了居住与工作行为相关的过程和商品。

表 2.2   建筑建造过程的子过程及商品的输入和输出

过程	子过程	输入	输出
建筑建造	水泥生产、钢铁和金属生产、采石、木材加工、能量供应	碎石子、砂、石材、石灰石、泥灰岩、金属矿物、木材、燃料、水、空气	建筑物、建筑废物（包括新建筑施工和旧建筑拆除过程中产生的固体废物）、废水、废气

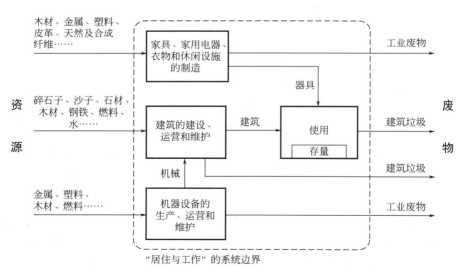

图 2.10   居住与工作行为相关的过程和商品，仅展示了固体废物
（获得 Springer Science 和 Business Media 授权。Baccini et al.，1991）

某一设施所能提供的功能和服务是多重的。房屋为住户提供合适的温湿环境，这依赖于不同的供暖和制冷系统、不同的墙体结构以及不同的保温材料。不过，在低温季节，也可以通过其他方法保持室内温度。除了在建筑表面采取措施（例如建筑墙体保温）之外，还可以采取减少供暖与增加衣物相结合的办法。不同的方案（供暖、保温、增加衣物）会导致不同

的物质和能源消耗。

2.1.8.4 交通与通信

交通与通信行为涉及运输（传递）信息、物质、人的诸多过程，这些过程包括道路修建、路网和交通工具的运营和维护，印刷和电子媒体的制造、传播和管理，等等。由于技术的快速发展，与该行为相关的过程和商品更新换代很快。如今，已经建成了公路、铁路、航线、光纤、卫星、无线电等网络，因此，信息能够通过多种途径实现远距离传播。传播方式可以是人力、信息载体（如打印纸、压缩光盘、磁盘等），也可以是电缆、光纤、无线电等。分析这类行为，可以比较哪种信息传播方式资源消耗更少，通过评价该行为在不同运输模式（如汽油与氢能或电池供能的发动机对比）及不同管理模式（私人小汽车与使用租车服务相比）之间的差异，可以对比不同运输系统和策略。对于交通与通信行为，自动驾驶汽车的物质和能源消耗是研究的热点领域之一。

多个产品与过程有可能是不同行为的共同组成部分。例如，在驾驶汽车去工作或者开展商业活动这个过程中，租车既是交通与通信行为的组成部分，也是居住与工作行为的组成部分，因为其对于这两个行为都是不可或缺的。需要特别说明的是，对于各行为的过程并没有严格的规定，主要根据完成的功能来确定，如果一个过程为分析、优化某一行为提供了服务，它就属于该行为。

2.1.9 人类社会及其代谢

人类生活的圈层，是一个充满能源、物质和信息流的复杂系统，称作人类社会（anthroposphere）（Baccini et al.，1991）。人类社会是地球的组成部分，包括与人类活动有关的各过程，有时人类社会也被认为是一种有机体。与植物、动物、湖泊、森林的物理过程类似，人类社会也包括各种元素的摄取、迁移和储存过程，这些元素在有机体内进行生物化学转化，同时输出不同数量和质量的副产品，如烟气、污水和垃圾（Baccini et al.，2012）。与人类社会相对的是无机环境，人类与（无机）环境通过资源开采（空气、水及矿物质）以及副产品和废弃物的排放相互联系。人类社会也可以被定义为人类活动发生的任何区域的一部分。

已有研究把人类社会分成四个组成部分（见图 2.11 中的主要过程，为了简化，图 2.11 并没有完全依照 MFA 方法要求绘制）：农业；工业、贸易与商业；私人家庭（消费）；废物管理。

人类社会整个链条都与环境发生着物质和能量的交换，主要包括大气圈、水圈、土壤圈和岩石圈，通常采用大气、水体和土壤（或土壤圈）的说法，有些研究者还使用技术圈、人类生物圈或社会经济圈表示人类社会。

有时，人类社会与环境之间相互作用的边界并不清晰，例如，人类利用的土地既被看作人类社会的一部分，同时也是自然的组成部分。因此，人类社会的界定存在一定的主观性。有些研究者提出，所有的土地都应归类为人类社会，因为人类活动向地球上所有土地中输入了元素，已经没有一块土地是天然的、未受人类影响的，所以，土地已经不再算作自然环境了。也有人认为，只有那些受人类活动影响频繁的土地才能归入人类社会。在 MFA 实践中，上述问题具体如何归类通常不会产生很大影响，在分析中遇到此类问题时适当解决

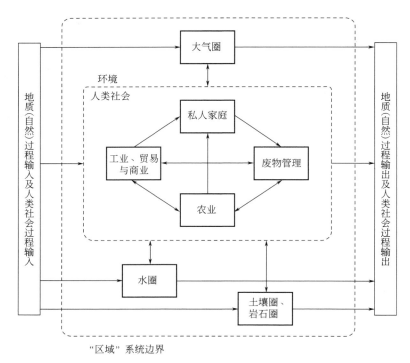

图 2.11   人类社会活动区域可以划分为人类社会子系统和环境子系统,各子系统内部、
子系统之间以及子系统和外部区域之间都发生着物质交换

就好。

代谢（metabolism）一词在很多领域和研究中都会用到。最初,代谢用于描述有机体内能量和物质的摄入、迁移、转化以及排放等（生物）过程;后来,由于人造系统仿生研究的发展,代谢一词被用于人类社会以及地质（自然）过程和系统（Baccini et al.,1991;Ayres,1994）。MFA 研究中,系统代谢描述了系统内物质的迁移、储存和转化过程,以及系统与环境之间的物质交换。代谢在人类社会、地质（自然）过程和系统中都有应用,有时也会用到生理学一词。当下,很多研究中都使用代谢的概念,生理学这一表述尚未得到如此广泛的应用。

2.1.10   物质流分析

MFA 方法适用于描述、分析和评价人类社会系统与地质系统的代谢,MFA 同时还界定了建立这些系统的物质平衡的术语和步骤。2.2 节详细地介绍了如何开展 MFA。MFA 既包括商品平衡,也包括元素平衡。1.1.4 节与 2.1.1 节对于为什么要在元素尺度而非仅在商品尺度进行平衡、制定决策进行了讨论。

MFA 程序的第一步是建立被研究系统的商品尺度的质量平衡,这是后续对某些元素进行平衡分析的前提。之所以要同时进行商品和元素平衡,是因为如果 MFA 中仅进行元素平衡分析,而不进行商品平衡,其所提供的信息将不足以全面支持政策分析和决策。

首先,对于系统中的每种元素流,都必须了解由这些元素所构成的商品的流动,现实中,这些商品流动往往可以直接控制,而对元素流只能施加间接影响。例如,利用污水污泥可能造成农田土壤中重金属的积累，控制流入土壤中的重金属只能通过采取管理污水污泥的办法来间接实现。

其次，还需要了解商品中元素的含量。例如，要减少某一有毒元素的流量，就必须知道商品中该元素的含量，商品中该元素含量越高，要使进入环境中的该元素达到可接受水平，商品的数量就越少，在设计合理的削减策略时，这一具体量值是关键要素。

最后，建立商品和元素的质量平衡关系，有助于发现错误的源头，这些错误在仅进行商品或元素平衡时往往无法识别。图 2.12 是关于生活垃圾燃烧炉的商品和镉元素质量平衡的桑基图，将两张图综合起来，相比于仅使用商品或元素尺度的单一图，能够得到更多的信息和结论。

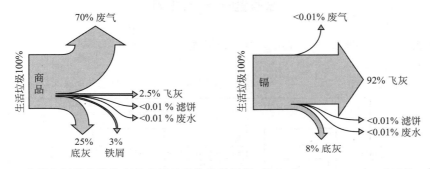

图 2.12　生活垃圾燃烧炉的商品和镉元素的质量平衡（Schachermayer et al.，1994），每一个平衡都提供了部分信息，把所有平衡的信息综合起来就能够全面刻画一个生活垃圾燃烧炉中所有物质的流动特征，由此可见，商品和元素的平衡都是必要的

除了 MFA 之外，SFA（元素流分析）的概念也常常出现，有些研究并不严格区分商品、物质及元素，如本章中的一些例子。因此 SFA 有时会被作为 MFA 的一种类型，有时，SFA 也特指一种或多种元素的质量平衡分析（Van der Voet，1996；Van der Voet et al.，2000）。格雷德尔和艾伦比（Allenby）讨论了原子流分析（elemental flow analysis，EFA）、分子流分析（molecular flow analysis，MoFA）、元素流分析（SFA）以及物质流分析（MFA）的区别（Graedel et al.，2002）。它们不仅仅在研究对象是原子、分子、元素或物质上存在差异，还在分析目标和范围上有所不同。对于一个锌系统的平衡分析，根据研究重点不同，例如强调锌是原子（EFA），还是强调锌作为化合物（SFA），或者锌在不同汇（或过程）中的交换（MFA），需要分别开展 EFA、SFA 或 MFA。在某些教学过程中，仅仅使用 MFA 表示商品质量平衡，而不考虑元素，这时常常称为整体物质流分析（bulk MFA），物质（material）一词被用来专指商品而非元素。与 SFA 相比，在商品层面开展的研究并不包括环境影响，整体 MFA 研究能够提供关于发达经济体中商品流通的影响的相关信息。

在本书之后的内容中，MFA 一词是指对人类社会系统与自然地质系统的代谢特征的研究和量化，内容涵盖系统界定，边界选择，相关的商品、元素和过程。此外，在 MFA 中，对商品和元素都需要进行质量平衡。

2.1.11　物质账户

物质账户（有时指物质列表），是指通过对一些关键流量与存量进行测量来定期更新

MFA 的结果。物质账户得到的时间序列分析结果能够反映发展的趋势，为资源管理、环境管理和废物管理提供支持。MFA 是物质账户的基础，帮助理解被研究的系统，识别开展进一步分析所需要的合理参数（流量、存量、浓度等）。物质账户有助于利用最小的经济成本筛选出提供最大信息量的关键参数。物质账户可以应用于不同层面，包括从单个企业到整个国家经济体的各种尺度的系统。伍珀塔尔研究中心（Wuppertal Institute）提出了相对明确的物质账户的内容和方法（Bringezu et al.，1997），他们应用物质账户研究商品，但并未将元素考虑进去。

思考题——2.1节

思考题 2.1 查看图 2.13，找出其中 9 处错误。

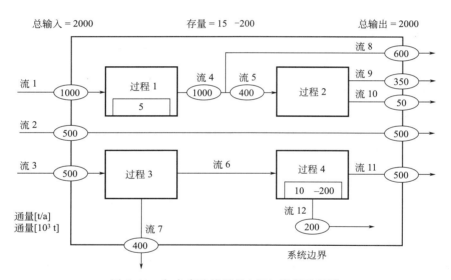

图 2.13 包含多处错误的 MFA 流程示意图

思考题 2.2 下面给出了一些流量、通量和存量的物理单位，请将这些单位分别归类，并试着给出其他单位：t/a，L/($m^2 \cdot s$)，kg/h，mg/人，m/s，Tg，kg/(人·a)，$\mu g/(m^2 \cdot a)$，kg/m^3，L/d。

思考题 2.3 （a）评估你的平均日耗水情况。首先，列出你每天消耗水的所有过程；其次，尝试评价每个过程对水的使用情况；最后计算估计结果，单位为 L/(人·d)，当具体量值存在不确定性时给出估测范围。（b）利用网上的数据，比较从网上获得的结果和你个人分析的结果。

思考题 2.4 在工厂中通过机械分离，可将生活垃圾分离为 30% 的可燃物和 70% 的其他物质，其他物质进入下一步消解过程，大约一半通过厌氧处理转化成生物气（沼气）。（a）画出该系统的量化流程图。（b）汞浓度如下：输入的生活垃圾为 1.5mg/kg；燃烧部分为 1.0mg/kg；产生的沼气为 0.005mg/kg；消解后得到的残余物为 3.4mg/kg。请计算汞的整个物质流过程以及迁移系数。

思考题 2.5 根据在地壳中所占的比例将下列元素分成三个类别：基质元素（大于

10%）、痕量元素（小于 1％）、中间元素（1％～10％）。具体元素包括 Au、Cr、O、Na、Cu、Ca、Hg、Sb、Ag、Mg、Mn、Zn、Ti、V、Fe、Si、Rb、Cl、Al、As、K、Pb、Se、H、C、Tl、Cd。

思考题 2.6　将下列商品和过程归类到食物供给、清洁、居住与工作、交通与通信几个不同行为类别中：砖、水泥窑、静电除尘器、养鸡场、化肥、燃油、汽油、牛仔裤、移动电话、纸张、铲式挖掘机、氨、卡车、吸尘器。提示：其中某些商品和过程可能会同时属于不同的行为类别。

思考题 2.7　图 2.14 中的代谢系统由哪些类型的过程（转化、迁移、贮存）组成？

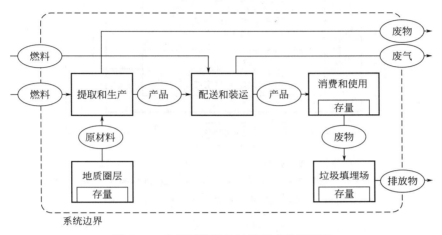

图 2.14　由不同类型的过程组成的流程图

思考题 2.8　下列哪些属于人类社会过程，哪些属于自然过程？农业，农用土地，大气圈，堆肥生产，作物生产，森林管理，垃圾填埋，土壤圈，岩石圈，地球边界层，河流，火山，动物园。

2.2　物质流分析步骤

本节将逐一介绍 MFA 的各个步骤。一般来说，MFA 从确定问题与目标开始，然后选择与之相关的元素、商品、过程，划定适当的系统边界，通过这些步骤定义系统，建立定性分析模型。之后，基于测量、文献数据以及估计值，确定这些流中的物质流量、商品存量以及流中的元素含量。在此基础上，基于物质守恒，建立每个过程及整个系统的流量与存量平衡关系，同时考虑不确定性，这一步骤通常利用 MFA 软件实现。通过上述步骤，建立定量分析模型，利用软件完成计算，得到结果，并实现可视化，为制定目标导向的决策提供支持。特别需要说明的是，这些步骤并非是严格的连续完成的，而是一个不断迭代优化的过程。MFA 执行过程中的各种选择及给出的数量值都需要不断进行核查，如有必要，必须根据项目的目标进行调整。总的来说，最好是先利用获得的数据和粗略估计进行分析，之后再不断优化、改进系统和数据，直到数据质量满足不确定性的要求（见图 2.15）。

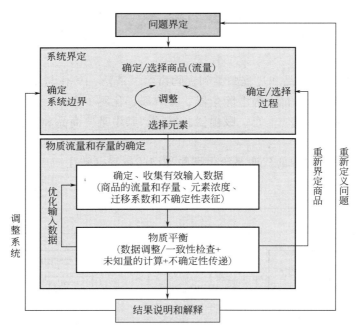

图 2.15　一个具体的 MFA 执行过程，由于目标、方法和不确定性有很大差异，
该过程包括多个迭代过程（获得 Springer Science 和 Business Media 授权。
Laner et al.，2016。基于 Brunner et al.，2004）

2.2.1　元素筛选

选择 MFA 涉及的元素有多种方法。元素的筛选，一方面要考虑 MFA 的目的，另一方面也依赖于开展 MFA 建立的系统的类别。

第一种方法，诸如《清洁空气法案》，建筑、材料质量、安全规范等标准，都规定了受管制的相关元素的清单。该方法的优势是基于现有知识，确保 MFA 中所选元素都是经过相关权威机构确定的。

第二种方法，提前对关键流和商品的元素相关性进行评估。研究初始，在实践中可以遵循以下方法确定这些关键流。将系统中商品的所有输入输出流分为固体、液体和气体，对于每一类别，要求选定的流量要超过所有物质流量的 90%，通过这种办法，就能够得到系统中商品（i）的主要流量。实际上，有一种筛选指示元素（j）的简捷方法，那就是比较自然地质中元素含量（C_{geog}）与选定的商品流的元素含量（C_{ij}）。对于固体物质，可以参考其在地壳（earth's crust，EC）中的平均浓度（$C_{geog}=C_{EC}$）；与之类似，对于液体物质来说，在自然水体中的平均浓度可以作为参考（$C_{geog}\equiv C_{hydro}$）；对于气体物质，大气中的平均浓度可以作为参考（$C_{geog}=C_{atmo}$）。比例达到 $C_{ij}/C_{geog}>10$ 的元素可以选作研究的元素对象（见表 2.3）。同时，也需要考虑具体某个商品中各元素比例关系。如果所有或者大部分元素的比值都小于 10，就在其中选择那些比值最高的元素。

此外需要说明的是，该标准仅作为选择过程的辅助方法，在执行 MFA 的过程中必须不断核查选择的恰当性和合理性。当确定研究系统满足研究范围的要求时，就可以应用这两种方法。例如，如果项目的任务是确定一个制造型企业或某种污水处理技术的代谢，用以识别优化方案，就可以采用上述方法。

表 2.3 基于商品/地球岩石圈中含量的比例选择 MFA 中元素的列表

元素	地球岩石圈（EC）[2] 含量/(mg/kg)	印制电路板（PCB）[5]		煤（C）[4]		混合塑料废物（MPW）[3]	
		含量/(mg/kg)	比例[1] C_{PCB}/C_{EC}	含量/(mg/kg)	比例[1] C_C/C_{EC}	含量/(mg/kg)	比例[1] C_{MPW}/C_{EC}
银	0.07	640	**9100**	—	—	—	—
砷	1.8	—		10	**5.6**	1.3	0.7
金	0.003	570	**190000**	0.01	3.3		
镉	0.15	395	**2600**	1	**7**	73	**490**
氯	130			1000	**8**		
铬	100	—		20	0.2	48	0.5
铜	50	143000	**2900**	20	0.4	220	4
汞	0.02	9	450	0.15	**8**	1.3	**65**
锰	1000			40	0.04	17	0.02
镍	75	11000	150	22	0.3	10	0.1
铅	13	22000	**1700**	20	1.1	390	**30**
锑	0.2	4500	**22500**	2	**10**	21	**110**
硒	0.05	—		3	**60**	6.7	**130**
锡	2.5	20000	**8000**	8	3	4	2
锌	70	4000	57	35	0.5	550	8

① 具体商品中的元素浓度与地球岩石圈中元素浓度的比例，有助于识别出那些具有环境相关性和关键性的元素，其中具有 MFA 研究潜力的值用加粗字体表示。

② Krauskopf，1979。

③ Heyde et al.，1999。

④ Tauber，1988。

⑤ Legarth et al.，1995。

还有另一种情况，有时 MFA 研究是为了确定具有资源或者环境影响的某一种或者几种元素的系统代谢，这时，元素对象在某种程度上就是由该项目的目标决定的（如项目"欧洲的铜的特征"）。类似地，如果要研究食物供给这类行为，会选择碳、氮、磷等元素。

如前文所述，MFA 的一个主要目标是尽可能减少必须考虑的参数数量，以最小的代价获得最多的信息。指示元素通常是大量相似元素的代表，该类元素具有相似的物理、生化或化学行为特征，因此可以利用指示元素来预测其他元素行为趋势。例如，对于燃烧和高温过程，元素能够被分成亲气元素和亲石元素。地球化学学科将元素分为（Krauskopf，1979）：亲铁元素，主要包括富集在地球铁芯层的元素；亲硫元素，主要是指含硫的硫化矿物；亲石元素，主要是指硅酸盐类；亲气元素，主要存在于大气和其他天然气体中。亲气元素沸点相对较低，容易转移到废气中，如 Cd、Zn、Sb、Tl、Pb 是典型的亲气元素，可以利用 Cd 作为该类别的指示元素。亲石元素及其化合物沸点相对较高，常常留存在飞灰或炉渣底部，Ti、V、Cr、Fe、Co、Ni 是典型的亲石元素，Fe 可以作为该类别的指示元素。需要说明的是，沸点并非是元素在一个过程中成为亲气或者亲石元素的唯一决定因子，反应生成物的沸点同样重要,如氯化物、氧化物、硅酸盐等。显然,指示元素的选取必须与研究的系统和分析的过程相符。如果研究生活垃圾的热力学过程,那么上述提到的各指示金属就都是合适的。在生物化学反应过程中,大部分金属都不通过蒸发的方式进入环境中,汞除外,选择其他指示元素才更为合适。

元素的选择取决于 MFA 研究的范围、精确度要求以及资源(财力和人力)的支持情况。MFA 研究实践表明,许多人类社会系统和自然地质系统都可以利用相对较少的几种元素描述大概的特征,这些元素一共约 5 到 10 种。表 2.4 列出了 MFA 中常用的一些指示元素。

表 2.4　MFA 中常用指示元素示例

指示元素	符号	相关行为	属性
碳(有机)	C_{org}	N,R&W, C,T&C	化学能载体 营养载体 大量有毒化合物的主要基质元素
氮	N	N,C, T&C	NO_3^- 形态:无机盐重要成分 NO_x 形态:潜在大气污染物 NH_4^+,NO_2^-:鱼类毒性 水生态系统富营养化元素
氟	F	C	F^- 形态,一种强无机配体 在焚烧炉中形成 HF(一种强酸)
磷	P	N,C	PO_4^{3-} 形态,一种重要的水生态系统富营养化的营养盐
氯	Cl	N,C	Cl^- 形态,可溶盐 形态稳定,有时可形成具有毒性的氯代有机化合物(例如,PCB 和二噁英类物质)
铁	Fe	R&W, T&C	Fe^{3+} 形态,难溶氧化物,水合氧化物 金属形态,在有氧环境中易被氧化(H_2O 和 CO_2) 建筑中的资源,循环利用钢铁具有经济效益
铜	Cu	R&W,C, T&C	Cu^{2+} 形态,与有机配体形成稳定复合物 金属形态,一种重要的金属导体 即使含量很低也会对单细胞机体产生毒性 建筑中的资源
锌	Zn	R&W,C, T&C	Zn^{2+} 形态,可溶盐 一种重要的防腐剂和橡胶添加剂 亲气性 建筑中的资源
镉	Cd	C,T&C	PVC 稳定剂,颜料,防腐剂 可充电电池的组成部分 对人类和动物具有毒性,对植物毒性略低 亲气性
汞	Hg	C	还原性环境中以金属-有机形态和有毒化合物形态存在 亲气性,液态金属
铅	Pb	R&W,C, T&C	以 Pb^{2+} 形态存在,与天然有机配体形成稳定化合物 亲石元素 曾经并且依然作为汽油添加剂

资料来源:获 Springer Science 和 Business Media 授权。Baccini P et al.,1991;Baccini P et al.,2012。
注:C,清洁;N,食物供给;R&W,居住与工作;T&C,交通与通信。

2.2.2 系统时空边界确定

系统的空间边界通常取决于项目的范围（一个社区的碳平衡，一个发电厂的 MFA 等），往往与政治上界定的某个区域、公司厂界或水系界定的范围一致，如河流范围。在实践中，往往系统边界与行政区域边界保持一致才具有可行性，如国家、州或城市，因为只能获得该层面的数据支持。如此确定系统边界的另外一个优势是行政管理的各相关方也都在区域范围之内，因此 MFA 结果更便于在界定区域范围内在管理上转变为可实行的措施。

一般来说，应使所选择的区域尽可能小，尽可能保持一致，同时也应足够大从而将所有必要过程和物质流都涵盖进去。我们来看下面的例子。从资源节约和环境保护的角度，城市中氮的流量与存量都非常重要。人们在城市中生活必须吃饭，而城市输出的大气和水体都不能被污染。为了给城市中的人们供应食物，必须生产、加工食物，从而导致供应食物的农业区，即内陆区域的污染排放。农业种植导致的流失，糖提纯过程、罐装、冷冻食物加工等过程产生的生产废物，都会产生营养盐的流，这些流直接或间接地流入地表水体。显然，选择系统边界非常重要，如果系统只包括城市，那么主要的污染排放流就会缺失（见图 2.16）。

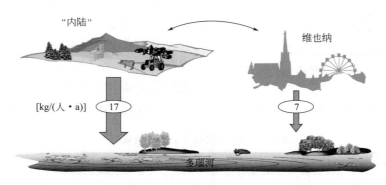

图 2.16　从维也纳市及内陆地区到多瑙河的食物供给行为的相关氮通量 [kg/(人•a)]

(源自 Obernosterer et al.，1998)

如果系统边界将内陆地区和城市全都包含进去，显然进入河流的营养盐的流量要比仅包括城市的情况大一倍还多。而城市实际上是内陆地区污染排放的责任主体，所以，在确定研究范围时将内陆地区包含进来就十分关键。在界定系统边界时，最好的方法就是针对每一个具体研究案例和对象确定各自的系统边界。

时间边界则相对容易确定，特别是当关注点是长时间尺度范围内的平均流量与存量时。这种情况下，研究的时间范围即系统的时间边界必须足够长，能将系统不稳定状态包含进去。对于很多人类社会系统，研究中通常将时间边界设为 1 年。如果研究并不关注某段时间的平均特征，而是需要详细的不同时间阶段的特征，系统的时间边界就需要划得更短，短的时间边界有利于分析短时间尺度内发生的变化以及非线性的流量。

2.2.3　相关流、存量、汇和过程识别

确定分析元素、定义系统边界之后，就可以初步建立系统的商品平衡关系了。通过文献

或公司和国家报告等来源获取数据信息，有时数据需要经专家或政府机构评估。该阶段，应舍弃掉那些对于整个系统贡献小于 1% 的物质流。尽管如此，实际上，某些规模很小的流会对后续建立的某个或多个元素平衡关系产生关键影响，因此，在后续步骤中，元素流分析需要重新考虑这些信息，从分析对象的角度出发，核查这些规模很小的流的相关性。

描述系统所需过程的数量取决于研究目的和系统的复杂程度。一般来说，过程都能进一步细分为子过程，所以所有的过程最终都能被拆分为单一过程（见图 2.2）。大部分情况下，如果系统涵盖的过程超过 15 个（不包括与其他系统的进口、出口交换过程），可认为该系统十分臃肿、过于复杂。开展 MFA 研究的目的之一在于通过建立简化、可靠的模型来描述现实情况。在数学方程中，将系统中的流的数量设为 k，过程的数量设为 p，元素的数量设为 n，根据质量守恒定律，某一过程所有输入的总质量等于该过程所有输出的总质量加上存量，该存量为过程中物质的积累或者耗竭量 [式(2.5) 和图 2.17，箭头表示流量或通量]。[式(2.5) 中，$\dot{m}_{stock}$ 是指在分析的时间尺度内的变动存量，即流入或流出系统存量的那部分存量，按照流动的量表示。——译者注]

$$\sum_{k_1} \dot{m}_{input} = \sum_{k_O} \dot{m}_{output} + \dot{m}_{stock} \tag{2.5}$$

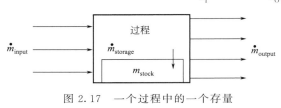

图 2.17　一个过程中的一个存量

如果上述总输入和总输出不平衡，可能是因为某些流缺失，或者数值错误。所有的系统和过程都遵守质量守恒定律。只有某个过程或者系统的所有输入和输出数据都已知，或者 $\dot{m}_{stock}=0$，或 $\dot{m}_{stock}$ 能够计算出来，才能够建立起真正的质量平衡关系。实际分析中，$\dot{m}_{stock}$ 常常根据输入输出的差值来计算。表 2.5 给出了 MFA 过程中的数据管理情况。

表 2.5　MFA 过程中数据表的建立[①]

商品	流速/(t/a)	元素 $\underline{S}_1, \underline{S}_2, \underline{S}_3, \cdots, \underline{S}_n$ 浓度/单位					元素 $\underline{S}_1, \underline{S}_2, \underline{S}_3, \cdots, \underline{S}_n$ 流速/单位				
$\underline{G}_1$	$\underline{\dot{m}}_1$	•	•	•	⋯	•	•	•	•	⋯	•
$\underline{G}_2$	$\underline{\dot{m}}_2$	•	•	•	⋯	•	•	•	•	⋯	•
$\underline{G}_3$	$\underline{\dot{m}}_3$	•	•	•	⋯	•	•	•	•	⋯	•
⋮	⋮	⋮	⋮	⋮	⋮	⋮	⋮	⋮	⋮	⋮	⋮
$\underline{G}_k$	$\underline{\dot{m}}_k$	•	•	•	⋯	•	•	•	•	⋯	•

注：新录入项以下划线表示（具体商品或者元素、商品流速），此外，需要的数据表示为·，G 表示商品名，S 表示元素名。

① 又见表 2.6 和表 2.7。

2.2.4　物质流量、存量与浓度测定

物质流信息一般从已有数据库或通过直接或者间接实地测量获得。区域、国家和国际管理机构，如统计局、产业联盟、专业研究组织、消费者协会等都是很好的数据源，有时甚至可以得到时间序列数据。这些信息通常包括关于商品和货物的生产、消费和销售数据（Kelly et al.，2014）。而国家和国际环保组织则会系统收集废物流、污染物排放，以及大气、水体和土壤中元素含量的数据。科技期刊论文、会议、书籍等也是很好的数据源。搜集、评估和处理数据是 MFA 的核心工作内容之一，经验丰富的 MFA 专家能够在相对较短的时间内收集更多的 MFA 所需数据。

有时也需要基于假设、不同系统之间的类比，分析某些物质流，称为代理数据（proxy data）。所谓代理数据，是指能够帮助估算感兴趣的实际数据的数值。例如，某项研究旨在分析美国乘用车轮胎磨损产生的锌的总损失量。在瑞典，拉德纳（Landner）和林德斯特伦（Lindström）评估发现（Landner et al.，1998），平均每辆汽车的锌损失量为 0.032kg/a。假设该数值同样也适用于美国，就可以通过用瑞典平均每辆汽车锌损失的值乘以美国实际上14000 万辆乘用车的数量，计算得到美国每年的锌损失量大约为 4500t。实际上，这一数值很可能估计低了，因为在美国，汽车的实际驾驶距离要大于瑞典。通过这种方法估计出来的数值准确度是否满足要求，依赖于研究目标。在这个例子中，每辆汽车锌损失量 0.032kg/a 的数值是根据瑞典汽车计算出来的美国的代理数据，而代理数据是否足以应用于另外一个对象，必须进行充分核查。

实际上，商品物质流和元素含量是可以测量的，但是这取决于 MFA 的资金支持状况，一旦要平衡的是一个长时间尺度的较大系统，测量的经济代价就非常大。所以，一般选择相对较小的系统，对流量、存量以及浓度进行测量，如污水处理厂、企业、一个农场或一个家庭。现场测量需要制订详细的测量任务的时间计划和测量步骤。布鲁纳及其同事（Schach-ermayer et al.，1995；Morf et al.，1997；Morf et al.，1998）曾测量了一个生活垃圾燃烧炉的数据。他们首先制订计划，设置满足要求的基础采样点、样品称量的次数与采样时间，为了节约项目成本，同时获得足够的且具有可重复性的数据和结果，制订如此详细的采样计划是必要的。尽管如此，也很难保证利用测量的数据建立起来的系统的输入输出平衡的误差能控制在总流量的 10% 的范围之内。原则上，对于更大的系统直接测量流量和浓度也是可以实现的，如区域或者整个流域。但是在实际案例中，必须评估采用已有数据能否满足准确性的要求，或者是否需要收集补充数据。表 2.6 是测量和筛选后的元素流量和浓度的详细数据表。

表 2.6　元素浓度确定之后的数据表[①]

商品	流速/(t/a)	元素 $S_1,S_2,S_3,\cdots,S_n$ 浓度/(mg/kg)					元素 $S_1,S_2,S_3,\cdots,S_n$ 流速/单位				
G_1	$\dot{m}_1$	$\underline{c}_{11}$	$\underline{c}_{12}$	$\underline{c}_{13}$	$\cdots$	$\underline{c}_{1n}$	·	·	·	$\cdots$	·
G_2	$\dot{m}_2$	$\underline{c}_{21}$	$\underline{c}_{22}$	$\underline{c}_{23}$	$\cdots$	$\underline{c}_{2n}$	·	·	·	$\cdots$	·
G_3	$\dot{m}_3$	$\underline{c}_{31}$	$\underline{c}_{32}$	$\underline{c}_{33}$	$\cdots$	$\underline{c}_{3n}$	·	·	·	$\cdots$	·
$\vdots$	$\vdots$	$\vdots$	$\vdots$	$\vdots$	$\cdots$	$\vdots$	$\vdots$	$\vdots$	$\vdots$	$\cdots$	$\vdots$
G_k	$\dot{m}_k$	$\underline{c}_{k1}$	$\underline{c}_{k2}$	$\underline{c}_{k3}$	$\cdots$	$\underline{c}_{kn}$	·	·	·	$\cdots$	·

注：新录入项以下划线表示，此外，需要的数据表示为·，G 表示商品名，S 表示元素名。
① 又见表 2.5 和表 2.7。

2.2.5　总物质流量和存量评估

伴随商品流的元素流（$\dot{x}$）可以根据商品流（$\dot{m}$）及商品中元素的含量（c）直接计算

得到［式(2.6)］。

$$\dot{x}_{ij} = \dot{m}_i c_{ij} \tag{2.6}$$

式中　i——i 可取 $1, \cdots, k$，商品编号。

　　　j——j 可取 $1, \cdots, n$，元素编号。

　　同样，系统中每个过程的每种元素依然遵循质量守恒定律。对于商品来说，未能实现平衡，可能是因为某些流遗失了，通过建立商品尺度的平衡关系就可以找到不平衡的原因（2.2.3 节），另外也可能是元素含量计算错误。在平衡关系中，输入输出差值在 10% 范围内是正常的，一般也不会影响最终的结论。2.3 节介绍了如何优化平衡关系，如何利用数学和统计工具解决数据不足和不确定性问题。表 2.7 为加入元素流比例值、完成最后一步分析之后得到的最终数据表。

　　评估存量中物质的数量有两种方法。第一种方法是通过直接对物质进行测量，或者通过分析存量的总量和浓度，确定总的存量中的物质数量。该方法在长时间尺度存量不发生较大变化时使用（$\dot{m}_{stock}/m_{stock} < 0.01$），例如，土壤和大的湖泊等自然过程就符合此类情况。第二种方法针对变化频繁的存量（$\dot{m}_{stock}/m_{stock} > 0.05$）。此种情况下，可以通过计算一定时间范围内（$t_0 - t$）输入输出的差值来计算存量的数值，同时要求 t_0 时刻的存量值是已知的（图 2.18）。

表 2.7　完整的数据表[①]

商品	流速/(t/a)	元素 $\underline{S}_1, \underline{S}_2, \underline{S}_3, \cdots, \underline{S}_n$ 浓度/(mg/kg)					元素 $\underline{S}_1, \underline{S}_2, \underline{S}_3, \cdots, \underline{S}_n$ 流速/(kg/a)				
G_1	$\dot{m}_1$	c_{11}	c_{12}	c_{13}	$\cdots$	c_{1n}	$\underline{\dot{X}}_{11}$	$\underline{\dot{X}}_{12}$	$\underline{\dot{X}}_{13}$	$\cdots$	$\underline{\dot{X}}_{1n}$
G_2	$\dot{m}_2$	c_{21}	c_{22}	c_{23}	$\cdots$	c_{2n}	$\underline{\dot{X}}_{21}$	$\underline{\dot{X}}_{22}$	$\underline{\dot{X}}_{23}$	$\cdots$	$\underline{\dot{X}}_{2n}$
G_3	$\dot{m}_3$	c_{31}	c_{32}	c_{33}	$\cdots$	c_{3n}	$\underline{\dot{X}}_{31}$	$\underline{\dot{X}}_{32}$	$\underline{\dot{X}}_{33}$	$\cdots$	$\underline{\dot{X}}_{3n}$
$\vdots$	$\vdots$	$\vdots$	$\vdots$	$\vdots$	$\cdots$	$\vdots$	$\vdots$	$\vdots$	$\vdots$	$\cdots$	$\vdots$
G_k	$\dot{m}_k$	c_{k1}	c_{k2}	c_{k3}	$\cdots$	c_{kn}	$\underline{\dot{X}}_{k1}$	$\underline{\dot{X}}_{k2}$	$\underline{\dot{X}}_{k3}$	$\cdots$	$\underline{\dot{X}}_{kn}$

注：新录入项以下划线表示，此外，需要的数据表示为·，G 表示商品名，S 表示元素名。

① 又见表 2.5 和表 2.6。

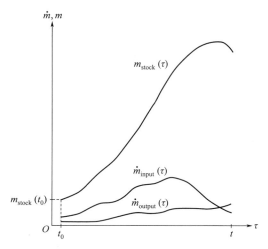

图 2.18　非稳态过程的存量，要计算 m_{stock}，$\dot{m}_{input}$ 和 $\dot{m}_{output}$ 的函数关系必须已知

通常，$\dot{m}_{\text{input}}$ 和 $\dot{m}_{\text{output}}$ 是时间的函数，当 $0.01 \leqslant \dot{m}_{\text{stock}} / m_{\text{stock}} \leqslant 0.05$ 时，需要通过专家判断来确定选择哪种存量计算方法合适。

任意时间 t 的存量（m_{stock}）可以根据式（2.7）计算得到。

$$m_{\text{stock}}(t) = \int_{t_0}^{t} \dot{m}_{\text{input}}(\tau) \mathrm{d}\tau - \int_{t_0}^{t} \dot{m}_{\text{output}}(\tau) \mathrm{d}\tau + m_{\text{stock}}(t_0) \tag{2.7}$$

粗略估算时，通常假定 $\dot{m}_{\text{input}}$ 和 $\dot{m}_{\text{output}}$ 不随时间变化。人类社会中，存量通常处于连续变化状态，如垃圾填埋场的废弃物，城市建筑中的金属，家庭中的塑料制品和电子设备，以及农业土壤中的营养盐。

2.2.6 结果计算：静态与动态 MFA

应用 MFA 软件，如 STAN（见 2.4 节），计算静态 MFA 等案例就相对容易得多。软件中已经设计好了定性分析模型，再输入物质流量和元素含量数据，在一定的不确定性条件下（见 2.3 节），就可以计算质量平衡了。如果数据充足，未知流及其不确定性就可以通过误差传递来估计。如果系统被高估了，也可以进行数据校正。无论何时，软件使用者都需要核查计算结果的一致性与合理性，常规的核查包括以下两种。①确保流量的计算结果不确定性在一定范围内：这些不确定性主要由输入数据的不确定性导致，如果不确定性太高（大于25%），就需要核查每项输入数据的不确定性范围。如果某些不确定性范围设置得太大，就需要合理地缩小范围；如果无法缩小范围，就必须接受最终结果不确定性过大的问题，在结果讨论中认可该不确定性范围。②控制数据校正的范围：该指标是模型结构质量和输入数据一致性的指示因子。数据校正过大（如输入值和计算得到的数据之间差距过大），说明某些流缺失了（存在结构缺陷）或数据存在矛盾（数据质量不好），后者可以通过软件（如STAN）进行检验，然后基于此进行数据一致性核查。如果流量数据需要进行大量的调整（即使调整仍然在可接受范围之内），也需要核查输入错误、转换错误以及数据的合理性，如果可能的话，需要借助其他数据进行验证。总体来说，边际数据校正是模型一致性和数据质量的敏感指标。校正过程的程度可以通过多次验证的平均值除以验证最大允许值的平均值进行量化（见 2.3.4 节）。通常来说，国家尺度上开展的效果较好的 MFA 研究，一般结果的校正过程都要求不超过允许范围的 20%。

动态 MFA 则更为复杂。静态 MFA 主要基于简单的统计规则对物质系统进行深入理解（如质量平衡方程），动态 MFA 则主要基于物质流随时间的变化规律，分析物质在社会和环境中积累的存量。静态 MFA 模型数学计算简化过程中十分强调数据基础，因此可以作为物质流数据库完善的支撑。静态分析非常适合识别某一特定时间段（通常为 1 年）内物质使用和损失的宏观模式特征，描述物质来源、路径和汇的特征（Laner et al.，2016）。动态模型则复杂得多，比静态模型需要更多的数据支持，同时结果有效性核查也是一项巨大的挑战。在某个具体时间点的物质流量与存量已经得到详细分析的条件下，动态 MFA 和静态 MFA 联用，为特定时间点动态模型的结果核查提供了可能（见 3.2.3 节）。动态 MFA 的优势是能够通过识别时间变化趋势更加深入地阐释原因，并以此为基础推断系统未来的变化走向。因此，动态 MFA 常用于分析具有时间依赖特征的系统随时间的变动趋势，对未来物质管理的不同选择方案开展情景分析。总之，是否开展动态物质流分析依赖于 MFA 的目标和范围、分析的系统以及数据基础。在以往研究中，大部分 MFA 都采用动态模型分析物质流系统，但是从 20 世纪 90 年代晚期开始，动态模型被大量应用于调查社会中的物质存量（例如 Zeltner et al.，1999）。金属由于积累存量大、作为二次资源具有再次利用潜力，成为动态 MFA 的研究对象（见 Chen et al.，2012；Müller et al.，2014）。在估测物质存量时常常使用两种不同的方法（见图 2.19），即自上而下和自下而上的方法。自上而下（top-down）方法用于动态 MFA，主要基于对过去进入存量或从存量中输出的净流量的核算。自下而上（bottom-up）方法需要计算不同部门的所有相关商品中包含的物质的总数量，多应用于静态 MFA 中，但是由于模型中往往缺少时间序列数据，有时也应用于动态 MFA，直接分析物质存量随时间的变化（见 Müller et al.，2014）。

　　两种不同的方法应用于计算 T 时刻某种物质在建筑中存量的过程参见图 2.19。对于自上而下分析，采用输入输出平衡的时间序列结果计算总存量，而自下而上方法则通过所有相关产品（图 2.19 中的建筑）中的物质含量计算总存量。

　　应用自下而上的方法计算 T 时刻物质存量 $S(T)$ 的公式见式(2.8)。所有相关产品或产品群 P_i 在时刻 T 的物质含量 c_i 的总和等于存量。在某些物质应用相对集中且范围较小，而数据又足够的情况下（如用于汽车催化转化器的铂族元素），该方法很实用。

$$S(T) = \sum_{i=1}^{I} P_i(T) c_i(T) \tag{2.8}$$

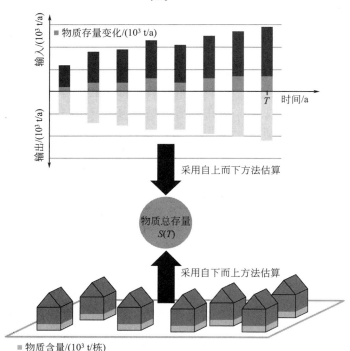

图 2.19　T 时刻建筑物中具体物质存量估算的示意图。（ⅰ）采用自上而下方法，基于 T 时刻前物质输入、输出和存量变化的时间序列数据（动态 MFA 分析）；（ⅱ）采用自下而上方法，基于 T 时刻建筑相关的所有物质含量（静态 MFA）
（获得 Springer Science 和 Business Media 授权：Laner D et al.，2016）

　　对于应用范围非常广泛的物质，采用自下而上的方法估计时，常常会出现因对物质计算不全而导致的对实际人类社会存量低估的情况，例如 3.2.3 节中讨论的铝。

自上而下方法基于之前几年中存量净增加的总和，计算 T 时刻物质存量 $S(T)$，见式 (2.9)。存量净增加值等于某年 t 的输入物质量 $[\dot{m}_{\mathrm{I}}(t)]$ 减去该年输出物质量 $[\dot{m}_{\mathrm{O}}(t)]$。总物质存量的计算还要将时间序列的初始存量 $S(0)$ 统计在内 [见式(2.9)]。该方法在基于历史生产和消费数据估算当前金属存量，用于预测未来二次资源潜力方面获得广泛应用 (Müller，2006；Glöser et al.，2013；Pauliuk et al.，2013)。不过，历史输出数据很难从各使用部门获得，所以常常需要基于生命周期函数计算淘汰产品的数量。生命周期函数针对具体的产品与终端使用部门，通过累计之前所有的输入在各自使用年限内转变成被淘汰产品的数量的比例得到总输出 (Müller et al.，2014)。MFA 与系统可靠性领域经常应用的生命周期分布函数为狄拉克分布 (Dirac delta distribution) 或韦布尔分布 (Weibull distribution)。此外，动态 MFA 还经常使用正态分布、对数正态分布、贝塔分布以及伽马分布，基于存量中产品的滞留时间计算输出。生命周期函数的方法广泛应用于从不同的存量计算输出，不过，也有研究认为在计算存量的过程中采用浸出系数的方法更加合适。浸出系数是指某年总存量中输出部分的比例，表示存量中所有物质都有同样的浸出可能性（见 Van der Voet，2002）。该方法也应用于描述垃圾填埋场金属浸出或由于表面风化导致的金属释放。

$$S(T) = S(0) + \sum_{t=1}^{T} \dot{m}_{\mathrm{I}}(t) - \dot{m}_{\mathrm{O}}(t) \qquad (2.9)$$

2.2.7　结果展示

MFA 在政策评估和决策方面的优势还表现在结果可视化方面。这些结果最后以桑基图或物质流量图的形式展示出系统所有的过程、存量与流量，有助于对研究问题进行全面、清晰和快速的理解，十分便于时间有限的决策者使用。因此，MFA 结果的恰当表达非常重要，研究结果必须提炼成能够以综合、清晰、易于理解、具有可重复性、可靠的方式提交的简明的成果。需要时刻牢记 MFA 研究的两个关键服务对象，一个是 MFA、LCA、环境管理及资源管理的技术专家，而另外一个就是各利益相关方，后者一般并不熟悉 MFA 方法和步骤，没有相关的技术基础和科学背景。常常是第二类服务对象掌管着政策制定和决策过程，因此更为重要。所以，MFA 的结果必须以一种综合的技术报告和容易执行的总结的形式呈现。

技术报告内容建议采取如下形式。第一页为摘要，不能包括任何难懂的专业词汇和技术术语，应便于公众理解。摘要之后是内容目录。紧接着是研究的目标和拟解决的问题，需要详细介绍知识背景，包括相关文献及已开展的研究。接下来的章节详细介绍工作过程，包括采用的方法、系统定义、数据来源、不确定性分析、结果计算与校正等。必须详细介绍所有数据的来源，工作步骤的可重复性、清晰透明性也非常重要。在结果与讨论部分，研究的数据结果以及最终得到的结果和研究结论都需要给出，包括进一步的研究计划和各利益相关方需要采取的行动等。最后还需要形成一份总结，总结所有研究内容，但是要注意与摘要有所区别，聚焦在目标和对问题的讨论上，如最初的研究问题是如何解决的，是否达到预期目标。摘要一般只叙述核心信息，而总结则要详细叙述目标、步骤、结果和最终的结论，要求清晰、凝练，且控制在几页纸之内。总结为没有时间阅读整个研究报告的读者提供综合概述，同时为读者提供研究过程的有关信息。参考文献列在报告的最后，为了保证规范，建议通过附录或链接的形式给出涉及的补充数据、数据库以及计算的网页。

　　可以以上述总结为基础撰写执行总结。执行总结与总结不同，读者对象是完全不了解 MFA 的人，因此，不能使用任何技术的专业术语。需要考虑执行总结的读者完全不了解商品与元素之间的差别，而执行总结也不是讨论两者区别的地方，所以，撰写执行总结必须严格筛选词汇和语言，既要保证读者能够读懂，同时又能把 MFA 相关内容清晰、准确地传达出来。

　　MFA 研究结果和结论通过图表实现可视化，对于充分利用 MFA 研究成果具有极其重要的意义。流程图、桑基图、比例图等几类标准图表已经被实际应用证明对于结果阐释非常实用。流程图详细刻画了系统所有的过程、存量、物质流动，以及系统的输入输出关系，所有的过程、流量与存量都被逐一定义、量化，同时，所有流在图中显示的宽度都与流量值对应，以使读者可以更加直观、快速地评估流的相对重要性。桑基图就通过这种方式来展示物质、能源和货币流。同时，图表还要显示系统边界、流量和存量的单位信息，以及系统行为信息，在图的左上角（系统边界上方）标出所有输入总量，在右上角（系统边界上方）标出所有输出总量，图表还需给出输入输出之间的总存量和各存量的变化（见图 2.20）。通过这些信息，读者能够迅速核查系统中的物质累积或耗竭情况，识别出关键的源、路径和汇。简要地说，对于一种商品流包括 n 种元素流的物质流分析，可以绘制出 $n+1$ 个流程图。

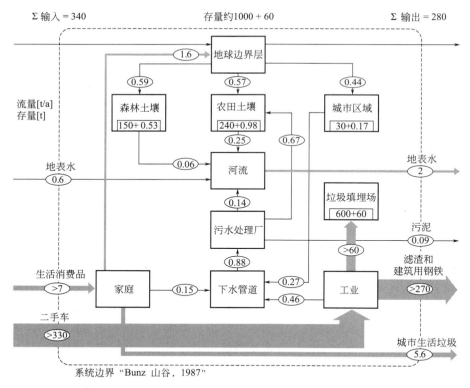

图 2.20　区域 MFA 案例结果示例，邦茨（Bunz）山谷的铅流量（t/a）和存量（t）（见第三章 3.1.1 节案例 1），案例划定了系统的空间边界和时间边界，描述了区域总输入量、输出量、区域存量及其变化，箭头粗细代表质量流的大小（源自 Brunner et al.，1994。获授权）

　　比例图能够实现各单一过程的迁移系数的可视化（见图 2.12），清晰刻画某个过程或者系统中不同元素的行为差异，信息简单易懂，特别是当涉及元素很多时，该方法非常实用。

2.2.8 物质账户

如 2.1.11 节所述，物质账户通过分析某一边界明确的系统的关键流量和存量随时间的变化，能够阐明该系统物质流量和存量在长时间尺度的变化特征，帮助预警存量中元素的过度积累或耗竭。例如构建区域重金属账户以评价长时间尺度的土壤污染，建立塑料物质流账户以分析未来的循环利用潜力，建立碳账户为气候变化决策提供支持，建立金属（铁、铜、铅）账户来识别未来资源潜力，等等。

2.2.8.1 初步 MFA 研究

首先要进行初步 MFA 研究，以了解系统的关键过程、流量与存量。如果 MFA 的目标是接下来建立物质账户，就需要考虑到后边某些步骤还需要重复进行，因此透明性和可重复性就显得尤为重要，这就要求在 MFA 初步设计和实施阶段进行精细设计。如果可能，获取数据这类人力消耗大的工作尽量利用自动化方式完成，同时要建立操作流程，包括数据挖掘，与已有财务账户、环境保护数据库、废物管理信息、水资源管理内容等已有信息建立联系。

2.2.8.2 关键过程、流量与存量识别

基于初步 MFA 研究结果，识别出关键过程、流量与存量。首先，必须明确未来物质管理目标，如减少某项具体流，通过新的或优化技术改善污染控制（迁移系数），优化存量管理等。接下来，根据与目标的切合性筛选出最具操作性的过程和流。所谓最具操作性是指以最低成本就能够获得最高的准确性。筛选是指利用其他方法进行衡量和评估，如基于系统内部某些属性进行的间接核算。

一般来说监测体系中的测量方法成本都很高，因此，最好能够识别出那些可以为其他目的而非专门为 MFA 进行测量的关键过程和流，如国内生产总值（GDP）统计、国家环境统计、公司财务报表、区域废物管理报告等。选择监测的关键流的重要标准之一是它们之间具有一致性。如果变量很多，且一致性很差，要想利用这些信息确定准确的流量，就需要进行大量密集的、成本高昂的监测。关键流要求尽量平稳，以便获得准确的监测结果，减少成本，因此，具有稳定迁移系数的过程更适合作为关键过程的监测对象。如果不同流通过程的迁移系数都非常稳定，就可以利用已知的输出的流量，计算出总输入（见 3.3.1.2 节）。

2.2.8.3 常规评估

识别出建立物质账户的关键过程、流量与存量，就可以按照操作流程进行分析和监测了，得到时间序列 $(t_0, t_1, t_2, \cdots, t_n)$ 数据，根据既定目标（最终是一个函数）计算、讨论和评估结果，如果必要的话，还需要进行适度调整（见图 2.21）。执行几轮流程过后，也可再次开展完整的 MFA，以核查假设和建议（见 2.2.8.2 节），并再次调整物质账户的分析流程。

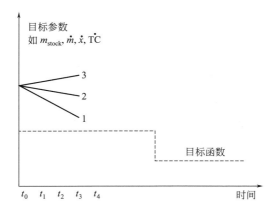

图 2.21 通过物质账户建立时间序列（$t_0, t_1, t_2, \cdots, t_n$），MFA 由 t_0 开始，折线为决策者
描述的目标函数。趋势 1 接近目标函数（走上正轨），趋势 2 还需要校正（调整），
趋势 3 需要重新考虑所采取的措施（因其趋势偏离目标函数，且越来越远）

思考题——2.2节

思考题 2.9 设计一个污泥管理方案。首先，选定你计划研究的元素，污泥中平均元素或物质含量可以通过已有研究成果获得，具体见表2.8。（a）你的研究选定了哪些元素？说说你的理由。（b）描述你的方案。

表 2.8 污泥中平均元素或物质含量（以干物质计） 单位：mg/kg

元素或物质	N	Cl	F	S	PCB	Cd	Hg	As	Co
含量	28000	360	100	14000	0.2	2	3	20	15
元素或物质	Ni	Sb	Pb	Cr	Cu	Mn	V	Sn	Zn
含量	800	10	150	100	300	500	30	30	1500

思考题 2.10 在确定个人每天物质通量的作业中，你的系统的时间边界是如何设置的？空间边界是如何设置的？

思考题 2.11 炉底飞灰是生活垃圾燃烧炉的主要固废残留物，有些国家会通过机械方式处理这些底灰（机械方式是指破碎、筛分、分离大块物料和铁屑），然后将其用作碎石的替代物。（a）利用 MFA 系统的量化功能，评估其资源节约价值（如节约碎石）。（b）量化评估底灰的碎石节约价值。首先，确定需要的数据；其次，利用15~20分钟通过网络搜集这些数据；最后，比较你分析的结果与思考题答案的结果。

思考题 2.12 生活垃圾燃烧底灰中一些元素的含量，以及碎石中这些元素的含量见表2.9，从元素的尺度讨论底灰替代碎石是否可行（见思考题2.11）。

表 2.9 生活垃圾燃烧底灰（BA）和碎石（G）中部分元素的平均含量

	Si(质量分数)/%	Al /%	Fe /%	Mg /%	Ca /%	K /%	C_{org} /%	Cu /(g/kg)	Zn /(g/kg)	Pb /(g/kg)	Cd /(mg/kg)	Hg /(mg/kg)
BA	20	4	3	1	10	1	2	2	10	6	10	0.5
G	20	4	2	0.16	20	0.17	≪0.1	0.01	0.06	0.015	0.3	0.05

思考题 2.13 量化一个具有平均生命周期的废物的存量（包括质量和体积），分析其中所有废物，如污泥、建筑废物、生活垃圾、报废汽车等（使用废物管理文献数据或者网站数据）。不考虑燃烧、生物消解等过程损失。假设：（a）废物产生速度为常数；（b）废物产生呈线性增加；（c）废物焚烧量每年增加 2%。

思考题 2.14 假设对污泥回用于土壤的行为进行立法，限定 100 年内重金属相对增长量不大于 5%。同时，假设土壤侵蚀、淋溶、浸出和工厂烟道吸收等效应忽略不计。可以向土壤中施用多少污泥？以锌为例：锌在污泥中的含量（以干物质计）为 1500mg/kg，在土壤中的含量为 30mg/kg。农用土壤数量足以播撒这些污泥吗？

思考题 2.15 图 2.22 中的系统，如果用于分析金属管理的资源效率，请讨论系统空间边界的选择是否合理。

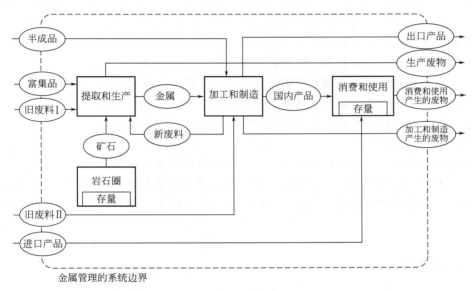

图 2.22 某金属物质流分析图，包括存量和流量

思考题 2.16 选择某个区域的一个公司（纸浆和造纸厂、供电厂、水泥生产厂、汽车制造厂、食品加工厂等；可以从网络上下载各种报告）的环境报告，从物质平衡的角度进行分析。其中最重要的商品和元素是什么（从数量与性质上）？基于报告提供的信息能否建立物质平衡关系？如果不能，缺少哪些数据？利用 MFA 提出解决方案。

2.3 MFA 中数据不确定性的处理

奥利弗·辛西奇（Oliver Cencic）

搜集合适的数据是 MFA 的关键步骤之一。如果无法直接测量，往往就需要从数据质量不同的各种数据源获取数据（Laner et al.，2014）。所有测量值、估计值和从文献中获取的值都需要符合最小偏差的要求。如果默认这些值都是"准确"的，就有可能与模型的约束条件产生冲突，如质量守恒定律。因此必须对数据进行不确定性处理，以解决这些冲突。通过数据的不确定性分析，能够得到有关数据完整性、可靠性和适用性的信息。

数据的不确定性可以分为两类：偶然变异性（aleatory variability）和认知不确定性（epistemic uncertainty）（Abrahmson，2007）。偶然变异性（来源于拉丁语"alea"一词，意思为死亡或骰子游戏），是由于固有不确定性、天然随机性、环境或结构随着时间和空间的变化、不同组分或个体之间的生产异质性或遗传异质性，以及其他各种随机因素导致的不确定性，偶然变异性无法通过提高认知而得到改善。而认知不确定性（来源于希腊语"επιστήμη"一词，意思为知识或科学）则是由对社会认知的不足导致的，包括样本数量不足、检出限、科学理解的缺陷等（Dutta et al.，2002；Beven et al.，2013），认知不确定性可以通过进一步调研而得到改善。

偶然变异性可以借助概率论进行分析，认知不确定性可以通过概率论或模糊集合理论进行分析（Zadeh，1965；Ferson et al.，1996；Laner et al.，2014）。所以偶然误差与认知误差常常都会处理成概率的形式，因此，任何一个结果表述都必须以对主体的假设为前提（Beven et al.，2013）。本书后边的内容中，都会使用概率的方法表示这两种不确定性。

在不确定性分析中，尽管现实操作中，认知不确定性（如测量误差）经常被假定符合正态分布，实际上在科学模型和 MFA 模型中这一般都是不客观的。例如，在一个正确的过程模型中，物质流和浓度都不应该有负值，迁移系数会限制在单位区间内，但如果假设不确定性符合正态分布，就相当于假设了这些负值的存在。再如，由于数据不足，MFA 常常利用专家评议，而专家评议大多根据专家对知识的掌握程度假设为均匀分布、三角分布或梯形分布（Cencic et al.，2015）。

尽管存在上述事实，在后续分析中，为简化计算模拟过程，我们依然需要假设正态分布的情景。关于不确定性分析中非正态分布数据的处理方法请参见 2.3.2 节和 2.3.3.4 节。此外，对于具有不确定性的数据，假设不考虑过失误差（粗差）和系统误差，而只考虑数据的随机误差。

2.3.1 数据收集

收集数据需要测量或估算某个实物（如一辆汽车，某国每年产生的生活垃圾）或实物集合（如区域中使用的汽车，或者城市居民）的属性值。数据收集有直接和间接两种方法。

2.3.1.1 直接方法

应用直接方法，要求研究对象必须具备可监测条件。有两种直接测量方法。

① 如果分析研究对象只需要一次测量，就只能得到一个数据值，最终数据值为该值及其测量误差（如测量设备说明书上指出的测量误差）。此类直接测量的例子有：一次测量得到一块砖的质量；利用尺子测量砖的长度。

关于同一对象多次测量值的处理或估计方法请参见 2.3.1.3 节。

② 如果测量对象太大，一次测量无法获得整体数据，就必须利用采样的方法，通过估计，获得理论上精确的密度属性（如生活垃圾中的镉含量，或城市中人群的平均高度）。统计学上，某一类对象的大量集合称为总体，总体中的各元素称为个体单元。请注意，单个实体即使缺少固有的个体单元（可计数的东西，如零件、人员等），也可以将其视为总体。从总体中采样意味着从总体中随机抽取其中的一个个体单元，采样的单位设置是为了满足采样需求。如果总体由多个对象组成，往往会将对象个体（如一个人）设置成采样单位，不过，

也可能是多个对象个体组成的单位（如一个家庭）。对于单个对象，采样单位的选择相对自由（如一桶垃圾）。每个样品的组成元素个数称为采样单位数或者观测数。观测数量定义为样本大小，用 n 表示。注意观测数是整数（可计数），与样品中各组成元素的长度、质量或体积都没有关系。总体中的采样单位总数用 N 表示。

调查时，样本中的每个元素都根据属性进行分析，从而获得 n 个测量值 x_i，根据这些测量值，可以对样本进行统计分析（样本均值 $\bar{x}$ 及样本方差 s^2），根据式(2.10) 和式(2.11) 计算。

$$\bar{x} = \frac{1}{n} \sum_{i=1}^{n} x_i \tag{2.10}$$

$$s^2 = \frac{1}{n-1} \sum_{i=1}^{n} (x_i - \bar{x})^2 \tag{2.11}$$

通过样本统计分析，依据样本与总体的关系，估计总体均值 μ 和总体方差 σ^2（样本之间的变异性），需要注意，总体方差 σ^2 依赖于样本量，样本量越大，总体方差 σ^2 越小。

假设采样个体数符合正态分布 $N(\mu,\sigma^2)$，如果测量值准确，即无测量误差，那么误差模型为

$$x_i \sim N(\mu,\sigma^2) \tag{2.12}$$

则可以根据式(2.13) 和式(2.14) 估计总体参数 μ 和 σ^2。

$$\hat{\mu} = \bar{x} \tag{2.13}$$

$$\hat{\sigma}^2 = s^2 \tag{2.14}$$

"^"符号表示实际参数的估计值，估计参数 $\hat{\mu}$ 本身的不确定性根据式(2.15) 和式(2.16) 计算。

$$\text{var}(\hat{\mu}) = \frac{s^2}{n} \tag{2.15}$$

$$\text{std}(\hat{\mu}) = \text{ste}(\hat{\mu}) = \sqrt{\text{var}(\hat{\mu})} \tag{2.16}$$

估计均值 $\text{std}(\hat{\mu})$ 的标准方差为均值 $\text{ste}(\hat{\mu})$ 的标准差。一般情况下，标准差描述根据样本量 n 估计总体中参数（例如 μ 或者 σ^2）的精确程度，可以通过增加样本量的方法降低标准差，因此属于认知不确定性。如果采样覆盖所有总体个体（$n = N$），同时假设测量误差为 0，那么总体均值 μ 与总体方差 σ^2 可以根据式(2.17) 和式(2.18) 计算获得。

$$\mu = \frac{1}{N} \sum_{i=1}^{N} x_i \tag{2.17}$$

$$\sigma^2 = \frac{1}{N} \sum_{i=1}^{N} (x_i - \mu)^2 \tag{2.18}$$

注意，在这种情况下，即使个体样本值 x_i 在总体均值 μ 附近以总体方差 σ^2 浮动，μ 和 σ^2 的标准差也都为 0。如果假设总体无限大（$n = N \to \infty$），就可以从均值［式(2.19)］观察到这一现象。

$$\text{var}(\mu) = \lim_{n \to \infty} \frac{\sigma^2}{n} = 0 \tag{2.19}$$

如果总体是有限的（$N < \infty$），就要采用有限总体校正（FPC）$(N-n)/n$，保证当 $n = N$ 时，总体均值 μ 的标准差为 0［式(2.20)］。

$$\text{var}(\mu) = \frac{\sigma^2}{n} \times \frac{N-n}{N} = \frac{\sigma^2}{N} \times \frac{N-N}{N} = 0 \tag{2.20}$$

如果 n 在 N 的 5% 范围之内（$n \leqslant 0.05N$），那么 FPC 值接近 1，所以可以忽略不计。

【示例 2.1】

要求估算矿床中铜的含量。由于矿渣数量巨大（看作无限总体），无法全部分析，采样 10 次（即 $n=10$），每次质量基本相同（为采样质量单位）。在实验室中分析样品，计算每个样品中的铜的含量（表 2.10）。

表 2.10　矿床中随机 10 份采样样本中的铜含量

样本	1	2	3	4	5	6	7	8	9	10
铜含量/(g/kg)	30.0	15.9	30.4	37.2	28.7	32.8	30.5	22.7	27.2	19.1

假设测量误差为 0，计算样本统计特征（样本铜含量均值，以及各样本值相对于均值的偏差）。

$$\bar{c}_{\text{Cu,sample}} = \frac{1}{n}\sum_{i=1}^{n} c_{\text{Cu},i} = 27.5\,\text{g/kg}$$

$$\text{var}(c_{\text{Cu,sample}}) = \frac{1}{n-1}\sum_{i=1}^{n}(c_{\text{Cu},i} - \bar{c}_{\text{Cu,sample}})^2 = 41.7\,(\text{g/kg})^2$$

$$\text{std}(c_{\text{Cu,sample}}) = \sqrt{\text{var}(c_{\text{Cu,sample}})} = 6.5\,\text{g/kg}$$

样本均值作为矿床中的铜含量的最佳估计值：

$$\hat{c}_{\text{Cu,ore}} = \bar{c}_{\text{Cu,sample}} = 27.5\,\text{g/kg}$$

为了测量矿床中铜含量的不确定性，需要计算其标准差：

$$\text{ste}(\hat{c}_{\text{Cu,ore}}) = \frac{\text{std}(c_{\text{Cu,sample}})}{\sqrt{n}} = 2.0\,\text{g/kg}$$

样本均值的标准差显然为 0，因为整个总体都被考虑在内（$n = N = 10$）。在这种情况下，对于有限总体，必须应用 FPC 才能以正式方式获得相同的结果。

$$\text{ste}(\bar{c}_{\text{Cu,sample}}) = \frac{\text{std}(c_{\text{Cu,sample}})}{\sqrt{n}} \times \sqrt{\frac{N-n}{N}} = \frac{6.5}{\sqrt{10}} \times \sqrt{\frac{10-10}{10}} = 0$$

当单次测量并不准确，但假定包含相同的已知的绝对测量误差 τ^2 时，误差模型就变为式（2.21）。

$$x_i \sim N(\mu, \sigma^2 + \tau^2) \tag{2.21}$$

估计总体均值 $\hat{\mu}$ 根据样本均值 $\bar{x}$ 计算［见式（2.13）］。估计样本方差 $\hat{\sigma}^2$ 和估计总体均值 $\hat{\mu}$ 的方差 $\text{var}(\mu)$，包括以下两种情形。

情形 1：样本方差 s^2 大于测量误差 τ^2（$s^2 > \tau^2$），这意味着部分样本方差 s^2 可以通过分析样本被调查属性的天然差异 σ^2 解释。

在情形 1 中，估计总体方差 $\hat{\sigma}^2$ 可以通过式（2.22）计算，估计总体均值的方差 $\text{var}(\hat{\mu})$ 可以根据式（2.23）计算。

$$\hat{\sigma}^2 = s^2 - \tau^2 \tag{2.22}$$

$$\text{var}(\hat{\mu}) = \frac{1}{n}(\hat{\sigma}^2 + \tau^2) = \frac{1}{n}s^2 \tag{2.23}$$

情形 2：样本方差 s^2 小于或等于测量误差 τ^2（$s^2 \leqslant \tau^2$），这意味着观测样本方差 s^2 可以通过测量误差 τ^2 本身解释。

在情形 2 中，假设估计总体方差 $\hat{\sigma}^2$ 为 0 [式(2.24)]，估计总体均值的方差 $\mathrm{var}(\hat{\mu})$ 根据式(2.25) 计算。

$$\hat{\sigma}^2 = 0 \tag{2.24}$$

$$\mathrm{var}(\hat{\mu}) = \frac{1}{n}(\hat{\sigma}^2 + \tau^2) = \frac{1}{n}\tau^2 \tag{2.25}$$

需要说明的是，在情形 2 中，估计总体方差 $\hat{\sigma}^2$ 为 0，而不是估计总体均值的方差 $\mathrm{var}(\hat{\mu})$ 为 0。

如果每次测量或观测值都具有不同的绝对测量误差 τ_i^2，那么误差模型变为式(2.26)。

$$x_i \sim N(\mu, \sigma^2 + \tau_i^2) \tag{2.26}$$

为了简化，并不单独考虑每次测量的误差，则根据式(2.27) 计算测量误差方差的平均值。

$$\bar{\tau}^2 = \frac{1}{n}\sum_{i=1}^{n}\tau_i^2 \tag{2.27}$$

估计总体均值 $\hat{\mu}$ 根据样本均值 $\bar{x}$ [式(2.13)] 计算。为了计算估计总体方差 $\hat{\sigma}^2$ 以及估计总体均值的方差 $\mathrm{var}(\hat{\mu})$，在式(2.22)～式(2.25) 中用 $\bar{\tau}^2$ 代替 τ^2，得到式(2.28) 和式(2.29)。

$$s^2 > \bar{\tau}^2 ：\quad \hat{\sigma}^2 = s^2 - \bar{\tau}^2, \mathrm{var}(\hat{\mu}) = \frac{1}{n}s^2 \tag{2.28}$$

$$s^2 \leqslant \bar{\tau}^2 ：\quad \hat{\sigma}^2 = 0, \mathrm{var}(\hat{\mu}) = \frac{1}{n}\bar{\tau}^2 \tag{2.29}$$

作为备选方案，也可以采用加权后的观测均值 $\bar{x}_w$ 替代样本均值 $\bar{x}$ [式(2.10)] 得到式(2-30)，根据式(2.30) 使用绝对方差 τ_i^2 的倒数作为权重因子 [式(2.31)]。

$$\bar{x}_w = \sum_{i=1}^{n}\left(x_i\,\frac{w_i}{\sum_{i=1}^{n}w_i}\right) \tag{2.30}$$

$$w_i = \frac{1}{\tau_i^2} \tag{2.31}$$

那么就可以根据加权后的样本均值 $\bar{x}_w$ 计算样本方差 s_w^2 [式(2.32)]。

$$s_w^2 = \frac{1}{n-1}\sum_{i=1}^{n}(x_i - \bar{x}_w)^2 \tag{2.32}$$

在该情形中，总体均值 μ 根据加权后的样本均值 $\bar{x}_w$ 估计得到 [式(2.33)]。

$$\hat{\mu} = \bar{x}_w \tag{2.33}$$

为计算估计总体方差 $\hat{\sigma}^2$ 与估计总体均值方差 $\mathrm{var}(\hat{\mu})$，根据式(2.22)～式(2.25)，用 $\bar{\tau}^2$ 代替 τ^2，用 s_w^2 代替 s^2，得到式(2.34) 和式(2.35)。

$$s_w^2 > \bar{\tau}^2 ：\quad \hat{\sigma}^2 = s_w^2 - \bar{\tau}^2, \mathrm{var}(\hat{\mu}) = \frac{1}{n}s_w^2 \tag{2.34}$$

$$s_w^2 \leqslant \bar{\tau}^2 ：\quad \hat{\sigma}^2 = 0, \mathrm{var}(\hat{\mu}) = \frac{1}{n}\bar{\tau}^2 \tag{2.35}$$

需要说明的是，估计总体方差 $\hat{\sigma}^2$ 仍然通过所有样本误差 τ_i^2 的均值 $\bar{\tau}^2$ 计算 [式(2.27)]。此外，也可以根据个体样本误差估计总体方差，不过本章不做深入讨论。

2.3.1.2　间接方法

如果无法进行直接测量，就需要依赖其他来源的信息补充缺失的 MFA 数据（见 2.2.4 节）。

专家评议是获取研究对象属性估计值的方法之一。专家们有根据的猜测通常涵盖由最小值和最大值给出的区间。"不小于""不大于"等信息可以通过假设区间 $[a，b]$ 上每个值都具有相同概率的连续均匀分布 Unif$(a，b)$ 而得到最优模拟。因为很多统计方法（例如数据校正）要求正态分布假设，所以常常将选择的分布模式近似为正态分布。这可以通过一些方法实现，如通过模拟连续均匀正态分布的均值 μ 和方差 σ^2，将其作为某个正态分布的参数[式（2.36）和图 2.23]。

$$X \sim \mathrm{Unif}(a，b) \rightarrow \mu = \frac{a+b}{2}，\sigma^2 = \frac{(b-a)^2}{12} \rightarrow X \sim N(\mu，\sigma^2) \qquad (2.36)$$

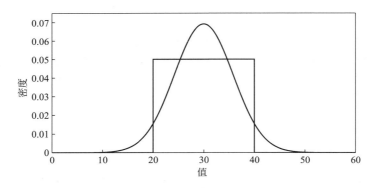

图 2.23　利用具有相同参数（均值 μ 和方差 σ^2）的正态分布估计均匀分布 Unif(20,40)

如果区间 $[a，b]$ 上的值 c 或子集 $[c，d]$ 更可能为实际值或更可能包含实际值，就可以选择三角分布 Tria$(a，c，b)$ 或梯形分布 Trap$(a，c，d，b)$ 代替连续均匀正态分布，然后按照正态分布方法进行后面的操作。

当无法从多个来源获得给定的不确定性时，就可以用该理念对该对象进行多角度的估计，即将最小值作为最低边界 a，最大值作为最高边界 b，基于区间 $[a，b]$ 上其他值的分布特征，选择恰当的分布方程。

大多数情况下，不同数据源获取的数据质量差别很大，必须根据其测量或估计的不确定性进行区分。与测量或估计不确定性不同的是，数据质量是指为了开展研究所获取的数据的可用性。数据质量是获取的数据与研究要求的吻合程度、数据提供者的可靠程度等变量的函数。更多信息请参阅施瓦布（Schwab）、兰纳（Laner）和莱希伯格（Rechberger）的文章（待出版）。测量不确定性和数据质量都属于认知不确定性。

【示例 2.2】

要估计区域 A 生活垃圾中铜的含量。由于无法直接对区域 A 进行监测，需要从区域 B 获取类似的监测数据。尽管区域 B 生活垃圾中铜的含量可以准确获得，但是要用于估计区域 A 的数据，数据质量很可能并不好。

如何在 MFA 研究中更好地提高数据质量是一个有待研究的课题。其中一个有效方案是扩展测量标准误差的范围，通过从 0（完全无用）到 1（最佳适用）区间内的质量因子 q 和人工设置因子 f 来进行估计[式（2.37）]。

$$\sigma_{i,\exp} = \sigma_i - f \ln q \tag{2.37}$$

因此，在最差情形（$q=0$）下，扩展标准偏差为 ∞；而在最佳情形（$q=1$）下，扩展标准偏差为 σ_i。

如果 $q=1$，估测完全符合研究的问题，可以使用均值 $\hat{\mu}_i$ 与标准差 σ_i 进行后续计算。如果 $0<q<1$，扩展标准误差 $\sigma_{i,\exp}$ 可以根据式（2.37）计算，用其替代 σ_i。如果 $q=0$，那么估测值没有实际意义。

另外，质量因子 q［式（2.38）］可以计算，如，根据施瓦布等（待出版）提出的信息缺陷（ID）计算。

$$q = 1 - ID \tag{2.38}$$

信息缺陷可以量化 MFA 数据的质量，其范围从 0（无缺陷——完全可用的数据）到 1（完全不可用数据）。

2.3.1.3 多种估计联用

如果能够对同一总体的属性 μ 进行多重估计得到 $\hat{\mu}_i$，就可以通过计算加权后的均值实现多种估计联用［式（2.39）］。

$$\hat{\mu} = \frac{\sum\limits_{i=1}^{n}(\hat{\mu}_i w_i)}{\sum\limits_{i=1}^{n} w_i} \tag{2.39}$$

如果将每个估计值的偏差作为权重因子，就可以算出多重估计 $\hat{\mu}$ 的最佳线性无偏估计（best linear unbiased estimator，BLUE）［式（2.40）］。估计值的偏差越小，其权重越大。

$$w_i = \frac{1}{\mathrm{var}(\hat{\mu}_i)} \tag{2.40}$$

多重估计 $\hat{\mu}$ 的方差可以通过将式（2.46）的误差传递法则应用于式（2.39）进行计算得到［式（2.41）］。

$$\mathrm{var}(\hat{\mu}) = \frac{1}{\sum\limits_{i=1}^{n} w_i} = \frac{1}{\sum\limits_{i=1}^{n} \dfrac{1}{\mathrm{var}(\hat{\mu}_i)}} \tag{2.41}$$

请注意，通过数据校正可以获得相同的结果（见 2.3.3 节）。

如果所有估计值的方差都相同，式（2.39）和式（2.41）就可以简化为式（2.42）和式（2.43）。

$$\hat{\mu} = \frac{\sum\limits_{i=1}^{n} \hat{\mu}_i}{n} \tag{2.42}$$

$$\mathrm{var}(\hat{\mu}) = \frac{\mathrm{var}(\hat{\mu}_i)}{n} \tag{2.43}$$

【示例 2.3】

利用三个不同的天平（杠杆天平、字母天平❶与电子天平，分别简写为天平 1、天平 2 与天平 3）测量同一个苹果的质量，假设每个天平的不确定性都已知，表示为标准差（表 2.11）。

---

❶ A letter balance，此处翻译为字母天平。

表 2.11　利用不同天平测出的苹果质量（平均值和标准差）

天平	根据测量刻度得到的苹果质量均值/g	天平测量误差（用标准差表示）/g
杠杆天平	183.0	0.5
字母天平	185	5
电子天平	182.5360	0.0005

苹果实际质量根据下式估计：

$$\hat{m} = \frac{\dfrac{183.0}{0.5^2} + \dfrac{185}{5^2} + \dfrac{182.5360}{0.0005^2}}{\dfrac{1}{0.5^2} + \dfrac{1}{5^2} + \dfrac{1}{0.0005^2}} = 182.5360(\text{g})$$

$$\text{ste}(\hat{m}) = \sqrt{\text{var}(\hat{m})} = \sqrt{\frac{1}{\dfrac{1}{0.5^2} + \dfrac{1}{5^2} + \dfrac{1}{0.0005^2}}} = 0.0005(\text{g})$$

可以发现，天平 1 和天平 2 的测量值对结果几乎没有影响，而天平 3 的测量值（四位小数）起决定性作用。道理很明显，天平 3 比天平 1 和 2 准确得多。

如果只是用天平 1 和 2 进行测量，那么结果就会变成

$$\hat{m} = \frac{\dfrac{183.0}{0.5^2} + \dfrac{185}{5^2}}{\dfrac{1}{0.5^2} + \dfrac{1}{5^2}} = 183.0(\text{g})$$

$$\text{ste}(\hat{m}) = \sqrt{\text{var}(\hat{m})} = \sqrt{\frac{1}{\dfrac{1}{0.5^2} + \dfrac{1}{5^2}}} = 0.5(\text{g})$$

可见结果几乎由天平 1 的测量值（两位小数）决定，因为在使用两种测量方法时，两次测量之间的差距与其方差成正比（图 2.24）。

$$\hat{x}_m = \hat{x}_1 + (\hat{x}_2 - \hat{x}_1) \times \frac{\text{var}(\hat{x}_1)}{\text{var}(\hat{x}_1) + \text{var}(\hat{x}_2)} = \hat{x}_1 + (\hat{x}_2 - \hat{x}_1) \times \frac{1}{1 + \dfrac{\text{var}(\hat{x}_2)}{\text{var}(\hat{x}_1)}}$$

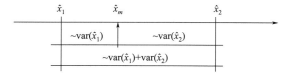

图 2.24　按照方差比例分割 $\hat{x}_1$ 和 $\hat{x}_2$ 之间的距离

在该示例中，两次测量偏差的比值 $\text{var}(\hat{x}_2)/\text{var}(\hat{x}_1) = 100$，导致

$$\hat{m} = 183.0 + (185 - 183.0) \times \frac{1}{1 + 100} = 183.0(\text{g})$$

2.3.2 不确定性传递

对随机变量 X_i 及其期望 $E(X_i)=\mu_i$、方差 $\mathrm{var}(X_i)=\sigma_i^2$，有方程 $Y=f(X_1,X_2,\cdots,X_n)$，Y 为随机变量。如果 μ_i 或 σ_i^2 不可知，那么可以根据样本对其进行估计。一般来说，结果 Y 的概率密度函数（probability density function，PDF）无法通过分析计算。接下来将介绍在 MFA 中经常使用的误差传递的两种方法。

2.3.2.1 高斯法则

可以通过应用关于方程［式（2.44）］的误差传递的高斯法则评价误差传递：

$$Y=f(X_1,X_2,\cdots,X_n) \tag{2.44}$$

可以根据式（2.45）与式（2.46）得到的方差值估计结果 Y 的期望，式（2.46）称为误差传递的高斯法则。

$$E(Y)\approx f(E(X_1),E(X_2),\cdots,E(X_n))=f(\mu_1,\mu_2,\cdots,\mu_n) \tag{2.45}$$

$$\mathrm{var}(Y)\approx \sum_{i=1}^{n}\left(\mathrm{var}(X_i)\times\left[\frac{\partial Y}{\partial X_i}\right]_{X=\mu}^2\right)+$$
$$2\sum_{i=1}^{n-1}\sum_{j=i+1}^{n}\left(\mathrm{cov}(X_i,X_j)\times\left[\frac{\partial Y}{\partial X_i}\right]_{X=\mu}\times\left[\frac{\partial Y}{\partial X_j}\right]_{X=\mu}\right) \tag{2.46}$$

式中 μ_i——$E(X_i)$，为 X_i 的均值；

    σ_i——$\mathrm{std}(X_i)$，为 X_i 的标准差；

    σ_i^2——$\mathrm{var}(X_i)$，为 X_i 的方差；

    σ_{ij}——$\mathrm{cov}(X_i,X_j)$，为 X_i 和 X_j 的协方差。

如果变量 X_i 独立或不相关，那么式（2.46）可以简化为式（2.47）。

$$\mathrm{var}(Y)\approx\sum_{i=1}^{n}\left(\mathrm{var}(X_i)\times\left[\frac{\partial Y}{\partial X_i}\right]_{X=\mu}^2\right) \tag{2.47}$$

说明：

① 高斯法则的基础是一个具有一阶泰勒级数展开式的函数的线性近似，所以，对于非线性方程来说，只有当非线性相对于不确定性数量级来说可以忽略不计时，才有可能得到合理的结果。

② 关于随机变量的概率密度函数的形状信息或者假设并不是必需的。

③ 如果一个变量 X_i 具有天然的变异（如人的身高），那么 $\mathrm{var}(X_i)$ 描述其偶然变异性；如果 X_i 为估计参数（例如人的平均身高），那么 $\mathrm{var}(X_i)$ 描述根据样本量 n 估计的均值 $E(X_i)$ 的认知不确定性。具体请参见 2.3.5 节【示例 2.22】。

【示例 2.4】和【示例 2.5】分别展示了高斯法则在线性方程和非线性方程中的应用。

【示例 2.4】

本示例中的 MFA 系统由一个过程、两个输入流和一个输出流组成（图 2.25）。

根据质量守恒定律，过程的输出流 Y 等于两个输入流 X_1 和 X_2 的总和。

$$Y=X_1+X_2$$

其中

$$E(X_1)=100,\sigma_{X_1}=10 \ (=10\% \ E(X_1))$$

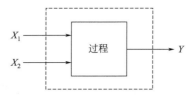

图 2.25 由一个过程、两个输入流和一个输出流组成的 MFA 系统

$$\mathrm{var}(X_1)=\sigma_{X_1}{}^2=100$$
$$E(X_2)=200,\sigma_{X_2}=20\ (=10\%\ E(X_2))$$
$$\mathrm{var}(X_2)=\sigma_{X_2}{}^2=400$$

根据高斯法则，可得

$$E(Y)=E(X_1+X_2)=E(X_1)+E(X_2)$$
$$\mathrm{var}(Y)=\mathrm{var}(X_1+X_2)=\mathrm{var}(X_1)+\mathrm{var}(X_2)+2\mathrm{cov}(X_1,X_2)$$

如果变量 X_1 和 X_2 相互独立，那么其协方差为 0，可得

$$\mathrm{var}(X_1+X_2)=\mathrm{var}(X_1)+\mathrm{var}(X_2)$$

从而可得

$$E(Y)=100+200=300$$
$$\mathrm{var}(Y)=100+400=500,\sigma_Y=\sqrt{500}=22.4\ (=7.5\%\ E(Y))$$

【示例 2.5】

本示例中的 MFA 系统包括一个过程、一个输入流和两个输出流（图 2.26）。

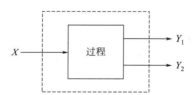

图 2.26 由一个过程、一个输入流和两个输出流组成的 MFA 系统

该过程的输出流 Y_1 与输入流 X 的比例为某一固定值（由迁移系数 TC_1 确定）：

$$Y_1=\mathrm{TC}_1\times X$$

其中

$$E(X)=100,\sigma_X=5\ (=5\%\ E(X))$$
$$\mathrm{var}(X)=\sigma_X{}^2=25$$
$$E(\mathrm{TC}_1)=0.40,\sigma_{\mathrm{TC}_1}=0.04\ (=10\%\ E(\mathrm{TC}_1))$$
$$\mathrm{var}(\mathrm{TC}_1)=\sigma_{\mathrm{TC}_1}{}^2=0.0016$$

应用高斯法则，可得

$$E(Y_1)=E(\mathrm{TC}_1\times X)=E(\mathrm{TC}_1)E(X)$$
$$\mathrm{var}(Y_1)\approx\mathrm{var}(\mathrm{TC}_1\times X)=E(X)^2\mathrm{var}(\mathrm{TC}_1)+E(\mathrm{TC}_1)^2\mathrm{var}(X)+2E(\mathrm{TC}_1)E(X)\mathrm{cov}(\mathrm{TC}_1,X)$$

如果变量 TC_1 和 X 相互独立，其协方差为 0，那么

$$\mathrm{var}(Y_1)\approx\mathrm{var}(\mathrm{TC}_1\times X)=E(X)^2\mathrm{var}(\mathrm{TC}_1)+E(\mathrm{TC}_1)^2\mathrm{var}(X)$$

可得结果为

$$E(Y_1)=0.40\times100=40$$

$$\mathrm{var}(Y_1) \approx 100^2 \times 0.0016 + 0.40^2 \times 25 = 20$$
$$\sigma_{Y_1} \approx \sqrt{20} = 4.5 \quad (= 11.3\% \ E(Y_1))$$

需要说明的是，在乘法计算中，还存在一个用于解决不相关随机变量乘法偏差的精确解：

$$\mathrm{var}(Y_1) = \mathrm{var}(\mathrm{TC}_1 \times X) = E(X)^2 \mathrm{var}(\mathrm{TC}_1) + E(\mathrm{TC}_1)^2 \mathrm{var}(X) + \mathrm{var}(\mathrm{TC}_1)\mathrm{var}(X)$$

在本示例中，结果方差（=0.04）的扰动忽略不计。

对于线性方程 [式(2.48)] 系统，预期结果 [式(2.49)] 与高斯法则 [式(2.50)] 可以写成矩阵的形式。

$$\boldsymbol{y} = f(\boldsymbol{x}, \boldsymbol{z}) = \boldsymbol{A}\boldsymbol{x} + \boldsymbol{B}\boldsymbol{z} = \boldsymbol{A}\boldsymbol{x} + \boldsymbol{b} \tag{2.48}$$
$$E(\boldsymbol{y}) = f(E(\boldsymbol{x}), \boldsymbol{z}) = \boldsymbol{A}E(\boldsymbol{x}) + \boldsymbol{B}\boldsymbol{z} = \boldsymbol{A}E(\boldsymbol{x}) + \boldsymbol{b} \tag{2.49}$$
$$\boldsymbol{Q}_y = \boldsymbol{A}\boldsymbol{Q}_x\boldsymbol{A}^\mathrm{T} \tag{2.50}$$

式中　$\boldsymbol{x}$——测量变量或估计随机变量的列向量（$i \times 1$）；

$\boldsymbol{y}$——未知随机变量的列向量（$j \times 1$）；

$\boldsymbol{z}$——常数项的列向量（$k \times 1$）；

$\boldsymbol{A}$——未知随机变量的系数矩阵（$j \times i$）；

$\boldsymbol{B}$——常数项的系数矩阵（$j \times k$）；

$\boldsymbol{Q}_x$——随机变量的协方差矩阵（$i \times i$）；

$\boldsymbol{Q}_y$——随机变量的协方差矩阵（$j \times j$）。

方程中的常数部分 $\boldsymbol{b} = \boldsymbol{B}\boldsymbol{z}$ 不影响 $\boldsymbol{Q}_y$，因为矩阵平移之后方差不变，即只是一个常数值增加到一个随机变量上，那么 PDF 的形状与方差保持不变。

利用一阶泰勒展开式可以在展开点 $E(\boldsymbol{x})$ 处得到非线性方程 [式(2.51)] 的线性近似值。线性化后的方程的期望 $E(\boldsymbol{y})$ 可以通过式(2.52) 求得，方差-协方差矩阵 $\boldsymbol{Q}_y$ 可以从式(2.53) 求得。

$$\boldsymbol{y} = f(\boldsymbol{x}, \boldsymbol{z}) \approx \boldsymbol{J}_x(\boldsymbol{x} - E(\boldsymbol{x})) + f(E(\boldsymbol{x}), \boldsymbol{z}) \tag{2.51}$$
$$E(\boldsymbol{y}) \approx f(E(\boldsymbol{x}), \boldsymbol{z}) \tag{2.52}$$
$$\boldsymbol{Q}_y \approx \boldsymbol{J}_x\boldsymbol{Q}_x\boldsymbol{J}_x^\mathrm{T} \tag{2.53}$$

式中　$f(\boldsymbol{x}, \boldsymbol{z})$——非线性方程系统；

$\boldsymbol{J}_x$——在展开点 $E(\boldsymbol{x})$ 处评估的雅克比（Jacobi）矩阵 $\partial f(\boldsymbol{x}, \boldsymbol{z}) / \partial \boldsymbol{x}$。

需要说明的是，如果随机输入变量 $\boldsymbol{x}$ 最初并不相关，$\boldsymbol{x}$ 与 $\boldsymbol{y}$ 之间也常常存在相关性。

【示例 2.6】、【示例 2.7】和【示例 2.8】阐释了考虑模型输入参数之间已有相关性的重要性。

【示例 2.6】

在本示例中，C 是随机变量 A 和 B 的函数：

$$C = f(A, B) = A + B$$

其中

$$E(A) = 100, \ \mathrm{var}(A) = 100$$
$$E(B) = 50, \ \mathrm{var}(B) = 25$$

假设 A 与 B 不相关，那么

$$\mathrm{cov}(A, B) = 0$$

根据误差传递，可得

$$E(C) = E(A) + E(B) = 150$$
$$\mathrm{var}(C) = \mathrm{var}(A) + \mathrm{var}(B) = 125$$

及

$$\mathrm{cov}(A,C) = \mathrm{cov}(A,A+B) = \mathrm{cov}(A,A) + \mathrm{cov}(A,B) = \mathrm{var}(A) + \mathrm{cov}(A,B) = 100 + 0 = 100$$
$$\mathrm{cov}(B,C) = \mathrm{cov}(B,A+B) = \mathrm{cov}(B,A) + \mathrm{cov}(B,B) = \mathrm{cov}(B,A) + \mathrm{var}(B) = 0 + 25 = 25$$

注意，因为函数关系 $C = A + B$，C 与 A 和 B 分别相关。

通过先前计算的 C 和 B 的初始值计算 A，可得：

$$A = C - B$$

及

$$E(B) = 50, \ \mathrm{var}(B) = 25$$
$$E(C) = 150, \ \mathrm{var}(C) = 125$$

则由于未考虑 B 和 C 之间的相关性引起的误差传递，会导致

$$E(A) = E(C) - E(B) = 100$$
$$\mathrm{var}(A) = \mathrm{var}(C) + \mathrm{var}(B) = 150$$

只有考虑 B 和 C 之间的相关性时，才能计算得到 A 的初始值：

$$\mathrm{var}(A) = \mathrm{var}(C) + \mathrm{var}(B) - 2\mathrm{cov}(B,C) = 125 + 25 - 2 \times 25 = 100$$

【示例 2.7】

在本示例中，对图 2.27 所示 MFA 系统垃圾填埋过程中存量（LF）的变化 dLF 进行计算。

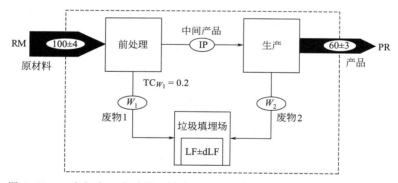

图 2.27   一个包含三个过程（其中一个包含存量）和五个流的 MFA 系统

给定的模型输入参数包括原材料 RM 和产品 PR 的物质流与迁移系数 TC_{W_1}，其中

$$E(\mathrm{RM}) = 100, \mathrm{var}(\mathrm{RM}) = 4^2$$
$$E(\mathrm{PR}) = 60, \mathrm{var}(\mathrm{PR}) = 3^2$$
$$\mathrm{TC}_{W_1} = 0.2$$

如果根据给定输入参数，忽略其相关性，依次计算垃圾填埋的所有输入流，那么 dLF 的变量值计算结果将会是错误的：

$$W_1 = \mathrm{TC}_{W_1} \times \mathrm{RM}$$
$$E(W_1) = \mathrm{TC}_{W_1} \times E(\mathrm{RM}) = 0.2 \times 100 = 20$$
$$\mathrm{var}(W_1) = 0.2^2 \mathrm{var}(\mathrm{RM}) = 0.2^2 \times 4^2 = 0.64$$
$$\mathrm{IP} = (1 - \mathrm{TC}_{W_1}) \times \mathrm{RM}$$
$$E(\mathrm{IP}) = (1 - \mathrm{TC}_{W_1}) \times E(\mathrm{RM}) = (1 - 0.2) \times 100 = 80$$

$$var(IP) = (1-0.2)^2 \times var(RM) = 0.8^2 \times 4^2 = 10.24$$

$$W_2 = IP - PR$$

$$E(W_2) = E(IP) - E(PR) = 80 - 60 = 20$$

$$var(W_2) = var(IP) + var(PR) = 10.24 + 3^2 = 19.24$$

$$dLF = W_1 + W_2$$

$$E(dLF) = E(W_1) + E(W_2) = 20 + 20 = 40$$

$$var(dLF) = var(W_1) + var(W_2) = 0.64 + 19.24 = 19.88$$

为了得到正确的 dLF 变量值，必须考虑 W_1 和 W_2 之间的相关性：

$$var(dLF) = var(W_1) + var(W_2) + 2cov(W_1, W_2)$$

以及下述关系

$$cov(aX + bY + c, dW + eV + f) = ad\,cov(X, W) + ae\,cov(X, V) + bd\,cov(Y, W) + be\,cov(Y, V)$$

$$cov(X, X) = var(X)$$

W_1 和 W_2 的相关性可以计算如下：

$$cov(W_1, W_2) = cov(TC_{W_1} \times RM, (1 - TC_{W_1}) \times RM - PR)$$

$$cov(W_1, W_2) = TC_{W_1}(1 - TC_{W_1})var(RM) + TC_{W_1}cov(RM, PR)$$

$$cov(W_1, W_2) = 0.2 \times 0.8 \times 4^2 + 0.2 \times 0$$

$$cov(W_1, W_2) = 2.56$$

可得

$$var(dLF) = 0.64 + 19.24 + 2 \times 2.56 = 25$$

如果变量仅仅表述为已知参数的函数，而假定为非相关，就不需要考虑相关性。在本示例中，dLF 可以直接利用相互独立的 RM 和 PR 参数通过整个模型的平衡方程计算得出：

$$E(dLF) = E(RM) - E(PR) = 100 - 60 = 40$$

$$var(dLF) = var(RM) + var(PR) = 4^2 + 3^2 = 5^2 = 25$$

【示例 2.8】

在本示例中，根据图 2.28 中输入流 X、给定的 X 到 Y_1 的迁移系数 Y_1（TC_{Y_1}），计算过程的两个输出流 Y_1 和 Y_2。

$$E(X) = 100, var(X) = 10^2$$

$$TC_{Y_1} = 0.4$$

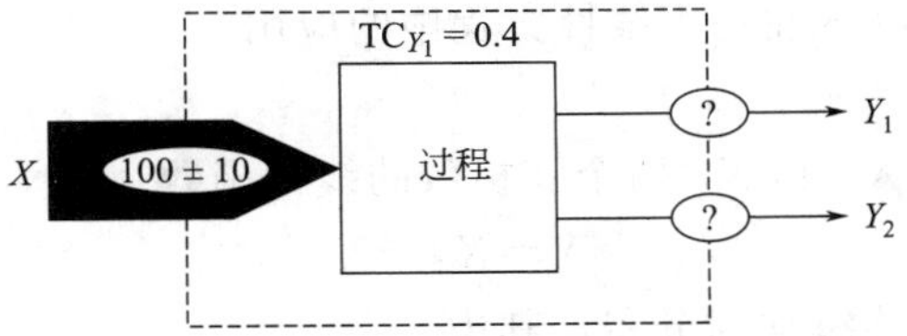

图 2.28　由一个过程、一个输入流、两个输出流构成的 MFA 系统模型，
模型的输入参数包括过程的输入流 X 和迁移系数 TC_{Y_1}

如果未知变量 Y_1 和 Y_2 作为给定参数 X 和 TC_{Y_1} 的函数，而不考虑相关性，则

$$Y_1 = TC_{Y_1} \times X$$

$$E(Y_1) = TC_{Y_1} \times E(X) = 0.4 \times 100 = 40$$

$$\mathrm{var}(Y_1) = \mathrm{TC}_{Y_1}{}^2 \mathrm{var}(X) = 0.4^2 \times 10^2 = 16$$
$$Y_2 = (1 - \mathrm{TC}_{Y_1})X$$
$$E(Y_2) = (1 - \mathrm{TC}_{Y_1})E(X) = 0.6 \times 100 = 60$$
$$\mathrm{var}(Y_2) = (1 - \mathrm{TC}_{Y_1})^2 \mathrm{var}(X) = 0.6^2 \times 10^2 = 36$$

或者，通过 X 以及 Y_1 的结果计算 Y_2，那么由于 X 与 Y_1 之间存在函数关系就必须考虑二者之间的相关性。

$$Y_2 = X - Y_1$$
$$E(Y_2) = E(X) - E(Y_1) = 100 - 40 = 60$$
$$\mathrm{cov}(X,Y_1) = \mathrm{cov}(X, \mathrm{TC}_{Y_1} \times X) = \mathrm{TC}_{Y_1} \times \mathrm{var}(X) = 0.4 \times 10^2 = 40$$
$$\mathrm{var}(Y_2) = \mathrm{var}(X) + \mathrm{var}(Y_1) - 2\mathrm{cov}(X,Y_1) = 10^2 + 16 - 2 \times 40 = 36$$

如果不知道协方差，就可以利用式（2.54）从两两成对的统计数据（即利用给定的一组数据中的一对观测值进行计算得到的统计数据）中进行估计。

$$\mathrm{cov}(X,Y) = \frac{1}{n-1}\sum_{i=1}^{n}(x_i - \bar{x})(y_i - \bar{y}) \tag{2.54}$$

而如果给定了相关系数 $\rho(X,Y)$ 但没有提供协方差 $\mathrm{cov}(X,Y)$，就可以利用式（2.55）计算协方差。

$$\mathrm{cov}(X,Y) = \rho(X,Y)\sqrt{\mathrm{var}(X)\mathrm{var}(Y)} \tag{2.55}$$

2.3.2.2　蒙特卡罗模拟

如果生成的 PDF 的实际形状才是研究关注点（而不仅仅是均值和偏差），或者在非线性方程中的输入参数的不确定性过大，不能应用线性近似，就可以选择蒙特卡罗模拟（Monte Carlo simulation，MCS）分析不确定性。在 MCS 中，利用计算机算法对函数的 m 个输入参数中的每个参数生成 n 套随机值（根据参数的分布），由这 m 个输入参数的 n 套可能值可以得出函数的 n 个可能解，从而实现数据统计分析（即得到平均值、标准差、密度函数形状）。重复数 n 的数值越大，生成的分布函数及其参数的准确性越高。

应用高斯法则传递不确定性时，并不需要对涉及的 PDF 的样式做任何假设，仍足以得到输入参数的均值和标准差。但是，在 MCS 中，必须对输入参数的 PDF 形式进行主观假设，才能从中抽取随机数。

【示例 2.9】阐释了 MCS 在一个线性方程中的应用。

【示例 2.9】

本示例中，Y 为含有 X_1 和 X_2 两个随机数的线性函数

$$Y = X_1 - X_2$$

假定输入参数均符合连续均匀分布，其中

$$X_1 \sim \mathrm{Unif}(20,30)$$
$$X_2 \sim \mathrm{Unif}(5,10)$$

$\mathrm{Unif}(a,b)$ 表示区间 $[a,b]$ 范围内的连续均匀分布。

利用 MATLAB 中的 unifrnd(a,b) 函数或者微软 Excel 中的 "RAND()$* (b-a)+a$" 函数等，可以获得符合区间 $[a,b]$ 定义的连续均匀分布的随机数。如此，就得到了 X_1 和 X_2 的随机值。利用得到的 X_1 和 X_2 的随机值计算 Y 值。将该过程重复 n 次。最后，根据

每个变量的值计算出 X_1、X_2、Y 的平均值和标准差。图 2.29 列出了重复 10000 次 MCS 得到的结果。

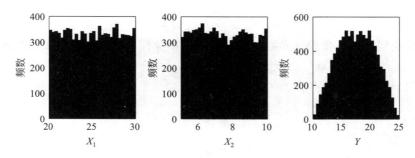

图 2.29 重复 10000 次 MCS 得到的结果

重复次数越多，结果越接近给定的 X_1 和 X_2 的值。在线性情况下，可以通过高斯法则计算得到 Y 值。图 2.30 为重复 1000000 次 MCS 后得到的结果。

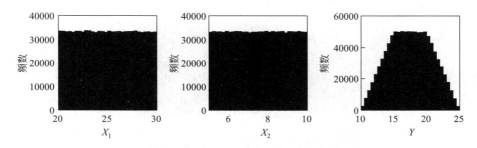

图 2.30 重复 1000000 次 MCS 得到的结果

所有计算都利用 MATLAB 进行，也可以利用 Excel 进行，例如商用产品"@risk"，或者由维也纳工业大学（TU Wien）开发的基于 Excel 的免费软件 MonteCarlito（Auer，2012）。

利用 MCS 得到的期望 $E(Y)$（表 2.12）及其方差 var(Y)与实际值非常接近，可以通过两种方式进行计算。

表 2.12 重复 1000000 次 MCS 得到的结果

变量	X_1	X_2	$Y = X_1 - X_2$
均值	25.00	7.50	17.50
标准误差	0.00	0.00	0.00
标准偏差	2.88	1.44	3.22
方差	8.32	2.08	10.40

通过解析函数的方法求解可以得到 $Y \sim \text{Trap}(10,15,20,25)$，其中 $\text{Trap}(a,c,d,b)$ 表示区间 $[a, b]$ 范围内呈梯形分布，$[c, d]$ 范围内呈连续均匀分布。其期望值和方差可以通过下式求解（Raghu et al.，2007）：

$$E(Y) = \frac{(b^2 - a^2) + (d^2 - c^2) - ac + bd}{3((b-a) + (d-c))} = 17.5$$

$$\mathrm{var}(Y)=\frac{3(r+2s+t)^4+6(r^2+t^2)(r+2s+t)^2-(r^2-t^2)^2}{(12(r+2s+t))^2}=10.41\dot{6}$$

其中

$$r=c-a, s=d-c, t=b-d$$

由于高斯法则可以不依赖于参数的分布形式而单独使用，因此其给出了相同结果：

$$Y=X_1-X_2$$

连续均匀分布的期望值和方差为

$$E(X_i)=\frac{1}{2}(b_i+a_i)$$

$$\mathrm{var}(X_i)=\frac{1}{12}(b_i-a_i)^2$$

其中

$$a_1=20, b_1=30$$
$$a_2=5, b_2=10$$

可得

$$E(X_1)=\frac{1}{2}(30+20)=25$$

$$\mathrm{var}(X_1)=\frac{1}{12}(30-20)^2=8.\dot{3}$$

$$E(X_2)=\frac{1}{2}(10+5)=7.5$$

$$\mathrm{var}(X_2)=\frac{1}{12}(10-5)^2=2.08\dot{3}$$

因为假设 X_1 和 X_2 相互独立，其协方差 $\mathrm{cov}(X_1, X_2)=0$，所以应用高斯法则，可得

$$E(Y)=E(X_1-X_2)=E(X_1)-E(X_2)=25-7.5=17.5$$
$$\mathrm{var}(Y)=\mathrm{var}(X_1-X_2)=\mathrm{var}(X_1)+\mathrm{var}(X_2)=8.\dot{3}+2.08\dot{3}=10.41\dot{6}$$

2.3.3 数据校正

2.3.3.1 介绍

测量和估计很容易产生测量误差或估计误差，而实际中这些误差又往往会超出模型规定的限值（即质量守恒定律），数据校正的思想应运而生。该思想希望从统计意义上调整测量值与估计值，以解决上述矛盾，得到最适合模型的值。

接下来，为了简化概念，将测量值和估计值统称为测量数据，数据校正文献中也是这样处理的。

只有当给定系统的方程组（即约束条件）能够转换成至少一个方程不含有未知参数的形式时，才可以执行数据校正。所有在这些方程中出现的测量或估计参数都是可以调整的。而完全由常数变量组成的方程是不能进行数据校正的（没有测量值或估计值需要调整），不过可以尝试进行输入的常数数据的合理性检查（【示例 2.10】）。

【示例 2.10】

图 2.31 中的 MFA 系统可以通过一个平衡方程（即模型约束）进行数学描述。因为该

过程并不包含存量，所以根据质量守恒定律，输入流与输出流相等。如果输入流和输出流都已知（因而并没有未知变量），同时，这些流中至少有一个是测量的或估计的（伴随着不确定性），就可以进行数据校正。如果输入流、输出流都含有常数以及不匹配值，那么质量就不守恒，就必须对数据进行合理性检查。

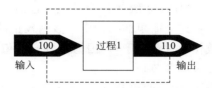

图 2.31　包括一个过程、一个输入流和一个输出流的示例系统，
从中可以理解数据校正的思想

有一种经常提到的说法是，为了开展数据校正，需要有超定方程组（即独立方程的数量超过未知变量）（Narasimhan et al.，2000），但是，只有方程组存在解，也就是所有未知参数都能够计算的情况下，该说法才是正确的（见【示例 2.11】）。

【示例 2.11】

图 2.32 所示 MFA 系统的数学模型由三个方程（每个过程的平衡方程）、三组测量流（分别用一个对号表示）以及三组未知流（分别用一个问号表示）组成。

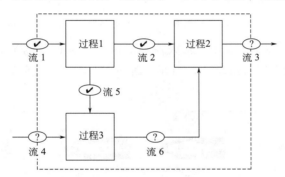

图 2.32　包括三个方程、三组测量流以及三组未知流的示例系统，用以阐释具体哪里需要数据校正

虽然该方程组并非超定方程组（三个方程，三个未知参数），但因为其中一个方程（过程 1 的平衡方程）只包括测量变量，所以可以进行数据校正。因此，三个测量变量可以进行数据校正。然而，方程组却无解，因为存在三个未知变量（流 3、流 4 和流 6），却只剩下两个方程（过程 2 和过程 3），因此，无法计算出未知变量。

如果这些流中有一个可以获得的额外数据，那么系统方程组就变成超定方程组了（三个方程，两个未知变量），此时仍可以进行数据校正，而且未知变量也是可以计算的。

通过数据校正，测量数据和估计数据的均值就不再与模型约束相矛盾，当所有必要的校正（测量值或估计值 $\widetilde{x}_i$ — 调整后的值 x_i）的平方和通过测量变量或估计变量方差 $\mathrm{var}(\widetilde{x}_i)$ 的倒数进行加权后达到最小时，为最佳的解决方案：

$$F = \sum_{i=1}^{n} \frac{(\widetilde{x}_i - x_i)^2}{\mathrm{var}(\widetilde{x}_i)} \tag{2.56}$$

该过程即为加权最小二乘法，其中 F 为需要最小化的目标方程［式(2.56)］。

为了简化，所有测量值和估计值都被假定为符合正态分布，这是因为在线性约束的条件下，数据校正后的输出值本身都符合正态分布。

接下来介绍一些数据校正的基础示例，但是并未考虑数据校正的算法。相关数学知识参见 2.3.3.2 节。

【示例 2.12】

【示例 2.10】（图 2.31）中 MFA 系统的各变量至少包括一个测量流或一个估计流，所以可以实施数据校正。注意，在这个简单的示例中，数据校正的结果是输入流、输出流的加权平均值（利用其方差的倒数作为权重因子），因为其各自的值都可以被看作是同等数量的独立测量值或估计值（对比 2.3.1.3 节）。

在图 2.33 所示的 MFA 系统中，假设输入流是准确的，而输出流的绝对误差为±10。因为只有不确定流可以校正，所以只能对输出流进行校正。通过数据校正后，输入流、输出流都必须得到相同的值，因此，该方程的唯一解为 100。注意输出流的不确定性已经被减小到 0，因为输出流必须与输入流相匹配。

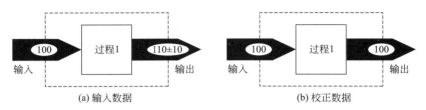

(a) 输入数据   (b) 校正数据

图 2.33　包括一个恒定（输入）流和一个不确定（输出）流的 MFA 系统的数据校正

在图 2.34 所示的 MFA 系统中，输入流和输出流具有相同的绝对误差，这意味着两者可以进行同等程度的校正以解决矛盾，因而，解在 100 与 110 之间，结果的不确定性小于初始不确定性。

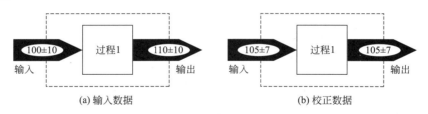

(a) 输入数据   (b) 校正数据

图 2.34　包括两个不确定流的 MFA 系统的数据校正，两个流具有相同的绝对误差

注意上述"值±不确定性"并不等于区间［值－不确定性，值＋不确定性］的最小和最大边界，同时也不是正态分布的均值和标准差。因为正态分布具有无限性（即其两端都向无穷远处延伸），给定数据的不确定性区间总是存在重合，所以，数据校正通常是可行的，但对于过失误差来说，常常没有意义（见 2.3.3.3 节）。

如果本示例中的给定数据不符合正态分布，而是处于某区间范围内，那么结果区间就是输入流和输出流重叠区间的区域。所以，结果的下限为输入数据最低边界中的最大值，而结果的上限为输入数据最高边界中的最小值。如果不确定性区间不重合，数据校正就不可行。

在图 2.35 所示的 MFA 系统中，输出流的绝对误差是输入流绝对误差的 2 倍，因为调整量与这些误差的平方（即方差）成正比，所以校正的比例为 1∶4。

【示例 2.13】

图 2.36 中的 MFA 系统包括一个未知流，该系统可以由两个都包括再利用物质未知流的平衡方程进行数学描述。

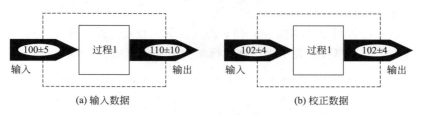

图 2.35　包括两个不确定流的 MFA 系统的数据校正，两个流具有不同的绝对误差

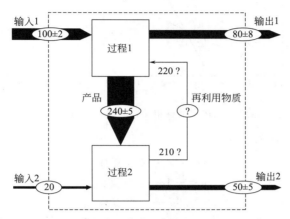

图 2.36　该 MFA 系统旨在阐释在存在未知流的情况下如何进行数据校正

　　该模型的问题在于根据过程 1 的闭环平衡关系，再利用物质的物质量为 220 单位，而根据过程 2 的闭环平衡关系，再利用物质的物质量为 210 单位，这一矛盾可以通过数据校正解决。通过对给定方程进行初等变换（在过程 1 和过程 2 的基础上增加平衡方程），可以得到一个描述子系统的平衡方程，见图 2.37 中的灰色长方形。

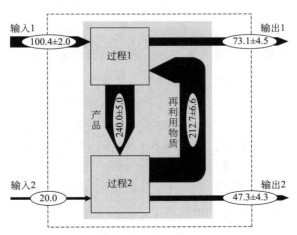

图 2.37　对图 2.36 中的系统进行数据校正

　　该子系统的平衡方程不包含未知变量。由于涉及的一些变量是不确定的，可以进行校正。因此，上述矛盾得以解决，可以计算出再利用物质的均值，其不确定性通过误差传递来计算。

　　需要注意的是，产品流不能进行校正，因为它不属于数据校正方程的组成部分。

【示例 2.14】

图 2.38 展示了包含两个未知变量 x 和 y 的线性数据校正问题。每个线性方程 $y=k_i x+d_i$ 都包含这两个变量，都可以表示为二维坐标系中的一条直线。

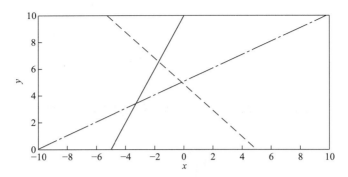

图 2.38   这三条线并未在一个点相交，因此，该方程组对 x 和 y 没有解

图 2.38 中三条直线的方程为

$$y=2x+10 \quad（实线）$$
$$y=-1x+5 \quad（虚线）$$
$$y=0.5x+5 \quad（带点虚线）$$

式中，k_1 为 2；d_1 为 10；k_2 为 -1；d_2 为 5；k_3 为 0.5；d_3 为 5。

如果将 k_i 视为常数项，d_i 视为未知项，那么以上方程组可以写成矩阵形式。

$$
\begin{pmatrix}
1 & -2 & \vdots & -1 & 0 & 0 \\
1 & 1 & \vdots & 0 & -1 & 0 \\
1 & -0.5 & \vdots & 0 & 0 & -1
\end{pmatrix}
\begin{pmatrix}
y \\
x \\
\hdashline
d_1 \\
d_2 \\
d_3
\end{pmatrix} = \mathbf{0}
$$

对该系数矩阵运用高斯-若尔当消元法（高斯消元法）进行化简，得到行最简化梯形矩阵，一个只包含参数 d_i 的单一方程（用矩阵第一行表示）。

$$
\begin{pmatrix}
1 & 0 & \vdots & 0 & -0.\dot{3} & -0.\dot{6} \\
0 & 1 & \vdots & 0 & -0.\dot{6} & 0.\dot{6} \\
\hdashline
0 & 0 & \vdots & 1 & 1 & -2
\end{pmatrix}
\begin{pmatrix}
y \\
x \\
\hdashline
d_1 \\
d_2 \\
d_3
\end{pmatrix} = \mathbf{0}
$$

利用初始给定均值计算该方程，得到一个矛盾的方程。

$$d_1+d_2-2d_3=0$$
$$10+5-2\times 5=5\neq 0$$

如果参数 d_i 的值不精确，存在不确定性，就可以在不确定性范围内平移初始给定直线，以找到所有线都相交的某个点（图 2.39）。

d_i 校正值的最小平方和的解是最优解（图 2.40）。如果假设所有 d_i 都具有相同的绝对误差，就不需要对 d_i 的各校正值进行加权了。

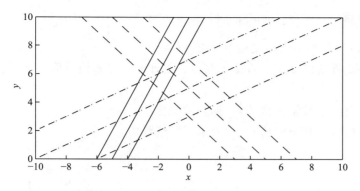

图 2.39 如果 d_i 不确定，那么可以在 d_i 的不确定性范围内校正其值，以平行调整初始
给定直线的位置。在本例中，所有 d_i 的标准偏差都假定为 1，此图中显示的范围是
原始 d_i ±标准偏差的 2 倍。当这些不确定性范围重叠时，就可以在该区域内找到
最佳解；如果不发生重叠，那么原始数据很有可能存在较大误差

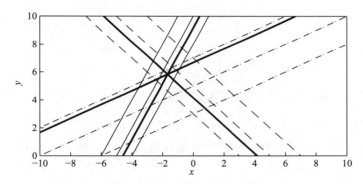

图 2.40 所有 d_i 具有相同的绝对误差（线性约束）时的数据校正解（粗体线），
d_i 的标准偏差设置为 1

如果同时把 k_i 作为不确定性变量，就可以进一步在平移的基础上通过适当倾斜找到最佳相交点（图 2.41）。这可以通过非线性数据校正实现。

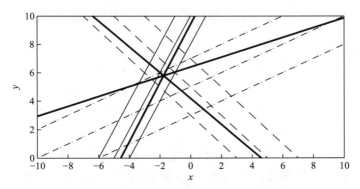

图 2.41 d_i 和 k_i 不确定（非线性约束）时的数据校正解（粗体线）。
d_i 的标准偏差设为 1，k_i 的标准偏差设为 0.25

2. 3. 3. 2 数学基础

我们在这里讨论三种类型的变量（图 2.42）：

① 带有不确定性的已知量（直接观测值、估计值、专家假设值、文献值等），称为观测变量；

② 具有固定值的已知量（常数），称为常数变量；

③ 未知量（没有可获得的值），称为未观测变量。

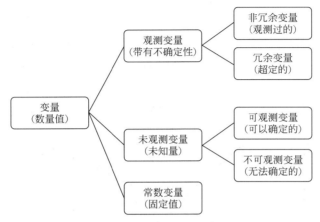

图 2.42 基于 Madron（1992）与 Romagnoli 和 Sánchez（2000）的变量分类

此外，还遵循如下定义（Narasimhan et al. ，2000）：

① 未观测变量如果利用仪器或模型约束条件进行估计，那么可称其为可观测的未观测变量，否则称其为不可观测变量。

② 对于可观测变量，如果该测量值被移除后，不影响变量值的确定，那么该变量称为冗余变量。而测量值被移除之后影响变量值确定的，则称为非冗余变量。

提示：下面将介绍线性约束的数据校正的数学基础，如果读者不熟悉矩阵和线性代数，建议直接跳到【示例 2.15】，阅读分步介绍的数据校正步骤。获取更多关于 STAN 软件中非线性约束数据校正算法的详细信息，请参见 Cencic 的文献（2016，待出版）。

线性数据校正问题可以概化成一个加权最小二乘优化问题，根据式（2.58）对式（2.57）进行最小化求解。

$$F(\boldsymbol{x}) = (\tilde{\boldsymbol{x}} - \boldsymbol{x})^{\mathrm{T}} \boldsymbol{Q}^{-1} (\tilde{\boldsymbol{x}} - \boldsymbol{x}) \tag{2.57}$$

$$f(\boldsymbol{y}, \boldsymbol{x}, \boldsymbol{z}) = \boldsymbol{B}\boldsymbol{y} + \boldsymbol{A}\boldsymbol{x} + \boldsymbol{C}\boldsymbol{z} = (\boldsymbol{B} \quad \boldsymbol{A} \quad \boldsymbol{C}) \begin{pmatrix} \boldsymbol{y} \\ \boldsymbol{x} \\ \boldsymbol{z} \end{pmatrix} = \boldsymbol{0} \tag{2.58}$$

在目标方程［式（2.57）］中，$\tilde{\boldsymbol{x}}$ 是观测向量，$\boldsymbol{x}$ 是校正后的观测向量，$\boldsymbol{Q}$ 是假设均值为 0 且符合正态分布（高斯分布）的观测误差组成的方差-协方差矩阵（Johnston et al. ，1995）。等式约束函数［式（2.58）］是未观测变量 $\boldsymbol{y}$（即未知量）与校正过的观测变量 $\boldsymbol{x}$（即已观测的，带有不确定性）和固定或常数变量 $\boldsymbol{z}$（即已观测的，没有不确定性）的线性集合。$\boldsymbol{A}$，$\boldsymbol{B}$，$\boldsymbol{C}$ 为系数矩阵，在线性条件下为常数集。

线性方程组经过初等变换（即等式约束），如果至少有一个方程中没有未知数并且有至少一个观测变量，就可以进行数据校正以提高观测值的准确性。

麦德隆（Madron，1992）建议对线性约束系数矩阵（**B A C**）运用高斯-若尔当消元法进行消元，以从数据校正的过程中分离出未观测变量［式(2.59)］。

$$M = \mathrm{rref}(B \quad A \quad C) = (M_y \quad M_x \quad M_z) = \begin{vmatrix} M_{cy} & M_{cx} & M_{cz} \\ 0 & M_{rx} & M_{rz} \\ 0 & 0 & M_{tz} \\ 0 & 0 & 0 \end{vmatrix} = \begin{vmatrix} M_c \\ M_r \\ M_t \\ 0 \end{vmatrix} \qquad (2.59)$$

经过简化消除后得到的矩阵 **M**，为行最简化梯形矩阵（rref）或范式，可以用于对包含的变量进行分类，检测常量输入数据的矛盾之处，对约束条件中具有相关性的方程进行消减。

矩阵 **M** 底部的每个零行都来自最初给定的方程组中具有相关性的方程，这些相关方程在高斯-若尔当消元法简化过程中被自动消除掉。相关方程并不包含模型的额外信息，因为可以利用其他方程得到。因此，**M** 的零行并非一定要进行额外考虑，如果 **M** 中不存在零行，那么所有给定方程都相互独立。

如果存在 $M_t \neq 0$（更准确地说，$M_{tz} \neq 0$），说明某些转换方程只包含常数变量，M_{tz} 可以用于核查常数变量矛盾，因为 $M_{tz}z \overset{\mathrm{def}}{=} 0$。如果存在矛盾，就必须在继续下一步之前进行处理。矛盾解决之后，不再关注 M_t。

如果不存在 M_z，那么该问题不包括任何常数变量，此时 M_t 也不存在。

如果 $M_r \neq 0$（更准确地说，$M_{rx} \neq 0$），说明某些转换方程包含至少一个已观测变量而不包含未观测变量，就可以应用子矩阵（$M_{rx}M_{rz}$）调整观测变量。如此一来，数据校正的约束就被缩减为一组不包含任何未观测变量的方程［式(2.60)］。

$$M_{rx}x + M_{rz}z = 0 \qquad (2.60)$$

如果不存在 M_r，但存在 $M_x \neq 0$（更准确地说，$M_{cx} \neq 0$），则给定观测值也无法进行校正。

如果不存在 M_x，问题中就不包含任何已观测变量，这种情况下同样不存在 M_r。

目标函数最小化［式(2.57)］的解决方案的约束条件减少了［式(2.60)］，可以运用拉格朗日乘数的经典方法变换得到式(2.61)。

$$x = \tilde{x} - QM_{rx}^{\mathrm{T}}(M_{rx}QM_{rx}^{\mathrm{T}})^{-1}(M_{rx}\tilde{x} + M_{rz}z) \qquad (2.61)$$

校正后的观测参数 **x** 的协方差矩阵 Q_x 可以通过对式(2.61)应用误差传递的高斯法则计算，得到式(2.62)。

$$Q_x = (I - QA_{rx}^{\mathrm{T}}(A_{rx}QA_{rx}^{\mathrm{T}})^{-1}A_{rx})Q \qquad (2.62)$$

如果不存在 M_c，那么问题中就不包含未观测变量。

如果存在 $M_{cy} = I$，那么所有的未观测变量都是可观测的，因此可以进行计算（$M_{cy}^* = M_{cy} = I, M_{cx}^* = M_{cx}, M_{cz}^* = M_{cz}, y^* = y$）。

如果存在 $M_{cy} \neq I$，就必须对矩阵 **M** 进行校正，之后才可以计算出可观测的未知变量。

所以，在 $\boldsymbol{M}_{cy}$ 中，必须删除 $\boldsymbol{M}_c$ 中包含多个非零项的所有行，以及 $\boldsymbol{M}_y$ 中含有非零项的所有列（$\boldsymbol{M}_{cy} \rightarrow \boldsymbol{M}_{cy}^* = \boldsymbol{I}$，$\boldsymbol{M}_{cx} \rightarrow \boldsymbol{M}_{cx}^*$，$\boldsymbol{M}_{cz} \rightarrow \boldsymbol{M}_{cz}^*$）。删除的 $\boldsymbol{M}_{cy}$ 的列指必须从 $\boldsymbol{y}$ 中移除的不可观测的未知变量（$\boldsymbol{y} \rightarrow \boldsymbol{y}^*$）。

如果不存在 $\boldsymbol{M}_y$，说明问题不包含任何未观测变量，这种情况下同样不存在 $\boldsymbol{M}_c$。

消除不可观测的未观测变量后，可观测变量可以根据式（2.63）计算。

$$\boldsymbol{I}\boldsymbol{y}^* + \boldsymbol{M}_{cx}^* \boldsymbol{x} + \boldsymbol{M}_{cz}^* \boldsymbol{z} = \boldsymbol{0} \tag{2.63}$$

得到式（2.64）。

$$\boldsymbol{y}^* = -\boldsymbol{M}_{cx}^* \boldsymbol{x} - \boldsymbol{M}_{cz}^* \boldsymbol{z} \tag{2.64}$$

所有可观测的未观测变量 $\boldsymbol{y}^*$ 的协方差矩阵 $\boldsymbol{Q}_{y^*}$ 可以通过对式（2.64）应用误差传递的高斯法则进行计算，得到式（2.65）。

$$\boldsymbol{Q}_{y^*} = \boldsymbol{A}_{cx}^* \boldsymbol{Q}_x \boldsymbol{A}_{cx}^{* \mathrm{T}} \tag{2.65}$$

其他对变量分类的方法综述请参阅 Narasimhan 和 Jordache（2000）以及 Romagnoli 和 Sánchez（2000）的研究。

【示例 2.15】

本示例中，先假设一个 MFA 系统由 4 个过程和 10 个物质流组成（图 2.43），接下来逐步说明数据校正的步骤。为简化概念，物质流（$\dot{m}$）由一个大写字母与一个数字表示。字母 Y 表示未观测流，X 表示已观测流，Z 表示已知准确值的常数流。

这个不包括存量的模型的约束条件 f_i 为 4 个过程与整个系统的质量平衡关系（输入之和等于输出之和）。

f_1：$X1 + Y1 + X3 - X4 = 0$　　　　$\Rightarrow$　　　　$P1$ 过程平衡方程

f_2：$X2 - Y1 - X3 - Z1 = 0$　　　　$\Rightarrow$　　　　$P2$ 过程平衡方程

f_3：$X4 + Z2 - Y2 - Y3 = 0$　　　　$\Rightarrow$　　　　$P3$ 过程平衡方程

f_4：$Z1 - Z2 - Z3 = 0$　　　　$\Rightarrow$　　　　$P4$ 过程平衡方程

f_5：$X1 + X2 - Y2 - Y3 - Z3 = 0$　　　$\Rightarrow$　　　　整个系统的平衡方程

本示例中，某个过程的输入用正号表示，输出用负号表示。

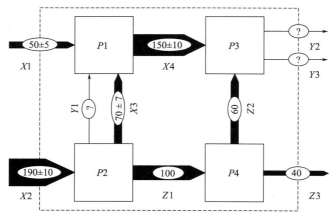

图 2.43　用以解释变量分类和数据校正的 MFA 系统

方程组写成矩阵形式为

$$\left(\begin{array}{ccccccc:ccc} 1 & 0 & 0 & 1 & 0 & 1 & -1 & 0 & 0 & 0 \\ \hline -1 & 0 & 0 & 0 & 1 & -1 & 0 & -1 & 0 & 0 \\ 0 & -1 & -1 & 0 & 0 & 0 & 1 & 0 & 1 & 0 \\ 0 & 0 & 0 & 0 & 0 & 0 & 0 & 1 & -1 & -1 \\ 0 & -1 & -1 & 1 & 1 & 0 & 0 & 0 & 0 & -1 \end{array}\right) \begin{pmatrix} Y1 \\ Y2 \\ Y3 \\ \hdashline X1 \\ X2 \\ X3 \\ X4 \\ \hdashline Z1 \\ Z2 \\ Z3 \end{pmatrix} = \begin{pmatrix} 0 \\ 0 \\ 0 \\ 0 \\ 0 \end{pmatrix}$$

注意变量向量的排列方式，首先是未观测变量，之后为观测变量，最后为常数变量。一般来说，以上矩阵可以写成

$$(\boldsymbol{B} \quad \boldsymbol{A} \quad \boldsymbol{C}) \begin{pmatrix} \boldsymbol{y} \\ \boldsymbol{x} \\ \boldsymbol{z} \end{pmatrix} = \boldsymbol{B}\boldsymbol{y} + \boldsymbol{A}\boldsymbol{x} + \boldsymbol{C}\boldsymbol{z} = \boldsymbol{0}$$

其中

$$\boldsymbol{B} = \begin{pmatrix} 1 & 0 & 0 \\ -1 & 0 & 0 \\ 0 & -1 & -1 \\ 0 & 0 & 0 \\ 0 & -1 & -1 \end{pmatrix} \qquad \boldsymbol{y} = \begin{pmatrix} Y1 \\ Y2 \\ Y3 \end{pmatrix}$$

$$\boldsymbol{A} = \begin{pmatrix} 1 & 0 & 1 & -1 \\ 0 & 1 & -1 & 0 \\ 0 & 0 & 0 & 1 \\ 0 & 0 & 0 & 0 \\ 1 & 1 & 0 & 0 \end{pmatrix} \qquad \boldsymbol{x} = \begin{pmatrix} X1 \\ X2 \\ X3 \\ X4 \end{pmatrix}$$

$$\boldsymbol{C} = \begin{pmatrix} 0 & 0 & 0 \\ -1 & 0 & 0 \\ 0 & 1 & 0 \\ 1 & -1 & -1 \\ 0 & 0 & -1 \end{pmatrix} \qquad \boldsymbol{z} = \begin{pmatrix} Z1 \\ Z2 \\ Z3 \end{pmatrix}$$

运用高斯-若尔当消元法对系数矩阵（$\boldsymbol{B}$ $\boldsymbol{A}$ $\boldsymbol{C}$）进行消元，得到

$$\boldsymbol{M} = \mathrm{rref}(\boldsymbol{B} \quad \boldsymbol{A} \quad \boldsymbol{C}) = \left(\begin{array}{ccc:cccc:ccc} 1 & 0 & 0 & 0 & -1 & 1 & 0 & 0 & 1 & 1 \\ 0 & 1 & 1 & 0 & 0 & 0 & -1 & 0 & -1 & 0 \\ \hdashline 0 & 0 & 0 & 1 & 1 & 0 & -1 & 0 & -1 & -1 \\ \hdashline 0 & 0 & 0 & 0 & 0 & 0 & 0 & 1 & -1 & -1 \\ 0 & 0 & 0 & 0 & 0 & 0 & 0 & 0 & 0 & 0 \end{array}\right)$$

对应的方程组为

$$
\begin{pmatrix}
1 & 0 & 0 & 0 & -1 & 1 & 0 & 0 & 1 & 1 \\
0 & 1 & 1 & 0 & 0 & 0 & -1 & 0 & -1 & 0 \\
0 & 0 & 0 & 1 & 1 & 0 & -1 & 0 & -1 & -1 \\
0 & 0 & 0 & 0 & 0 & 0 & 0 & 1 & -1 & -1 \\
0 & 0 & 0 & 0 & 0 & 0 & 0 & 0 & 0 & 0
\end{pmatrix}
\begin{pmatrix}
Y1 \\ Y2 \\ Y3 \\ X1 \\ X2 \\ X3 \\ X4 \\ Z1 \\ Z2 \\ Z3
\end{pmatrix}
=
\begin{pmatrix}
0 \\ 0 \\ 0 \\ 0 \\ 0
\end{pmatrix}
$$

变换方程 f_i^* 写成一般形式为

f_1^*：$Y1-X2+X3+Z2+Z3=0$　　$\Rightarrow$　　$P2+P4$ 过程平衡方程

f_2^*：$Y2+Y3-X4-Z2=0$　　$\Rightarrow$　　$P3$ 过程平衡方程

f_3^*：$X1+X2-X4-Z2-Z3=0$　　$\Rightarrow$　　$P1+P2+P4$ 过程平衡方程

f_4^*：$Z1-Z2-Z3=0$　　$\Rightarrow$　　$P4$ 过程平衡方程

f_5^*：$0=0$　　$\Rightarrow$　　消除冗余方程

提示：由于进行了多次变换，方程组 f_1^* 和 f_2^* 中，某个过程或多个过程的输入会是负值，而输出则变为正值。

方程 $f_1^* \sim f_5^*$ 具有如下特征：

① 方程 f_5^* 已经经过高斯-若尔当消元法消元，由于最初给定的方程组只包含四个独立方程，也就是说，通过对某单个过程加入平衡方程可以构造整个系统的平衡方程，因此，系统总平衡代表存在一些冗余信息，可以从最初给定的方程组中移除，如果所有过程的平衡都包括在内，就不会发生信息损失。不再需要考虑方程 f_5^*。

② 方程 f_4^* 只包含固定（常数）变量，可以用于证明固定变量的值。如果产生矛盾，就必须核查固定变量值中存在的错误。在本示例中，存在一个矛盾：$Z1-Z2-Z3=10-60-40=-90 \neq 0$。通过数据核查假设，发现 $Z1$ 的值被错误地赋成了 10，而正确值应该是 100。更正错误之后，矛盾得以解除，不再需要考虑方程 f_4^*。

③ 方程 f_3^* 只包含测量变量和固定变量，可以用于校正由于测量误差导致的不满足模型限制要求的那些观测变量。因为测量变量 $X3$ 并不包括在此方程内，所以无法校正，因此认为它是非冗余变量。

④ 只有方程 f_1^* 和 f_2^* 包含未观测变量，$Y1$ 是方程 f_1^* 的唯一变量，所以 f_1^* 可以用于计算 $Y1$ 的值。方程 f_2^* 包含两个未观测变量（$Y2$ 与 $Y3$），无法计算出它们的值（只有一个方程，而包括两个未知变量），因此，方程 f_2^* 和变量 $Y2$ 与 $Y3$ 需要从方程组中消除，变量 $Y2$ 与 $Y3$ 被归类为不可观测变量。

消除不可观测变量 $Y2$ 和 $Y3$ 与方程 f_2^*、f_4^* 和 f_5^* 后，剩余方程组变为

$$\begin{pmatrix} 1 & \vdots & 0 & -1 & 1 & 0 & \vdots & 0 & 1 & 1 \\ 0 & \vdots & 1 & 1 & 0 & -1 & \vdots & 0 & -1 & -1 \end{pmatrix} \begin{pmatrix} Y1 \\ X1 \\ X2 \\ X3 \\ X4 \\ Z1 \\ Z2 \\ Z3 \end{pmatrix} = \begin{pmatrix} 0 \\ 0 \end{pmatrix}$$

可以写成一般形式

$$\begin{pmatrix} \boldsymbol{I} & \boldsymbol{D}_1 & \boldsymbol{E}_1 \\ \boldsymbol{O} & \boldsymbol{D}_2 & \boldsymbol{E}_2 \end{pmatrix} \begin{pmatrix} \boldsymbol{y}^* \\ \boldsymbol{x} \\ \boldsymbol{z} \end{pmatrix} = \begin{pmatrix} \boldsymbol{0} \\ \boldsymbol{0} \end{pmatrix}$$

式中　$\boldsymbol{I}$——单位矩阵；

　　　$\boldsymbol{O}$——零矩阵；

　　　$\boldsymbol{0}$——零向量；

　　　$\boldsymbol{D}_1 = (0 \quad -1 \quad 1 \quad 0)$；

　　　$\boldsymbol{E}_1 = (0 \quad 1 \quad 1)$；

　　　$\boldsymbol{D}_2 = (1 \quad 1 \quad 0 \quad -1)$；

　　　$\boldsymbol{E}_2 = (0 \quad -1 \quad -1)$；

　　　$\boldsymbol{y}^* = (Y1)$。

观测变量 $\boldsymbol{x}$ 校正后的值及其方差-协方差矩阵 $\boldsymbol{Q}_x$ 根据式(2.61) 和式(2.62) 计算：

$$\boldsymbol{x} = \tilde{\boldsymbol{x}} - \boldsymbol{Q}\boldsymbol{D}_2^{\mathrm{T}} (\boldsymbol{D}_2 \boldsymbol{Q} \boldsymbol{D}_2^{\mathrm{T}})^{-1} (\boldsymbol{D}_2 \tilde{\boldsymbol{x}} + \boldsymbol{E}_2 \boldsymbol{z})$$

$$\boldsymbol{Q}_x = (\boldsymbol{I} - \boldsymbol{Q}\boldsymbol{D}_2^{\mathrm{T}} (\boldsymbol{D}_2 \boldsymbol{Q} \boldsymbol{D}_2^{\mathrm{T}})^{-1} \boldsymbol{D}_2) \boldsymbol{Q}$$

式中　$\tilde{\boldsymbol{x}} = \begin{pmatrix} \widetilde{X}1 \\ \widetilde{X}2 \\ \widetilde{X}3 \\ \widetilde{X}4 \end{pmatrix} = \begin{pmatrix} 50 \\ 190 \\ 70 \\ 150 \end{pmatrix}$；

$$\boldsymbol{Q} = \begin{pmatrix} 5^2 & 0 & 0 & 0 \\ 0 & 10^2 & 0 & 0 \\ 0 & 0 & 7^2 & 0 \\ 0 & 0 & 0 & 10^2 \end{pmatrix} ;$$

$$\boldsymbol{z} = \begin{pmatrix} Z1 \\ Z2 \\ Z3 \end{pmatrix} = \begin{pmatrix} 100 \\ 60 \\ 40 \end{pmatrix} 。$$

有

$$\boldsymbol{x} = \begin{pmatrix} X1 \\ X2 \\ X3 \\ X4 \end{pmatrix} = \begin{pmatrix} 51.1 \\ 194.4 \\ 70.0 \\ 145.6 \end{pmatrix} \qquad \boldsymbol{Q}_x = \begin{pmatrix} 22.2 & -11.1 & 0 & 11.1 \\ -11.1 & 55.6 & 0 & 44.4 \\ 0 & 0 & 49.0 & 0 \\ 11.1 & 44.4 & 0 & 55.6 \end{pmatrix}$$

可观测的未知变量 $\boldsymbol{y}^*$ 及其方差-协方差矩阵 $\boldsymbol{Q}_{y^*}$ 根据式（2.64）和式（2.65）计算：

$$\boldsymbol{y}^* = -\boldsymbol{D}_1\boldsymbol{x} - \boldsymbol{E}_1\boldsymbol{z}$$

$$\boldsymbol{Q}_{y^*} = \boldsymbol{D}_1\boldsymbol{Q}_x\boldsymbol{D}_1^{\mathrm{T}}$$

得到

$$\boldsymbol{y}^* = (Y1) = (24.4) \qquad \boldsymbol{Q}_y = (104.6)$$

只考虑方差-协方差矩阵中的方差，结果为（图 2.44）：

$$X1 = 51.1 \pm \sqrt{22.2} = 51.1 \pm 4.7$$

$$X2 = 194.4 \pm \sqrt{55.6} = 194.4 \pm 7.5$$

$$X3 = 70.0 \pm \sqrt{49.0} = 70.0 \pm 7.0$$

$$X4 = 145.6 \pm \sqrt{55.6} = 145.6 \pm 7.5$$

$$Y1 = 24.4 \pm \sqrt{104.6} = 24.4 \pm 10.2$$

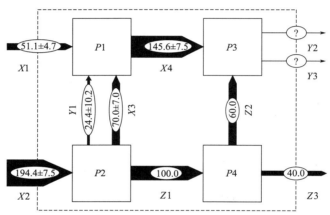

图 2.44　利用可获得的输入数据计算得到的结果。要建立完整的 MFA 系统，
还需要获取其中一个未知流的信息

提示：虽然观测变量的不确定性在开始被假定不相关（$\boldsymbol{Q}$ 只包括对角线的项），但是由于系统约束（$\boldsymbol{Q}_x$ 也包括非对角线的非零项），校正后变量的不确定性变为相关的。

流 $X3$ 的观测值并未校正，因为它是用于数据校正的平衡方程中的参数之一，因而，$X3$ 需要保持不变，同时仍然与其他观测变量不相关（见 $\boldsymbol{Q}_x$ 中的零项）。

为了展示数据校正过程中观测值是如何校正的，下面用一个非矩阵形式的简单线性方程进行举例证明 [式（2.66）]。

$$\sum_{i=1}^{n}(a_i x_i) + c = 0 \tag{2.66}$$

式中，a_i 是常数系数；c 是常数项（即所有常数参数之和）。

由于单个测量值 $\widetilde{x}_i$ 受测量误差的影响，因此通常无法满足约束条件，即存在残差 r [式（2.67）]。

$$\sum_{i=1}^{n}(a_i \widetilde{x}_i) + c = r \tag{2.67}$$

根据式（2.61）构造的必要的观测校正 Δx_i，可以根据式（2.68）和式（2.69）计算。

$$\Delta x_i = \frac{a_i \, \mathrm{var}(\widetilde{x}_i) r}{\sum\limits_{i=1}^{n} a_i^2 \, \mathrm{var}(\widetilde{x}_i)} \tag{2.68}$$

$$\Delta x_i \propto -a_i \operatorname{var}(\widetilde{x}_i) \tag{2.69}$$

校正后的测量值 x_i ［式(2.70)］ 最终满足式(2.66)，说明无残差。

$$x_i = \widetilde{x}_i + \Delta x_i \tag{2.70}$$

校正后的测量值 x_i 的方差可以根据式(2.71) 和式(2.72) 计算。

$$\operatorname{var}(x_i) = \operatorname{var}(\widetilde{x}_i) - \frac{a_i^2 \operatorname{var}(\widetilde{x}_i)^2}{\sum\limits_{j=1}^{n} a_j^2 \operatorname{var}(\widetilde{x}_j)} \tag{2.71}$$

$$\operatorname{var}(x_i) = \operatorname{var}(\widetilde{x}_i) \times \frac{\sum\limits_{j=1, i \neq j}^{n} a_j^2 \operatorname{var}(\widetilde{x}_j)}{\sum\limits_{j=1}^{n} a_j^2 \operatorname{var}(\widetilde{x}_j)} \tag{2.72}$$

如果所有的 $\operatorname{var}(\widetilde{x}_i)$ 都有相同的绝对值，那么式(2.68) 和式(2.72) 可以简化为式(2.73) 和式(2.74)。

$$\Delta x_i = \frac{a_i r}{\sum\limits_{i=1}^{n} a_i^2} \propto a_i \tag{2.73}$$

$$\operatorname{var}(x_i) = \operatorname{var}(\widetilde{x}_i) \times \frac{\sum\limits_{j=1, i \neq j}^{n} a_j^2}{\sum\limits_{j=1}^{n} a_j^2} \tag{2.74}$$

【示例 2.16】

下述方程（约束条件）中

$$A + B - 2C = 0$$

变量的系数 a_i 为

$$a_A = 1, a_B = 1, a_C = -2$$

所有变量假定根据下列条件进行观测：

$$E(\widetilde{A}) = 100, E(\widetilde{B}) = 200, E(\widetilde{C}) = 135, \operatorname{var}(\widetilde{A}) = \operatorname{var}(\widetilde{B}) = \operatorname{var}(\widetilde{C}) = 10^2$$

测量均值无法通过约束检验，因此，有残差存在。

$$r = 1 \times 100 + 1 \times 200 - 2 \times 135 = 30$$

由于所有测量值的不确定性具有相同的绝对值，需要进行的校正如下

$$\Delta x_i = a_i \times \frac{30}{1^2 + 1^2 + (-2)^2} = a_i \times \frac{30}{6} = a_i \times 5$$

$$\Delta_A = -1 \times 5 = -5 \rightarrow E(A) = E(\widetilde{A}) + \Delta_A = 100 - 5 = 95$$

$$\Delta_B = -1 \times 5 = -5 \rightarrow E(B) = E(\widetilde{B}) + \Delta_B = 200 - 5 = 195$$

$$\Delta_C = 2 \times 5 = 10 \rightarrow E(C) = E(\widetilde{C}) + \Delta_C = 135 + 10 = 145$$

注意，尽管初始方差相同，但是均值仍需按照其系数的比例进行调整。

经过数据校正后，根据校正值计算得到的残差为 0。

$$r = 1 \times 95 + 1 \times 195 - 2 \times 145 = 0$$

校正后的变量的方差为

$$\operatorname{var}(A) = \operatorname{var}(\widetilde{A}) \times \frac{(a_B^2 + a_C^2)}{(a_A^2 + a_B^2 + a_C^2)} = 10^2 \times \frac{5}{6} = 9.1^2$$

$$\mathrm{var}(B) = \mathrm{var}(\widetilde{B}) \times \frac{(a_A^2 + a_C^2)}{(a_A^2 + a_B^2 + a_C^2)} = 10^2 \times \frac{5}{6} = 9.1^2$$

$$\mathrm{var}(C) = \mathrm{var}(\widetilde{C}) \times \frac{(a_A^2 + a_B^2)}{(a_A^2 + a_B^2 + a_C^2)} = 10^2 \times \frac{2}{6} = 5.8^2$$

2.3.3.3 重大误差检验

如果输入数据含有重大误差,即误差导致测量结果远离预期结果,那么数据校正的结果就是有偏差的(见【示例2.17】)。

【示例2.17】

在图2.45中,MFA系统的输入流和输出流的绝对误差相等,但是输入流的测量值有一个重大误差(把100测量成了1000),对该问题进行数据校正,解是输入流和输出流的均值(图2.34)。但是,如果与初始给定值的不确定性相比,校正值过大了。

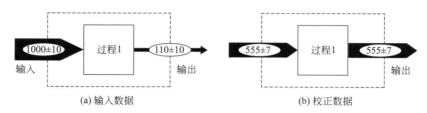

图2.45　包含两个不确定流的MFA系统的数据校正。两个流的绝对误差
相等,输入流的测量值含有重大误差

为了检验与图2.45中类似的重大误差,必须进行基本的统计检验。其思想是验证校正后的数值是否在初始给定数据假定的正态分布的95%范围之内 $\left[= \widetilde{x}_i \pm 1.96\mathrm{ste}(\widetilde{x}_i)\right]$,如果不能通过该检验,那么输入数据很可能含有重大误差。

如果模型对重大误差不敏感,那么可以根据同样的思想计算总数据校正质量(data reconciliation quality,DRQ),其取值在0(最差)和1(最好)之间[式(2.75)~式(2.77)]。

$$D_i = |x_i - \widetilde{x}_i| \tag{2.75}$$

$$D_{i,\max} = 1.96S_{\widetilde{x}_i} \tag{2.76}$$

$$\mathrm{DRQ} = 1 - \frac{1}{n}\sum_{i=1}^{n}\frac{D_i}{D_{i,\max}} = 1 - \frac{1}{n \times 1.96}\sum_{i=1}^{n}\frac{|x_i - \widetilde{x}_i|}{S_{\widetilde{x}_i}} \tag{2.77}$$

式中,D_i 是观测数据校正值的绝对值;$D_{i,\max}$ 是假定为测量值标准偏差 ± 1.96 倍的条件下允许校正的最大值;DRQ是所有 $D_i/D_{i,\max}$ 的均值与1的差值。

其他更复杂的重大误差检验方法请参阅Narasimhan和Jordache(2000)的文献。

2.3.3.4 非正态分布数据

模型的各测量变量可以看作多参数随机变量,其PDF表示为联合先验概率分布,覆盖变量的整个可变空间,即所有变量值的组合得到的概率密度。数据校正的主要思想是根据模型约束校正联合先验概率分布,获得联合后验概率分布,即校正后的PDF仅覆盖那些符合模型约束要求的变量值的组合。联合后验概率分布因此被用于计算校正后的单个测量变量的PDF值(Cencic et al.,2015)。注意本步骤只能对二维和三维问题实现可视化。【示例2.18】展示了一个二维问题。

【示例 2.18】

根据其概率质量函数（PMF），给定两个独立离散变量 A 和 B。在这两个变量相互独立的情况下，它们的联合先验概率分布（图 2.46）可以根据下式计算

$$P(A,B)=P_A(A)P_B(B)$$

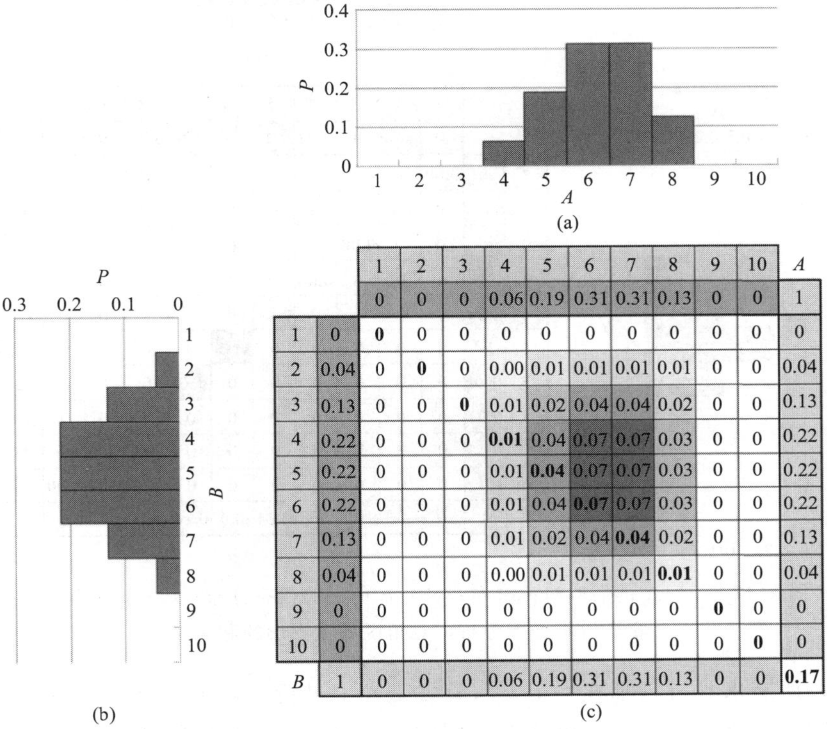

		1	2	3	4	5	6	7	8	9	10	A
		0	0	0	0.06	0.19	0.31	0.31	0.13	0	0	1
1	0	**0**	0	0	0	0	0	0	0	0	0	0
2	0.04	0	**0**	0	0.00	0.01	0.01	0.01	0.01	0	0	0.04
3	0.13	0	0	**0**	0.01	0.02	0.04	0.04	0.02	0	0	0.13
4	0.22	0	0	0	**0.01**	0.04	0.07	0.07	0.03	0	0	0.22
5	0.22	0	0	0	0.01	**0.04**	0.07	0.07	0.03	0	0	0.22
6	0.22	0	0	0	0.01	0.04	**0.07**	0.07	0.03	0	0	0.22
7	0.13	0	0	0	0.01	0.02	0.04	**0.04**	0.02	0	0	0.13
8	0.04	0	0	0	0.00	0.01	0.01	0.01	**0.01**	0	0	0.04
9	0	0	0	0	0	0	0	0	0	**0**	0	0
10	0	0	0	0	0	0	0	0	0	0	**0**	0
B	1	0	0	0	0.06	0.19	0.31	0.31	0.13	0	0	**0.17**

图 2.46　(a) A 的先验概率分布；(b) B 的先验概率分布；(c) 相互独立条件下，A 和 B 的联合（先验）概率分布。如果沿着对角线（$A=B$）切割联合概率分布，那么对角区域中的正方形（粗体）就表示非标准化的联合后验概率分布，由于对角区域正方形的总和不等于 1，因此其是非标准化的

已知 A 等于 B（即模型约束为 $A=B$），只有 A 和 B 的交集点才可能落在平面 A-B 的交线上。根据 $A=B$ 对概率进行标准化，确定联合后验概率分布。计算 A 和 B 的边际分布，得到校正后的 A 和 B 的 PMF（图 2.47）。

在正态分布先验 PDF 和线性（或线性化的）约束条件下，后验 PDF 本身也是符合正态分布的。这也是经典数据校正方法中常常进行正态分布假设的原因，具体见 2.3.3.2 节。

关于如何对线性约束条件下非正态分布数据进行校正请参阅 Cencic 和 Frühwirth 的文献（2015）。非线性约束条件可能会在未来的研究中涉及。

2.3.4　敏感性分析

敏感性分析以数学模型输出的结果为基础，分析输入变量产生的影响程度，分为局部敏感性分析和全局敏感性分析两种方式。在以往的研究中，MFA 应用的主要是局部敏感性分析，通过输出变量相对于该因子的导数确定一个因子的重要性（Saltelli et al.，2010）。在

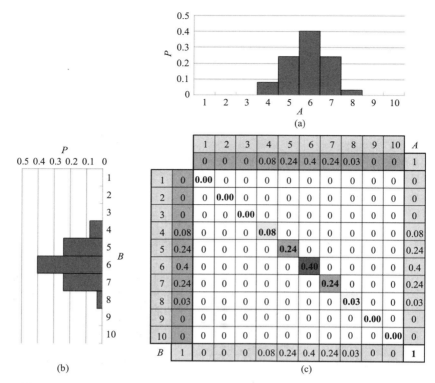

图 2.47   (a) A 的后验概率分布；(b) B 的后验概率分布；(c) 标准化后的
联合后验概率分布，对角区域正方形的和为 1

此类分析中，所有求导过程都在一个点（开发点）上进行，这也是只有一小部分参数空间得以研究的原因。与之不同，全局敏感性分析则关注巨大的参数空间范围内的输入变量对模型结果的影响，希望能将输出结果的不确定性与输入变量的不确定性的不同来源进行对应（Saltelli et al.，2008）。本章介绍了一种简单的局部敏感性分析方法。对于更多其他类型的敏感性分析的信息，请参阅相关文献（Saltelli et al.，2008）。

本小节将涉及两种局部敏感性分析方法：

绝对敏感性分析：

$$S_{X_j}^{Y_i} = \frac{\Delta Y_i(X_i)}{\Delta X_j} \tag{2.78}$$

相对敏感性分析：

$$\overline{S}_{X_j}^{Y_i} = \frac{\Delta Y_i(X_i)}{\Delta X_j} \times \frac{X_j}{Y_i} = S_{X_j}^{Y_i} \times \frac{X_j}{Y_i} \tag{2.79}$$

绝对敏感性系数 $S_{X_j}^{Y_i}$ ［式（2.78）］表示变量 Y_i 对参数 X_j 的绝对变化 $\Delta X_j = 1$ 的绝对响应 ΔY_i。相对敏感性系数 $\overline{S}_{X_j}^{Y_i}$ ［式（2.79）］表示变量 Y_i 对参数 X_j 的相对变化 $\Delta X_j / X_j = 1$（$=100\%$）的相对响应 $\Delta Y_i / Y_i$。

在许多非线性案例中，可以使用偏导数 $\partial Y / \partial X$ 替代导数 $\Delta Y / \Delta X$ （Baccini et al.，1996）。

在敏感性分析中，所有输入参数都是系统自动校正的。该过程可以看作是一台带有轮子的机器在调整参数，转动其中的一个轮子，而保持其他轮子不变，就可以确定结果对该参数的敏感性。

【示例 2.19】

图 2.48 中过程的输出流 Y_1 由输入流 X_1（迁移系数 TC_1 给定）和输入流 X_2（迁移系数 TC_2 给定）构成，迁移系数为常数。

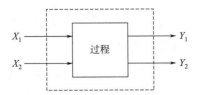

图 2.48　包含两个输入流和两个输出流的 MFA 系统

问题：Y_1 对 X_1 和 X_2 的绝对敏感性分别是多少？

因为 TC_1 和 TC_2 被假定为常数，所以，Y_1 是 X_1 与 X_2 的线性方程，可表示为

$$Y_1 = f(X_1, X_2) = TC_1 \times X_1 + TC_2 \times X_2$$

式中，TC_1 为 0.5；TC_2 为 0.3；X_1 为 50；X_2 为 200。

$$S_{X_1}^{Y_1} = \frac{\Delta Y_1}{\Delta X_1} = \frac{\partial Y_1}{\partial X_1} = TC_1 = 0.5$$

$$S_{X_2}^{Y_1} = \frac{\Delta Y_1}{\Delta X_2} = \frac{\partial Y_1}{\partial X_2} = TC_2 = 0.3$$

具有最大梯度偏导数（此处为迁移系数）的参数即为对结果最敏感的参数，因此，在上述例子中，X_1 的变化比 X_2 的变化对结果 Y_1 造成的影响更大。

【示例 2.20】

对于图 2.49 中的 MFA 系统，请回答下述问题：下列情况对原材料 RA 的消耗将产生什么影响？

① PR 产量减少 10%；

② 循环利用率 RR 提高 10%。

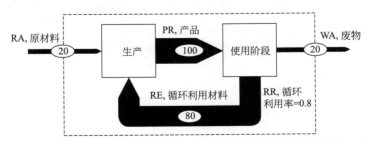

图 2.49　包括两个过程的 MFA 系统，用以阐释敏感性分析

应用下述三个方程可以完整描述 MFA 系统：

f_1：$RA + RE = PR$　　　　$\Rightarrow$　　　　生产过程平衡

f_2：$PR = WA + RE$　　　　$\Rightarrow$　　　　消费过程平衡

f_3：$RE = RR \times PR$　　　　$\Rightarrow$　　　　循环利用材料与产品流的关系

为了计算未知变量，方程组必须变换成变量 PR 和 RR 的方程 $f(PR, RR)$，从方程 f_1 到方程 f_3 满足

$$RA = PR(1-RR)$$

由于假定 PR 和 RR 可变，$RA=PR(1-RR)$ 为非线性方程，因此可以对扩展点 （RR，PR）的偏导数 $\partial Y/\partial X$ 进行估计获得 $\Delta Y/\Delta X$ 的具体值。

答案①：

RA 对参数 PR 的相对敏感性系数为

$$\overline{S}_{PR}^{RO} \approx \frac{\partial RA}{\partial PR}\Big|_{RR,PR} \times \frac{PR}{RA} = (1-RR) \times \frac{PR}{RA} = (1-0.8) \times \frac{100}{20} = 1$$

因而，PR 减少 10% 导致的 RA 的变化为

$$\frac{dRA}{RA} \approx \overline{S}_{PR}^{RO} \times \frac{dPR}{PR} = 1 \times (-0.1) = -0.1 \rightarrow -10\%$$

也就是说，PR 产量减少 10% 导致所需原材料 RA 减少 10%。

答案②：

RA 相对于参数 RR 的相对敏感性系数为

$$\overline{S}_{RR}^{RA} \approx \frac{\partial RA}{\partial RR}\Big|_{RR,PR} \times \frac{RR}{RA} = -PR \times \frac{RR}{RA} = -100 \times \frac{0.8}{20} = -4$$

因而，RR 增加 10% 导致 RA 的相对变化为

$$\frac{dRA}{RA} \approx \overline{S}_{RR}^{RA} \times \frac{dRR}{RA} = -4 \times 0.1 = -0.4 \rightarrow -40\%$$

也就是说，循环利用率 RR 提高 10% 导致所需原材料 RA 减少 40%。

$RA = f_{RA}(PR,RR) = PR(1-RR)$ 的精确解为

$$\frac{dRA}{RA} = \frac{f_{RA}((1-0.1) \times PR, RR) - f_{RA}(PR,RR)}{f_{RA}(PR,RR)} = \frac{18-20}{20} = -0.1$$

$$\frac{dRA}{RA} = \frac{f_{RA}(PR,(1+0.1) \times RR) - f_{RA}(PR,RR)}{f_{RA}(PR,RR)} = \frac{12-20}{20} = -0.4$$

在这种情况下 （变量相乘），近似解与精确解相近：一个参数的偏导是另外一个唯一参数的函数，且该唯一参数假定不变，因而，敏感性系数为常数。

$$S_{PR}^{RA} = \frac{\partial RA}{\partial PR} = \frac{\partial f_{RA}(PR,RR)}{\partial PR} = g(RR) = 1-RR$$

$$S_{RR}^{RA} = \frac{\partial RA}{\partial RR} = \frac{\partial f_{RA}(PR,RR)}{\partial RR} = h(PR) = -PR$$

2.3.5 案例

【示例 2.21】

根据报废汽车 （end-of-life vehicles，ELV） 的总质量由报道的数量 （假设为常数） 与单辆 ELV 的估计质量进行估算。

① ELV 的数量：$N=10000$

② 单辆 ELV 的质量：$m=1500kg \pm 250kg$ $[m=\overline{m} \pm s_m,\ m \sim N(\overline{m},s_m^2)]$

总质量的平均值为

$$\overline{m}_{tot} = \overline{m}_1 + \overline{m}_2 + \cdots + \overline{m}_N = N\overline{m} = 10000 \times 1500kg = 15000000kg = 15000t$$

通过高斯法则估计总质量的标准偏差

$$s_{m_{tot}} = \sqrt{s_{m_1}^2 + s_{m_2}^2 + \cdots + s_{m_N}^2} = \sqrt{N} s_m = \sqrt{10000} \times 250kg = 25000kg = 25t$$

通过 MCS（表 2.13）验证结果。

表 2.13　在 MCS 每次采样中，每辆 ELV 都有一个不同的未知质量值（正确的方法）

项目	m_1	m_2	...	m_{10000}	m_{tot}
1	1020kg	1467kg	...	1307kg	14992t
2	1431kg	1706kg	...	2371kg	15021t
...	...	...	...	...	...
∞	1304kg	1621kg	...	1245kg	14970t
$\overline{m}$	1500kg	1500kg	...	1500kg	15000t
s_m	250kg	250kg	...	250kg	25t

注意，如果直接对等式 $\overline{m}_{tot} = N\overline{m}$ 应用高斯法则计算总质量标准偏差，就会得到一个错误的结果：

$$S_{m_{tot}} = \sqrt{N^2 s_m^2} = N s_m = 10000 \times 250kg = 2500000kg = 2500t$$

这种方法假定所有 ELV 具有相同的未知质量，这是不正确的（见表 2.14 中 MCS 的结果）。

表 2.14　在 MCS 每次采样中，假定每辆 ELV 都具有相同的未知质量值（错误的方法）

项目	m_1	m_2	...	m_{10000}	m_{tot}
1	1025kg	1025kg	...	1025kg	10250t
2	1683kg	1683kg	...	1683kg	16830t
...	...	...	...	...	...
∞	1554kg	1554kg	...	1554kg	15540t
$\overline{m}$	1500kg	1500kg	...	1500kg	15000t
s_m	250kg	250kg	...	250kg	2500t

用一个未知变量乘以一个数字时，只有用该变量均值的标准差，结果的不确定性才是正确的。

在此案例中，如果将 10000 辆 ELV 看作是更大数量 ELV 总体的样本，就能够得到正确的结果。此时，总体中单个 ELV 平均质量的标准差可以根据下式计算：

$$s_{\overline{m}} = \frac{s_m}{\sqrt{N}} = \frac{250}{\sqrt{10000}} = 2.5kg$$

得到

$$s_{m_{tot}} = \sqrt{N^2 s_{\overline{m}}^2} = N s_{\overline{m}} = 10000 \times 2.5kg = 25000kg = 25t$$

【示例 2.22】

本研究拟解决下述问题：

① 任意质量的汽车中有多少 Cu？

② 平均质量的汽车中有多少 Cu？

③ 一辆任意质量的汽车中平均有多少 Cu？

④ 一辆平均质量的汽车中平均有多少 Cu？

尽管看似相同，但实际上这些问题在不确定性方面差别很大。

用随机变量 G 表示汽车质量，因为理论上精确的 PDF 的参数 μ_G 和 σ_G 未知，需要根据样本量 n_G 进行估计：

$$\hat{\mu}_G = \bar{g} = \frac{1}{n_G} \sum_{i=1}^{n} g_i$$

$$\hat{\sigma}_G^2 = s_G^2 = \frac{1}{n_G - 1} \sum_{i=1}^{n_G} (g_i - \bar{g})^2$$

用随机变量 $\bar{G}$ 表示一辆汽车的平均质量，根据下式估算其参数值：

$$\hat{\mu}_{\bar{G}} = \hat{\mu}_G = \bar{g}$$

$$\hat{\sigma}_{\bar{G}}^2 = \mathrm{var}(\hat{\mu}_G) = \frac{\hat{\sigma}_G^2}{n_G} = \frac{s_G^2}{n_G}$$

因为总体中含有不同质量的个体（汽车），所以 G 具有偶然变异性。而 $\bar{G}$ 具有认知不确定性，因为在给定总体中，一辆汽车的平均质量只有一个真实值，而且无法准确测定。

随机变量 C（浓度 concentration 的缩写，在此为质量分数）表示任意质量的汽车中 Cu 的质量分数，因为其理论上精确的 PDF 的参数 μ_C 和 σ_C 未知，所以要根据样本量 n_C 进行估计：

$$\hat{\mu}_C = \bar{C} = \frac{1}{n_C} \sum_{i=1}^{n} C_i$$

$$\hat{\sigma}_C^2 = s_C^2 = \frac{1}{n_C - 1} \sum_{i=1}^{n_C} (C_i - \bar{C})^2$$

随机变量 $\bar{C}$ 表示任意质量的一辆汽车中 Cu 的平均质量分数，其参数根据下式进行估计：

$$\hat{\mu}_{\bar{C}} = \hat{\mu}_C = \bar{C}$$

$$\hat{\sigma}_{\bar{C}}^2 = \mathrm{var}(\hat{\mu}_C) = \frac{\hat{\sigma}_C^2}{n_C} = \frac{s_C^2}{n_C}$$

因为总体中包含 Cu 质量分数不同的个体（汽车），所以 C 具有偶然变异性。而 $\bar{C}$ 则具有认知不确定性，因为在给定总体中一辆汽车中 Cu 的平均质量分数只有一个真实值，而且无法准确测定。

如果进一步假设一辆汽车的质量与其 Cu 的质量分数没有相关性，汽车中 Cu 的质量为随机变量 S_i（物质 substance 的简写），上述问题则变为：

① 任意质量的汽车中有多少 Cu？ $\rightarrow S_1 = GC$

② 平均质量的汽车中有多少 Cu？ $\rightarrow S_2 = \bar{G}C$

③ 任意质量的汽车中平均有多少 Cu？ $\rightarrow S_3 = G\bar{C}$

④ 一辆平均质量的汽车中平均有多少 Cu？ $\rightarrow S_4 = \bar{G}\bar{C}$

在各种情况下，位置参数 $\hat{\mu}_{S_i}$ 可以根据下式进行估计：

$$\hat{\mu}_{S_i} = \bar{g}\bar{C}$$

然而，尺度参数 $\hat{\sigma}_{S_i}^2$（根据误差传递计算）的大小是不同的：

① $\hat{\sigma}_{S_1}^2 \approx \bar{g}^2 \hat{\sigma}_C^2 + \bar{C}^2 \hat{\sigma}_G^2 = \bar{g}^2 s_C^2 + \bar{C}^2 s_G^2$

②　$\hat{\sigma}_{S_2}^2 \approx \overline{g}^2 \hat{\sigma}_{\overline{C}}^2 + \overline{C}^2 \hat{\sigma}_{\overline{G}}^2 = \overline{g}^2 s_C^2 + \overline{C}^2 s_G^2 / n_G$

③　$\hat{\sigma}_{S_3}^2 \approx \overline{g}^2 \hat{\sigma}_{\overline{C}}^2 + \overline{C}^2 \hat{\sigma}_{\overline{G}}^2 = \overline{g}^2 s_C^2 / n_C + \overline{C}^2 s_G^2$

④　$\hat{\sigma}_{S_3}^2 \approx \overline{g}^2 \hat{\sigma}_{\overline{C}}^2 + \overline{C}^2 \hat{\sigma}_{\overline{G}}^2 = \overline{g}^2 s_C^2 / n_C + \overline{C}^2 s_G^2 / n_G$

2.4　MFA 软件 STAN

奥利弗·辛西奇（Oliver Cencic）

选择恰当的软件开展 MFA 具有很多优点：可以自动完成从图形建模到数学模型的转换；可以建立数据库，保存数据来源信息；可以开展数据不确定性分析，校正矛盾的数据；可以计算未知的物质流量与存量；可以自动化展示分析结果，如利用桑基图等形式；等等。所以，已经开发了应用于 MFA 的多个软件工具，特别是针对商品层面的分析（Eyerer，1996；Schmidt et al.，1997）。Cencic（2004）对 Umberto 4.0、GaBi 4、Microsoft Excel 等应用软件进行了初步对比。在元素流层面，只有少数软件（SIMBOX、STAN 等）能够将商品的流量和存量与元素的流量和存量结合起来（Baccini et al.，1996；Cencic et al.，2008）。接下来，本书将详细介绍由维也纳工业大学和 Inka 软件联合开发的 STAN 软件（Cencic et al.，2006）的应用。该软件在商品和元素层面的 MFA 都获得了广泛应用，在 2006 年 10 月至 2016 年 3 月间，共有 13000 人注册了该软件，所以，我们选择该软件进行介绍。

STAN，由 subSTance flow ANalysis 缩写而来，是一款免费软件（详见 stan2web 官网），适用于开展遵循奥地利标准 ÖNORM S 2096《物质流分析——在废物管理中的应用》（Austrian Standard，2005）的 MFA。该软件是为 MFA 使用者量身定做的，具有以下特点：

① 预定义的组件（过程、流、系统边界、文本框）可用于构建允许包含子系统的图形化模型。

② 可以处理多种数据类型：不同尺度（商品、元素、能源）和时段的流量、存量、浓度，以及不同物质的迁移系数。此外，在商品层面，可以分析流量、存量与强度。

③ 允许手动输入数据，以及通过微软 Excel 实现自动导入。

④ 可以将预定义或者用户自定义的单位（质量、体积、能量、时间等）分配给数据。

⑤ 提供数据不确定性的计算功能。

⑥ 记录（推荐使用）STAN 模型中每个组件的信息和值（如数据源）。

⑦ 该算法采用非线性数据校正（校正矛盾的观测值或估计值）和误差传递（可以计算出未知量的不确定性）等数学统计工具，并开展基础的统计检验来检测过失误差。STAN 中非线性数据校正方法请参见 Cencic（2016）的文献（待出版）。

⑧ MFA 的结果能实现标准化，并能根据输入流、输入流的总和或者人为选择的因子对结果进行等比例缩放。

⑨ 具有以桑基图的形式展示 MFA 结果的功能，提供图表打印和以多种图表形式输出等服务。

⑩ 可以使用微软 Excel 作为界面实现数据输出功能。

⑪ STAN 文件数据库存储在 stan2web 网站，用户可通过 STAN 界面直接访问。

在下面的三个案例中，我们利用 STAN 进行模拟和分析，在每个案例完成之后总结 STAN 的特点，并给出在案例中使用这项工具的详细说明（用符号 ⚙ 表示）。

【示例 2.23】详细介绍了建立一个图形模型、输入数据并执行计算的过程。

【示例 2.23】

图 2.50 为一个产品研究对象在区域 XY 内的物质流量与存量的简化模型，包括输入原材料（RA）、从其他区域输入再生原料（RE）用于制造产品，供区域使用（PR）或输出（EX）。生产过程产生的废物（W1）输出到区域外的一家公司进行处理。此外还需要进口其他产品（IM），以满足区域的需求。产品使用过程中，存量（ST）中的部分原材料因为磨损、耗散等流失。达到生命周期之后，废弃产品（DI）被集中收集，其中一部分作为再生原料（RE）回用于生产过程，另一部分作为废物（W2）出口到区域外的一个废物处理厂。

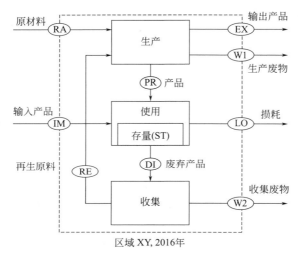

图 2.50　区域 XY 内 2016 年（主要系统）的物质流、存量和过程

建立生产过程的子系统模型（图 2.51）：一部分再生原料（RE）作为可用材料（US）与进口原材料（RA）一起进入加工利用环节，而其他再生原料则作为分类废物（W1a）与加工过程产生的废物（W1b）共同构成生产废物（W1），从子系统输出。

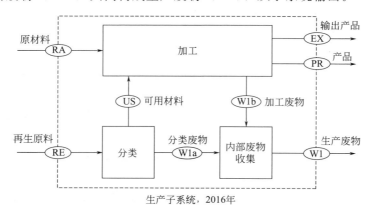

图 2.51　区域 XY 内 2016 年生产子系统的物质流和过程

一部分流量（RA、PR、IM、EX）可通过观测获得，一部分流量（RE）通过估算获得。另外，再生率（TC_{RE}）、加工过程可以使用的再生原料的比例（TC_{US}）、加工过程产生的废物比例（TC_{W1}）以及使用过程中的存量物质损失的比例（TC_{LO}^*）的数据都可以获得，而利用过程的物质存量（ST）可以通过估算获得。注意 TC_{LO}^* 并不是通常意义上的迁移系数，因为它与存量相关，而与利用过程的输入流无关，因此标记为星号。

2.4.1　使用 STAN 软件的环境要求

本小节将介绍 STAN 软件（注册、下载、安装、运行）所需要的工作条件。

2.4.1.1　STAN 软件注册

① 打开 stan2web 网站。

② 在登录窗口点击注册。

③ 填写注册表，设置用户名和密码。

④ 再次输入显示的安全码，点击注册按钮，你提供的电子邮箱会收到一份注册说明手册，提示你如何完成注册。

⑤ 检查你的电子邮箱，点击其中的链接完成注册过程。

⚙ 在 STAN 网站进行注册。

2.4.1.2　STAN 软件免费下载

① 打开 stan2web 网页。

② 在登录窗口输入用户名和密码，点击登录。

③ 在菜单栏中选择下载，然后选择 STAN。

④ 点击 STAN-＊-EN. zip，下载 STAN 安装程序英文版压缩包。

⚙ STAN 软件下载。

2.4.1.3　STAN 软件安装

① 解压缩文件到你设定的文件夹。

② 双击文件夹中 STAN-＊-EN. exe 文件。

③ 按照安装指南提示的步骤进行后续操作。

ℹ 如果要将 STAN 软件安装在 C：\ Programs 路径下，你需要使用管理员权限。如果没有管理员权限，就只能选择你被授权可以选择的文件夹作为安装路径。

⚙ STAN 软件安装。

2.4.1.4　STAN 软件运行

在桌面上双击 STAN 图标 。

⚙ 运行 STAN 软件。

2.4.2　图形用户界面

STAN 的图形用户界面（GUI）由菜单、工具栏、窗口等部分组成，允许人为调整（图 2.52）：

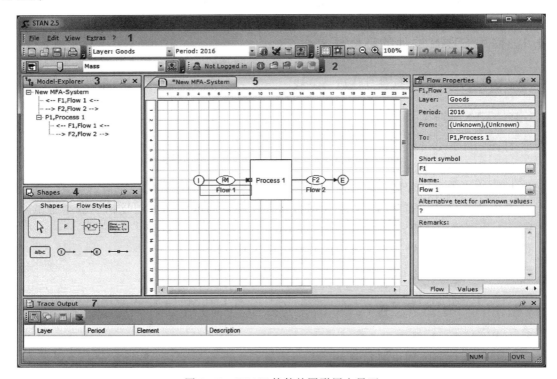

图 2.52　STAN 软件的图形用户界面

① 通过菜单可以打开对话框，对 STAN 的功能进行编辑或控制。

② 通过不同的工具栏，可以直接选择 STAN 最常用的一些功能。

③ 模型开发者（Model-Explorer）会显示 MFA 系统的层次结构（过程、流、子系统）。

④ 图形（Shapes）窗口中的元素（过程、系统边界、图例、文本框、输入流、输出流、中间流）可以用于在画图区（Drawing Area）构建和编辑模型，这些元素可以看作模型的构建块。

⑤ 画图区是使用图形窗口提供的形状构建模型的地方。

⑥ 在属性（Properties）窗口中，可以为画图区选择的形状设置属性。

⑦ 在跟踪输出（Trace Output）中，可以找到计算过程中出现的提示和警告。

🛈 后文关于 STAN 的介绍只摘录了一部分可能出现的情况，关于操作步骤的完整指南，请参考 STAN 使用者手册，在 GUI 中按 F1 键可以查询。

2.4.3　建立图形模型

利用图形窗口中预定义的模块（过程、流等）作为构建块，创建一个拟研究系统的图形模型。

2.4.3.1　图形辅助功能

要创建一个新模型，点击工具栏的　。

要在网格上切换，请激活工具栏的　。

要在网格上对齐插入的模块（抓放到网格上），激活　。如果该选项无法激活，就很难画出平行的或垂直的流箭头，或者对齐过程。

要选择画图区的某个构件，用鼠标点击，按住键盘上的 Ctrl 键或者在要选择的对象周围设置一个框可以同时选择多个构件。

要删除一个构件，首先在画图区将其选定，然后按键盘上的 Delete 键，或者点击工具栏的　。

✿ 打开一个空文档（如果 STAN 刚运行过则不需要），确保工具栏的网格可见，并且抓放到网格上的选项处于激活状态。

2.4.3.2　插入一个过程

① 在图形窗口，点击过程图标　。
② 要插入一个给定尺寸的过程，在画图区点击拟设置位置的左上角。
③ 将过程抓放到设置的位置。
④ 如果要改变过程的尺寸，选定该过程，拖动过程边缘出现的绿色手柄到目标位置。

ℹ 在每个过程的边缘都设置了一些锚点，通过这些点可以连接到过程的各个流。如果某个过程与网格对齐，这些锚点就成了与过程的边缘具有同样功能的网格的交点。只有过程的各个角除外，因为那里不允许连接流。在选定锚点时，点击大概位置就可以。

✿ 插入三个过程，调整这些过程，使其与图 2.50 类似。

2.4.3.3　为一个过程/流重命名

① 选择一个过程/流。
② 在属性窗口，选择过程/流标签。
③ 编辑过程/流的标识符号和名称。

✿ 将插入的过程中的靠上者定义为生产过程，中间者定义为使用过程，靠下者定义为收集过程。为这些过程选择恰当的标识。

2.4.3.4　改变过程类型

① 选择一个过程。
② 在属性窗口中，选择过程标签。
③ 设置或删除目标复选框的对号（子系统、存量、迁移系数）。

ℹ

a. 如果选择了迁移系数，该过程所有迁移系数的可选设置都将在数据浏览器（Data Explorer）中显示（见 2.4.8 节）；否则，将只显示那些被赋值的迁移系数。

b. 含有子系统的过程将在蓝色框中显示。

⚙ 将生产过程定义为一个子系统，将使用过程定义为一个存量，收集过程保持原样。

2.4.3.5　插入过程内部的流

过程内部的流连接着系统边界内的两个过程。

① 在图形窗口，点击流图标 ▬▬▪▬ 。

② 点击起始过程的一个空锚点，定义过程流的起始点，保持鼠标摁压状态，将出现的箭头（即鼠标指针）的端点拖放到目标过程的一个空锚点上。

ⓘ 没有完全连接两个过程的流以虚线表示。

⚙ 插入和定义下述三个过程流（起始过程→目标过程/名称/标识符号）：

a. 生产→使用/产品/PR；
b. 使用→收集/废弃产品/DI；
c. 收集→生产/再生原料/RE。

2.4.3.6　改变流的方向

① 选择一个流。
② 将流中间出现的绿色手柄拖拉至目标位置。

ⓘ 通常情况下，建议使用者尽量用转折点尽可能少的流连接各个过程。

⚙ 为再生原料流增加额外的转折点，以避免其箭头与利用过程交叉。

2.4.3.7　插入输入流或输出流

输入流或输出流表示那些将系统内部过程与系统外部连接起来的流（表示为带有 I 或 E 的圆形标签）。

① 在图形窗口中，选择形状标签，点击输入流图标 Ⓘ▬▶ 插入一个输入流，或者点击输出流图标 ▬▶Ⓔ 插入一个输出流。

② 要插入一个输入流，在画图区点击计划选定的该流的起始点，保持鼠标摁压状态，向目标过程的一个空锚点拖拉出现的箭头（即拖动鼠标）。

③ 要插入一个输出流，点击起始过程的一个空锚点，保持鼠标摁压状态，向画图区中你希望流结束的点拖拉出现的箭头（即拖动鼠标）。

a. 没有完全连接的输入流或输出流以虚线显示。

b. 根据以往的经验，在设计时，输入流一般都从左侧进入系统，而输出流都从右侧离开系统。

c. 如果要隐藏带有 I 和 E 的圆圈（在汇报和报告中推荐如此），点击菜单中附加功能（Extras）＞选项（Options），选择过程和流图标，把用于输入流和输出流的形状（I 和 E）选项前的勾选取消。

插入下列输入流并为其命名（目标过程/名称/标识符号）：

a. 生产/原材料/RA；

b. 使用/输入产品/IM。

插入下列输出流并为其命名（初始过程/名称/标识符号）：

a. 生产/输出产品/EX；

b. 生产/生产废物/W1；

c. 使用/损耗/LO；

d. 收集/收集废物/W2。

2.4.3.8 编辑子系统

如果要将一个过程编辑为子过程，就必须在初始命名时将该过程定义为子系统（见 2.4.3.4 节）。

① 双击一个子系统，打开一个新的画图区，其中所有与子系统有关的流都以输入流和输出流的形式存在。

② 插入其他过程与中间过程流，建立子系统模型。

③ 将子系统中显示的输入流和输出流与插入的流连接起来。

ℹ️ 使用者无法在子系统层面增加或者删除输入流或者输出流，这通常都是在主图层中提前完成的。

⚙️ 模拟子系统"生产"：

① 打开（双击）子系统"生产"。

② 插入三个新的过程，将其分别命名为分类、加工和内部废物收集，将其调整成图 2.51 的样式。

③ 插入下列三个中间过程流并命名（初始过程→目标过程/名称/标识符号）：

a. 分类→加工/可用材料/US；

b. 分类→内部废物收集/分类废物/W1a；

c. 加工→内部废物收集/加工废物/W1b。

④ 将显示的子系统输入流与下列过程相连（流的名称/目标过程）：

a. 原材料/加工；

b. 再生原料/分类。

⑤ 将显示的子系统输出流与下列过程相连（流的名称/目标过程）：

a. 输出产品/加工；

b. 产品/加工；

c. 生产废物/内部废物收集。

2.4.3.9 插入/更新系统边界

① 在图形窗口，点击系统边界图标 。

② 点击画图区。

系统边界（以虚线显示的圆角矩形）将通过输入流和输出流的椭圆形自动插入或更新。除了系统边界，还自动插入了一些文本区（输入总量、输出总量、存量总变化量、系统名称、显示的时间跨度）。

a. 系统边界选定后，其中的构件就无法选定了。如果要取消系统边界选定，可以点击系统边界外的其他画图区。

b. 也可以为子系统插入系统边界。

2.4.3.10　插入文本框或图例

① 在图形窗口，点击文本框图标 abc 或者图例图标 [Flow...t/a Stock...t dstock...t/a] 。

② 在画图区，点击打算插入文本框的位置，同时需要暂时确定文本框的大小。

③ 修改文本框大小，直到文本框中的内容全部可见。

a. 图例是含有选定流量与存量显示单位的文本框。

b. 在属性窗口，可以编辑选定文本框（图例）的内容（自由文本和系统参数）。

✿ 插入一个图例。

2.4.3.11　系统重命名

① 在模型浏览器窗口，点击系统名称（最初输入的名称）。

② 在属性窗口，输入系统的新名称。

✿ 重命名你的系统（如 MFA 区域 XY）。

2.4.3.12　保存模型

① 在标准（Standard）工具栏，点击保存图标 💾 。

② 同时按下 Ctrl 键和 S 键。

③ 在文件菜单中点击保存（Save）。

✿ 保存模型。

2.4.4　输入数据

在已经界定好的商品层，可以输入商品的流量与存量数据。关于界定元素或能源层，请参见 2.4.6 节。

系统默认设置的时间跨度（即时间边界）为 1 年，从当前年份的 1 月 1 日开始。关于如何修改时间跨度、数值和起始日期，请参见 2.4.7 节。

2.4.4.1　输入流量及/或浓度数据值

① 选定一个流。

② 在属性窗口，选择值（Values）选项卡。

③ 输入值，如果已知其不确定性，同时输入（在"±"符号右侧的文本框中）。

④ 如果想使用一个与默认提供的单位不同的单位，请直接在数字后键入（如 100kg/d），或点击单位（unit）按钮，从给定的单位中选定。

a. 在商品层，可以选择性输入物质流量、体积流量或密度。

b. 在元素层，可以选择性输入物质流量或浓度（单位质量或单位体积中元素的量）。

c. 在能源层，可以选择性输入能源流量或强度（单位质量或单位体积的产品中的能源量）。

d. 如果计划考虑数据不确定性，可以输入不确定性的范围，在"±"符号右侧的文本框中，以标准差的形式键入。数据将被解释为均值与假定符合正态分布的标准差。

e. 如果均值给定，不确定性也可以以均值的比例（如10%）的形式输入，输入值会自动转换成一个绝对值。

f. 在流程图中，数据会被自动四舍五入保留小数点后两位，可以通过附加功能＞选项＞数字格式（Number format）选项卡修改有效数字的设置。在确定有效数字位数时，请注意结果的不确定性。一般来说，超过2～3位有效数字的结果，实际上对MFA意义不大。

① 在STAN软件中，将年缩写默认为"a"而不是"yr"。如果要定义"yr"，同时按下Ctrl键和U键，打开编辑单位（Edit Units）对话窗口，在单位（Units）图标处，选择时间（Time）项，输入"1yr＝1a"，点击插入。

② 在显示单位（Display Units）选项卡中，将时间相关单位由"a"改为"yr"，得到新的默认时间单位，而原传统默认单位作为备用选项。

③ 使用流属性窗口，从表2.15输入物质流的值（均值和标准差）。

表2.15 观测到的商品物质流量

流名称	标识符号	均值/(t/a)	标准差/(t/a)
原材料	RA	60	6
输入产品	IM	30	3
输出产品	EX	40	4
产品	PR	100	10
再生原料	RE	90	18

2.4.4.2 输入存量、存量变化或浓度

要输入存量数据，必须首先定义一个包含存量的过程（见2.4.3.4节）。

① 双击一个含有存量的过程。或选择一个含有存量的过程。

② 选择Stock（存量）或dStock（存量变化）图标。或在属性窗口中，选择Stock或dStock图标。

③ 在其中的文本框中输入数值（均值和标准差）。

④ 如果想使用一个不同的显示单位，直接在数字后边输入（如100kg/a），或点击单位按钮，从已经定义的单位中选择。

a. Stock（存量）是指所研究的时间跨度期间的初始物质/能源存量。

b. dStock（存量变化）是指所研究的时间跨度期间物质/能源存量的变化量或存量增量。

c.更多关于数据输入步骤的信息请参阅 2.4.4.1 节。

✿ 定义使用过程的存量为 100t±10t（＝10％）。

2.4.4.3　输入迁移系数

只有当过程不含子系统或存量时才能为其输入迁移系数。之所以要求不含存量，是因为有存量的情况下，不能确定存量变化是否需要作为额外的虚拟输入（存量消耗）或者额外的虚拟输出（存量积累）用于定义或计算迁移系数。

① 双击一个标准的过程（不含有存量或子系统）。在迁移系数选项卡的过程对话框中，有一个给定的矩阵，在矩阵中可以键入总输入或各个输入流的迁移系数。

② 直接向拟合单元中输入迁移系数。可以通过两种不同的方式键入：0～1 之间的数（如 0.6），或者百分数（如 60％）。

③ 要输入迁移系数的不确定性（以假定符合正态分布的标准差的形式），直接在平均值后输入±，然后输入标准差（如 0.60±0.06 或 60％±6％）。也可以点击 🔲 按钮打开编辑（Edit）对话框，只有这里可以输入文献参考资料和相关评论。

④ 点击确定（OK）或应用（Apply）键。

ℹ️

a.如果希望 STAN 计算总输入量的迁移系数，需要在初始矩阵第一行中的某一个元素中键入问号。

b.如果将鼠标悬停在矩阵中某一元素的上方，将显示一个工具提示，其中包含有关输入流、输出流的信息。

✿ 输入表 2.16 中的迁移系数（均值和标准差）。

表 2.16　迁移系数的估计值

迁移系数名称	过程	输入类型	输出类型	迁移系数均值	迁移系数标准差
TC_{RE}	收集	总输入	再生原料	0.8	0.08
TC_{US}	分类	总输入	可用材料	0.95	0.005
TC_{W1}	加工	总输入	加工废物	0.05	0.005

2.4.4.4　输入其他线性关系

可以添加某些其他类型的数据（如质量/质量流、体积/体积流、质量分数、体积分数、迁移系数）之间的线性关系。

① 在编辑菜单中，选择编辑关系（Edit Relations）。

② 点击列标题表达式（Expression）下的空白区域，然后点击出现的 🔲 按钮。

③ 选择数值类型（如质量）、图层、时间跨度、子类型（如流-质量［质量/时间］、存量-质量［质量］）、变量 A 和 B 的来源。

④ 定义比例因子。

⑤ 点击 OK 按钮确认。

✿ 以线性关系的形式键入下列信息：使用过程的存量中的物质，在考虑时段（1 年）

内，损耗量为 1%（即 $\mathrm{TC}_{\mathrm{LO}}^{*}$ 为 1%）。

$$\dot{m}_{\text{损耗}} = \mathrm{TC}_{\mathrm{LO}}^{*} m_{\text{stock},P2}$$

注意 $\mathrm{TC}_{\mathrm{LO}}^{*}$ 并非一个常规的迁移系数，因为其并不与其输入流相关联，而是与使用过程的存量相关联（见 2.4 节中的【示例 2.23】）。

2.4.5　执行计算

数据输入完成之后，就可以开始计算了，再次进行数据校正，计算未知变量。

① 如果要快速执行计算，点击数据输入工具栏上的 🖩 或敲击键盘上的 F5 键。

或通过编辑菜单或者使用 Alt＋F5 快捷键选择计算对话框，重新设置新的计算选项（计算方法，追踪水平）。

② 选择计算方法（Cencic 2012 或 IAL-IMPL 2013）。如果有必要，点击设置（Setting）以修改选定的计算方法的参数。

③ 选择追踪水平（空＜错误＜警告＜信息＜细节），默认设置是信息水平。

④ 点击开始（Start）按钮。

⑤ 计算完成之后，点击关闭（Close）按钮，结果会以系统流程图的形式展示。

🛈

a. 计算完成后，在计算输出追踪（Trace Output）窗口会出现一列信息、警告与错误，点击该列表中的任意条目以激活其在系统流程图中相对应的组件。

b. 在流程图中，可以通过点击工具栏的 按钮，选择展示输入数据或计算结果。

⚙ 开始计算。图 2.53 展示了主系统物质流的计算结果，图 2.54 展示了生产子系统的计算结果。

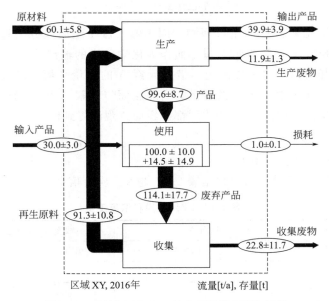

图 2.53　区域 XY 2016 年主系统的 MFA 结果

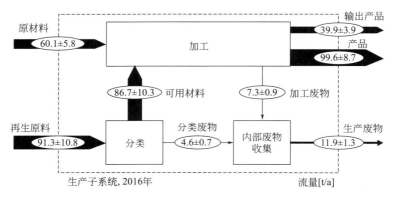

图 2.54   区域 XY 2016 年生产子系统的 MFA 结果

因为原材料、再生原料、产品以及输出产品的观测值，分类和加工过程的迁移系数估计值等都含有冗余信息，在前期都进行了校正。而输入产品、收集过程的迁移系数，由于没有足够的信息支持来提高数据质量，采用了原始值（同样含有冗余信息）。经过数据校正之后，对未知流量进行计算，根据误差传递估计其不确定性。

【示例 2.24】展示了如何利用添加的元素层开展元素流分析。

【示例 2.24】

图 2.55 中的模型展示了一个由一个包含多种物质的输入流和两个包含多种物质的输出流组成的迁移过程。因为该过程只是一个 MFA 系统中的一部分，所以并未显示系统边界。

图 2.55   在该过程模型中，一个包含多种物质的输入流通过转换过程
变成两个包含多种物质的输出流

输入流 1 中有害元素 A 的含量待观测。因为输入流 1 组成成分太过复杂，无法通过采样测定，也无法分析有害元素 A 的含量，而作为化学转换的输出流的输出流 1 和输出流 2，尽管成分更复杂，却可以通过采样测定。借助元素 A 的质量平衡，以及商品层面的物质平衡，可以计算出输入流 1 中元素 A 的含量。商品层面与元素 A 相关的所有物质流与元素层面的输出流 1 和输出流 2 中元素 A 的浓度都已经通过观测得到。

① 根据图 2.55 重新构建模型。

② 在商品层面，在流属性窗口根据表 2.17 键入物质流信息。

表 2.17   物质流量和浓度度量

流名称	物质流量（商品）		浓度（商品中元素 A 的质量分数）	
	均值/(kg/d)	标准差/(kg/d)	均值/(mg/kg)	标准差/(mg/kg)
输入流 1	200	5	?	?
输出流 1	185	5	1.0	0.1
输出流 2	20	5	40.0	0.1

2.4.6 设置元素图层

要输入元素流量与存量数据，必须构建一个新的元素图层。

2.4.6.1 定义元素

选定系统预先提供的元素（从元素列表中）和能源，也可以自定义任意条目。

① 在编辑菜单中，点击定义物质选项，从而定义元素。

② 输入标识符号，并为新元素命名。

③ 点击确认或应用。

⚙ 定义一个新元素，标识符号为 A，命名为元素 A。

2.4.6.2 创建新的图层

选择计划在元素流分析中使用的元素。

① 在编辑菜单中，点击图层和时间跨度。

② 在图层选项卡中，点击标题为简短符号（Short symbol）的列的下方空白区域。

③ 从下拉菜单中选定元素。

④ 点击确认或应用。

⚙ 为元素 A 建立一个新的图层。

2.4.6.3 选择图层

选择计划输入数据和显示结果的图层。

在输入数据工具栏中，从图层下拉菜单列表中选择一个图层。

⚙ 输入元素 A 相关数据，开始计算：

① 选定元素 A 的图层，输入相关数据。

② 在元素 A 的图层上，在流属性窗口中输入表 2.17 提供的浓度数据作为质量分数。

③ 开始计算。

④ 插入标题。

⑤ 除了默认的单位 t/a 之外，通过同时按下 Ctrl 键和 U 键为每层设置显示单位：

a. 商品物质流：kg/d；

b. 元素 A 物质流：mg/d；

c. 元素 A 的浓度（质量分数）：mg/kg。

⑥ 图 2.56 为商品层 MFA 结果。由于最初的物质流观测值不满足要求，所以对其进行了数据校正。

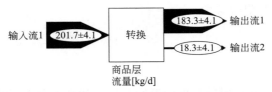

图 2.56 转换过程在商品层的物质流分析结果

⑦ 图 2.57 为元素 A 层 MFA 结果。输出流 1 和输出流 2 的元素浓度已经与商品层中各自校正后的物质流合在一起了，元素 A 的输入流 1 可以通过转换过程的物质平衡进行计算。

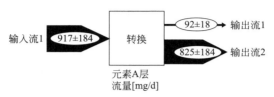

图 2.57　转换过程在元素 A 层的物质流分析结果

⑧ 输入流 1 中的元素 A 的浓度结果可以通过流选项卡中的流属性窗口进行查看：4.5mg/kg±0.9mg/kg。也可以在桑基图工具栏的下拉菜单中选择用质量分数替代质量，以展示系统流程图中的质量分数（图 2.58）。

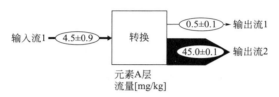

图 2.58　转换过程元素 A 的质量分配结果

元素流分析结果表明，输出流 2 的质量只占输入流的大约 9%，但是却含有占输入流将近 90% 的元素 A。因此，如果要估算输入流 1 中元素 A 的大致含量，测量输出流 2 的物质流量和其中 A 的浓度就够了。

【示例 2.25】阐明了如何考虑不同的时间跨度，以及如何半自动地从微软 Excel 表格中输入数据。

【示例 2.25】

图 2.59 中的模型展示了一个包括两个输入流和三个输出流的拆分过程。由于该过程是 MFA 系统中的一部分，因此并未显示系统边界。

图 2.59　将两个输入流拆分成三个输出流的过程模型

输入流 1 和输入流 2 的物质流已经由 2011 年到 2015 年的时间序列给定，可以半自动地直接从 Excel 文件导入。假定每个输入流的迁移系数已知，且不随时间变化。输出流 1 到输出流 3 的物质流的时间序列值需要计算。

✿ 重新构建图 2.59 中的模型。

2.4.7　设置时段

如果要模拟一个具有多个时间跨度的系统行为，就必须定义新的时间跨度。

2.4.7.1 编辑时段

① 在编辑菜单中，点击图层和时段（Layers and Periods）。

② 在时段选项卡中，编辑时段时长、时段数量和/或第一个时段的开始时间。

③ 点击确认。

④ 如果只是改变了时段数量，点击确认，确认出现的警告提示框。如果新的时段数量小于原有的，那么原来的时段及其数据都会被删除。如果新的时段数量大于原有的，那么新增加的时段部分会添加在原有时段的末尾。

⑤ 如果改变时段长度和/或第一个时段开始的时间，点击保存或重命名选项确认出现的警告提示框。如果选择了保存，只有与新时段相匹配的区间的数据会被保存下来。如果选择了重命名，就会重命名已有时段，并保留原有数据。而如果同时改变了时段数量，时段就会被删除，或被添加在原有时段的末尾。

ⓘ

a. 对于每个新的 MFA 文件，默认时段都为当前年。

b. 如果对象是多个时段的记录，那么这些时段必须具有相同的跨度（如 1 年），而且必须相互衔接（如 2000—2005 年）。

c. 例如：如果当前定义的时段是 2000—2006 年，2002 年数据被赋值。此时，如果把这套数据改为以 1998 年作为起始年，那么可以将其重命名为 1998—2004 年的时段，因为时间间隔相同，都为 7 年，但是其中 2000 年的数据是给定的。此时保存，能够成功，但是，对于 1998—2004 年时段，实际上 2000 年的数据是原先存储的 2002 年的数据。

⚙ 创建一段包括 5 个时段的记录，时段长度为 1 年，从 2011 年到 2015 年。

2.4.7.2 选择时段

要为一个时段输入数据或显示结果，可以在输入数据工具栏下拉列表中选择时段。

⚙ 选定 2011 年时段。

为 2011 年的拆分过程输入下列迁移系数（输入流→输出流：值）：

输入流 1→输出流 1：0.5

输入流 1→输出流 2：0.3

输入流 1→输出流 3：0.2

输入流 2→输出流 1：0.7

输入流 2→输出流 2：0.3

输入流 2→输出流 3：0

图 2.60 显示了生成的拆分过程的迁移系数矩阵。

	O1	O2	O3
Σ Inputs ▶			
I1	0.5	0.3	0.2
I2	0.7	0.3	0

图 2.60 拆分过程的迁移系数矩阵

2.4.8 使用数据浏览器

数据浏览器通过半自动（复制粘贴）的方式利用微软 Excel 文件导入或导出数据。数据浏览器可以同时显示所有的已有数据集，这些数据集可以根据属性（时段、层、名称）进行逐级分组。

2.4.8.1 打开数据浏览器

在编辑菜单中点击数据浏览器，或同时按下 Ctrl 键和 D 键。

2.4.8.2 选择数据组

① 点击行前的行标（如正方形）以选择数据集。

② 要进行多种选择，点击其他行标，同时按住 Ctrl 键。

③ 要选定数据区域，点击第一组数据行标之后，按下 Shift 键的同时点击数据区域最后一个数的行标。

④ 也可以点击第一个数的行标，保持鼠标按压状态，将鼠标指针转移至最后一个行标。

2.4.8.3 复制 STAN 数据到剪贴板

① 选定目标数据组。

② 将行复制到剪贴板，点击 ，或同时按下 Ctrl 键和 C 键。

ℹ️ 利用以上复制操作也可以进行数据网格中的列复制（例如计算值），此处并未展示。

2.4.8.4 从剪贴板向 STAN 数据表插入数据

① 选定目标区域（方法参见选择数据组）。

② 如果要从剪贴板向 STAN 数据表插入数据，点击 📋，或者同时按下 Ctrl 键和 V 键。

③ 点击确认或者应用。

ℹ️

只有剪贴板中的数据才能被插入到格式要求统一的目标区域。

利用上述操作可以同样复制数据网格中的列（如计算值），此处并未介绍。

⚙️ 复制 2011 年的拆分过程的迁移系数到其他时段（2012—2015 年）：

a. 选择拆分过程。

b. 点击过程属性中的迁移系数，显示数据浏览器中所有可能的迁移系数选项。

c. 打开数据浏览器，选定迁移系数标签。

d. 选择、复制 2011 年的数据集，包括迁移系数。

e. 选定从 2012 年到 2015 年的目标区域，然后粘贴复制的数据。

2.4.8.5 数据集分组

可以通过数据的共有属性（时段跨度、图层、名称）对数据集进行逐级分组。

① 拖动想要设定的分组属性（如列标题名）到列标题名上方的灰色分组区域。

② 如果已经存在一个分组层次，就要确定在哪个位置插入属性。

③ 重复上述过程，直到创建好想要的层次。

④ 如果要改变层次，拖动属性到分组区域的另一个位置。

⑤ 要从一个分级层次中删除分组属性，将其从分组区域拖出。

ℹ️ 逐级分组的默认设置为：时间跨度＞图层。通过点击工具栏中的 🔲，可以随时恢复默认设置。

2.4.8.6　数据排列

如果要根据字段或属性对数据按照字母顺序排序，点击各列的标题名。

如果要在排序步骤中插入其他字段，点击其他列的标题名，同时按住 Shift 键。

ℹ️ 每点击一次列标题名，就会改变一次排序的顺序（按字母升序或降序）。

2.4.8.7　从 Excel 表输入数据

① 在 Excel 表中，选定包括数据的一块区域（数据块）。

② 同时按住 Ctrl 键和 C 键，复制该区域数据到剪贴板。

③ 在 STAN 数据表中，点击打算插入这些数据的区域的左上角单元格。

④ 点击 📋 或同时按住 Ctrl 键和 V 键，从剪贴板中将数据块粘贴到 STAN 数据表中。

⑤ 点击应用或确认。

ℹ️

a. 注意正确配置数据块，如 STAN 和/或 Excel 必须具有相同的顺序。

b. 输入值被转换为文本形式进行存储，因此，只有那些在 Excel 中可见的数字才能导入。

c. 如果表格的文本中不含有单位，可以根据当前选择显示的单位进行赋值。

d. 如果导入的数据块包括不同的数据类型（物质流、体积流、质量分数、质量浓度），可以根据单位进行区分，它们将会被自动配置给适当的列。如果将数据块插入到平均值所在的列，数据将被转移到正确的平均值所在的列。插入不确定性列亦是如此。

e. 在数据浏览器中，只有输入值显示为 📊 的数据才能被导入。

f. 如果导入数据包含错误信息（如未知单位），点击应用或确认后，包含错误信息的单元格会被标注以 ⚠️。

⚙️ 为输入流 1 和输入流 2 创建一个具有时间序列的 Excel 文件，如图 2.61 中前三列（A 到 C）所示。

	A	B	C	D	E
1	Flows	Input 1	Input 2	Input 1	Input 2
2	Period	t/yr	kg/yr	text	text
3	2011	100	100000	=B3&B2	100000kg/yr
4	2012	110	90000	110t/yr	90000t/yr
5	2013	90	110000	90t/yr	110000t/yr
6	2014	80	85000	80t/yr	85000t/yr
7	2015	120	100000	120t/yr	100000t/yr

图 2.61　该 Excel 表中包含输入流 1 和输入流 2 从 2011 年到 2015 年的时间序列值，D 列和 E 列中为 STAN 导入数据所需的值和单位

从微软 Excel 中复制输入流 1 和输入流 2 的物质流时间序列到 STAN。

因为 Excel 表中给定的数据包括时间单位"yr",该单位不是 STAN 的默认单位,必须将其按照【示例 2.23】进行定义:

要定义单位"yr",同时按下 Ctrl 键和 U 键,打开编辑单位对话框。在单位选项卡中,选定时间作为物理量,输入"1yr＝1a",点击插入,点击确认。

准备 Excel 表:

① 检查 STAN 和 Excel 的十进制分隔符类型（逗号或点）是否一致,如果不一致,应更改（临时）STAN 语言,或更改计算机的区域设置。

② 合并每个给定的值及其单位（"＝cell＿value & cell-unit"）。结果为包含文本的单元格（见图 2.61 中的 D 和 E 列）。

准备数据浏览器:

① 打开数据浏览器。

② 编辑逐级分组中图层＞分组的名称。

③ 按照时段递增的顺序对显示数据进行排序。

从 Excel 向 STAN 导入数据:

① 在 Excel 中,选定单元格的范围（即数据块）,包含从 2011 年到 2015 年（D3:D7）编辑好的输入流 1 的物质流。

② 同时按下 Ctrl 键和 C 键,复制数据块到剪贴板。

③ 将复制的数据块插入到 STAN 数据浏览器。

a.选择计划插入数据块的左上角单元格。

b.同时按下 Ctrl 键和 V 键,或点击工具栏的 📋。

④ 重复输入过程,导入输入流 2 的物质流数据（E3:E7）。

⑤ 点击确认。

图 2.62 展示了从微软 Excel 导入数据后数据浏览器的内容。

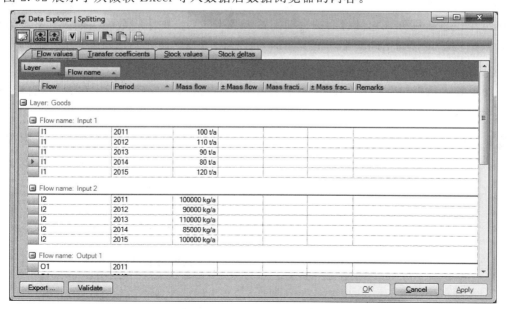

图 2.62 从微软 Excel 导入数据后的数据浏览器

开始计算。为显示各个时段的结果，在工具栏选择目标时段或者打开数据浏览器，同时查看所有结果。图 2.63 展示了 2011 年时段的 MFA 结果。

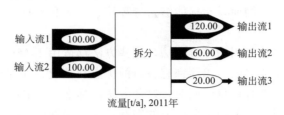

图 2.63 拆分过程 2011 年的 MFA 结果

2.5 MFA 结果评估方法

2.5.1 引言

MFA 结果表现为研究系统的物质流量与存量的数值，除解析和数值不确定性之外，其余数据都是通过分析、观测或根据质量守恒定律得到的客观量。在默认开展了详尽、仔细、全面的研究的情况下，一般极少或不关注和讨论数值结果。但从另外一个角度来看，除了物质流量与浓度观测之外，MFA 结果的解释与评价是一个主观过程，以社会、道德和政治价值观为基础。例如，对于不可再生资源的耗竭时间，由于咨询对象的不同，50 年可能足够长，也可能极其短暂。再如，"生态指标 95"评价方法将百万人口死亡与生态系统遭到 5% 的破坏的权重设为相同（Goedkoop，1995）。显然，这些评价和权重设置方法没有准确地建立在科学/技术原理的基础之上，而主要是由社会和道德因素决定，评价结果就会受到价值观的影响。但同时价值观也会随着时间改变，而且不同的社会和文化也会产生不同的价值观。因此，评价结果只是特定时代的产物，评价是一个动态过程，需要持续更新，客观分析。

如果为某个独立系统设置可替换的情景，或将不同的系统合并，就会遇到 MFA 结果处理的另外一个问题。举例来说，假设一个系统包括 5 个过程、20 个流，经过优化，3 个过程和 10 个流发生了变化，有些流可能变得"更好"了，而有些则变得"差"了，那么系统整体到底改善了多少？是相对改善，还是绝对改善？这就需要一个衡量标准。

为了在评价过程中体现客观性和可比较性，需要借助指标。经济合作与发展组织（OECD）将（环境）指标定义为：从众多参数中选择出来的、为某一现象提供信息的某个参数或值。指标之所以重要，是因为其价值不仅仅在于参数值所表达出来的属性，而且是为某一目的而设计出来的一个综合方法（OECD，1994）。世界资源中心指出，指标具有两方面的特征：①量化价值，使其含义显而易见；②能够借助简化描述复杂现象的信息，以促进有效交流（Hammond et al.，1995）。进一步来说，指标可以看作一个度量标尺，其中包含了关于系统状态的压缩信息，如果应用于时间序列，该信息就可以反映系统的发展过程。指标需要为决策者提供有用的信息，而且必须通俗易懂，易于被普通大众接受。这说明指标与政策密切相关，因此，对于复杂系统，需要在一定程度上进行信息整合。指标建立的科学基础和原则越坚实，其越具客观性。不过，如 2.5.2 节所示，到目前为止，还没有任何评价方法可以完全满足这些需求。

通常来说，评价都要综合考虑资源、人和生态毒性三个方面，"单个"指标往往无法满足该要求。随着知识的不断增加，对不可再生资源和元素毒性的评价不断深入，对资源和毒性的权重考虑也在不断地进步。显然，相比于现在，50年后1kg锌和1kg二噁英的评价结果的估值肯定会发生变化。因而，指标能够指导环境、资源和废物管理决策，但并不能同时改善所有目标。

本节将简要描述和讨论常用的评价方法，这些方法都适用于MFA结果评价。每种方法都基于各自的理念、逻辑或目的，因而都有各自的优点和缺点。大部分情况下，没有任何一种方法足以完全实现一个综合评价；同时，这些方法的标准、可靠性和可用性都处于持续发展的过程中。方法的选择通常依赖于要研究的问题，同时受到雇主和研究者偏好的影响。如果有充分理由怀疑使用某种评价方法得到的结果，建议选择另外一种备选方法。通常情况下，MFA结果已经为分析与评价系统提供了很好的信息。对这些结果进行评价需要大量的实践经验，我们将在第三章案例部分进行阐释。

2.5.2 单位服务的物质强度

单位服务的物质强度（material intensity per service unit，MIPS）理念由德国伍珀塔尔研究中心的施密特·布莱克及其同事提出（Schmidt-Bleek，1994，1998；Hinterberger et al.，1997；Schmidt-Bleek et al.，1998）。MIPS是指单位服务或产品的生产、消费（如维护）以及废物处置和循环利用需要的总物质流量。单位服务如理一次发，洗碗机洗一次碗，一个人走一公里，建造一个厨房或一根电线杆（Schmidt-Bleek，1994；Schmidt-Bleek，et al.，1998；Ritthoff et al.，2002）。单位服务的总物质流包括覆盖的土层、矿床、矿石、化石燃料、水、空气、生物质等。也就是说，MIPS基于生命周期视角，考虑获得某一单位服务可能涉及的"隐藏"流。"生态包袱"是指获得单位服务所需要的但并未直接用于服务的物质输入。例如，获得1吨铜，如果从初级生产开始计算，需要的物质强度为350吨非生物原料、365吨水、16吨空气。又如，在美国生产1千克黄金要搬运3000吨土壤（Schmidt-Bleek，1994）。再如，生产一台个人电脑需要14吨加工材料（Schmidt-Bleek，1998）。表2.18中给出了一些材料和产品所需要的物质强度。

表 2.18   基于 MIPS 理念的材料和产品物质强度

材料和产品名称	非生物原料/(t/t)	生物原料/(t/t)	水/(t/t)	空气/(t/t)	土壤/(t/t)	电力/(kW·h/t)
铝	85	0	1380	9.8	0	16300
生铁	5.6	0	22	1	0	190
钢铁（混合物）	6.4	0	47	1.2	0	480
铜	500	0	260	2	0	3000
钻石[①]	5300000	0	0	0	0	n.d.[②]
褐煤	9.7	0	9.3	0.02	0	39
无烟煤	2.4	0	9.1	0.05	0	80
混凝土	1.3	0	3.4	0.04	0.02	24
水泥（波特兰）	3.22	0	17	0.33	0	170
平板玻璃	2.9	0	12	0.74	0.13	86
木材（云杉木）	0.68	4.7	9.4	0.16	0	109

续表

材料和产品名称	非生物原料/(t/t)	生物原料/(t/t)	水/(t/t)	空气/(t/t)	土壤/(t/t)	电力/(kW·h/t)
回形针	0.008	0	0.06	0.002	n. d.[②]	n. d.[②]
衬衫	1.6	0.6	400	0.06	n. d.[②]	n. d.[②]
牛仔裤	5.1	1.6	1200	0.15	n. d.[②]	n. d.[②]
卫生纸	0.3	0	3	0.13	n. d.[②]	n. d.[②]
牙刷	0.12	0	1.5	0.028	n. d.[②]	n. d.[②]

资料来源：F. Schmidt-Bleek，《MIPS 概念》(Das MIPS-Konzept)，Droemer Knaur 出版社，1998 年。

① 包括覆盖层和采矿活动。

② 未确定。更新后的数据可参见 mips-online 官网。

由于输入等于输出，为避免重复计算，MIPS 只考虑输入流。此外，产业经济系统的输入需要进行统计的数量往往小于输出，更容易统计。为了获得更多方法的支持，施密特·布莱克及其同事建议将输入分为五个类别，即生物质、非生物质、土地搬运、水和空气（Hinterberger et al.，1997；Schmidt-Bleek，1998），提供单位服务需要的能源同样基于物质进行统计。在后续研究中，他们又把电力和化石燃料单列为第六类物质，以提供更多信息（见表 2.18）。此外，MIPS 并不区分不同物质之间的差别。对于指标值，1 千克石块与 1 千克钚相同，对此施密特·布莱克（1993）和辛特伯格（Hinterberger）等（1997）给出了解释。这主要是由于无法获知某种元素的生物毒性，不知道其长期影响以及与其他元素的联合或拮抗效应，因此，根本无法确定 100000 种或更多种化学物质的生态毒性。关于这部分的详细讨论请参见 Cleveland 和 Ruth（1998）的文献。

MIPS 在物质减量化讨论方面发挥了重要作用。由于占世界五分之一的人口消耗掉了 80% 的资源，发达经济体必须降低其物质和能源通量，这对于其他国家和社会公平，以及发展中国家获得相同的发展机会是非常重要的。关于物质减量化的讨论还有生态效率和 X 倍因子，分析结果指出降低因子为 4～50 才可行（Reijnders，1998）。在监测物质减量化进展方面，无论是对于大的经济体，还是对于单项服务和产品，MIPS 都是一项有用的工具。在 MFA 中，MIPS 可以用于商品层面的物质平衡，根据上述规则对系统输入进行累加，大多数情况下都能够得到研究系统的合理的服务单元。

2.5.3 可持续过程指数

可持续过程指数（sustainable process index，SPI），由奥地利格拉茨理工大学的纳罗多斯劳斯基和克洛茨克提出（Narodoslawsky et al.，1995；Krotscheck et al.，1996）。SPI 的基本理念是计算在可持续性约束条件下，提供某一过程或服务所需的地球表面面积当量。与开采或排放有关的所有物质流和能源流都可以通过精确定义的方法转化成具体的面积数量，最后累加得到总面积当量（A_{tot}），对于给定的过程，A_{tot} 越小，表示其对环境影响越小。之所以将面积当量作为标准值，是因为在可持续经济系统中，经过无限长的时间之后，真正能无限使用的输入只有太阳能，而且只能利用辐射到地球表面的那部分太阳能。此外，在一个人口不断增长的世界中，面积也被认为是供应和处置的限制性资源。

SPI 考虑原材料消耗面积当量（A_R），能源消耗面积当量（A_E），基础设施（同样包括物质和能源）和建造基础设施需要的面积当量（A_I），以及消纳该过程中的产品、废物和排放物所需要的面积当量（A_P，过程耗散面积当量）。在劳动密集型过程中，还需要考虑工人占据的面积（A_{ST}）。

$$A_{tot} = A_R + A_E + A_I + A_P + (A_{ST}) \tag{2.80}$$

原材料包括三种类型：可再生原材料，化石燃料原材料，矿物原材料。A_{RR} 是提供可再生原材料的面积当量，其计算公式为

$$A_{RR} = \frac{F_R(1+f_R)}{Y_R} \tag{2.81}$$

式中，F_R 是分析的原材料对象的消费流（单位时间内的物质的质量，通常为 1 年）；f_R 为提供 F_R，受影响的下游"灰色"区域的比例，某些情况下，f_R 也作为累计支出，或者"生态包袱"（见 2.5.1 节）；Y_R 为单位面积和单位时间内可再生原材料的产量。

化石燃料原材料的面积当量（A_{FR}），源于式（2.81）中的 A_{RR}，对参数进行替换。其中，F_F（用以替换 F_R），是指进入过程的化石燃料原材料流；f_F（替换 f_R）代表生态包袱的面积当量（例如开采和运输化石燃料需要的能源）；Y_F（替换 Y_R）表示海洋中碳沉积的"产量"[大约 $0.002kg/(m^2 \cdot a)$]。之所以采用"沉积产量"，是因为假定直到碳排放量超过海洋吸纳能力之前，全球碳循环都不会发生根本性改变，可持续性得以保证。

A_{MR} 是指矿物原材料的面积当量，根据下式定义：

$$A_{MR} = \frac{F_M e_D}{Y_E} \tag{2.82}$$

式中，F_M 是过程消耗的矿物质原材料量；e_D 为提供单位质量矿物质的能源需求量；Y_E 为工业能源产量，由该国能源转换技术的综合水平决定（例如水电、化石能源或核能），对于可持续能源系统，Y_E 约为 $0.16kW \cdot h/(m^2 \cdot a)$。

A_E 为电力消耗面积当量，计算公式为：

$$A_E = \frac{F_E}{Y_E} \tag{2.83}$$

式中，F_E 表示电力需求，$kW \cdot h/a$。

基础设施面积当量 A_I 通常只占 A_{tot} 的一小部分，因此，实践中一般只进行粗略估计。相比较而言，过程耗散面积当量 A_P 通常占绝大部分。SPI 假定任何环境组分的同化能力用更新速度表示，当更新速度大于过程的排放时，环境组分不会改变，就是可持续的同化过程，注意该点与 A/G 法（2.5.8 节）类似。根据下式计算 A_P：

$$A_{Pci} = \frac{F_{Pi}}{R_c c_{ci}} \tag{2.84}$$

式中，F_{Pi} 为每年生产/排放流 P 中元素 i 的量（如以 Cd 为例，kg/a）；R_c 为环境组分 c 的更新速率，单位为质量除以面积和时间（以年计）[如以土壤为例，$kg/(m^2 \cdot a)$]；c_{ci} 为元素 i 在环境组分 c 中的自然（地质）含量（例如以土壤质量计，kg/kg）。

最后一步，建立 A_{tot} 与过程提供的产品或服务之间的关联。SPI 已经广泛应用于交通、铝及钢铁生产（Krozer，1996）、纸浆与纸生产、从生物质获取能源（Krotscheck et al.，2000）等多个过程，以及整个区域经济体（Eder et al.，1996；Steinmüller et al.，1997）。图 2.64 展示了 SPI 应用于能源供应系统的一个概念模型。

SPI 可以应用于分析任意 MFA 的结果，如果各种产量因子和其他非特殊 MFA 数据诸

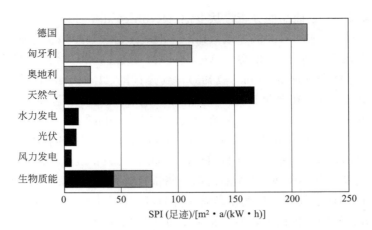

图 2.64　部分国家和不同能源供应系统的可持续过程指数（SPI）（Krotscheck et al.，2000）。
德国、匈牙利和奥地利之间的差异是由于国家能源供应组成中水电、火电和核电的占比不同，
生物质发电的差异主要是由于采用了热解、气化和燃烧等不同技术
（源自 Krotscheck et al.，2000。获授权）

如能源需求是可获得的，就可以分析目标系统所消耗的面积当量（"足迹"）。SPI 的优势在于从与 MIPS 不同的视角分析资源消耗，评价中将排放和废物也纳入考虑范围。SPI 的计算挑战性很大，同时消耗大量人力，不过，作为一项综合指数，SPI 指标已经得到了最广泛的认可。

2.5.4　生命周期评价

生命周期评价（life-cycle assessment，LCA）工具于 20 世纪 80 年代至 90 年代在欧洲发展起来，后来得到美国环境毒理学与化学学会（SETAC）的积极推动，实现了标准化和步骤统一（Consoli et al.，1993；Udo de Haes，1996），在多方的共同努力下，最终形成了 ISO LCA 系列标准（国际标准化组织 14040 系列标准）。该标准规定，LCA 包括四个步骤（Guinée et al.，2001）：

① 目标和范围定义。定义研究的目标，明确研究目标对应的时间、空间、技术以及复杂程度。此外，定义研究的产品（产品群），明确功能单元。

② 清单分析。通过清单分析，建立功能单元相关的环境输入和输出列表（环境清单）。通常需要设置系统边界、选择过程、收集数据、配置不同的功能过程（如，发电厂生产能源并非仅服务于单一产品）。

③ 影响评价。通过对得到的清单进行处理，计算环境影响及社会偏好，其中环境影响分为资源耗竭、气候变化、人类毒性、生态毒性、噪声等类别。通过分类，清单中的物质根据影响特征被归到各影响类别中。通过特征化，各种环境影响被量化成该通用类别的特征化子当量（如 kg CO_2 当量作为气候变化的特征因子），从而使得某个类别的不同物质能够累加成综合值：类别指标值。标准化是一个额外可选的步骤，通过各环境影响类别的标准化与加权，可得到一个最终值。

④ 结果解释。包括可靠性、稳健性、一致性、完整性评价等内容，并形成最终结论和建议。

LCA 已经应用于大量商品的分析，从电池（Rydh et al.，2002）、PET（聚对苯二甲酸乙二醇酯）瓶（Song et al.，1999）、纸（Finnveden et al.，1998）、番茄酱（Andersson et al.，1998）、载人汽车的催化转换器（Amatayakul et al.，2001）、燃料产品（Furuholt，1995）、不同地板材料（Potting et al.，1995），到碎石机（Landfield et al.，2000）、钢铁桥梁（Widman，1998）等。在最早开始的 LCA 中，有一项是关于包装材料的研究（Bundesamt für Umweltschutz，1984）。但是在过程尺度（Schleisner，2000；Burgess et al.，2001；Lenzen et al.，2002）和系统层面（Myer et al.，1997；Seppälä et al.，1998；Finnveden，1999；Brentrup et al.，2001；Haas et al.，2001；Seppälä et al.，2002）的研究还不是很多。尽管关于如何开展 LCA 的规则和指南已经发布，但是具体研究有时仍然存在争议。大部分争议都在于数据一致性和影响评价的可靠性（Krozer，1996）。艾瑞斯（1995）讨论了 LCA 的潜在问题，他认为，研究常常太过于聚焦在影响评价，而基础数据分析和控制往往得不到足够的重视。由于 LCA 既消耗人力，又需要大量的财务支持，因此格雷德尔（1998）提出 LCA 流水线作业的方法，使其尽可能为各企业所用。

MFA 可以作为 LCA 建立清单的支持方法，特别是当 LCA 分析对象为系统而非单个商品时。因而，LCA 的影响评价也可以用于分析 MFA 结果。其中稍有不同的是，LCA 尽量将尽可能多的元素和化合物纳入评价结果内，以保证完整性，而 MFA 则旨在尽可能减少涉及的元素数量，以保证透明性和可管理性。

2.5.5　瑞士生态分数

在 LCA 等影响评价类方法中［如 SETAC 方法（Udo de Haes，1996）、CML 方法（Heijungs et al.，1992）和戈德库普（Goedkoop，1995）提出的生态指标法］，有一种方法称为瑞士生态分数（Swiss Ecopoints，SEP）方法。SEP 源自对最关键的污染负荷的考虑，穆勒·温克（Müller-Wenk，1978）首先提出这一理念，后来得到瑞典服务部门、产业界、管理部门以及学术界的推动和细化（Ahbe et al.，1990；Braunschweig et al.，1993；Brand et al.，1998）。环境压力因子（向大气、水、土壤的排放）的 SEP 分值根据下式计算：

$$\text{SEP}_i = F_i \times \frac{1}{F_{\text{crit}}} \times \frac{F_{\text{sys}}}{F_{\text{crit}}} \times 10^{12} \tag{2.85}$$

式中，F_{crit} 为目标区域（如瑞典）的最大（意为最大可接受的）压力流；F_{sys} 为该区域内的压力的实际流量。式(2.85)中的第一个比值对资源的压力流 F_i 进行标准化，以此表征其重要性；第二个比值根据压力对于区域的重要程度对其进行赋权。此外，F_{crit} 同样应用于社会和政治方面的考虑（作为一个参数因子出现在两侧），这是 SEP 方法与其他基于毒性-效应的影响评价方法的主要不同之处。F_{crit} 会因为不同区域的时间、环境状态、技术标准、经济发展水平等不同而有所差异（如，参见《京都议定书》中不同国家的减排目标），代表着环境质量目标。通过累加不同压力 F_i 可以得到一个结果，该值越高，代表着研究系统的产品或者过程的环境负荷越高。

除了排入不同环境要素中的污染物之外，SEP 方法还考虑了基于物质基础的废物产量、消费以及从能源角度出发的稀缺能源资源消耗（主要是化石能源、铀和其他潜在能源），而不考虑其他类别的资源消耗。该方法认为矿物质资源并非稀缺资源，因为物质是不灭的。不过矿物质的可获得性实际上是有可能减小的（如矿石品位下降），这会导致这些资源的开采和加工带来的环境影响增大。污染物排放相关的影响在影响分析阶段进行分析。赫特威奇（Hertwich）及其同事用一个案例比较了 SEP 方法与其他已建立的温室气体评级方法的差异：美国 1kg CO_2、CH_4 和 N_2O 的生态分数分别为 1.14、59700 和 3890；而根据 IPCC（政府间气候变化专门委员会）结果，这些物质在 20 年内的全球增温潜能值（GWP）分别为 1、63 和 270。笔者认为，之所以存在这样的差异，是因为对不同压力源设置了相同的权重，同时采用了线性评价。Ahbe 等（1990）讨论了其他非线性评价方程（如逻辑斯谛和抛物线函数）应用于计算生态分数的优缺点。

SEP 方法被应用于包装（Habersatter，1991）、生活垃圾焚烧（Hellweg，2000）等不同对象上。表 2.19 给出了某些空气污染物的 SEP 分值，并将结果与人类毒性潜力（HTP，LCA 中采用的）以及㶲（见 2.5.6 节）进行比较。

表 2.19 按照 SEP 方法、HTP 法（LCA 中的一类）与㶲分析方法
对某些空气污染物进行影响评价的结果

项目	瑞士生态分数（SEP 法）[3]/g^{-1}	人类毒性潜力（HTP,以 1,4-DCB[1] 计）[2] /(kg/kg)	㶲[4][5] /(kJ/g)
颗粒物	60.5	0.82	7.9
C_6H_6	32	1900	42.3
NH_3	63	0.1	19.8
HCl	47	0.5	2.3
HF	85	2900	4.0
H_2S	50	0.22	23.8
SO_2	53	0.096	4.9
NO_2	67	1.2	1.2
Pb	2900	470	—
Cd	120000	150000	—
Hg	120000	6000	—
Zn	520	100	—

注：应用不同的评价方法可以得到不同的值。

① 1,4-二氯苯当量。

② Huijbregts，2000。

③ Stahel et al.，1998。

④ Costa et al.，2001。

⑤ Ayres et al.，1996。

2.5.6 㶲分析

㶲分析（exergy）是指理论上对将某类资源（能源或原材料）逆向（例如没有流失或热损失的做功过程）从给定状态重新返回到原来所处环境的平衡状态所需要的最大功进行度量的方法。此处的所处环境、参照环境或参照状态，都必须进行明确的定义，如所处的温度、压力等。以考虑的对象为物质作为例子，此时必须知道其化学组成，对于物质流研究，环境

通常包括大气、海洋、地壳（Szargut et al.，1988）。㶲一词旨在描述"技术上的做功大小"，是 1956 年由兰特（Rant）首次提出的（Rant，1956），类似表达的术语还有"可获得的功""可获得性""重要能源（Essergy）"。㶲是一个具有广度性质的单位，与能量单位相同（例如，J/g）［广度性质依赖于系统的规模（如质量、体积），强度性质则包括温度、压力和化学潜能等］。与能量不同，㶲不遵守守恒定律。㶲可以被消耗或者破坏，主要是由于实际过程中的不可逆性。

来看一个例子：将一个 100L 热水器中的水从 10℃加热到 37℃大约最少需要 3.1kW•h 的电（P），根据热力学第一定律，即 $P=Q_W+L$，损失量 L 假定几乎为 0。因此，热水器中的水（$m=100$kg）中能量（Q_W）为 $Q_W=mc_p(T_W-T_0)=11300$kJ≈3.1kW•h［水的比热容 $c_p=4.18$kJ/(kg•K)；$T_W=310.15$K；参考温度 $T_0=283.15$K］。电力的㶲为 100%（$P=E_1$），意味着电可以转化为任意其他类型的能源（热能、机械能等）。热水器中水的㶲为 $E_2=Q_W[1-(T_0/T_W)]=0.27$kW•h。$E_1$ 和 E_2（E_1 的 91%）的差值为水加热过程中㶲发生的损失。E_2 是能够从水中转化为功（如变成电）的能量的最大数量。E_1 和 E_2 可以被看作量化 3.1kW•h 电力或热水的"有用性"或者"可获得性"的标尺。根据热力学第一定律，该过程的效率为 $\eta_I=Q_W/P=100\%$；根据热力学第二定律，效率 $\eta_{II}=E_2/E_1=8.7\%$。

固体材料的㶲含量可以通过萨尔古特（Szargut）、莫里斯（Morris）和斯泰沃德（Steward）等引入 e_{chj}^0 的标准化学㶲（1988）计算得到。e_{chj}^0 为元素 j 在标准状态（T_0，P_0）下的特征值，与环境中 j 元素的参考物的平均浓度相关。假定每种元素只有一个参考物。

以 Fe_3O_4 为例，Fe 的参考物假定为地壳中的 Fe_2O_3，地壳中的参考物的标准化学㶲利用式(2.86)计算。

$$e_{chj}^0=-RT_0\ln x_j \tag{2.86}$$

式中，x_j 为参考物在地壳中的平均摩尔分数（$x_{Fe_2O_3}=1.3\times10^{-3}$）；$e_{ch,Fe_2O_3}^0=-8.31\times298.15\times\ln1.3\times10^{-3}=16.5kJ/mol=0.1033$kJ/g。

O_2 的参考物是大气中的 O_2，用式(2.87)进行计算。

$$e_{chj}^0=RT\ln\frac{p_0}{p_{j,0}} \tag{2.87}$$

式中，$p_0=101.325$kPa（平均大气压强）；$p_{j,0}=20.4$kPa（O_2 在参考状态下的分压）；$e_{ch,O_2}^0=3.97$kJ/mol。

因此，Fe 的标准化学㶲可以通过下列方法计算：

$$2Fe+3/2\ O_2\longrightarrow Fe_2O_3$$

则

$$e_{ch}^0=\Delta G_f^0+\sum_{el}n_{el}e_{ch,el}^0 \tag{2.88}$$

式中，e_{ch}^0 是目标化合物（例如 Fe_2O_3）的标准化学能值；ΔG_f^0 是吉布斯形成能［例如，根据 Barin（1989）中的列表，$\Delta G_{f,Fe_2O_3}^0=-742.3$kJ/mol］；$n_{el}$ 为目标化合物中原子的物质的量；$e_{ch,el}^0$ 是各元素的标准化学能值。根据式(2.88)得到

$$16.5=-742.3+2e_{ch,Fe}^0+3/2\times3.97$$

及

$$e_{ch,Fe}^0 = 376.4kJ/mol$$

因此 Fe_3O_4 的标准化学㶲为 [再次利用式(2.88)，$\Delta G_{f,Fe_3O_4}^0 = -1015.227kJ/mol$]

$$3Fe + 2O_2 \longrightarrow Fe_3O_4$$

$$e_{ch,Fe_3O_4}^0 = -1015.227 + (3 \times 376.4) + (2 \times 3.97) = 121.9kJ/mol = 0.5265kJ/g$$

如果假设某一品级的铁矿含有 $60\%Fe_2O_3$、$30\%Fe_3O_4$ 和 10% 其他矿物质（这些矿物质的标准化学㶲约为 $2kJ/g$），那么该品级的铁矿的标准化学㶲为

$$e_{ch,铁矿}^0 = (0.6 \times 0.1033) + (0.3 \times 0.5265) + (0.1 \times 2) = 0.42kJ/g$$

Szardgut、Morris 和 Steward（1988）与 Ayres 和 Ayres（1999）等已经给出了大量常规元素的标准化学㶲值表，应用标准化学㶲值与已知的材料化学组成信息，就可以计算出该材料的㶲值，建立复合物质/能源系统的㶲值平衡。

最初，㶲值理念应用于热轮机等能源系统，用以分析哪些过程导致主要的能源损失（例如制冷、节流过程），寻求改善能源利用效率的机会。因为理论上，所有物质流和能源流的㶲值都是可以计算的，所以其可以应用于任何物质平衡。由于可以将所有物质和能源累积得到一个最终㶲值，因此它可以作为一个用于资源账户统计的有效工具。例如，生产加工行业可以描述为利用化石燃料和原材料的㶲生产具有更低㶲的产品以及废物的过程。另外，任何系统的技术效率都可以表示为㶲效率。在产业应用方面开展了很多关于㶲值的研究，如对整个国家经济体的研究（Wall，1977；Wall et al.，1994；Ertesvåg et al.，2000；Michaelis et al.，2000a，2000b；Costa et al.，2001）。

除此以外，㶲值也能够作为指标用于分析污染物排放和废物的环境影响（Wall，1993；Rosen et al.，2001）。其依据为：一方面，某一物质流或者能量流的㶲值越高，说明该物质流或能量流偏离环境的热力学和化学状态越严重，造成环境危害的潜力就越大。另一方面，由于㶲值与环境影响之间的联系并不强，例如，排放到大气中的元素的㶲值与其毒性相比不相当（Connelly et al.，2001），PCDD/F（二噁英和呋喃）的㶲值约为 $13.0kJ/g$，一氧化碳约为 $9.8kJ/g$（Costa et al.，2001），因此，尽管这两种物质的㶲值属于一个数量级，但是欧盟生活垃圾焚烧炉的排放限值分别为二噁英/呋喃 $0.1ng/m^3$，一氧化碳 $50mg/m^3$（European Union，2000），两者相差了 8 个数量级。

还有一个特点，就是㶲值平衡中能量流占主体作用，物质（例如废物、污染排放）所起的作用并不大。例如，排放 $1kg$ 二噁英/呋喃对应的㶲值为 $13MJ$。[比较来看，1990年整个德国二噁英和呋喃的估计排放量分别为 $70g/a$ 和 $950g/a$（Fiedler et al.，1992），其中，排放量以 TEQ 计，TEQ 为毒性当量的缩写，是评价混合物毒性的指标。例如，二噁英/呋喃是由毒性不同的化合物（同源物）组成的混合物，每种同源物都需要乘以一个权重因子（指毒性当量因子（TEF）。]利用累加加权后的值，就可以得到该混合物的 TEQ。

$70g/a$ 和 $950g/a$ 的排放量（TEQ），如果从㶲值来衡量，只相当于排放 $500L$ 热水（$Q_W = [4.18 \times 500 \times (55-10)]/1000 = 94MJ$；$E_W = Q_W[1-(T_0/T_W)] = 13MJ$）。从这些例子可以看出，将㶲值理念应用于物质以及物质和能源复合系统时，一定要慎重。关于㶲值理论及其在资源账户建立方面的应用的详细信息请参阅 Wall（1986），Baehr（1989），Ayres 和 Ayres（1999），Szargut、Morris 和 Steward（1988）的有关文献。

2.5.7　成本效益分析

成本效益分析（cost-benefit analysis，CBA），有时也称为"效益-成本分析"，其理念最早可以追溯到 150 年以前朱尔斯·德普伊特（J. Dupuit）开展的研究，他当时想分析建设一座桥梁的效益与成本（Johansson，1993）。从那时起，CBA 的理念得到了不断完善和关注。20 世纪 50 年代末期出现了大量关于 CBA 基础的文献，大部分研究聚焦在如何评价公共项目的净经济效益，也有一些研究关注水资源开发，通过利用经济系统的生产性因素输入如土地、劳动力、资本、材料等，生产出有形输出如水、水电、交通（Johansson，1993；Hanley et al. ，1995）。

CBA 的理论基础为福利经济学，包括公共物品理论、微观经济投资评估（Schönbäck et al. ，1997）。总体来说，CBA 是量化不同项目和措施的综合优势（效益）和劣势（成本）的工具，其目标是确定一个公共项目能否对国家经济福利有所贡献，具体贡献是多少，应该从几个选项中选择哪一个，以及何时进行投资。效益和成本都被量化成货币单位（如美元、英镑），因而具有可比性，从而为决策者提供熟悉的判断标尺，这是其最核心的优势［与㶲效率（%）、生态分数（无量纲）、富营养化（kg PO_4^{3-} 当量）等相比］。不过，CBA 也有一些明显的缺陷，不管是成本方面还是效益方面，很多影响并不能准确地量化成货币的形式（例如景观的漂亮程度或者人的生活）。另外，条件价值评估法（意愿调查法）、享乐定价法、旅行成本法等已经能够将负面效应和环境影响转化为经济成本（Johansson，1993；Hanley et al. ，1995）。

此外，维也纳工业大学（Döberl et al. ，2002）通过将成本效益分析与多标准分析方法组合，建立了一种改进的成本效益分析方法（MCEA），克服了上述缺点。MCEA 将宏观目标分解成子目标。例如，宏观目标"保护人类健康和环境"可以初步分解为 1.1 保护空气、1.2 保护水体、1.3 保护土壤质量，然后将目标 1.1 进一步分解为子目标 1.1.1 减少区域内主要污染物的影响、1.1.2 减少温室效应、1.1.3 减少对臭氧层的破坏。与宏观目标"保护人类健康和环境"相比，每一个子目标都可以通过某些具体指标来描述（如 1.1.2 的全球增温潜能指标，1.1.3 的臭氧层耗竭指标），并且缩减的目标也可以量化。通过该过程，可以获得具有不同重要性和公众意愿的多个子目标的指标。要使其具有可比性，并且可以累加，方法之一就是为每个指标赋权，权重可以通过专家或者来自不同团体的利益相关方打分计算得到。最终，MCEA 对达到预期目的的成本与效益进行比较。

根据 Hanley 和 Spash（1995）的研究，CBA 包括以下八个步骤：

① 定义项目，包括识别分析的边界，确定需要累加的成本和效益的对象。

② 识别项目实施所造成的所有影响［需要的资源（物质、劳动力）、对当地就业的影响、对当地房地产价格的影响、环境排放、景观的变化等］。

③ 基于某些原则和约定俗成的惯例确定需要统计的影响。

④ 确定项目成本与效益的实际数值，识别这些流发生的时间。

⑤ 以货币为单位，评估能够对这些流产生的影响（包括对扩展到未来的价值流的价格进行预测，对市场价格进行必要的校正，并对缺失的价格进行计算）。

⑥ 将所有成本和效益相关的货币量转换成当前货币量（可以通过折现的方法实现，这是一种不考虑成本、效益发生时间从而使其具有可比性的货币值转换方法）。

⑦ 比较总成本（C）和总效益（B）（如果 $B>C$，项目归类为可接受，或在非经典福利经济学理论中为至少可以改善社会福利）。

⑧ 开展敏感性分析，以评估不确定性的相关性。

最后一步在所有评价方法中都需要执行。已经有很多研究将 CBA 和 MFA 结合起来应用于应对废物管理领域的挑战（Schönbäck et al.，1997；Hutterer et al.，2000；Döberl et al.，2002；Brunner et al.，2016）。图 2.65 介绍了 CBA 方法的一个经典案例。

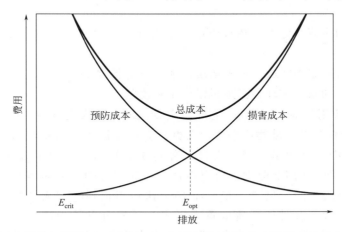

图 2.65 一个排放问题的 CBA 案例：E_{crit} 表示预计发生的环境损害的最小排放负荷，
E_{opt} 是指预防成本（如过滤技术）和损害成本（如呼吸道疾病治疗）之和最小时的排放负荷。
需要说明的是：经济最优排放（E_{opt}）情况下，有一定程度的环境负荷

2.5.8 人类社会流与自然地质流比值

人类社会流与自然地质流比值（anthropogenic versus geofencing flows，A/G）的方法源于可持续理念的预防原则（P2）。1998 年的温斯布莱德（Wingspread）会议将 P2 定义为（Hileman，1999）："如果一项行为对人类健康或者环境产生威胁，就需要采取预防性策略，尽管还无法完全在科学上建立某些因果效应关系。"

P2 的雏形可以追溯到几个世纪或 1000 年前，例如，在欧亚大陆、非洲、美洲、大洋洲，一些勤劳的当地人，在历代口头传承中，将预防原则作为管理的指导原则（Martin，1997）。海格（Haigh，1994）指出，英国 1874 年的《碱法》要求某些工厂预防有毒气体的排放，而不需要说明这些气体在特殊情况下造成的实际伤害。20 世纪 70 年代早期，斯堪的纳维亚立法强调预防原则（Sand，2000）。几年之后，德国出现的酸雨、北海污染（造成海豹死亡、藻类覆盖、无法游泳等）、全球气候变化等大规模环境挑战开始引起公众的关注，预防原则应运而生。从此以后，P2 在很多国际协议和立法中出现（Sand，2000），特别是在 1992 年《里约环境与发展宣言》中［United Nations Conference on Environment and Development（联合国环境与发展大会），1992］，文件第 15 条指出："为了保护环境，各国必须根据实际能力全面实施以预防为主的原则。对于存在严重威胁或不可逆损害的地区，缺乏科学证据不能成为推迟预防环境退化的具有成本效益的措施的理由。"P2 在欧洲得到了更广泛的应用，在缺少明确科学证据的情况下决策者经常使用该原则，特别是在欧洲立法中（例如

《马斯特里赫特条约》)。但是，在美国，有很多声音批判 P2 原则，原因是其实施成本太高
(de Fur et al.，2002)，缺乏广泛接受的、权威的界定 (Sandin，1999)。尽管如此，该原则
的很多条款仍然可以在美国法律中找到 (Applegate，2000)。

　　A/G 方法首先由古丁格 (Guttinger) 和斯托姆 (Stumm) (1990) 提出，也是 SUS-
TAIN 报告 (1994) 中生态可持续性定义的组成部分，同时被纳罗多斯劳斯基 (Narodos-
lawsky) 和克洛茨克 (Krotscheck) 引用 (1995)。更多有关信息请参见戴利的研究 (Daly，
1993)：

　　① 人类社会物质流一定不能超过当地的消纳能力，同时应该小于自然地质流的自然涨
落变化。

　　② 人类物质流一定不能改变地球物质循环的质量和数量。

　　③ 物种多样性和景观多样性必须得以维系和改善。

　　将 A/G 方法应用于 MFA 系统，意味着需要同时确定人类社会系统的物质平衡以及相
应的人类社会系统依赖的环境物质平衡。人类社会物质流改变自然流量与存量的程度十分
重要，如图 2.66 中案例所示，因为大量外部物质流量与环境要素之间的因果/响应关系
尚未明确，所以需要应用 P2 原则。对自然地质流量和存量一定范围内的改变 (如小规模
的) 被认为是可以接受的。更进一步，A/G 方法可以概括为"人类行为如果不对环境要
素造成重大改变，就不会对环境造成重大损害，从而可以认为该行为是生态可持续的"。
由于因果/响应关系不明，因此"非重大"改变无法依据科学知识进行判断，同时，重要性
还涉及政治和伦理的范畴，这是 A/G 法的缺陷之一。另外，这也反映了评价作为主观过程
的固有缺陷。

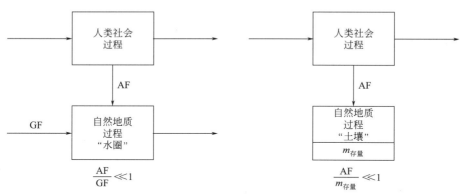

(a) 通过人类社会过程改变自然地质流量　　　　　(b) 通过人类社会过程改变自然地质存量

图 2.66　社会物质流与自然地质物质流比值分析方法：AF/GF 和 $AF/m_{存量}$ 比值越小，
人类社会过程的可持续性越高

　　为了确定图 2.66 中 AF/GF 和 $AF/m_{存量}$ 的比值，必须知道自然地质流量与存量的组
成。有时，很难真正确定自然地质的组分，因为几乎所有的生态系统都展示出人类社会活动
的印记。此外，自然地质组分还会因区域差异而不同。从另一方面来说，应用该方法时并不
是必须确定自然地质流量与存量的确切浓度，有关未污染大气、地表水和地下水、土壤等要
素中痕量元素含量的大量数据通常都可以获得。一般来说，A/G 方法是进行 MFA 评价的
可靠、方便的工具，因为只需要增加额外的一点工作量。图 2.67 展示了如何应用 A/G 方法
评价一个 MFA 系统。

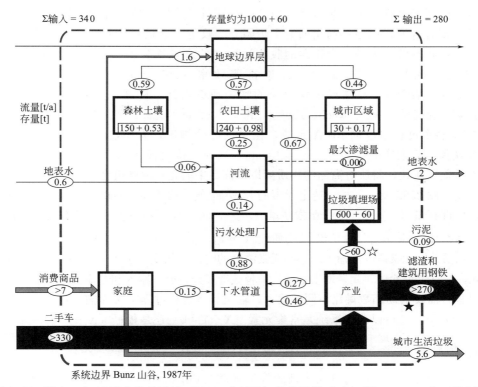

图2.67　瑞士一个66平方公里区域（28000个居民）的铅平衡（t/a）（Brunner et al.，1994）。
铅的流动主要是由一个大型破碎机处理进口二手车导致的。破碎机产生的废物（表示为☆）被
填埋处理，其中约含有60t铅；破碎机得到的产品（表示为★）进入该地区一家钢铁厂进行加工，
其中铅主要集中于过滤粉尘和输出产品中。评估发现，填埋场的铅存量约为600t，是该地区
最大、增长最快的铅存量库。A/G方法假设进入系统的河流未受污染（自然地质浓度），
这导致填埋场的渗漏影响未被统计进来，如果其强度为1%，就是0.006t/a。在这种假定情形下，
计算出填埋场每年最多可排放0.001%的铅。证据表明，来自污水处理厂（WWTP）和
土壤的铅流量都超过了这个假设值（见第三章3.1.1节和3.4.1节的讨论）

2.5.9　统计熵分析

2.5.9.1　背景

维也纳工业大学提出了将统计熵分析应用于MFA结果的理念（Rechberger，1999），到目前为止，只有该方法是专门为MFA量身定做的方法。其他方法未能覆盖MFA的全部方面（如SPI或CBA）。统计熵分析（statistical entropy analysis，SEA）应用所有MFA信息并辅以补充计算，能够处理除MFA之外的更多系统信息。只有一种情况例外：SEA分析并未考虑存量的量级，这将在3.2.2节中讨论。

SEA是对系统富集或稀释物质的能力进行量化的方法。如3.2.2节即将论述的，SEA是任一物质流系统共有的重要的特征。如今，特别是在废物管理领域，资源和污染物富集的重要性尚未获得足够重视（富集一词通常使用名词形式，强调富集是一个过程和行为）。例如，有人提出焚烧并非完美的处理方式，因为它产生了有毒元素的富集：飞灰。相反，另一

个更为普遍的富集过程却被广为接受，即纸张、塑料、金属、玻璃等的富集。实际上，该过程是为了实现有价值资源循环利用的一个步骤——收集，这是一个典型的富集过程。燃烧同样在飞灰中富集资源，也是一个正向的收集过程（见第三章3.3.2.3节）。不过本章提出的并不是"元素收集效率"，而是"元素富集效率（substance concentrating efficiency，SCE)"，是度量某个过程富集或稀释效果的唯一现有指标，从这一点来说，该方法是源于"单一过程"系统的（摘自 Rechberger et al.，2002b）。3.2.2节用案例展示了如何应用SEA研究由多个过程组成的 MFA 系统，在讨论部分指出，需要建立一套富集废物管理系统，以实现保守元素❶（conservative substances）的可持续管理。

如本章前文所述，将所有商品的物质流以及商品中的元素浓度组合在一起，可以构建起物质平衡关系。图2.68展示了一个选定元素的MFA范例。出于简化目的，将系统设置为理想稳定状态，内部存量（$\dot{m}_{storage}=0$）或总存量（$m_{stock}=0$）都不存在交换。系统中商品的输入、输出由元素浓度（$[c_I]$，$[c_O]$）以及物质流（$[\dot{m}_I]$，$[\dot{m}_O]$）组成，因此，系统可以理解为一个过程，包括某些元素浓度的输入和某些元素浓度的输出，物质流也类似。每个系统都可以看作一个单元，在这个单元中，元素发生富集、稀释或者离开，但总输入和总输出保持不变。为了度量迁移过程，需要借助函数量化不同的输入、输出。将迁移过程定义为输入量（X）与输出量（Y）之间的差值，就可以确定系统是富集元素（$X-Y>0$）还是稀释（$X-Y<0$）元素。

2.5.9.2　信息论

为了计算 X、Y，借助信息论领域的数学函数（Vogel，1996），该函数源于玻尔兹曼对于熵的统计描述，数学形式与著名的玻尔兹曼 H 定理相同（Boltzmann，1923）。20 世纪 40 年代，香农（Shannon）提出信息论（Shannon，1948），用于度量系统内信息的流失或获取。在统计学里，采用香农熵度量概率分布的变化：变化越大，关于主体数量的信息越少。注意，克劳修斯（Clausius，1956）提出的热力学熵用"S"表示，在形式上与香农提出的熵（用"H"表示）完全一样，尽管具有现象学的一致性，但是，两者之间完全没有任何物理学的联系。本书之后的论述都是基于香农的统计学熵概念而非热动力学的熵概念。

有限概率分布的统计学熵 H 定义为式(2.89)和式(2.90)：

$$H(P_i)=-\lambda\sum_{i=1}^{k}P_i\ln(P_i)\geqslant 0 \tag{2.89}$$

$$\sum_{i=1}^{k}P_i=1 \tag{2.90}$$

式中，P_i 是事件 i 发生的概率。

在统计力学领域，玻尔兹曼将 λ 定义为摩尔气体常数（R）与阿伏伽德罗常数（Avogadro's number，N_0）的比值，即 $k_B=R/N_0$，单位 J/K。在信息论中，将 λ 替换为 $1/\ln2$，那么式(2.89)中的自然对数就变成以 2 为底的对数 [在后面公式中以 $ld(x)$ 表示]。H 的单位就变为 1 比特（bit，binary digit 的缩写）。对于两个具有相同概率的事件（$P_1=P_2=1/2$）来说，H 是 1 比特，编码学和信息论的关系变得显而易见。将 $0\times ld(0)$ 定义为 0。图 2.69 展示了三个具有极端值或随机值 H 的不同分布，给出了三个事件（E_i）中的一个可能发生的情况。如图 2.69(a) 所示，事件 2 的概率是 1（$P_2=1$），该分布的统计熵为

❶ Conservative substances，此处翻译为保守元素。

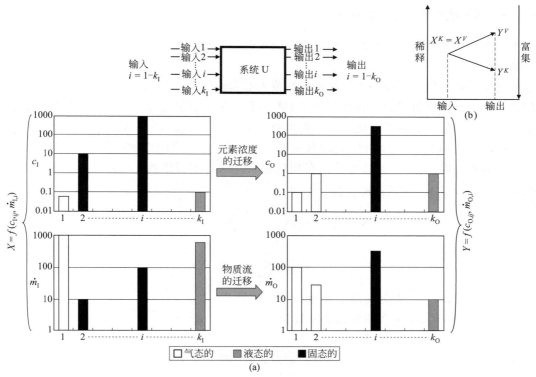

图 2.68 （a）系统 U 中元素 j 的平衡由所有输入和输出商品中的元素浓度（c_{ij}）和物质流（$\dot m_i$）

决定。稳态条件下，对于所有元素 j，可以应用方程 $\sum_{i=1}^{k_I} \dot m_{1,i} c_{1,ij} = \sum_{i=1}^{k_O} \dot m_{O,i} c_{O,ij}$，此时，

系统可以看作一个线性过程，将输入（I）中的浓度（$[c_I]$）和物质流

（$[\dot m_I]$）组合转变成输出（O）中的组合（$[c_O]$、$[\dot m_O]$）。

X 和 Y 分别为量化浓度组合和物质流组合的函数。（b）富集系统 $K(X^K - Y^K > 0)$

与稀释系统 $V(X^V - Y^V < 0)$ 的对比（源自 Rechberger et al.，2002。获授权）

0。图 2.69（c）中，所有三个事件的概率都相同，这样的分布熵最大，利用拉格朗日乘数理论可以证明。因为 H 是一个正定函数，所以图 2.69（a）的分布一定得到 H 的最小值，因此另外两个概率组合［例如图 2.69（b）中的分布］一定得到 0 到最大值之间的一个 H 值。

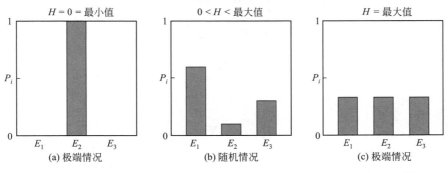

图 2.69 分别代表了三个事件（E_i）中的一个可能发生的概率分布：

对于事件 i 的概率 P_i，$\sum P_i = 1$（Rechberger et al.，2002）

2.5.9.3　基于统计的熵函数的转换

为了便于开展浓度和物质流分析，统计熵函数一般转换为三个连续的步骤。

第一步转换：

统计熵函数可以同时应用于分析系统的输入端和输出端（见图 2.68）。在第一步中，假定研究的商品的物质流相同，并且等于 1（$\dot{m}_i=1$），通过该简化过程，能够更好地理解概率和浓度之间的相似性。为了量化浓度（而非概率）的差异，令 $\lambda=1/\ln2$，式（2.89）可以转化为式（2.91），用 c_{ij}/c_j 替换 P_i，相对浓度 c_{ij}/c_j 在 0～1 之间变化，并且可以作为元素 j 在商品中分布的度量。式（2.92）并没有物理意义，只用于对浓度 c_{ij} 进行标准化（因为所有的 $\dot{m}_i=1$，变量 c_{ij} 表示标准化的元素流）。

$$H^{\mathrm{I}}(c_{ij})=\mathrm{ld}c_j-\frac{1}{c_j}\sum_{i=1}^{k}c_{ij}\,\mathrm{ld}c_{ij} \tag{2.91}$$

$$c_j=\sum_{i=1}^{k}c_{ij} \tag{2.92}$$

式中　i——1,2,…,k，k 为商品的数量；

　　　j——1,2,…,n，n 为研究元素的数量；

　　　c_{ij}——商品中元素 j 的浓度。

如前所述，当 $c_{1j}=c_{2j}=\cdots=c_{kj}=c_{j/k}$ 时，H^{I} 值最大。式（2.91）因而可以变为

$$H^{\mathrm{I}}_{\max}=\mathrm{ld}k \tag{2.93}$$

因而，H^{I} 对应所有可能的浓度值，从 0 到 $\mathrm{ld}k$ 之间变动。因为 H^{I} 最大值为商品数量（k）的函数，所以可以用相对统计熵 $H^{\mathrm{I}}_{\mathrm{rel}}$ 比较具有不同数量的商品。$H^{\mathrm{I}}_{\mathrm{rel}}$ 定义为：

$$H^{\mathrm{I}}_{\mathrm{rel}}=\frac{H^{\mathrm{I}}(c_{ij})}{H^{\mathrm{I}}_{\max}}=\frac{H^{\mathrm{I}}(c_{ij})}{\mathrm{ld}k} \tag{2.94}$$

式中，$H^{\mathrm{I}}_{\mathrm{rel}}$ 对应所有可能的浓度值，在 0～1 之间变动，无量纲。

第二步转换：

为进一步量化物质流，用式（2.91）进行转换。商品的平均浓度（c_{ij}）利用商品标准化的物质流（$\hat{m}_i$）进行加权，$\hat{m}_i$ 可以看作是浓度 c_{ij} 出现的频率（见图 2.70）。经过加权计算的浓度的熵值 H^{II} 因而可以根据式（2.95）和式（2.96）给定，分别对应式（2.91）和式（2.92）。

$$H^{\mathrm{II}}(c_{ij},\hat{m}_i)=-\sum_{i=1}^{k}\hat{m}_i c_{ij}\,\mathrm{ld}c_{ij} \tag{2.95}$$

$$\dot{X}_j=\sum_{i=1}^{k}\dot{m}_i c_{ij} \tag{2.96}$$

$$\hat{m}_i=\frac{\dot{m}_i}{\dot{X}_j} \tag{2.97}$$

式中　$\dot{m}_i$——商品 i 的物质流；

　　　$\dot{X}_j$——商品导致的所有元素流；

　　　$\hat{m}_i$——商品 i 标准化的物质流。

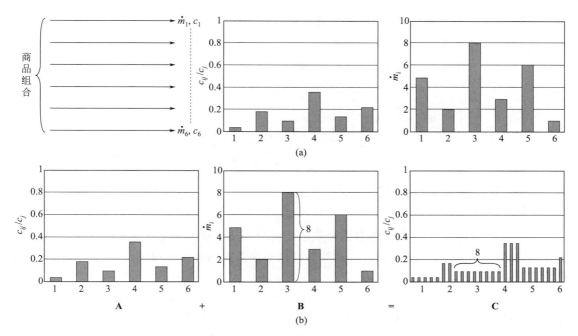

图 2.70 （a）该示例为 6 种商品的组合。标准化浓度 c_{ij}/c_j 与物质流 $\dot{m}_i$ 代表元素 j 在商品中的

分布；（b）商品的物质流可以表达为某浓度出现的频率，浓度分布（A）和物质流（B）的

组合效应可以表示为浓度的加权分布（C），分布 C 可以应用式（2.27）进行量化

（源自 Rechberger et al.，2002。获授权）

第三步转换：

根据气态和液态输出商品（排放的污染物）对初始统计熵函数进行最后一次转换。相对于被研究系统的产品（如固体残留），污染物排放进入空气或者水体，使熵增加。式（2.99）和式（2.100）中，指数"地理（geog）"表示元素在大气圈或者水圈中的"自然的"或地质浓度。这些值作为描述过程的背景值。式（2.99）和式（2.100）中除以"100"表示排放的污染物（c_{ij}，$\dot{m}_i$；如烟道或者污水管道的测量值）与自然地质流（$c_{j,\text{geog}}$，$\dot{m}_{\text{geog}}$）混合，所以混合流（$\dot{m}_i + \dot{m}_{\text{geog}}$）的浓度比自然地质流浓度（$c_{j,\text{geog}}$）高 1%。这一近似充分反映了环境要素中的实际（无限的）稀释过程，$c_{ij} \gg c_{j,\text{geog}}$。当 $c_{ij} = c_{j,\text{geog}}$ 时，无稀释过程。因此，根据经验，当 $c_{ij}/c_{j,\text{geog}} < 10$ 时，式（2.99）和式（2.100）必须替换为涵盖所有范围 $[c_{j,\text{geog}} < c_{ij} < c = 1(\text{g/g})]$ 的更为复杂的表述形式。无论何时，应用式（2.99）和式（2.100）都必须进行检验。

$$H^{\text{III}}(\underline{c}_{ij}, \hat{\underline{m}}_i) = -\sum_{i=1}^{k} \hat{\underline{m}}_i \underline{c}_{ij} \,\text{ld}\underline{c}_{ij} \tag{2.98}$$

其中，$\underline{c}_{ij}$ 定义为

$$\underline{c}_{ij} = \begin{cases} c_{j,\text{geog,g}}/100, i=1,\cdots,k_g,\text{气态} \\ c_{j,\text{geog,a}}/100, i=k_g+1,\cdots,k_g+k_a,\text{液态} \\ c_{ij}, i=k_g+k_a+1,\cdots,k,\text{固态} \end{cases} \tag{2.99}$$

式中 k——总输出商品数量；

k_g——输出的气态商品数量，g 为气态的缩写；

k_a——输出的液态商品数量，a 为液态的缩写。

其中，$\hat{m}_i$ 定义为

$$\hat{m}_i = \begin{cases} \dfrac{\hat{X}_{ij}}{c_{j,\text{geog},g}} \times 100, i=1,\cdots,k_g，气态 \\[3mm] \dfrac{\hat{X}_{ij}}{c_{j,\text{geog},a}} \times 100, i=k_g+1,\cdots,k_g+k_a，液态 \\[3mm] \hat{m}_i, i=k_g+k_a+1,\cdots,k，固态 \end{cases} \qquad (2.100)$$

式中，$\hat{X}_{ij}$ 为输出商品 i 的标准化元素流：

$$\hat{X}_{ij} = c_{ij}\hat{m}_i \qquad (2.101)$$

式（2.99）和式（2.100）中的自然地质浓度可以用更精确的背景浓度替代，在这种情况下，周边实际环境的影响被相对真实地反映到被研究系统的评价过程中。如果仅仅是进行简单的比较，就不需要如此。

应用于系统的输出端，式（2.98）量化了元素 j 的分布。当所有元素 j 都指向具有最低自然地质浓度（$c_{j,\text{geog},\min}$）的环境要素时，H^{III} 值最大。对于重金属，通常发生在大气圈中，因为 $c_{j,\text{geog},a} > c_{j,\text{geog},g}$，最大值 H^{III} 由式（2.102）确定。

$$H^{\text{III}}_{\max,j} = \text{ld}\left(\frac{1}{c_{j,\text{geog},\min}} \times 100\right) \qquad (2.102)$$

利用式（2.94）、式（2.98）～式（2.102），可以计算系统输出（图 2.68 中的指数 O，函数 Y）的相对统计熵 $\text{RSE}_{j,O} = H^{\text{III}}_{\text{rel}}$。同样，利用式（2.94）～式（2.97）和式（2.102）可以计算系统输入（图 2.68 中的指数 I，函数 X）的相对统计熵 $\text{RSE}_{j,I} = H^{\text{III}}_{\text{rel}}$。一个系统的输入和输出的 RSE_j 之间的差值可以定义为系统的元素富集效率（SCE）。

$$\text{SCE}_j = \frac{\text{RSE}_{j,I} - \text{RSE}_{j,O}}{\text{RSE}_{j,I}} \times 100 \qquad (2.103)$$

SCE_j 是一个百分数，在一个负值（是输入的函数）与 100% 之间浮动。元素 j 的 SCE_j 值为 100% 表示元素 j 以 100% 的输出迁移到一个新的商品中去；当输入和输出的 RSE_j 值相同时，$\text{SCE}_j = 0$，说明系统并没有富集或稀释元素 j，需要说明的是，并不是说输入和输出中的物质流或者浓度都是相同的。如果所有元素 j 都被释放到允许最大稀释量的环境要素（通常是空气）中去，那么 SCE_j 值最小。这些关系参见图 2.71。

燃烧（图 2.72）使得 92% 的 Cd 进入飞灰，进入生活垃圾中的 Cd 约有 2.5% 安全贮存在地下处置设施中。与输入时比较，机械-生物处理后得到的残渣中 Cd 浓度并未提高，因为物质质量和 Cd 的含量图并没有显示发生明显变化。为了管理 Cd，A 方案［图 2.72(a)］优于 B 方案［图 2.72(b)］，统计熵分析结果验证了这一点：$\text{SCE}_A = 42\%$，$\text{SCE}_B = 4.2\%$。

2.5.9.4　SEA 在 MFA 中的应用

SEA 已经被广泛应用于各种废物处理设施和欧洲铜循环（见 3.2.2 节）等多过程系统的 MFA 结果分析中。除了存量的大小之外，SEA 分析 MFA 的所有信息。SEA 只考虑存量的输入和输出。存量的相关性必须通过与其他自然地质或人类社会的参照汇比较才能完成评价（见图 2.66）。图 2.72 是一个应用 SEA 量化废物处理过程富集 Cd 的能力的案例。

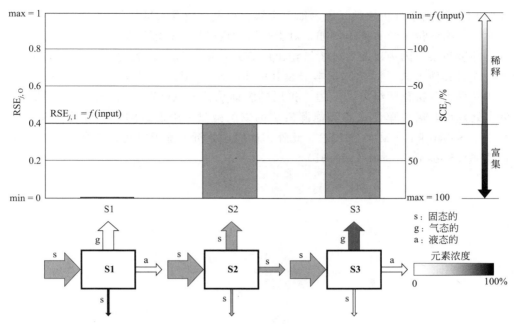

图 2.71 相对统计熵 RSE_j 与元素富集效率 SCE_j 的关系。S1 系统中，通过生产包含元素 j 的一种纯残渣可以实现最大程度的浓缩；S2 系统中，各输出之间不存在化学上的差异（$c_I = c_O$）；S3 系统中，元素被完全转移到大气中，代表着最大程度的稀释

（源自 Rechberger et al.，2002。获授权）

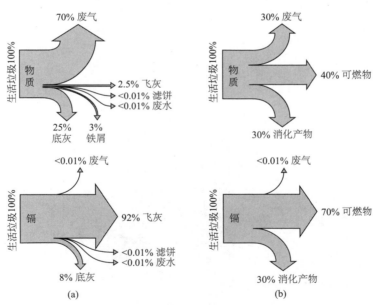

图 2.72 在两个废物处理设施中，总物质与镉的组成情况。（a）生活垃圾焚烧（源自 Schachermayer et al.，1995）；（b）生活垃圾的机械-生物处理（源自 Fehringer et al.，1997）。通过焚烧，92％的镉转移到飞灰中，占生活垃圾总量的 2.5％，使得这些生活垃圾可以安全地贮存在恰当的地下处置设施中。因为总质量和镉浓度的分配比例基本相同，所以机械-生物处理并不会生成镉含量超过输入时浓度的残留物。对于镉的管理来说，方案 A 优于方案 B，这可以从统计熵分析的量化结果看出：

$$SCE_A = 42\%，\quad SCE_B = 4.2\%$$

经典 SEA 适用于分析化学元素（如重金属，或氮、磷等无机盐），不过，元素的化学组成常常对于影响评价十分重要。例如，对于利用垃圾燃烧获得能源的企业，单纯的氮平衡很难评价其环境污染，因为还需要分析氮排出的方式，如氮气、一氧化氮、二氧化氮、氮气、硝酸根，或者其他形式。因此，索本卡及其同事（Sobańtka et al.，2012）扩展了"经典" SEA，使其具备分析化学组分的能力［扩展的统计熵分析（eSEA）］。他们将 eSEA 应用于多个废水处理厂，通过单位成本和能源需求的熵削减量，确定氮的脱除效率（Sobańtka et al.，2013；Sobańtka et al.，2013a）。此外，他们还分析了基于肉类和植物生产的农业区的氮管理效率（Sobańtka et al.，2013b）。

第三章

案例研究

如果仅看物质流分析（MFA）的图表结果、系统定义、数据收集、结果计算、结论推导，这些步骤简洁易懂，看似很容易完成。但实际上，一旦进入实际研究，研究者在开始阶段常常要面对一个极其复杂、很难界定的系统，对于结果长什么样甚至一点概念都没有。因此，必须先进行系统简化和结构优化，只有彻底摸清 MFA 的目标，清晰界定系统边界、各个过程、相关流量和存量之后，才能够轻松地解决预期问题。MFA 与其他学科一样，也需要不断尝试，需要应用 MFA 的基础工具，反复试验，才能成功构建并分析 MFA 系统。使用者的经验越丰富，越容易以较低的成本构建一个高效、合理的系统。通常经验丰富的 MFA 专家只需要对设计框架进行细微调整，就能够迅速针对新的研究对象界定一个新的代谢系统。而初学者却需要不断修改系统，解决不断出现的问题，例如：缺乏系统的重要过程、存量、流量等信息，系统边界设置不恰当，数据缺失、质量不高或者存在矛盾等。

开展 MFA 往往涉及多个学科的知识。物质流涉及多个经济部门，同时跨越人类社会和水体、大气、土壤环境界面，因此，得到跨学科专家的指导对某些 MFA 尤其重要。如果 MFA 研究的是由营养盐管理不当而导致的区域富营养化问题，就需要农业、营养盐、污水处理、水环境质量、水力学等多学科合作建立项目团队，或者聘请相关领域的咨询专家。有时，跨学科研究时 MFA 与其他学科进行知识交流的渠道不畅，也会导致一些新的研究问题出现（见 3.1.2 节）。

此外，MFA 还常常是一项高时间成本和高经济成本的工作，特别是对一个新的对象首次开展 MFA 时。例如区域重金属流研究（见 3.1.1 节和 3.4.1 节），如果之前没有开展过研究，就没有区域基础数据（如人类社会流量和存量，降雨、蒸发、地表径流、地下水等水力学数据）积累。开展 MFA 研究，一些基础数据必不可少。因此，必须有充足的人力资源和经费保障。

首次针对某些对象开展 MFA，由于新增物质（例如开始是重金属，后来增加营养盐）或者扩展分析时间重新进行分析都是明显不同的任务。后两种情况需要的代价相对小一些，因为系统已经建立起来了，基础数据特别是商品层面的数据都收集了。如果 MFA 成本太高，将一些基础数据用于未来的 MFA 以及类似连续性研究会更好，例如年度环境报告、年度物质流账户等。

通过接下来的 18 个案例，介绍 MFA 在实践中的以下应用：

① 存量中有益和/或有害元素的早期识别；

② 单一过程或整个代谢系统的优化；

③ 环境管理、资源管理和废物管理三个领域的政策分析与决策支持。

此外，还将介绍一个针对区域物质管理（铅）的案例，用于展示 MFA 在解决跨学科问题方面（例如在上述三个领域的应用）的优越性。开展的区域铅研究最初并未设计成针对任何具体问题，但是结果却对上述三个领域都很有价值。希望这些案例能为读者提供有益借鉴。我们还建议读者阅读案例研究涉及的一些原始参考文献。尽管如此，如果有读者想要完全精通 MFA（König，2002），还必须亲自参加大量其他案例的实践，案例中的 MFA 结果图表相比于现实中专家们在将一些具体问题转化为容易理解、综合的 MFA 系统时所遇到的巨大挑战仅仅是冰山一角。

3.1　环境管理

大部分物质流分析的开展都是为了解决环境管理相关的问题，MAcTEmPo（Brunner et al.，1998）综述了 MFA 在该领域的应用潜力。总体来说，MFA 适用于以下方面：

① 环境负荷的早期识别；

② 污染排放与资源之间的相互联系；

③ 优先管理措施的确定；

④ 从环境限制视角审视新的过程、商品和系统。

如第二章所讲，MFA 常常为后续生命周期评价（LCA）和环境影响声明（EIS）提供基本支持。此外，它还可以为公司环境管理与审计系统（EMAS）提供基础支持（见 3.1.4节）。如果将公司财务账户系统与物质投入产出流和存量分析相关联，就可以更为高效地评估公司环境绩效。研究案例显示，MFA 在下述方面具有应用价值：

① 单一元素问题（例如重金属或营养盐的排放）；

② 多种元素问题（例如燃煤发电厂的环境影响声明）。

此外，MFA 应用还覆盖了不同空间层次。小到单个电厂或 66 平方公里的小区域，大到820000 平方公里的整个多瑙河流域，都可以采用类似的 MFA 方法进行研究。

3.1.1　案例研究 1：区域铅污染

因为具有特殊的物理化学属性，重金属能够用作镀层（如锌作为铁的镀层），或者用于改善其他材料性质［如铁中添加铬，聚氯乙烯（PVC）中添加镉］、提高能源系统效率（如汽油中加入铅，电池中加入汞），所以重金属对于经济和环境来说都是非常重要的元素。尽管某些重金属并不是生物圈里的重要元素，但是由于其对人类、动物、植物和微生物均具有致毒作用，因此也必须通过控制这些重金属的流量和存量来规避其有害的流动和累积，同时更充分地利用重金属资源。

本案例来源于 RESUB 项目，这是对瑞士面积为 66 平方公里、人口为 28000 的邦茨山谷（Bunz Valley）中 12 种元素的流量和存量开展的一项综合研究项目（Brunner et al.，1990），目的是建立一套评价区域内、进出区域的物质流量和物质存量的详细综合的方法体系，并进一步分析调查结果对资源和环境管理的意义。在项目研究开始时，并没有设计明确的环境管理目标。本章介绍的案例仅仅是 RESUB 项目的一小部分，只探讨了铅与环境管理相关的流量和存量，其对于环境管理的意义将在 3.4.1 节讨论。通过接下来的详细步骤可以发现，MFA 是一项需要很多领域的知识、信息和支持的跨学科工作。

3.1.1.1　步骤

首先，根据图 3.1 界定区域。选择邦茨山谷的行政区域边界作为空间边界，因为该行政区域边界恰好与当地水文边界重合（这种情形常常发生在山地或丘陵地区，这些区域常常将流域边界作为行政区域边界）。由于水流是很多物质流的基础，因此建立可靠的区域水流平衡非常重要。如果空间边界与水文边界不一致，建立水平衡就没那么容易了。因此，应尽可能利用行政区域边界，这样一来，行政区域的数据就可以直接利用，而且利用水文边界也有利于构建水平衡。

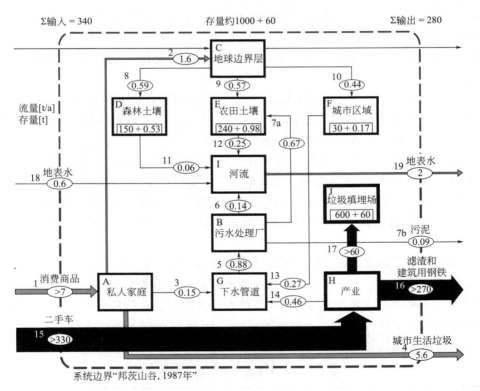

图 3.1　邦茨山谷的铅流量（t/a）和存量（t）的 MFA 结果（源自 Brunner et al.，1994，
使用经许可。Brunner et al.，1990）

时间边界选择 1 年，因为对于该区域 1985 年到 1990 年这段时间来说，现存人类圈数据（例如税收、人口、燃料消耗）和环境数据（例如降雨、地表径流、土壤和地下水中的浓度）都表明 1 年的时间边界具有代表性。

本章中，每个过程都用一个字母表示，每个流用一个数字表示。这些字母和数字代表图 3.1、表 3.1～表 3.10 中的过程和流以及本章最后计算中相应的过程和流。系统由 10 个商品过程和 19 个商品流构成。

3.1.1.1.1　私人家庭

通过私人家庭过程（PHH）汇总区域中 9300 个私人家庭的物质流量和存量。与铅有关的输入商品（流 1）包括含铅汽油（过程已标出）和其他私人消费品，例如稳定剂中的铅、葡萄酒瓶盖中的铅等；与铅有关的输出包括汽车排放的气体（2）、污水（3）、生活垃圾（MSW）（4）。

家庭中流过的铅流按照如下方法计算。消费商品中的铅输入基于污水和生活垃圾计算。这一核算方法的主要缺陷是没有考虑建筑材料和家庭耐用品中铅的存量或者流量，但要测量其中铅的流量非常耗费人力和财力；所以，在本研究中假设它们在 1 年的研究期内不含铅。尽管这一假设不正确，计算结果并不完全等于家庭中的铅存量，但研究评估认为该错误并不会对结论和区域整个铅平衡产生太大影响。

污水中含铅量的计算方法为将与污水收集系统相连的居民数量（单位：人）与其他类似区域的人均铅排放系数［单位：g/(人·a)］相乘。

MSW 中的铅也采用类似算法。用居民数量（人）与 MSW 产生速度［kg/(人·a)］相乘，再乘以 MSW 中的铅浓度（g/kg），得到 MSW 中的铅含量。MSW 产生速度可以从当地废物处理公司获得，MSW 中的铅浓度通过测量垃圾焚烧残留物中铅的浓度得到（见 3.3.1 节）。

家庭供暖消耗的燃料由于含铅不超过 0.05t（用燃料消耗量乘以燃料中的铅浓度获得），因此不予考虑。假设汽车燃烧系统排放的铅全部来自含铅汽油，其燃烧产生的铅按照如下方法计算：区域中注册的汽车数量乘以每辆汽车的年平均里程（km/a）、平均每公里耗油量（L/km，数据从汽车制造商处获得）、汽油的平均含铅浓度（mg/L，数据从汽油生产商和联邦统计数据获得）。利用区域交通监测数据、考虑道路网络（高速路、城镇道路、建成区之外的道路）和基于速度的排放系数（汽油中铅浓度设为常数）的模型对结果进行交叉检验。假定卡车排放的铅很少，可以忽略，因为在该区域卡车主要为柴油车，柴油含铅量很少。

输入家庭的铅量是估算的（输入量等于输出量），因为其中并不包含对存量有贡献的含铅商品，对准确率影响不大。对于总的输入输出关系和结论来说，以上核算方法的准确率足以满足要求。如果计算结果发现结论中计算值和核查值的差值影响了准确率，就需要对家庭的铅流进行更深入细致的分析。

关于计算的详细信息，请参见表 3.1。

表 3.1　"私人家庭"过程铅流量的计算

项目	流序号	运算符号	描述	单位	数值
存量			初始值	kg	未考虑
			变化率	kg/a	未考虑
输入	1		消费商品及含铅汽油（经过平衡后）		
			废气（2）	kg/a	1596
		+	污泥（3）	kg/a	151
		+	生活垃圾（4）	kg/a	5600
		=	总铅流	kg/a	7347

续表

项目	流序号	运算符号	描述	单位	数值
	2		废气		
			汽车数量	辆	14000
		×	里程数	km/(辆·a)	15000
		×	平均每公里耗油量	L/km	0.08
		×	汽油中铅浓度	mg/L	95
		=	总铅流	mg/a	1.6×10^9
		=		kg/a	1596
	3		家庭污水		
			居民数量	人	28000
输出		×	连接到污水收集系统的比例	—	1
		×	人均铅排放量	g/(人·a)	5.4
		=	总铅流	g/a	1.51×10^5
		=		kg/a	151
	4		生活垃圾		
			居民数量	人	28000
		×	生活垃圾产生率	kg/(人·a)	400
		×	生活垃圾中铅浓度	g/kg	0.5
		=	总铅流	g/a	5.6×10^6
				kg/a	5600

注：图 3.1 中的过程 A。

3.1.1.1.2 污水处理厂

在污水处理厂（WWTP），废水（5）经过处理后得到清洁后的废水（6）、污水污泥（7a 和 7b）、尾气，以及一小部分的筛分残渣和沉积沙。对于重金属来说，无论是存在于废水中还是尾气中，质量不会改变，铅的化学种类不会影响其质量。同时筛查尾气和沉积沙的初始采样和化学浓度分析表明这两种物质中含铅量非常小。因此可以认为，大部分铅都从污水处理厂进入污水污泥和清洁后的废水中。测量 1 年内废水、清洁后的废水以及污水污泥的产量（m³/a），采样并分析其中的铅含量（g/m³）。废水流量利用 WWTP 输入流的文丘里设备（流量计）计算，通过一个按水流比例采样的 Q/s 采样器持续从废水和清洁后的废水中采样。污水污泥流量等于 1 年内转移到污泥运输车上的污泥总量，每当污泥向运输车转移时就进行采样。区域内一共有三个污水处理厂：一个大厂和两个小厂。在测量时，只测量了大厂和其中一个小厂，假定另外一个小厂与已测小厂的物质流和物质平衡相同。总结三个污水处理厂的数据，确定污水处理厂过程。

关于计算的详细信息，请参见表 3.2。

表 3.2 "污水处理厂"过程铅流量的计算

项目	流序号	运算符号	描述	单位	值 1	值 2	总值
存量			初始值	kg	未考虑		
			变化率	kg/a	−16		
输入	5		污水处理厂输入		污水处理厂 1	污水处理厂 2+3	污水处理厂 1+2+3
			废水流量	L/a	6.1×10^9	2.26×10^9	8.36×10^9
		×	铅浓度	µg/L	121.7	59.2	
		=	总铅流量	µg/a	7.42×10^{11}	1.34×10^{11}	
		=		kg/a	742	134	876
输出	6		污水处理厂输出		污水处理厂 1	污水处理厂 2+3	污水处理厂 1+2+3
			清洁后的废水流量	L/a	6.1×10^9	2.26×10^9	8.36×10^9
		×	铅浓度	µg/L	20.7	6.3	
		=	总铅流量	µg/a	1.26×10^{11}	1.42×10^{10}	
		=		kg/a	126	14	140
	7a		污水污泥(区域内部使用的)		TP 1	TP 2+3	TP 1+2+3
			污泥量(以干重计)	kg/a	8.06×10^5	2.14×10^5	1.02×10^6
		×	铅浓度(以干重计)	mg/kg	875	216	
		×	在区域内使用的比例	%	92	36	
		=	总铅流量	mg/a	6.49×10^8	1.66×10^7	
		=		kg/a	649	17	665①
	7b		污水污泥(输出到区域外的)		污水处理厂 1	污水处理厂 2+3	污水处理厂 1+2+3
			污泥量(以干重计)	kg/a	8.06×10^5	2.14×10^5	1.02×10^6
		×	铅浓度(以干重计)	mg/kg	875	216	
		×	输出到区域外的比例	%	8	64	
		=	总铅流量	mg/a	5.64×10^7	2.96×10^7	
		=		kg/a	56	30	86

注：图 3.1 中的过程 B。
① 因为计算过程中存在四舍五入，总值并不等于值 1 和值 2 之和。

3.1.1.1.3 地球边界层

地球边界层过程（PBL）定义为大气最底层，大约 500m 高，正好适合作为 RESUB 案例研究的一个过程——"分布"过程。在区域研究中，通常几乎不可能测量 PBL 的物质平衡，因为该分析和模拟任务非人力所能实现。不过，可以通过合理的假设和简化，利用 PBL 反映从大气进入土壤及其反向流的过程。

因为案例研究区域与周边区域具有基本相同的代谢特征，所以可以假设该区域与周边区域向大气的排放类似。因此，假定输入的铅与输出的铅成正比，也就是说，输入和沉降在区域中的铅等于区域输出到外界和沉降在区域外的铅。注意，PBL（图3.1中未标出）的总铅流量比铅沉降流量大2～3倍。从PBL到土壤中的流包括向森林土壤（8）、农田土壤（9）和城市区域（10）的湿沉降和干沉降。进入土壤的铅流用两种方法确定（Beer，1990）。第一，基于周边所有相邻区域代谢都类似的假设，区域向PBL的总排放被分配到各土地分区，同时考虑植被覆盖和区域表面差异。第二，开始阶段区域内11个采样点的测试结果对于长时间跨度监测不敏感，因此，对于1年跨度来说，仅仅在区域内的两个采样点对铅的湿沉降和干沉降进行了测量。基于湿沉降和干沉降测量结果以及Beer模型（1990），可以计算出相应土壤区的铅流。对于城市土壤，假设大部分铅都排放到道路上，据此进行近似，因此，城市土壤单位面积的铅负荷相对于农田土壤和森林土壤大一些。通过两种方法计算得到的结果一致性很好，利用干湿沉降实际测量的方法得到的量大约比区域总排放分配的方法高30%。

更多计算信息请参见表3.3。

表3.3 "地球边界层"过程铅流量的计算

项目	流序号	运算符号	描述	单位	值1	值2	值3
存量			初始值	kg	未考虑		
			变化率	kg/a	0		
输入	2		废气[1]				
			总铅流	kg/a	1596		
输出	8,9,10		沉降		森林土壤	农田土壤	城市区域
			沉降率	—	3	1	5
			沉降速度	kg/(hm²·a)	0.294	0.098	0.490
		×	面积	hm²	2000	3700	900
		+	增加的铅（道路）	kg/a	—	200	—
			总铅流	kg/a	588	563	441

注：图3.1中的过程C。

[1] 数据源自私人家庭（见表3.1）。

3.1.1.1.4 土壤中的铅流量和存量

该区域有3700hm²农业用地、2000hm²森林、900hm²居住用地，区域内分布有建筑、道路以及其他一些更小的设施。水平衡揭示了进入和来自森林、农业用地的水流。降雨量（通过连续自动降雨监测）减去蒸发量［通过多个模型估测，最终采用Primault模型（1962）估计］，得到进入土壤的净水流量。该水量分别根据系数分配给农业用地和森林，同时考虑农作物和森林蒸发系数的不同。水到达地面以后变成地表径流、内河（都汇入地表水）以及进入地下水的部分。铅在土壤渗滤液中的浓度根据另一个关于土壤中重金属迁移转化行为的研究项目进行估测（Udluft，1981）。侵蚀近似采用冯·施泰格和巴奇尼研究（1990）的值。对森林和农业用地分别评价，结果表明森林（11）、农业用地（12）和建成区（13）的铅沉降分别有10%、20%和60%进入径流，这些铅都转移到受纳水体中。

关于计算的详细信息，请参见表3.4～表3.6。

表 3.4　"森林土壤"过程铅流量的计算

项目	流序号	运算符号	描述	单位	值
存量			初始值	kg	150000
			变化率	kg/a	529
输入	8		沉降①		
			总铅流	kg/a	588
输出	11		径流		
			沉降	kg/a	588
		×	径流因子	—	0.1
		=	总铅流	kg/a	59

注：图 3.1 中的过程 D。

① 数据源自地球边界层（见表 3.3）。

表 3.5　"农田土壤"过程铅流量的计算

项目	流序号	运算符号	描述	单位	值
存量			初始值	kg	240000
			变化率	kg/a	982
输入	9		沉降		
		+	源自地球边界层	kg/a	563
		+	源自污水处理厂	kg/a	665
		=	总铅流	kg/a	1228
输出	12		径流		
			沉降	kg/a	1228
		×	径流因子	—	0.2
		=	总铅流	kg/a	246

注：图 3.1 中的过程 E。

表 3.6　"城市区域"过程铅流量的计算

项目	流序号	运算符号	描述	单位	值1	值2	总值
存量			初始值	kg	30000		
			变化率	kg/a	176		
输入	10		沉降①				
			总铅流	kg/a	441		
输出	13		径流		建筑	绿地	建筑＋绿地
			沉降	kg/a	221	221	
		×	径流因子	—	1.00	0.20	
		=	总铅流	kg/a	221	44	265

注：图 3.1 中的过程 F。

① 数据源自地球边界层（见表 3.3）。

3.1.1.1.5 下水道系统

混合式下水道系统接纳来自私人家庭（3）、城市地表径流（13）和产业（14）的废水，并将混合后的废水（5）转移到污水处理厂。对家庭污水、城市区域地表径流、混合废水中的铅进行平衡后，估算得到产业废水中的铅。

关于计算的详细信息，请参见表3.7。

表3.7 "下水管道"过程铅流量的计算

项目	流序号	运算符号	描述	单位	值
存量			初始值	kg	未确定
			变化率	kg/a	0
输入	3		家庭污水①		
			总铅流	kg/a	151
	13		城市区域径流②		
			总铅流	kg/a	265
	14		工业污水（平衡后的）		
			污水处理厂输入（5）	kg/a	876
		−	私人家庭污水（3）	kg/a	151
		−	城市地表径流（13）	kg/a	265
		=	总铅流	kg/a	460
输出	5		污水处理厂输入③		
			总铅流	kg/a	876

注：图3.1中的过程G。

① 数据源自私人家庭（见表3.1）。

② 数据源自城市区域（见表3.6）。

③ 数据源自污水处理厂（见表3.2）。

3.1.1.1.6 产业

产业过程很难分析。尽管区域并不大，人口也不多，但是却有1300家企业、11000个员工。在这么多的企业中识别出在区域铅流中占主导地位的企业，是一个巨大挑战。首先，除生产部门外，将其他所有部门在备选企业中移除，之后剩余323家企业，再移除员工数少于20的企业，这样得到的需调查的企业共有102家。对这些企业，逐一针对各个公司的物质流和存量开展面谈，发放调查问卷。其中，有61家企业积极配合，提供了有关物质流动的全面数据，不过只有很少一部分涉及含铅商品。其中一家汽车拆解公司及相邻的一家使用拆解汽车生产施工杆的炼铁厂是产业过程的主体企业。因此，产业过程输入采用了汽车（15）。产业输出一方面包括施工杆（16a）和最终出口的滤渣（16b）；另一方面，汽车拆解还会产生由塑料、纤维、生物质（木材、纸张、皮革和毛发）组成的拆解体有机残留物（17），与各种残留金属混合在一起，这些被称为汽车拆解残留（ASR），最终在区域内填埋。

对产业的铅流评估如下。产业输入通过二手汽车数量与每辆汽车铅含量相乘计算。如此计算得到的值为最小值，很有可能还有其他商品也被拆解并在粉碎机中处理（注意该可能情况对于结论并不产生重要影响，其他商品的含铅量即使扩大两倍也不会左右最终结果）。拆解的汽车数量由拆解运营商提供，二手汽车中的铅含量通过查阅文献或从汽车制造商获得。炼铁厂提供关于生产的建筑钢铁的数量数据、出口的滤渣数据，以及钢铁和滤渣中铅含量数据。钢铁和滤渣中铅含量数据得到了不定期监测拆解公司污染排放的当地政府机构的确认。注意图 3.1 中并没有拆解公司的污染气体排放流。因为拆解公司的空气污染控制设施十分先进，使得该企业每年向大气排放的废气中铅含量比汽油低 1 个数量级，所以，拆解公司对区域铅大气排放的贡献可以忽略不计。产业污水中铅的量值与区域其他污水中的铅流量类似。

关于计算的更详细信息，参阅表 3.8 和表 3.9。

表 3.8 "产业"过程铅流量的计算

项目	流序号	运算符号	描述	单位	值
存量			初始值	kg	未考虑
			变化率	kg/a	0
输入	15a		报废的汽车		
			报废汽车的数量	辆/a	120000
		×	每辆车铅含量(不包含电池)	kg/辆	2.5
		=	总铅流	kg/a	300000
	15b		废旧金属		
			废旧金属量	kg/a	6.50×10^7
		×	铅浓度	kg/kg	0.0005
		=	总铅流	kg/a	32500
	15		产业输入		
			报废的汽车(15a)	kg/a	300000
		+	废旧金属(15b)	kg/a	32500
		=	总铅流	kg/a	332500
输出	16a		建筑用钢铁		
			建筑用钢铁量	kg/a	1.45×10^8
		×	铅浓度	kg/kg	0.0005
		=	总铅流	kg/a	72500
	16b		滤渣		
			滤渣	kg/a	1.50×10^7
		×	铅浓度	kg/kg	0.0133
		=	总铅流	kg/a	200000
	16		产业输出		
			建筑用钢铁量(16a)	kg/a	72500
		+	滤渣量(16b)	kg/a	200000
		=	总铅流	kg/a	272500
	14		产业污水①		
			总铅流	kg/a	460
	17		汽车拆解滤渣(平衡后的)		
			产业输入(15)	kg/a	332500
		−	产业输出(16)	kg/a	272500
		−	产业污水(14)	kg/a	460
		=	总铅流	kg/a	59540

注：图 3.1 中的过程 H。

① 数据源自下水管道（见表 3.7）。

表 3.9 "垃圾填埋场"过程铅流量的计算

项目	流序号	描述	单位	值
存量		初始值	kg	600000
		变化率	kg/a	59540
输入	17	汽车拆解残留①		
		总铅流	kg/a	59540

注：图 3.1 中的过程 J。

① 数据源自产业（见表 3.8）。

3.1.1.1.7 地表水

河流过程包括流经区域的一条河流和发源于区域内的一条小支流，进入或者流出区域的地下水所占比例不大。河流过程中的水由地表水（18）、森林用地径流（11）、农业用地径流（12）以及 WWTP（6）输入，由地表水（19）流出区域。未考虑从建成区流入地表水的直接铅排放。首先，该区域是混合式下水道系统，大部分城市径流由 WWTP 收集和处理。其次，与农业用地和森林用地相比，建成区面积很小（＜10%）。因此忽略这部分的铅流是合理的。在综合 RESUB 项目测量整个水平衡过程时，已经得到了地表水流量。现存测量站持续记录了进出该区域的河流水流量。由于这些测量站并未正好设置在系统边界，因此可以通过考虑河流供水面积来补偿差异。在各监测站都使用 Q/s 采样仪持续进行河水采样，结果分析表明这些仪器十分适合收集可溶元素和悬浮颗粒物，但是无法获取大颗粒的组分信息。在暴雨过程中，如果河流输送大的颗粒物、碎片、大块生物质，采样器将无法正常工作。除了采样技术限制之外，还有其他现实问题。在很多情况下，暴雨期间河流洪水会破坏或冲走采样设备。为此可适当缩短采样时间（例如 1 周）。如果发生了采样无效的问题，也仅仅是缺失了总测量期限中的一小部分时段，在总样本量中的占比很小。基于以上问题，河流中铅流量应被视为流量最小值。

关于计算的详细信息，请参见表 3.10。

表 3.10 "河流"过程铅流量的计算

项目	流序号	运算符号	描述	单位	值 1	值 2	总值
存量			初始值	kg	未考虑		
			变化率	kg/a	-948		
输入	18		地表水（流入区域）		霍尔茨巴赫	邦茨	总和
			水流量	L/a	$3.69×10^9$	$3.19×10^{10}$	$3.56×10^{10}$
		×	铅浓度	μg/L	4.6	18.4	
		=	总铅流	μg/a	$1.70×10^{10}$	$5.87×10^{11}$	
				kg/a	17	587	604
	11		森林径流①				
			总铅流	kg/a	59		
	12		农业径流②				
			总铅流	kg/a	246		
	6		污水处理厂输出③				
			总铅流	kg/a	140		

续表

项目	流序号	运算符号	描述	单位	值1	值2	总值
输出	19		地表水（流出区域）				
			水流量	L/a	$6.70×10^{10}$		
		×	铅含量	μg/L	29.8		
		=	总铅流	μg/a	$2.00×10^{12}$		
		=		kg/a	1997		

注：图 3.1 中的过程 I。

① 数据源自森林土壤（见表 3.4）。

② 数据源自农业土壤（见表 3.5）。

③ 数据源自污水处理厂（见表 3.2）。

3.1.1.2　结果

本部分为 MFA 应用于环境管理得到的结论。我们将通过这些结果揭示 MFA 如何用于环境危害的早期识别，如何用于确定环境措施优先事项，如何用于高效环境监测。在 3.4.1 节中，我们会进一步利用该案例揭示 MFA 应用于区域物质管理和资源节约的潜力。区域 MFA 铅分析数据结果请参见图 3.1。

（1）环境危害的早期识别

铅输入和输出数量之间的差值大约为 60t/a。因此，区域发生了铅累积。区域当前铅存量约为 1000t。据此，可以计算出铅存量的"翻倍"时间为 17 年。也就是说，在下一个 100 年，如果区域铅流特征保持不变，那么区域铅存量将由 1000t 增加到 7000t！（注意，根据 1.4.5 节，尚未出现铅流减弱的信号。相反，根据过去的发展历程来看，铅流很有可能会进一步增加。）如果不进行该研究，就无法发现铅累积这一威胁。如 1.4.5 节所述，这种元素累积是城市地区的共性，但本案例的不同之处在于，铅累积的量非常巨大，输入进来的铅"永久"留存在区域中的比例达到了六分之一！因此，研究区域中这些具有潜在毒性的铅的生命周期就变得极为重要。铅在土壤中的累积是否造成了植物中铅浓度的增加，达到了威胁人类或动物食物的地步？土壤中的这些铅是否会导致向河流中迁移量的持续增加？铅的浓度何时会达到危及地表水或饮用水标准的程度？铅在灰尘中的含量是多少，未来也会增高吗？

MFA 有助于识别这些问题，并提出其他相关问题。但单纯依靠 MFA 却无法解决这些问题，必须咨询专家，例如金属在土壤和植物间、在土壤和地表水与地下水之间、在土壤和大气之间迁移转化等研究领域。MFA 的价值在于识别原本未引起关注甚至是未知的，但未来可能发生的环境问题的能力。

从环境的视角看来，区域内最大的流量、存量以及累积量的输入来源是二手汽车、拆解物以及 ASR 填埋。其中，填埋是区域铅积累的最主要的贡献者。假设在过去 10 年中一直如此，那么可以估测，填埋过程大约将 600t 铅埋入地下。这主要是因为汽车拆解过程中铅分离不完全，导致塑料零件中有些元素铅和含铅化合物被直接转移到 ASR 中。ASR 对区域水圈污染的讨论将在后边开展。

土壤中同样发生了铅累积。铅翻倍时间在 170 年（城市用地）和 280 年（农业用地）之间。如果铅使用量保持不变，土壤中的铅含量在未来某个时间点一定会超过铅含量标准限值。土壤保护战略（从更广阔的视角来说，也是环境保护战略）是否需要对铅如此缓慢的超过限值的过程进行控制？如果需要，应该在什么时候开始控制？"填埋"战略还引起一个新的问题，就是当后代们面对一个"被填满"的土壤时将如何选择？如果土壤输入和输出能够保持平衡，土壤中的含量就能维持稳定。案例研究的区域中，如果不再使用含铅汽油，就可以接近这一平衡。（注意，尽管来自汽油的铅附着在气溶胶粒子上可以在大气中滞留几天，从而造成铅的远距离传输，但如果周边区域也采用同样的战略，该案例中的测量仍是有效的。）城市土壤中铅含量增加速度最快。MFA 研究结果表明，那些食用城市地区种植的食物的人（如家庭园丁）摄入了最多的重金属（如铅）。因此，开展城市土壤和花园的物质平衡分析，对于保护城市中本土产品的消费者是十分必要的。

（2）确定环境措施优先事项

填埋场是铅的最重要的存量库，所以首先要对其进行分析和控制。基于后续计算，可以假设铅渗入了地下水和地表水。河流过程平衡分析得出每年有 0.95t 的缺口。与来源于土壤和 WWTP 的铅流对比，该数值很大。最有可能导致这么大铅流的存量库就是填埋场。当前，填埋的铅归趋尚未可知。因为大部分 ASR 被填埋时未加底衬和顶篷，所以铅很有可能渗入地下水和地表水体。尽管填埋场是根据尽可能完美的标准建造的，设计了防渗层和顶篷，但是，经历相当长时间之后（＞100 年），防渗层一定会发生渗漏，从而会持续污染地下水和地表水体（Baccini et al.，1989）。

接下来的问题对于填埋场中铅的流动和排放至关重要：填埋场与周围环境（大气、降水）之间的相互作用；ASR 在填埋场内发生生物化学和化学反应之后的转化；ASR 中铅的化学形态。这些专业研究内容是 MFA 无法完成的，需要依赖于土壤和填埋场中的迁移转化和渗透过程领域的专家展开深入分析。在本案例研究中无法完成这些任务（例如收集防渗层，对其进行与铅有关的分析）。在任何情况下，首要任务都是确保 ASR 在填埋时尽可能保持其中重金属的长期稳定。如果原材料 ASR 的处置会导致重金属泄漏，并进一步污染水体，就必须强制进行 ASR 填埋前的预处理。

区域第二大铅流来源于 MSW，从区域中输出后进行焚烧，该铅流比污水中的铅流大一个数量级。因此，相比于污水污泥，MSW 堆肥并不适用于土壤，因为这样会导致土壤在很短的时间内大量富集铅。我们同样不建议将本区域中的污水污泥用于土壤，因为它也会导致土壤含铅量增加。显然，在农业上是否应用堆肥或者污水污泥并不是由铅这一个因素决定的。本案例采取的方法是典型的，同时对其他重金属、营养盐以及有机物的应用都能起到示范作用。

如前所述，MSW 被运送到区域外焚烧。为了防止 MSW 中的铅污染土壤，必须将MSW 热处理与高效空气污染控制（APC）设施联用。如果焚烧过程少向大气输送 0.01% 的铅，就能使土壤中 8000 年内铅的增量低于 1%（假设该地区为均匀沉积）。先进的垃圾焚烧炉可以使向大气排放的铅达到这样的迁移系数（TC）。MFA 研究结果认为大气排放并不是主要因素，因为冶炼厂在焚烧炉配置高效纤维过滤系统的支持下可以将铅排放量控制在50kg/a 以下。

（3）环境监测

在区域内建立起 MFA 系统，就可以对很多元素的流量和存量进行监测。

MFA 可以代替土壤监测。土壤监测成本高，而且预测能力不足。如果要用传统的土壤监测方法检测到土壤浓度的显著变化，那么就可能需要通过高强度采样获得大量样品，或者进行相当长时间的采样。由于高强度采样往往需要巨额资金的支持，而这一般很难获得，一般采取长时间监测的办法，变化往往需要数十年才有可能显现出来。但是 MFA 就不同了，通过一个测量周期，MFA 就能够预测土壤浓度随时间的变化，结果会提示该处是否会达到一个较高的浓度。如果土壤输入发生改变，例如增加污水污泥，或者禁止使用含铅汽油，那么在采取措施之前，就可以利用 MFA 对这些措施的效果进行预评价。相反，传统的土壤监测则需要数年的统计数据才能确定土壤污染物的累积或者消耗。

通过将 MFA 与污水污泥分析相结合，可以对产业过程进行监测。例如，在配置高效纤维滤膜之前，冶炼厂都通过湿式除尘法去除尾气中的重金属。由于意外原因，曾经发生过吸附了大量铅的洗涤废水进入污水系统，严重污染污水处理厂的活性污泥的情况。虽然污水处理厂的废水滞留时间很短，但是污水污泥会在消化池或贮存池"短暂"停留几周。因此，分解槽中的污泥样本会呈现出铅含量激增的情况。借助与其他金属含量数据综合考虑，借助污水污泥的金属"指纹"（含量比例）就有可能识别出污染源是那些洗涤废水。

同样，MFA 与垃圾焚烧残留监测联用，可以评估通过家庭的铅流以及其他元素流（见 3.3.1 节）。

最后，MFA 还有助于丰富监测的类型。当缺乏关于过程的可用信息时，通过其他关联过程的物质平衡可以估计缺失的物质流。在上述案例中，拆解元素流数据就没有收集到，利用过去 10 年新汽车中的铅含量数据，以及冶炼厂提供的两个输出端（飞灰滤渣和施工杆）的数据，就可以算出通过汽车拆解过程的铅流，而不需要分析拆解过程本身。

3.1.1.3　计算铅流和存量的基础数据

计算表 3.1～表 3.10 的过程中，每个过程都用一个字母标记，每个流都用一个数字标记，这些字母和数字与图 3.1 中的过程和流对应，每个过程的描述结构如下：

① 该过程的名称；
② 该过程中铅的存量；
③ 铅存量变化率；
④ 输入流名称（包括用于计算铅流的量值列表）；
⑤ 输出流名称（包括用于计算铅流的量值列表）。

3.1.2　案例研究 2：区域磷管理

氮、磷、钾、碳是生物圈基础元素，是控制生物生长、促进种群发展乃至灭亡的关键元素，同时也是人类和动物食物生产的必备元素。由于土壤-植物系统的限制，并非所有进入土壤的营养盐都能够被植物所吸收（Scheffer，1989）。因此，农业营养盐流失十分普遍，而且不可避免。不过，可以通过农业活动减少流失，以进一步减少环境输出。地表水中的营养盐会导致藻类大量繁殖（富营养化），随之发生浮游生物的大量增殖和死亡，有机质分解，表层水体中溶解氧含量降低。溶解氧含量降低，导致鱼类和其他有机体数量锐减。土壤和地下水中的氮，还能够以 NO_x 或 NH_3 的形式进入大气，导致对流层臭氧或颗粒物的形成。因此，控制营养盐不但对资源管理十分重要，对环境管理也必不可少。

案例 2 和案例 3 都与营养盐污染有关。两个案例的区别在于尺度不同：案例 2 中的区域面积为 66 平方公里，28000 人；案例 3 的整个多瑙河流域面积 820000 平方公里，8500 万人。值得注意的是，这两个独立案例都可以采用同样的 MFA 方法，只是在营养盐平衡过程存在显著差异。大尺度 MFA 应用的挑战在于组织起一个团队（常常是不同国家的人员）沿着整条河流使用同样一个方法，并且要求每个独立结果都能够实际比较和进行合并。除了案例 2，其他关于磷的案例研究参见 3.5 节关于区域物质管理的介绍。本案例还讨论了跨越长时间间隔的不同磷流量和存量的统计方面的挑战。

3.1.2.1 步骤

与 3.1.1 节中的铅案例相似，本案例也是一个综合的 RESUB 项目中的一部分，主要关注磷的流量和存量。研究步骤也与铅案例一样，仅仅有一小部分针对磷做了改变。系统时空边界确定也类似，只考虑了农业用地，因为森林和城市用地中磷的流动相对小得多。另外增加了动物饲养和植物生产两个过程。最后分析了商品的 10 个过程和 19 个流（图 3.2）。

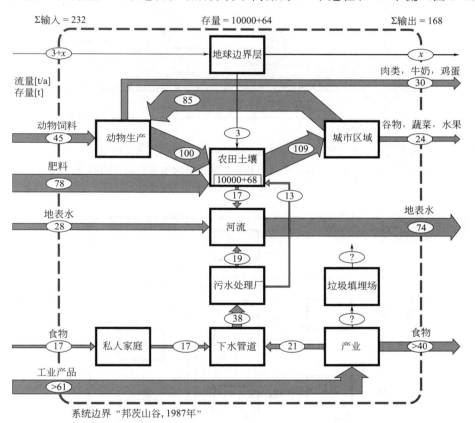

图 3.2 区域磷流量和存量（源自 Brunner et al.，1994。获授权。
源自 Brunner et al.，1990）

首先，进行了水平衡估算。磷可以通过溶解态（渗透）和固态（径流或侵蚀）两种形式在水中迁移。因此，开展区域综合水平衡研究十分必要（图 3.3）。为了降低水平衡成本，必须通过系统分析识别相关水力学流和过程（图 3.4）。

通过该半定量水平衡，识别出主要水流量和存量，为后续高成本的评价和测量过程奠定了基础。核心目的是通过尽可能少的昂贵的测量过程获得足够的准确性。水平衡的一个可能问题是区域（行政边界）和水力范围可能存在一定偏差。在本案例中，两个边界基本吻合，偏差很小，可以通过假设行政区域内外的偏差区域具有同样的净沉降来调控。确定地下水流

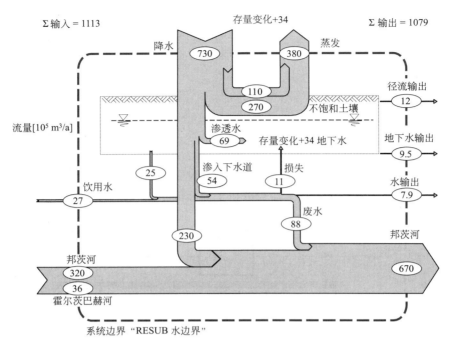

图 3.3　区域水平衡结果：河流流过该区域，在净沉降输入（降水量减去蒸发量）的作用下，地表水流量增加了一倍，邦茨河和霍尔茨巴赫河为流经山谷的两条河流
（来自 Henseler et al.，1992。获授权）

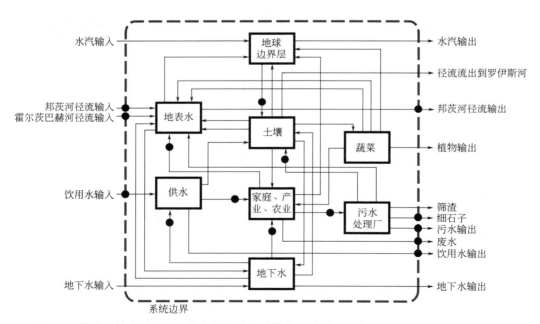

图 3.4　构建区域水平衡（● 为流量测量和采样点）（源自 Henseler et al.，1992。获授权）

量和存量往往是必要的，然而又十分困难，资源代价巨大。因此，大部分区域 MFA 研究都规避掉这部分内容。在地下水数据缺乏的情况下，如果同时存在主要的地下水输入流、输出流或者存量变化，将很难建立起水平衡。在这种情况下，MFA 必须选择研究与水圈无关的

区域问题，否则可能会失败。蒸发、蒸腾数据可以利用各函数式（Penman，1948；Primault，1962）以及区域气象和植被数据进行计算。对于水沉降进入地下水或者地表水体的途径只能进行粗略估计。在本研究中，地下水从被研究区域流到周边区域的数据充足。

基于下式进行水平衡：

$$沉降＋地表水输入＋地下水输入＋饮用水输入＝蒸发、蒸腾＋$$
$$地表水输出＋地下水输出＋饮用水输出＋存量变化$$

表 3.11 中列出的 8 种商品中水的流量和存量的测量周期为 1 年，大部分商品样品都从同一采样点采样。由于饮用水取自地下水，所以假设饮用水与地下水具有相同的浓度值。测量和采样方法、频次、位置信息见表 3.11 和图 3.4。关于建立区域水平衡的更多信息，请参见 Henseler、Scheidegger 和 Brunner（1992）的研究。分析水平衡之后，接下来开展磷的流量和存量的度量。对于研究的每种商品，磷的通量等于商品流量乘以商品中的磷含量。下面将介绍图 3.2 中提供的数据评价的方法。

表 3.11 构建区域水平衡的测量和采样过程

商品	监测点位数量	测量流量的方法	测量时长	元素采样方法	采样周期
降水	3	雨量计	1 年（365×24h）	混合样本	27 次/周×2 周
地表水	3	河流流量计	1 年（365×24h）	混合样本	27 次/周×2 周
废水	2	文丘里管	1 年（365×24h）	混合样本	27 次/周×2 周
污水污泥	2	容器	1 年	混合样本	10 次/年
源自污水处理过程的筛分物[1]	1	平衡	1 年	定时样本	3 次/年
源自污水处理过程的沙子[2]	1	体积	1 年	定时样本	3 次/年
饮用水	9	流量计	1 年	定时样本	9 次/年
地下水	5	水位	1 年	未采样[3]	—

资料来源：Henseler et al.，1992。

[1] 废水预处理筛出物。

[2] 废水预处理沉淀。

[3] 地下水等同于饮用水。

3.1.2.1.1 家庭

源自食物、进入家庭的磷的流量可以利用家庭食物消费数据（BAS，1987）以及食物营养盐含量（Lentner，1981）确定。家庭中清洁剂和清洁器具涉及的磷未计入在内，因为联邦法律禁止这些物质中含有磷成分。另外，通过其他磷流量的粗略估计，这些流量值很小，因此并非必须计入（小于区域总流的 1%，小于家庭流的 10%）。家庭磷输出没有直接测量，而是根据图 3.5 和质量守恒定律计算得到。在进入家庭的磷中，90% 以废水的形式输出，10% 留存在 MSW 中。MSW 并未再进一步分析，因为其输出到区域之外被焚烧处理。另外值得一提的是，MSW 堆肥对于保留养分的价值不大，因为堆肥对区域磷管理的贡献微不足道，仅占到农业肥料养分总用量的约 1%。

3.1.2.1.2 河流

优质的地表水以 $35106m^3/a$ 的速度流入，以 $67106m^3/a$ 的速度流出（图 3.3）。通过地表水进入和流出区域的磷浓度经过测量得到，乘以相应的流量后，分别为 28t/a 和 74t/a

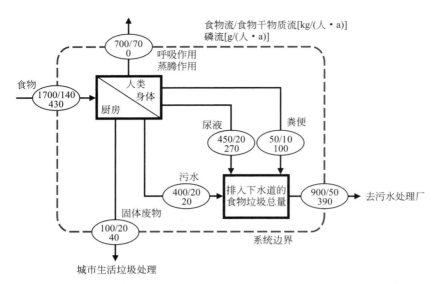

图 3.5　流过私人家庭过程的食物流、食物干物质流以及食物中包含的磷流
（获 Springer Science 和 Business Media 授权：Baccini et al.，1991）

（图 3.2）。沉降、饮用水输入和输出、蒸发蒸腾、地下水等磷流量不到区域总磷流量的 1%，因此，它们也没有计入磷平衡。

3.1.2.1.3　下水道系统

　　流经下水道系统的磷流量利用家庭输出数据以及测量的污水处理厂输入数据计算。"产业"废水中的磷流量根据污水处理厂输入和家庭生活污水之差计算（38t/a−17t/a=21t/a）。在污水处理厂中，向地表水的输出通过处理后污水的体积乘以对处理后污水进行的 52 个双周样本测量得到的磷浓度值得到（19t/a）。污水污泥含磷量以及农业磷使用量（13t/a）通过计量污泥转移到运输车上的总流量，以及转移过程中磷采样分析结果得到。

3.1.2.1.4　产业

　　对于产业过程，有两个重点部分：一是具有跨区域重要性的大量临时存放的食物，二是区域化学企业或其他公司使用一定数量的磷酸盐。食物中包含的磷会作为输出商品直接离开区域，而磷酸盐中的磷则转移到地下管道，成为污水处理厂的主要磷来源之一。

3.1.2.1.5　填埋

　　没有对填埋过程进行分析，尽管应该有含磷废物（生物质、清洁剂）曾经被填埋，而且有磷渗入地下水和地表水体。

3.1.2.1.6　农业

　　根据管理方式不同，将农业系统分成三个类别：动物饲养、作物种植和其他类。通过三个过程对这些农业活动进行分析（图 3.2）：动物生产（动物以及奶制品生产）、植物生产（小麦、谷物、蔬菜等的生产）、农业土壤。对于每个生产系统，都测量农业区域单位面积的矿物肥料、粪肥、动物产品以及收获的商品的量，监测 2 年。通过分析确定所有商品中的磷含量，估计每年进入土壤中的磷的量。所有数据都利用从农业信息源获得的数据值进行复核。根据上述三个生产系统值，以及区域实际农业生产实践（例如动物数量、产品数量、作物种植区面积等），通过外推得到通过粪肥和矿物肥料的磷输入，以及通过收成获取的磷输出。动物生产过程的商品流，例如动物、饲料、奶制品，通过区域账户进行核查。污水污泥数据从污水处理厂收集获得，沉积、侵蚀以及径流数据从文献中获得。图 3.2 显示了输出商品中的磷，即收获的植物如谷物、蔬菜、水果（输出量 24t/a）等，以及区域内循环利用的动物饲料（85t/a）。

植物生产的磷流量包括农业土壤（X），计算如下：

$$X = 化肥 + 粪肥 + 大气沉积 + 污水污泥 - (生产的动物饲料 + 谷物、植物、水果)$$
$$= 194 - 109 = 85(t/a)$$

储存在农业用地中磷的量（S）计算如下：

$$S = X - (侵蚀 + 地表水和地下水径流及渗透) = 85 - 17 = 68(t/a)$$

区域地下水的磷输入流几乎为 0，同时地下水的磷输出流也很小，因此，假设磷从土壤中通过径流和渗透的方式最终全部进入区域河流。

3.1.2.2 结果

本案例最后得到了区域水平衡以及区域磷流量和存量。水平衡见图 3.3，其中有两个主要输入（降雨和河流汇入）和两个主要输出（河流流出和蒸发蒸腾）。流过区域的主要水流为空气中的水，但因为其与磷案例无关，本研究并未计入。在流经区域的过程中，地表水（河流水体）在净降雨量（降雨减去蒸发蒸腾）补给后，水量翻倍。区域内生产的地表水，有 28% 来自一个大的和两个小的污水处理厂的处理水。可见，废水转化成地表水的比例颇高。由于区域废水稀释潜力很小，废水高效处理对于河流水质至关重要。

评价过程中发现，地下水存量大约增加了净降水量的 10%。显然，测量年是一个相对多雨年，其与 10 年水力平衡显示的地下水减少的趋势差别较大。

磷的流量和存量分析结果见图 3.2。与铅的案例类似，磷的输入量（232t/a）超过了磷的输出量（168t/a），造成积累（64t/a）。土壤是磷的主要汇，其中已经存有 10000t 磷，并且每年增加 68t。（说明：区域积累有 68t/a 和 64t/a 两个值，因为污水处理厂和下水道过程具有不确定性，造成不平衡。）在 MFA 研究中，过程的输入、输出以及存量变化量常常不平衡，因此，会存在一定的不确定性（见 2.3 节）。农业活动输入磷的量最大（45t/a，来自动物饲料；78t/a，来自作物生产用的化肥）。进入区域土壤中的磷为 194t/a，分别来自粪肥（100t/a）、化肥（78t/a）、污水污泥（13t/a）、大气沉降（3t/a）。植物吸收 109t/a，有17t/a 通过渗透和侵蚀进入地表水。一个区域食物仓库每年储存大量磷，并且不断更新商品，该部分磷的流量为 40t/a。产业水处理的磷量为 21t/a。估计产业使用了更多的磷，不过没有统计。

（1）环境保护

除了已知填埋场中包含一定数量的磷，区域内磷的管理还有另外两个重要问题。第一，磷在土壤中积累（+68t/a，相当于土壤中磷存量每年增加了 0.68%）。另外，有磷通过侵蚀或渗透进入地表水（17t/a）。第二，磷与净化过的污水被直接排入受纳水体。河流中磷的负荷从区域流入水中的 28t/a 增加到流出水中的 74t/a。河流水流量因为区域净降水翻倍。因此，河流中磷的浓度大约增加了 30%。如果所有上游汇流区和下游汇流区都对地表水以同样的方式贡献磷负荷，就很有可能导致下游河流湖库发生富营养化。所以，必须在同时考虑区域外地表水对磷稀释的可能贡献和约束的潜力的基础上，评价河流能接受的最大允许磷负荷。

（2）早期识别与监测

通过磷的物质流分析，可以尽早识别土壤的磷积累问题。这对于水污染的控制尤为重要。如果进入河的磷超过负荷，需要限制，那么理论上有两种方案（此处并未讨论非管控垃圾填埋的磷贡献可能，因为并未对其进行分析）：

① 污水处理厂的磷去除效率能够在相对短的时间内（数月）从 30％～50％ 增加到＞90％。

② 从土壤到地表水的磷的流量可以削减。

第 2 种方案无法快速减少磷流：因农业活动发生的土壤侵蚀造成的磷损失，会以存量的形式存蓄在土壤中。因此，有必要改变农业耕作方式来减少土壤中的磷存量，但是这需要相当长的时间才能取得效果（数十年到上百年）。MFA 有助于在实际发生之前预测土壤中的磷积累（以及消耗）。当前土壤中磷的存量约为 10000t，再加上每年的累积量 68t，如果当前耕作方式不变，可以估算大约需要 150 年土壤中的磷含量就会翻倍。这将导致磷侵蚀量的大幅增加，从而进一步减弱污水处理时提高磷的去除率带来的河流中磷含量削减的效果。

直接土壤监测会带来结果的较大标准偏差。即使开展大强度的采样和分析也无法在短短几年内确定磷的累积情况，因为 10 年内的平均值不会有显著差异。MFA 仅仅通过一次系统测量土壤中磷的含量和输入情况，就可以对土壤存量进行即时预测。当然，如果农业耕作方式发生了变化，那么数据和计算也必须进行相应调整。

（3）优先选项

对比进入土壤的各种磷流可以发现，在该区域内污水污泥是相对较小的磷来源，其贡献不到土壤整体输入的 10％。因此，从资源节约的角度，在农田使用污水污泥影响不大，不是管理的重点对象。最主要的磷的流动是农业生产过程中"土壤-植物-动物-土壤"系统带来的巨大磷存量的循环利用。此处有必要引入不同过程的"输入到产品输出"比例的概念：动物生产过程（动物和奶制品生产）消耗磷 130t/a，产出 30t/a；植物生产及其土壤系统消耗 194t/a，收获的植物中产出 109t/a。换算成效率，畜牧业中磷的使用效率为 23％，植物生产及其土壤系统中磷的使用效率为 56％。显然，如果将磷作为限制性资源，优先选项就是提高动物饲养的磷使用效率，或者转变饮食方式，如减少肉类食品、增加蔬菜类食物。

此外，还有一点，对区域内的磷的流动来说，生活垃圾堆肥的重要性不高，不是优先考虑的选项。假设家庭购买的食物中低于 20％ 被作为 MSW 处理（80％ 被食用，最终转化成粪便和尿液，与污水一起收集），独立收集的垃圾堆肥为农业生产贡献的磷仅约 3t/a，约占总农业输入的 2％。

3.1.3　案例研究 3：大流域的氮污染

案例 3 是 11 个沿岸国家组成的整个多瑙河流域水质管理的深入调查项目的一部分，关于该项目的综合信息可以查阅"多瑙河沿岸国家的营养盐平衡"报告（Somlyódy et al.，1997）。

通过本案例可以发现：①MFA 的应用并不受研究尺度的限制。因此，小系统（农场）和大系统（跨国流域）都可以应用同样的方法体系进行分析。尽管如此，不同尺度的应用还是存在分析重点和步骤的明确差异。总体来说，大尺度的跨国 MFA，诸如跨国流域研究，需要来自不同参与国家的不同研究团队的紧密合作。②大尺度研究结果对于不同参与者具有不同的环境保护决策指导意义和结论建议。某个国家可能不是流域污染的主要贡献者，而是另外一个国家。因此，如果实施同等水平的水环境保护策略以及相关修复措施，对于污染主要贡献者的财务要求就会很高，而对于非主要贡献者则不大。所以，使用能够为各方接受的同样的、恰当的、统一的方法体系，是极其重要的。此外，使用同样的界定方式，从各国获取充分的、广泛的、可兼容的数据，也是必要的。如果术语不同，不同国家提供的数据和结果就不具备可比性，这对于来自农业、工业和商业、私人家庭、水和废水管理、废物管理等的营养盐的流量和存量来说是必须考虑的现实问题。同时，采用相同的方法收集、计算和评价数据也同样重要。MFA方法非常适合跨国团队开展精细合作，在MFA跨国应用时，进行能力建设和关于如何实施的知识传播，确保所有组织和参与者都能应用相同的方法体系，这些非常关键。如果未来能够进一步推动MFA的标准化，跨国代谢系统分析就会更加便捷。

研究表明，高营养盐负荷是多瑙河、多瑙河三角洲和最终的汇黑海最严重的问题之一。多瑙河三角洲生态系统面临严重威胁，黑海部分区域已经发生严重的富营养化（Mee，1992）。本研究的主要目标是为多瑙河、多瑙河三角洲以及黑海水环境质量保护决策提供前期基础。更精确地说，是通过应用MFA建立多瑙河流域磷和氮源、流量、存量和汇的可靠统一的信息（Brunner et al.，1997；Somlyódy et al.，1999）。案例2和案例3的区别在于尺度差异：案例2分析的对象面积66km^2，人口28000；多瑙河案例研究对象面积要大10000倍（82×10^4 km^2），涉及12个国家，人口多3000倍（8500万）。虽然规模大了很多，但是依然可以应用MFA方法。本案例研究解决的关键问题包括：营养盐的主要源包括哪些？通过减少营养盐的流量，使其达到环境可接受水平，可以采取哪些适用措施？常规做法下，这些问题都是通过排放清单和室内空气质量监测来解答的，而此处综合物质流分析被作为一种新方法，应用于整个流域。其主要优势在于，可以统一核查区域内所有营养盐相关的过程，调查分析所有的输入、输出和存量，从最源头（化肥、动物饲料、农业产品）开始，到消费者（家庭），到废物管理，到地表水和地下水，最终进入多瑙河，对营养盐流的整个过程进行追踪。由于所有过程都遵循元素守恒原则，因此在所建立的系统的任何一个点都可以对流量和存量进行交叉检验。

3.1.3.1 步骤

如上所述，本案例要研究一个庞大系统，其中一大挑战是需要建立一个大型跨国团队，学习并使用同样的MFA方法体系。来自奥地利、保加利亚、捷克、德国、匈牙利、摩尔多瓦、罗马尼亚、斯洛伐克、斯洛文尼亚和乌克兰的专家组成的10个国际工作组参与研究。首先，建立共同的MFA方法系统，设立水质目标和原则。界定系统时空边界，选定在全面描述所有必要营养盐流量及存量基础上，不会造成额外工作负担的最小范围。为方便各种数据收集和结果计算，所有工作组都使用相同的系统界定（见图3.6）。

接下来，收集数据，平衡各过程，如图3.6所示。收集数据时，广泛利用已有测量数据、区域统计数据、文献数据、专家建议以及补充监测。例如，对于农业及其土壤过程，获取关于所有输入过程的数据，包括无机肥料、大气沉降、固氮、污水污泥、堆肥、幼苗培育等；获得所有输出过程的数据，包括粮食收获、畜产品、侵蚀的土壤、气态损失、渗滤液、渗透等。在该过程中，粪肥是循环利用的，所以在没有粪肥输入、输出存在的情况下，粪肥被默认为既是输入，又是同时发生的输出。存量主要储存在土壤中的营养盐物质、堆肥、动

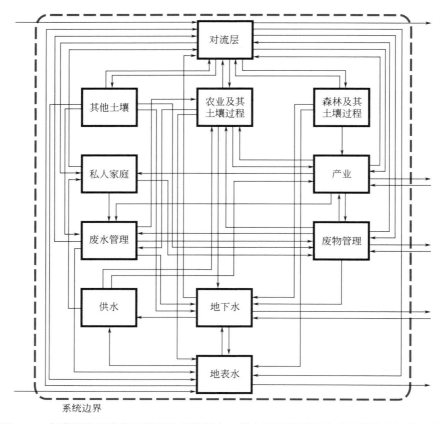

图 3.6   多瑙河流域营养盐平衡的系统界定，所有国家的平衡关系以及整个汇水区的
所有平衡关系都采用这一相同的系统（源自 Somlyódy et al.，1997）

植物生物质、化肥中。步骤与 3.1.2 节描述的案例 2 的过程类似，图 3.6 中所有其他过程也同时进行了类似的平衡。

有些过程很难平衡。高山区域的森林和农业用地发生的侵蚀，只能粗略估计。自然生态系统（例如土壤和含水层）发生的反硝化作用机制尚不清楚。多瑙河及土壤中的中间存量随时间的变化规律，还无法完全了解。在所有东欧国家，关于废水处理以及相应的营养盐去除效率的数据无法获得。在中央计划经济时代，收集到的很多农业、水质管理以及废物管理的信息都是大尺度的，这些经济体后来即使转变成了自由市场经济，也无法获得更多信息。一方面是因为全面收集信息的成本过高；另一方面，经济性质发生变化后，获得这些信息的成本激增。

在数据收集过程中，各参与方积极共享信息非常重要。同时，还需要确定使用的是可兼容数据。例如，大部分情况下"牛"的平衡过程（MFA 术语中的一个过程）在多瑙河流域的大部分国家都是类似的。因此，对大部分工作组来说，其输入和输出的数据就是兼容的。如果数据存在很大的差异，例如乌克兰和奥地利的"牛"在营养盐代谢上存在非常大的差异，就必须有合理的解释。通常，在制定质量平衡原则时能够明确这些差异，并进行交叉检验，对这些差异进行验证。因此，由来自不同国家的多个工作组组成的团队共同讨论，明确质量平衡原则非常必要，有助于提高透明度，完成数据验证，得到各方都能接受的结果。

3.1.3.2 结果

实践证明，大尺度跨国 MFA 是一项极其消耗时间和资源的工程。需要拿出大量时间，培训各方如何实施、合作并在实践中应用。同时，也需要耗费更多的时间搜集所有必要的数据。不同工作组的独立工作的信息交换、迭代也需要时间。还很有可能发生其中一个参加者无法完成任务，中间必须有新的团队介入项目的情况。综合这些因素，显然，一个大尺度的 MFA 绝不仅仅是消耗几周时间的问题，很有可能需要一年或者更久，才能完成这样一个综合的极具挑战性的任务。

多瑙河研究案例提供了大量数据，很多结果都可以用于支持水质管理决策。关于废水管理和水污染控制的结果，请参见 Zessner、Fenz 和 Kroiss（1998）的文献。这里给出的结果识别出了多瑙河流域营养盐的大部分重要源和路径。本部分的目的是展示体量非常庞大的数据如何能够充分整理并最终提供相关的关键结果。图 3.7 中，对原图 3.6 的系统进行变换，从而可以清晰展示多瑙河流域进入地表水的主要的营养盐的输入和输出。在该图中，依然保留相同的 11 个过程，不过重点集中在该过程中与地表水有关的流。对所有的输入和输出进行量化，同时根据各流的质量差异，可以评估不同流的重要性。注意仅仅依靠物质流本身的信息无法评价营养盐对地表水的影响，必须首先除以营养盐流量对应的水流量，将其转化成营养盐浓度。

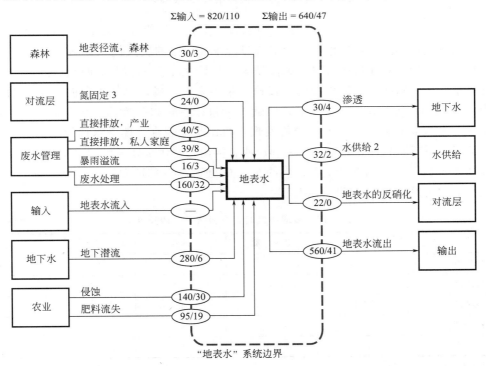

图 3.7 1992 年多瑙河流域地表水氮、磷流量（10^3 t/a，斜线前为氮的数据，斜线后为磷）。
为反映地表水的主要输入和输出，直接根据图 3.6 的系统构建图 3.7 的系统，以便确定
多瑙河营养盐来源的每个过程的相对重要性（源自 Somlyódy et al.，1997）

图 3.8 将案例数据进一步提炼，从而得到更多有价值的结论。图 3.8 清晰地表明农业是多瑙河流域的营养盐的主要贡献源。此外，对于削减污染排放来说，改善现存污水处理厂可能比将所有家庭和产业都接入下水道更有效的假设也得到了证明。首先，接入下水道系统

的住宅和公司的数据，以及汇水区中废水处理的氮去除数据必须具备，此外，污水处理厂升级费用与将家庭和产业接入下水道的成本也必须已知。MFA 方法的优势就在于可以先做出诸如此类的假设，然后再通过进一步调查研究证明其是正确的。

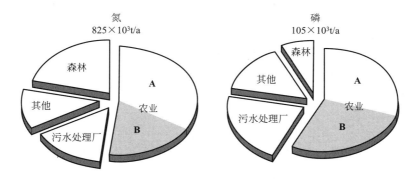

图 3.8　1992 年多瑙河汇水区营养盐的主要来源（10^3 t/a），图清晰地表明农业是氮、磷的主要
来源，而农田侵蚀和淋溶（A）是所有源中最主要的贡献源，动物废物的直接排放和通过
处理厂处理后的排放（B）是多瑙河的第二大贡献源。与污水处理厂排放的废水相比，
来自私人家庭和工业（其他）的直接贡献则小得多，来源于森林的面源性输入对磷的
影响较小，而对氮的影响更大（源自 Brunner et al.，1997，获授权）

另外，表 3.12 和表 3.13 中，各种源（农业、家庭、产业等）的结果与路径结果结合在一起，因而这些数据能够很好地帮助确定营养盐排放削减的决策优先选项。通过这些数据，可以得出以下结论：农业是多瑙河流域营养盐的主要输入来源；侵蚀和径流是磷和氮从农业进入地表水的主要路径；液体粪肥的直接输入量很大，大概占总氮负荷的 12％，总磷负荷的 20％；家庭是营养盐的第二大来源，贡献总氮和总磷的 20％左右；源自产业的氮和磷大约占 10％。关于流的路径，物质流分析发现：相比于地表水，地下水渗透是氮负荷的主要原因（35％）；侵蚀/径流，农业、家庭和产业直接输入，污水处理厂污水排放分别贡献多瑙河流域 20％～25％的总营养盐负荷；大约 60％的氮和 40％的磷源于非点源；滞留（沉积和反硝化）大约占氮的 15％和磷的 50％。

表 3.12　多瑙河氮的来源和路径（1992 年）　　　　　单位：%

路径	农业	私人家庭	产业	其他	合计
侵蚀/径流	17	0	0	4	21
直接排放	12	4	6	2	24
基础流	17	4	0	13	34
污水处理厂	6	10	5	0	21
合计	52	19	10	19	100

资料来源：Brunner et al.，1997。

注：总输入为 100％，基础流表示通过地下水进入多瑙河的流。

表 3.13　多瑙河磷的来源和路径（1992 年）　　　　　单位：%

路径	农业	私人家庭	工业	其他	合计
侵蚀/径流	28	0	0	3	31
直接排放	18	6	6	3	33

续表

路径	农业	私人家庭	工业	其他	合计
基础流	2	2	0	2	6
污水处理厂	9	14	7	0	30
合计	57	22	13	8	100

资料来源：Brunner et al.，1997。

注：总输入为100%，基础流表示通过地下水进入多瑙河的流。

各工作组提供的分析结果（Somlyódy et al.，1997）可用于识别每个国家的营养盐贡献。多瑙河汇水区几乎一半的营养盐输入来自罗马尼亚，而奥地利、德国和匈牙利的共同贡献大约占总负荷的三分之一。其中有一个有趣但尚未解决的问题涉及多瑙河向沿岸国家分配稀释潜能：每个国家向多瑙河排放营养盐的配额如何分配？假设多瑙河流域营养盐承载力已知，那么可以通过多种不同方式回答该问题。如果按照人均负荷限值分配，就对人口多的国家有利，该分配方案的理论基础是每个人都有类似的代谢特征，应该得到均等的配额，但是该方法又忽略了有些国家相比于其他国家更适合农业种植这一事实，这些国家的农业活动因此排放出更多的营养盐。单位面积负荷限值分配方案对面积更大的国家有利，但是又忽略了人口密度。单位净降水量负荷限值分配方案考虑了区域对营养盐的稀释能力：如果区域营养盐排放被大量净降水（降水减去蒸发蒸腾）稀释，那么仍然可以保持多瑙河中营养盐的低浓度，不超过承载力。但是该方法却不适合黑海地区，那里总流量更重要。

多瑙河，与世界上其他大的河流系统类似，已经变成了汇水区中各国诸如营养盐等废物排放的重要途径之一。问题是未来负荷可能会发展到什么程度？可以预测，未来东欧国家人均排放迅速增加，同时人口也可能迅速增长。这两者将导致总营养盐流量的大量增加，以及废物的大量产生。如果不采取措施，多瑙河、多瑙河三角洲和最终的汇黑海的承载力都将超负荷，最终带来严重的生态威胁和经济影响。这并不是"传统意义上的"限制区域发展的资源问题（营养盐不足），而是缺乏足够的汇而限制发展的问题。必须探讨和制定限制营养盐负荷的策略。其中的关键将是农业类型、人口密度、生活方式和消费方式，以及产业、家庭和污水处理厂排放标准和管制。无论在何种情况下，都需要达成跨区域和跨国协议以解决分配问题。本案例研究表明，MFA为制定多瑙河、多瑙河三角洲以及黑海的保护政策和决策发挥了重要的支持作用。

3.1.4 案例研究4：环境影响声明的支持工具

在环境影响评价（EIA）中，要识别、量化、评价、预测和监控诸如新建工厂（电厂、生活垃圾焚烧厂）或系统（铁路、港口）等具体项目的潜在环境影响。如果识别出项目具有重大环境影响，就需要进行更详细的研究，最终形成一份EIS（环境影响声明）报告。目前，全球超过一半的国家都要求对某些项目开展EIA。1969年，美国的《国家环境政策法》（NEPA）最早提出EIA条款。之后，许多国家都借鉴了NEPA的条款（Canter，1996）。20世纪70年代，欧洲有些国家的环境法开始要求强制实施EIA。但是之后进展不大，直到欧洲指令85/337/EEC《关于评价某些公共和私人项目对环境的影响》生效（European Commission，1985）。MFA具有可靠的方法框架基础，被认为是能够同时为EIA和EIS提供支持的有效工具（Brunner et al.，1992）。

SYSTOK 案例研究（Schachermayer et al.，1995）分析了燃煤发电对当地和区域环境的影响。为此，定义了一个包括煤炭开采、燃煤电厂、飞灰填埋三个过程的系统（图 3.9），分析了该系统对区域人类社会和自然地质代谢的贡献（图 3.10）。案例研究聚焦在煤炭开采、发电、空气污染控制和填埋所用的技术。显然，得到的结果并不适用于其他燃煤电厂。如果技术不同，或者煤炭组分和热值存在差异，再或者垃圾填埋的污染物渗透进入地下水，产生的环境影响也会相应发生变化。之所以选择本案例，主要是为了展示 MFA 能够很好地作为 EIS 和 EIA 的基础，可以用于不同的技术，同样适用于输入组分发生变化的情况。

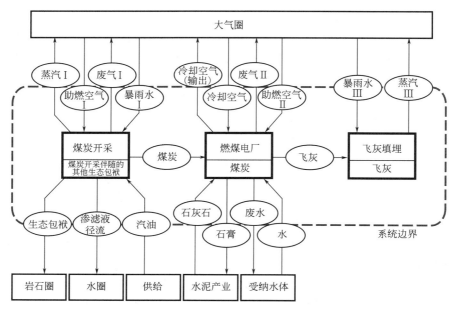

图 3.9 包括煤炭开采和飞灰填埋过程的燃煤电厂的电力生产系统界定，
图中包括建立 EIA 和 EIS 所必需的所有输出流和输入流

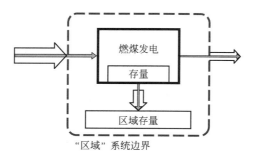

图 3.10 燃煤电厂对一个地区代谢的贡献，该系统可以归纳为一个燃煤发电过程，
该过程由采煤、发电、飞灰填埋三个过程组成

SYSTOK 的研究成果为运营者优化工厂、准备 EIS 报告奠定了基础。SYSTOK 的特征之一是揭示一个系统（本案例中为燃煤发电）能否完全融入一个区域。不过，该研究没有对区域进行提前界定，所以必须发展恰当的方法用于界定系统的时空边界。SYSTOK 展示了一个相对简单的 MFA 如何能够为系统边界界定问题提供可借鉴的解决方案。

3.1.4.1 电厂描述及其周边特征

电厂中使用的所有煤炭（10^6 t/a）均由周边一个露天煤场供应，该煤场面积为 2km^2。电厂内有一个 2×10^6t 的临时储煤场，能够有效缓冲暂时的开采或发电中断的影响。为了获得 1t 煤，平均需要移除 6.7t 土壤。这些开采废物，70%运输到矿井以外的其他地区，其余则用于矿井回填。开采、运输（卡车和输送带）以及煤炭加工和多余土壤处理，每年需要消耗 1400t 汽油和 2500×10^4 kW•h 电。矿井中的煤炭储量估计为 1100×10^4 t。

褐煤热值低，大约为 8.4～13MJ/kg，会产生大量不可燃飞灰，从而增加运输成本。因此，电厂选址在煤矿附近，以避免远距离运输。由于该电厂的发电成本过高，因此电厂只在高峰时段运行，平均运行时间为 4000h/a，最大发电能力为 330MW。煤炭（C）被粉碎形成炭粉，然后以满负荷 300t/h 的速度注入燃烧室。由于并非全时满负荷运行，因此煤炭平均消耗（约 265t/h）偏低。大约 33kg/t 湿底灰（含水率 40%）从作为燃烧室空气密封的水盆中移走。电厂装有静电除尘器（ESP）用于收集颗粒物（ESP 飞灰），效率为 99.85%。干底灰与干 ESP 残留（或飞灰）的比例约为 1∶9。ESP 残留含一定水分（含水率 20%），与底灰一起通过传送带传输到填埋场。二氧化硫（SO_2）利用碳酸钙（$CaCO_3$，20kg/t，以煤炭质量计）从湿式洗涤器中的烟气中去除，SO_2 吸收效率超过 90%。脱硫后，每吨煤炭可生产约 37kg 石膏（含水率为 12%）。最后，每吨煤炭注入约 1.2kg 氨水（NH_3，33%）到催化反应器将氮氧化物（NO_x）还原为氮气（N_2）。另外，还会用到其他一些化学物质，包括盐酸（HCl，0.02kg/t，33%）、氢氧化钠（NaOH，0.007kg/t，50%）用于进料器调节，蒸馏水以及其他化学药品用于稳定水硬度、防止腐蚀等（<0.002kg/t）。燃烧约需要 4000kg/t 空气，产生约 5000kg/t 废气。水用于蒸汽循环（20kg/t）和冷却（2300kg/t）。余热被排放到空气交换率为 8500kg/t 的冷却塔中。部分冷却水（25%）被排入地表水，其余在冷却塔中蒸发。

飞灰填埋在一个石英岩台面的自然河谷中，填埋场面积约为 0.35km^2。该盆地曾经是一个采煤区，渗水率低。因此，降雨（约 1000L/m^2）在填埋场形成了一个自然湖。湖水在干燥季节用于淋洗飞灰，假定这些水最终蒸发了。飞灰填埋场由运营商维护，未发生渗漏。

3.1.4.2 系统界定

图 3.9 为界定的系统及其包含的三个过程：煤炭开采、配置 APC 的燃煤电厂、飞灰填埋。黑箱方法适用于 EIA 和 EIS，更详细的过程需要大量额外信息，这里并不需要考虑。基于燃烧过程以及主要商品煤的相关知识确定各种元素。碳是各燃烧过程的优先元素，因为飞灰和烟气中的有机碳含量可以作为燃烧效率和有机污染物形成的量尺。以往关于燃煤电厂的经验表明，SO_2、NO_x、HCl 以及砷、硒等重金属是煤燃烧产生的主要污染物（Greenberg et al.，1978）。当代法律（《清洁空气法案》）设置了这些污染物的排放限值。最终选定的 EIA 相关的元素见表 3.14。将煤炭中所含组分与地壳组分进行对比。其中有 6 种元素在煤炭中的含量明显高于地壳中的含量：As、Se、Hg、S、Cl、N。通过每个过程质量平衡，假定引发子流通量小于总元素通量 1%的商品可以忽略，从而确定相关的商品。这需要对以下步骤进行迭代：建立元素平衡关系、选择商品、建立总物质平衡。首先，选择采矿、电厂、垃圾填埋所在位置为区域空间边界，物质平衡基于平均运行年搭建（系统时间边界）。图 3.9 为界定的系统。

表 3.14   通过对比煤炭和飞灰中选定元素平均含量与地壳含量确定燃煤电厂分析中的相关元素

元素	煤炭中含量(A)/(mg/kg)	飞灰中含量(B)/(mg/kg)	地壳中含量(C)/(mg/kg)	比值 A/C	比值 B/C
As	12	64	1	12	64
Pb	6	37	13	0.5	2.8
Cd	0.1	0.64	0.2	0.5	3.2
Cr	30	170	100	0.3	1.7
Cu	13	84	55	0.24	1.5
Se	0.9	2.2	0.05	18	44
Zn	27	190	70	0.4	2.7
Ni	27	130	75	0.36	1.7
Hg	0.3	0.45	0.08	3.8	5.6
S	6500	3000	260	25	12
Cl	1000	—	130	7.7	—
N	12000	—	20	600	—

3.1.4.3   物质流平衡和元素平衡结果

所有商品的物质流见表 3.15。除了煤炭开采，通过径流或者渗滤液被冲入地表水和地下水是否发生以及具体的数量未知，其余过程都实现了物质平衡。系统的主要定量特征为：①煤炭储量将在约 10 年内耗竭。②与电厂污染物排放相比，煤炭开采的尾气可以忽略不计。③电厂扮演了大风扇的角色，导致大量空气流动。冷却需要超出助燃空气流一个数量级的空气，占据了系统物质流的主体。此外，电厂燃烧 1t 煤需要消耗的水量大于 1t。④主要固体废物流源于煤炭开采（开矿产生的多余土壤）。因为回填的灰量相对于煤炭的开采量要少得多，所以会留下一个巨大的"洞"。

表 3.15   "燃煤电厂发电"系统的商品的质量平衡   单位：10^3 t/a

过程	输入		输出	
"煤炭开采"过程	助燃空气Ⅰ	29	废气Ⅰ	31
	雨水Ⅰ	2000	蒸汽	2000 至未确定
	汽油	1.4	剥离物	4700
			径流和渗滤液	未确定
			煤炭	1000
	合计	2000		7700
	存量（煤炭）	11000		1000
	存量（总量）	145000[①]	存量变化	−5700[①]
"燃煤电厂"过程	煤炭	1000	飞灰	280
	冷却空气（输入）	85000	冷却空气（输出）	87000
	助燃空气Ⅱ	4000	废气Ⅱ	5000
	水	2500	废水	760
	石灰石	20	石膏	390
	合计	93000		93000
	存量（煤炭）	2000	存量变化	0

续表

过程	输入		输出	
"飞灰填埋"过程	暴雨水Ⅲ	350	蒸汽Ⅲ	350
	飞灰	280		
	合计	630		350
	存量(飞灰)	4100	存量变化	+280

注：值经过四舍五入计算。
① 估计值，包括煤炭和剥离物。

如图 3.11 所示，元素平衡提供了系统元素定量关系的全貌。平衡是基于采煤多余土壤（表 3.19 中的"土壤"）、汽油、煤炭（表 3.14）中的元素含量以及提前现场测定的电厂的迁移系数（见表 3.16）构建的。

表 3.16　燃煤电厂中选定元素的分配（迁移系数，占输入的比例）　　　单位：%

元素	ESP 飞灰	底灰	石膏	废气Ⅱ
C	2	1.3	<0.05	97
S	5.7	0.93	86	7.6
Hg	50	0	5	45
As	99	0.4	0.4	<0.1
Se	52	0.6	28	20

通过煤炭中硫（S）含量与地壳中 S 含量对比可以发现，大量的 S 通过煤炭的方式从地壳中开采出来。电厂十分高效地将这些 S 转移到石膏产品中（86%），在电厂配置 APC 系统进行脱硫之前，这些 S 都被排放到大气中，导致了 S 向大气的输送率超过 90%。

大部分汞的流动与"采矿多余土壤"或采矿废料等商品有关。在燃烧过程中，气态的汞通过蒸发的方式从电厂输出，均匀地分布在 ESP 残留物和废气之间，很小一部分沉积在石膏中。燃煤电厂发电导致大量汞从地壳中开采出来，并大量沉积在各处。到目前为止，共有 2.2t 汞沉积在飞灰填埋场，超过 10t 汞留在采矿废料中。如果将这些汞存量与其他存量对比，会发现有趣的现象：评价结果显示，汞的人均消费量在斯德哥尔摩的 0.66g/(人·a)到美国的 1.5g/(人·a)之间，从存量上看，斯德哥尔摩为 10g/人（Jasinski，1995；Bergbäck et al.，2001）。这意味着垃圾填埋场与一个拥有 22 万居民的区域中的建筑、基础设施、长生命周期商品中储存的汞的量相当。采矿废料中包含了超过 100 万人的区域中的汞，这些汞广泛散布在一个大的区域中（2000km²）。但垃圾填埋场的汞却集中在一个相对非常小的区域中（0.35km²），因此非常容易控制。

大约半数进入电厂的硒被转移到飞灰中或者被填埋，20% 被排放到大气中。硒与环境的相关性将在后面讨论。注意，石膏中含有的硒为煤炭硒含量的 30%。

电厂及其周边区域之间的关系将在后面讨论。

3.1.4.4　影响区域界定

矿井、电厂、飞灰填埋场都产生多方面的影响。第一，它们为消费者供电。因此，可以用一种与产品相关的方式来界定区域。第二，它们带来了就业机会，创造收入，从而形成了

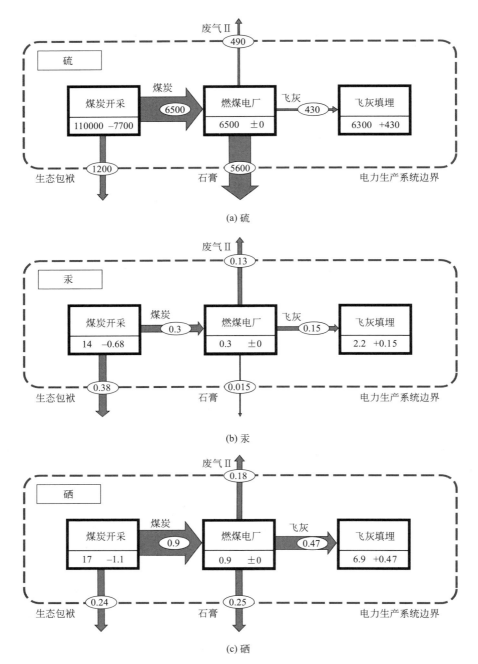

图 3.11　电力生产系统的硫、汞和硒的元素平衡（流的单位为 t/a，存量为 t），
煤炭开采过程的存量包括煤炭和生态包袱

一个经济区。第三，矿井、电厂和填埋场都位于一个行政区内，如社区或省。第四，它们对环境均有影响。通过"传送带"对排放物的输送，燃煤电厂排放的元素可能会影响一个小的或者大的区域；飞灰填埋只在飞灰向填埋场运输的过程中对当地产生影响；废气排放的硫和汞通过大气传输广泛分布在很大的区域范围内（全球）。因此，区域的规模最终由排放出来的元素从电厂迁移的距离以及元素对环境的影响效果决定。这四类影响区域都具有与电厂有关的具体问题、利益以及利益相关方。

在 SYSTOK 研究中，界定了三个影响区域。

① 产品相关的区域。电厂为某些区域供电。原则上，这些区域根据电厂供电的数量、消费者人均需电量以及人口（或消费者）密度确定。由于电力市场自由化，这些区域只能界定为概念上的区域。电力消费者可能距离电厂很远，产品区域会不时地随着市场波动而变化。因此，理论上 SYSTOK 研究中区域的大小（A_{PR}）只能根据电厂的平均发电能力、人均用电量以及全国人口密度计算。

$$A_{PR} = \frac{Phf}{e\rho_p} = 2100 \text{km}^2$$

式中　P——电厂输出，330MW；

　　　h——每年运营时间，4000h/a；

　　　f——非全负荷运营因子，0.85；

　　　e——奥地利电力的特别需求因子（包括家庭、工业、服务业、管理、交通、农业），5.6MW·h/（人·a）；

　　　ρ_p——奥地利人口密度，95 人/km²。

② 行政管理界定的区域。根据行政管理单位边界界定的区域，即法律上规定的电厂所在的行政管理区位置。采用该界定方法的优势有两个方面：

a. 作为空间单位，该区域易于理解，范围确定简单，同时由经营电厂的机构管理。

b. 通常数据是在管理区域层面收集的，因此很便于收集数据。

③ 根据潜在环境影响界定的区域。如前所述，该区域有颗粒物、气体污染物和液体污染物的差异排放，同时也因元素不同而有差异。对于气体污染物，可以借助扩散模型确定区域。选择区域边界的标准可以设为：

a. 元素的浓度限值（环境标准）（$c_{crit} = c_{lim}$）。

b. 浓度限值比，因为限值不应该只用于限制电厂（$c_{crit} = c_{lim}/10$）。

c. 预设条件为电厂并不引起当前环境浓度发生重大改变的情况（$c_{crit} = c_{background} \times 1.1$）。

d. 预设条件为电厂并不引起当前自然地质浓度（不受当前人类社会活动的影响）发生重大改变的情况（$c_{crit} = c_{geog} \times 1.1$；见图 3.12）。

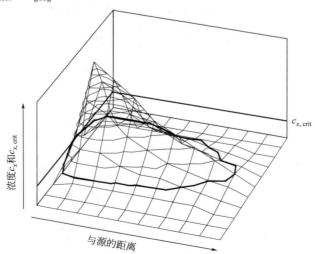

图 3.12　应用扩散模型确定特定元素环境相关区域的边界，元素 x 的区域边界
界定为 $c_x > c_{x,crit}$ 范围内的区域

图 3.13 展示了以上不同方法界定的区域，表 3.17 给出了 SYSTOK 根据不同界定方法计算得到的区域大小。

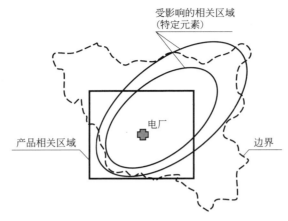

图 3.13   根据电力消费者（产品相关区域）、边界和环境影响三个标准分别界定的区域，
虽然有部分重叠，但仍然存在差别

表 3.17   一个 330MW 燃煤电厂不同类型区域的面积

区域类型	面积/km^2
行政管理区域	678
产品相关区域（电）	2100
环境影响区域（例如 SO$_2$）	620

注：SO$_2$ 环境影响区域面积根据 $c_{crit}=c_{geog}\times1.1$ 确定，其中 $c_{geog}=10mg/m^3$。

3.1.4.5   综合性区域

除了图 3.12 中的方法，还有其他一些方法可以确定区域发电、污染排放以及采煤、电厂和垃圾填埋的相关性。图 3.14 对电厂污染排放量与区域各种大气污染物总排放量进行了对比。在比对之前，首先选定产品相关的区域。区域的污染排放（R_i）根据下式进行评价：

$$R_i = X_i - P_i \frac{A_{PR}}{A_{AU}} + P_i$$

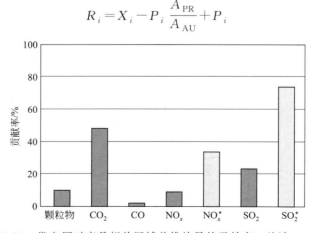

图 3.14   发电厂对产品相关区域总排放量的贡献率（总计 100%）
*   表示引入先进空气污染控制技术之前的排放量

式中，X_i 为数据可获得的对应管理单元（州、区）的平均排放；P_i 为电厂排放；A_{PR} 和 A_{AU} 分别为产品相关的区域和管理单元的面积。

发电厂贡献了该地区约 50% 的 CO_2 排放量。SO_2 的去除和 NO_x 的催化还原大大降低了电厂对区域排放的贡献，但进一步削减颗粒物和 NO_x 只能适度改善空气质量（<10%）。电厂与 CO 的排放完全无关。

发电厂的重金属输入输出量也设为与产品相关的区域对应。表 3.18 显示了选定的几种金属和非金属年均通过电厂的流量。将这些流量与相应的区域总流量比较将耗费大量的时间。同时，很多必需的信息也无法获得。因此，只对通过家庭的物质流进行了分析，而不考虑工业和服务业的贡献。由于家庭重金属消耗同样无法获知，因此采用可以直接测量得到的生活垃圾（MSW）中的重金属量作为参考。表 3.18 中以年人均量为基础，比较了煤炭的元素流和 MSW 的元素流。为便于比较，化石燃料中的碳和硫的流量都给出了。燃煤电厂的砷、硒和硫的流量明显高于家庭 MSW。

表 3.18　在产品相关区域燃煤电厂对应的元素流与 MSW 对应的元素流比较

元素	通过燃煤电厂的流/[g/(人·a)]	通过 MSW 的流/[g/(人·a)]	燃煤电厂/MSW
As	18	0.8	21
Cu	19	100	0.2
Pb	9	170	0.1
Cd	0.15	2.3	0.1
Hg	0.45	0.4	1.2
Se	1.3	0.2	8
Cr	45	53	0.9
Ni	40	18	2.3
Zn	40	230	0.2
C	420000	930000.0[①]	0.4
S	10500	2000.0[①]	5

① 碳和硫的数据包括 MSW 燃烧时使用化石燃料的贡献，因此远大于 MSW 中碳和硫的含量。

重金属排放相关性可以通过第二章 2.5.8 节中的"人类社会流与自然地质流比值"方法进行评价。在 SYSTOK 项目的应用中，需要回答燃煤电厂是否改变了任何环境要素中的元素组成。应用一个简化模型识别燃煤电厂排放对 $2100 km^2$ 的产品相关区域内土壤浓度的影响。通过沉积方式，诸如铅、镉等金属可能在可被翻耕的土壤表层 30cm 的上层土壤中积累。假定土壤平均密度为 $1.5 \times 10^3 kg/m^3$，区域土壤质量大概为 $2100 \times 10^6 m^2 \times 0.3m \times 1.5 \times 10^3 kg/m^3 = 950 \times 10^9 kg$。电厂的累积排放可以根据总煤炭用量 $3.3 \times 10^7 t$、煤炭中的平均元素浓度以及废气的迁移系数（TC）进行计算。

$$E_i t = 33 \times 10^6 (t) \times c_i (mg/kg) \times 10^{-6} \times TC$$

表 3.19 显示，只有硒和汞的排放影响较大。注意，模型进行了两项关键简化。首先，元素影响相关区域被设为与产品相关区域一致；其次，假设沉积在区域平均分布。对于第一项简化，必须注意高效 ESP 有效去除了颗粒物，所以颗粒物排放量不大，并且大部分粒径都小于 $2\mu m$，这些颗粒物（气溶胶）在大气中会有很长的滞留时间（约为 1 周），不会沉降

在电厂周围，而是会通过雨水冲刷进入地面，因此，降雨平均发生概率决定了这些颗粒物的扩散距离。在中欧，降雨的平均间隔时间大约为1周，因此会造成影响的区域要大于产品相关区域（至少大10倍）。所以，产品相关区域过度估计了土壤中元素累积量，至少大了一个数量级。

表 3.19　由燃煤电厂排放导致的土壤金属累积

元素	煤炭/(mg/kg)	迁移系数	排放/(t/τ[①])	土壤[③]/(mg/kg)	土壤储存库[②]/t	富集/(%/τ[①])
As	12	0.001	0.4	8	7600	0
Pb	6	0.005	0.99	25	23800	0
Cd	0.1	0.041	0.14	0.2	190	0.1
Cr	30	0.001	0.99	40	38000	0
Cu	13	0.014	6	15	14300	0
Se	0.9	0.2	5.9	0.1	95	6.3
Zn	27	0.009	8	30	28500	0
Ni	27	0.003	2.7	20	19000	0
Hg	0.3	0.45	4.5	0.2	190	2.3

① τ 为运营总时间，约 33 年。
② 土壤储存库基于产品相关区域计算。
③ Scheffer，1989。

第二项简化可以在利用颗粒物扩散模型计算时进行评估。大部分情况下，最大浓度与平均浓度之比小于10，这说明元素在区域平均分布的假设低估了实际累积量，最大相差10倍。考虑到上述两项简化，可以认为，选择的模型过度估计了电厂导致的土壤中的元素富集，而除了硒和汞之外其他重金属排放都不会产生重要影响的结论则需要开展更多深入的调查。

3.1.4.6　结论

案例研究表明，电厂燃煤发电增加了区域代谢中砷、硒、汞、硫、碳的流量。垃圾填埋成为区域内某些金属的一个相当大的汇，可以视为一个点源，相对易于管控。另外，由于填埋场中流动性差，且防渗性能较好，因此垃圾填埋实质上对区域环境污染控制具有一定作用。垃圾填埋需要进行持续的水管理。当电厂不再运营，填埋场后续运营没有资金来源时，需要设计未来的必要措施。由于渗出将是持续的威胁，因此必须开展研究，确定过滤飞灰固定化与数千年的填埋场后续维护管理哪个更具经济性。

除了 CO_2（温室气体）以及相对贡献较小的 SO_2 之外，电厂的其他气体污染物排放对区域贡献不大。停留能力相对较差的汞和硒将是未来经过详细调查、采取相关措施之后运营者着力要聚焦解决的问题。总体来说，本研究表明，电厂实际上并没有对当地区域环境带来沉重负担，运营者可以在 EIS 中应用这些结果，并与当地关注此事的居民展开沟通。

思考题——3.1节

思考题 3.1　评价下述措施对图 3.1 中区域铅的流量和存量的影响。展示量化结果，并讨论以下各种土壤、地表水和垃圾填埋场中的铅浓度削减方案的效果：（a）禁止使用含铅汽油；（b）禁止污水污泥施用于土壤；（c）在区域内新建一座生活垃圾焚烧厂，处理来自邦茨山谷及其周边区域的 28 万人的生活垃圾，铅控制效率为 99.99%。

思考题 3.2 假设有一个区域，面积 2500km^2，人口 100 万，唯一一条河流穿过区域。河流在区域上游入水流速为 $100000 \times 10^4 m^3/a$，磷的浓度为 0.01mg/L。河流流入一个湖泊，水量为 $280000 \times 10^4 m^3$，河水在湖泊中的滞留时间为 1 年。（下渗、蒸发等都不考虑，假设河流流经湖泊时不变。）区域中的人类社会涉及以下过程：农业，食品产业，家庭，家庭生物质垃圾堆肥，污水处理。膳食行为的人均磷消费量为 0.4kg/（人·a），其中 20% 由区域内的食品产业提供；清洁行为使用磷的量为 1kg/（人·a），70% 在纤维制品洗涤剂中，所有洗涤剂都是从区域外输入的。假设膳食行为相关的所有磷中的 90% 以及清洁行为相关的 100% 的磷都直接排入污水处理厂，磷进入污水污泥的迁移系数（TC）为 0.85，剩余 10% 膳食行为相关的磷进入家庭产生的生物质垃圾中，通过堆肥处理，并且没有发生磷的损失，之后被施用于土壤。磷的存量估计为 380000 吨。农业输入化肥含 2400 吨磷，动物饲料含磷 1200 吨，这些磷中 80% 作为肥料、粪便以及粮食收获的残留物进入土壤，而其余的磷则输入区域食品产业。食品产业的废物中磷的迁移系数为 0.6，没有在区域内消费的食物产品用于输出。每年大约有 1% 进入土壤的磷由于侵蚀进入地表水（河流）。

（a）画出该区域的定性流程图（系统边界、流、过程）。

（b）量化系统磷的流量（t/a）和存量（t），土壤中磷的积累量是多少？

（c）假定纤维制品洗涤剂中的磷被清除掉，该项措施足以预防湖泊富营养化吗（富营养化限值为 0.03mg/L）？

（d）你还能提出哪些措施预防富营养化？

思考题 3.3 讨论并量化多瑙河流域磷流的不同控制措施取得效果的时间。取得效果的时间界定为从决定采取行动到多瑙河能够有可测量效果的时间跨度，为几天、几个星期、几个月或者几年。注意，规划和实施时间（建设、投产）也计入取得效果的时间。

（a）通过资源税削减土壤来自化肥的磷输入。

（b）将 95% 的家庭接入下水道系统。

（c）提高污水处理的磷去除效率，从 50% 提高到 >80%。

（d）禁止源于农业的直接排放。

（e）所有洗涤剂中都禁止使用磷（假设多瑙河流域通过家庭的磷流有三分之一源自含磷洗涤剂）。

评价上述各措施的效果之后，得出关于多瑙河磷流削减的总体结论。

思考题 3.4 比较燃煤电厂和生活垃圾焚烧厂的物质周转率。煤炭供应速度为 300t/h，生活垃圾供应速度为 30t/h。选择 As、Pb、Cd、Cu、Se、Zn、Hg、S、Cl 和 N 元素。煤炭中各元素含量见表 3.19，生活垃圾中各元素平均含量见表 3.20。讨论大气污染控制方面的发现。

表 3.20 生活垃圾中各元素平均含量示例　　　　　　　　单位：mg/kg

元素	As	Pb	Cd	Cu	Se	Zn	Hg	S	Cl	N
平均含量	10	500	10	1000	1	1200	1	3000	7000	5000

3.2　资源节约

MFA 拥有关于物质的源、流、汇的丰富全面的信息，在资源管理应用中优势显著，能够帮助确定资源管理的优先选项，不但有助于早期识别物质累积效益（例如在城市存量中），还有助于设计新的过程和系统以更好地控制和管理资源。本节将从资源节约视角讨论两组元素（营养盐和金属）和两组商品（塑料材料和建筑材料）。

3.2.1　案例研究 5：氮管理

营养盐是生物圈的基本元素，如果缺乏氮（N）、磷（P），生命将无法存续。大气圈是氮的无限储库。产业利用能量将 N_2 转化成氨气和硝酸盐等能够被植物吸收的化合物。与之相对，磷则从富集磷酸盐的有限矿物库中被开采出来。据估计，如果按照当前的消耗速度，富集的磷储量将在最多 100 年左右消耗完（Steen，1998）。因此，为了节约能源和资源，必须严格管理氮和磷。

本案例研究的目的在于阐释 MFA 如何应用于设置资源管理的优选方案。各种措施都从对营养盐循环的有效性评价的视角出发，审视磷和氮的总流量，分析从农业种植到食品加工再到家庭消耗的整个食物供给过程，顺着过程链对损失和废弃物进行识别和量化。因为本书中多个章节都对营养盐的 MFA 进行了讨论（见 3.1.2 节、3.1.3 节和 3.5.2 节），所以这里的重点是对结果的解释，没有给出建立营养盐物质流分析方法的详细步骤。想要获得更多信息，请参阅巴奇尼和布鲁纳的文献（Baccini et al.，2012）。

3.2.1.1　步骤

从国家尺度对食物供给行为进行研究。设定一个系统，包括五个过程，即生产过程（细分为种植、收获过程）、产业过程（包括配送）、家庭过程，以及食品消费过程（包括消化）（图 2.8）。每个过程关于输入和输出的信息都可以从可靠信息源获得，包括国家关于进口、出口、化肥生产、农业生产、食品的统计数据，化肥使用和农业产品生产的农业数据库，食品加工公司、销售公司、配送商的报告，关于人类消费以及营养盐排泄的医学文献，废水、生活垃圾和堆肥中的营养盐浓度和负荷数据库。

从关于国家农业部门结构的可靠数据开始分析，这点对于回答以下问题非常重要：有哪些主要农业产品？它们的生产方式如何？生产需要哪些营养盐输入？现实中收获的营养盐有多少？需要调查农业的中间循环，例如土壤-作物-动物-肥料-土壤营养盐循环。农业实践中营养盐总损失量数据通常难以获得。农民们对于废物和损失的概念各不相同。差额必须通过农业部门的总输入和总输出之间的差值来计算。产业加工过程和配送过程的差额也可以用相同的方法计算，或进行损失、废物和废水数据的交叉检验。

应用之前识别出的源，可以平衡家庭过程，如图 2.8 所示。人均和年均食物消耗量均值均来自国家统计数据。注意，如果这些统计数据是基于不同家庭的消耗记录，那么其中通常不会包含家庭外的消费。在这种情况下，必须将食物消费数据提高 20%～30%。分析废物数据可以得到 MSW 中食物残渣量。如果这些数据不可获得，那么可以假设购买的食物数量中 5%～10% 被丢弃进入 MSW。餐厨垃圾信息从关于家庭污水产生的研究得到，或者可以假设进入家庭的 20％～25％ 的食物通过厨房被丢弃进行估算。注意，烹饪水通常包括大量的干物质和盐（溶解态）。当然，MSW、污水中食物残余占居民消耗量的比例有时也与文化有关。在资源稀缺的社会群体中，餐厨垃圾量一般非常少。如果厨房中配置了粉碎机（厨房垃圾粉碎机），污水中食物比例就会高一些。如果快餐食品是主要营养方式，餐厨垃圾就会少一些，因为大部分食物进入家庭之前就已经经过加工了，在这种情况下，包装废物会多一些。

呼吸、粪便、尿液等数据可以在有关人类代谢的医学文献中查到，这些信息也包括食物、粪便、尿液中的氮、磷数据，需要对所有数据进行交叉检验。农业生产输出可以与食品产业输入进行对比，食品产业输出可以和总人群消费对比，总人群输出和污水处理、废物管理输入对比。如果用于平衡产业过程的数据独立于各过程进行收集，交叉检验的冗余度就会很高，总营养盐平衡的准确性一般有较大的改进空间。

3.2.1.2　结果

为了展示相关结果，将图 2.8 中的五个过程合并为图 3.15 和图 3.16 中的三个过程。农业、加工产业、配送和消费中，食物相关的磷和氮流量数据按照人均计算。从资源节约的视角，农业是最重要的过程，在农业生产过程中，80％ 的磷和接近 60％ 的氮会损失掉。损失的氮进入地下水、地表水或者空气中，损失的磷则经过侵蚀/地表径流和累积进入土壤。进行营养盐管理，必须优先对农业活动进行变革。由于营养盐的价格相对低廉，因此推动该变革的经济驱动力并不强烈，如此看来，应该及时分析新技术以及其他技术如何能够改善农业营养盐利用。虽然当今的主要目标是预防营养盐损失，以防止环境污染，但是，一个世纪后，磷稀缺很有可能成为农业系统变革的一个驱动因素。

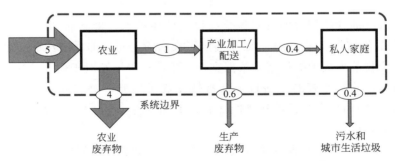

图 3.15　食物供给行为中磷的流动 $[kg/(人·a)]$

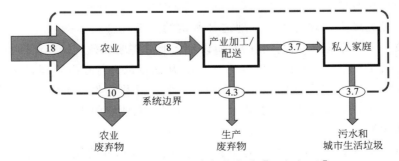

图 3.16　食物供给行为中氮的流动 $[kg/(人·a)]$

农业营养盐损失的一个核心因素是消费者的生活方式。在从资源耗竭型社会向富裕社会转变的过程中，饮食习惯大多从低肉类消耗方式转化为高动物蛋白消耗的方式。肉类和禽类生产比谷物和蔬菜需要更多的营养盐通量。因此，膳食习惯的改变也导致了营养盐损失的增加。

工业加工和配送的营养盐损失要比农业损失少得多，而与家庭中的损失接近。工业加工/配送和家庭之间的主要差异表现在来源的数量，工业加工/配送约是家庭的1000倍。因此，从再利用这点来看，从工业源收集和循环废物要比从消费者收集高效得多。表3.21总结了这些结果，清晰地阐释了家庭对整体营养盐流的贡献是有限的。

表3.21　私人家庭中食物来源的磷（P）和氮（N）的比例

项目		P/[g/(人·a)]	P①/%	P②/%	N/[g/(人·a)]	N①/%	N②/%
食物输入		430	100	8.6	3700	100	20.5
输出	生活垃圾	40	9	0.8	300	8	1.7
	厨房废水	20	5	0.4	200	6	1.1
	呼吸	0	0	0.0	110	3	0.6
	尿液	270	63	5.4	2600	70	14.4
	粪便	100	23	2.0	490	13	2.7
	合计	430	100	8.6	3700	100	20.5

资料来源：Baccini et al.，1991。

① 输入家庭的食物中营养盐比例。

② 图3.15和图3.16输入"食物供给"行为总营养盐比例。

如果来自家庭的食物相关的营养盐全部得以循环利用，将能够满足农业不到10%的磷需求和约20%的氮需求。表3.21同时也展示了家庭输出对营养盐节约的贡献，所以可以为营养盐节约和废物管理决策提供基础数据支持。生活垃圾堆肥对于营养盐循环利用来说并不是一个高效措施，即使所有的生活垃圾都被转变成了堆肥，对农业的贡献也只有约1%～2%，而家庭排放的污水中的营养盐比例则要大10倍左右。因此，营养盐循环的优先选项是污水，而非生活垃圾。

MFA揭示了另外一个有趣现象（表3.21）。如表所示，尿液中的营养盐数量是粪便中营养盐数量的数倍，磷为3倍，氮为5倍。这开辟了一种新的可能性，即通过独立收集尿液，可以以一种相对单一、高浓度、保证同一来源的方式，将超过半数的进入家庭的营养盐积累起来。已经提出多种理念用于管理这种所谓的人类社会营养盐（ANS）方案（Larsen et al.，2001），它们都基于一种新型的厕所设计，能够将尿液独立于粪便进行收集。下水道系统在午夜之后用于收集家庭白天储存的ANS，从而可以进行专门处理和循环利用氮、磷、钾。或者，ANS可以更长久地储存在家庭中，然后通过移动收集系统独立收集。在任一种情况下，为了形成高价值的肥料，都必须在ANS用于农业之前去除其中的有害物质，诸如内分泌物和药物等。

注意，对食物供给行为进行物质流分析，为识别相关营养盐流、设计备选方案奠定了基础。如果要测试各方案的可行性，还必须对技术、经济和社会各方面进行全面分析。只有在保证消费者获得同样或者更多便利的情况下，管理尿液和粪便的新方式才有可能成功。

3.2.2　案例研究 6: 铜管理

如 1.4.5.1 节所述，物质以空前的速度增长是现代经济体的重要特点。金属消耗量增加，但由于开采和冶炼技术效率的提高，金属价格却降低了（Metallgesellschaft Aktiengesellschaft，1993）。人类在 20 世纪后半段消耗的资源多达人类社会历史总消耗量的 80%～90%（图 3.17）。

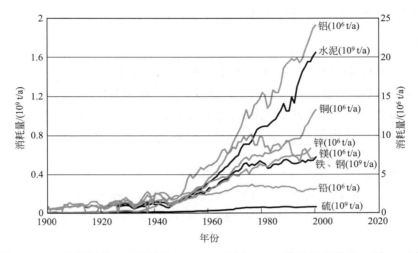

图 3.17　一些资源的全球消耗量。自 1950 年以来，大约已经使用了 80%～90%

（源自 Kelly et al.，2014）

在人类社会代谢中，单从物质重量角度来看，重金属相对重要性较低，因为它们的量不足无机物（包括水）消耗总量的 10%（Baccini et al.，1996）。但是，重金属却在很多商品的生产和制造过程中发挥着重要的作用，它们能提高商品的质量和功能，从而延长商品寿命或扩大使用范围。这要归功于它们独特的化学性质和物理性质，例如抗腐蚀性、导电性、延展性、强度、导热性、亮度等。

1972 年，罗马俱乐部最早在《增长的极限》一书中提出资源短缺概念（Meadows et al.，1972）。梅多斯（Meadows）等预测诸如铜等资源将在短短几十年之内消耗殆尽。因为新的储量不断发现，开采技术不断提高，金属的耗竭时间（资源完全消耗所剩余的时间）不断修改，一再延长。某些对于现代技术非常重要的金属——铅、锌、铜、钼、锰等，有些研究者估计将在未来几十年内发生短缺（Kesler，1994）。关于这些局限是否会限制未来发展并没有一致说法（更多信息请参见 Becher-Boost et al.，2001）。到目前为止，有些金属的功能能够由其他材料替代，有些还不能。

当前的废物管理并不能说是可持续的。在使用过程中，以及使用之后，大量金属以污染物排放或废弃物的形式损失掉，结果造成了在很多地区土壤以及地下水、地表水体中金属的富集。如 1.4.5.2 节中提到的，与人类相关的很多金属流都超过了自然流。图 1.7 为镉的例子（Baccini et al.，2012）。镉的自然地质过程流动量大约为 5.4×10^3 t/a，但是人类从地壳开采的镉约为 17×10^3 t/a。相比较而言，人类社会向大气的大量排放，正在导致土壤中镉的大量积累。全球镉排放速率需要降低一个数量级才能与镉的自然累积速度相同。而对于区域来说，削减目标更高，因为大部分人类活动都集中在北半球，要保护好环境，这些地区的镉流必须削减得更多。人类社会镉存量每年增长 $3\%\sim4\%$，为了避免短期和长期环境影响，必须对其进行谨慎的管理、处置以及循环利用。

重金属是有限的贵重资源，但也是潜在的环境污染物，必须创新战略和方法以管理重金属。高效资源管理的首要条件是要获得关于人类社会中这些元素的使用、位置以及归趋的准确信息（Landner et al.，1999）。以这些信息为基础，必须从资源优化和环境管理的视角制定控制重金属的措施。本案例利用斯帕塔里及其团队（Spatari et al.，2002）获得的欧洲铜流量和存量信息讨论了铜的可持续管理。

3.2.2.1　步骤

利用统计熵分析（SEA）方法对铜元素及产品进行评价。2.5.9 节介绍了应用 SEA 进行单一过程系统分析的方法。在本案例中，分析了一个由多个过程组成的系统，因此需要重新界定系统，确定步骤。SEA 可以直接应用于铜数据库而不需要进行额外的数据收集，而且不需要太多计算。莱希伯格（Rechberger）和格雷德尔（Graedel）提出并详述了步骤（2002）。

（1）术语和定义

一组物质流由有限数量的物质流组成。元素分布表示一种元素在某组特定物质中的分配比例。分布（或分布模式）通过该组所有物质 $\dot{m}_i$，$\dot{X}_i$，c_i 中的两个或三个属性描述（图 3.18）。

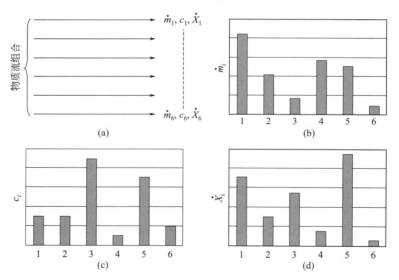

图 3.18　（a）六种物质流组合的案例；（b）一组元素流，质量/时间；
（c）物质流中元素的浓度，质量/质量；（d）元素在物质流中的分布（分数）

（2）计算

依据下列公式计算某组固体物质的统计熵 H。如果气体流或者液体流（排放）也需要考虑，就必须用到 2.5.9.3 节给出的复杂公式。本节分析的系统只包括固体物质即铜流。该物质流组合中物质种类数量为 k，流速（$\dot{m}_1,\cdots,\dot{m}_k$）和元素含量（$c_1,\cdots,c_k$）已知。

$$\dot{X}_i = \dot{m}_i c_i \qquad (3.1)$$

$$\widetilde{m}_i = \frac{\dot{m}_i}{\sum\limits_{i=1}^{k} \dot{X}_i} \tag{3.2}$$

$$H(c_i, \widetilde{m}_i) = -\sum_{i=1}^{k} \widetilde{m}_i c_i \mathrm{ld}(c_i) \geqslant 0 \tag{3.3}$$

式(3.1) 和式(3.3) 中的浓度用当量单位表示为质量/质量（例如，$g_{元素}/g_{商品}$，或 $kg_{元素}/kg_{商品}$，等等），所以 $c_i \leqslant 1$。如果采用其他单位（例如，%，mg/kg），那么式(3.3) 必须用一个对应函数替代（Rechberger，1999）。变量 $\widetilde{m}_i$ 表示一个物质组的标准化质量分数。如果可以根据描述计算得到 c_i 和 $\widetilde{m}_i$ 的值，就可以得到下列各分布 H 的极值（见图 3.19）。

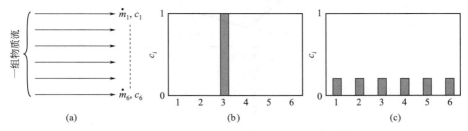

图 3.19 （a）由双变量（m_i，c_i）定义的元素分布的一组物质流；（b）如果某元素只包含在某一个物质流中，则统计熵 H 为 0，如果某元素在各物质流中均匀分布，H 值最大；（c）H 值介于 0 和最大值之间的其他分布（源自 Rechberger et al.，2002。获授权）

a. 在 k 种物质流中，只有一种含有该元素（$i=b$），并以纯元素形式存在 $\Sigma \dot{X}_i = \dot{X}_b = \dot{m}_b$。这样的一组物质表示的是元素浓度最高的可能情况。该分布的统计熵 H 为 0，同时也是最小值，因为 $c_i \leqslant 1$ 情况下 H 为正值 [图 3.19(b)]。

b. 另外一种极限情况就是当所有的物质流都具有相同的浓度值（$c_1 = c_2 = \cdots = c_k$）时，这样的一组物质表示元素最大的稀释状态下的情况。该分布情况下，统计熵为最大值。

任何其他可能的分布得到的 H 值都在这两种极值之间 [图 3.19(c)]。

H 的最大值表示为：

$$H_{\max} = \mathrm{ld}\left(\sum_{i=1}^{k} \widetilde{m}_i\right) \tag{3.4}$$

最终，相对统计熵（RSE）定义为：

$$\mathrm{RSE} \equiv H/H_{\max} \tag{3.5}$$

一个物质流系统通常由多个过程构成，而且多个过程通常是过程链的形式。图 3.20 展示的系统由 10 个物质流（F）链接起来的 4 个过程（P）组成，包括一个循环（循环利用流 F9）。

SEA 评价一个系统的步骤依赖于系统结构。对于本章中研究的系统，统计熵的变化可以根据接下来的描述进行计算。

① 过程数界定和阶段确定。如果系统中过程的个数为 n_p，那么阶段的个数则为 $n_s = n_p + 1$，其中阶段指数 $j = 1, 2, \cdots, n_s$。整个系统可以看作一个一步一步传递输入的过程，每个步骤都称为一个阶段。每个阶段都由一组物质流表示 [见图 3.20(b)]。第 1 阶段是指从输入到过程链的第 1 个过程，后边各阶段是指第 1 个过程的输出到第 n_p 个过程。所以阶段

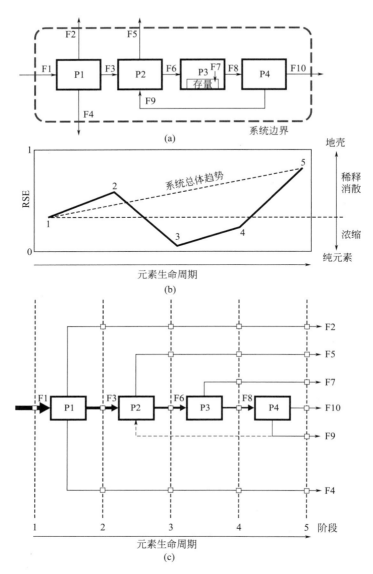

图 3.20　(a) 由包括一个循环利用流的一个过程链组成的系统的基本结构；(b) 系统的物质流
分为五个阶段，例如，阶段 3 由流 F2、F5、F6 和 F4 表示和定义，阶段 2 到 5 表示过程 1 到 4 引
起的输入（阶段 1）的转移；(c) 研究的对象元素在每个阶段的分配比例与最大浓度和最大稀释度
的相对统计熵（RSE）值（0 和 1）之间的 RSE 值对应（源自 Rechberger et al.，2002。获授权）

j（$j>1$）接收过程（$j-1$）的输出以及并未被系统转化的前述所有过程的所有产出（输出
流以及进入存量的流）。从存量中输出的流可以当作某过程的输入流处理，而进入存量的流
可以当作某过程的输出流处理［见图 3.20(a) 中过程 P3、流 F7］。这意味着实际上存量是
作为一个独立的外部过程处理的。不过，为了区别于其他描述，存量在过程方块中用一个相
对小一点的方块表示（见第二章图 2.1）。最后，再生流被作为输出流处理。各物质流对不
同阶段的分配见图 3.20(b)。过程图展示了通过系统的元素流如何逐步不断分支，最后形成
元素的各种分布模式。

②　基础数据修正以及各阶段的 RSE 计算。被研究系统的基础数据、物质流速、元素浓

度（$\dot{m}_i$，c_i）由 MFA 确定。标准化质量分数 $\widetilde{m}_i$ 根据式（3.1）和式（3.2）确定。利用式（3.3）对向量（c_i，$\widetilde{m}_i$）或每个阶段进行分析得到该阶段的统计熵 H。$H_{\max}$ 是某阶段所有标准化物质流的函数［见式（3.4）］。所以如果物质浓度下降，标准化物质流将会随着后续过程而增长［合并式（3.1）和式（3.2）］。如果研究中某阶段的所有物质浓度均与该元素地壳浓度（c_{EC}）相同，就可以假定熵最大。$H_{\max}$ 计算公式如下：

$$H_{\max} = \mathrm{ld}\left(\frac{1}{c_{EC}}\right) \tag{3.6}$$

$H_{\max}$ 的界定源于对资源节约的考虑。例如，如果使用铜生产某个商品，其中铜浓度为 0.06g/kg［地壳的平均铜浓度（Krauskopf，1967）］，该商品就具有和地壳平均水平一样的铜资源利用潜力。因此，如果某阶段 $H = H_{\max}$，就表示该阶段铜资源已经达到了顶点。利用式（3.5）和式（3.6），可以计算出每个阶段的 RSE。图 3.20(c) 表明，整个系统可以分为富集、中等（平衡）或者稀释，这主要取决于最终阶段的 RSE 是低于、等于还是高于第一阶段。

（3）铜数据与铜系统

图 3.21 展示了 1994 年欧洲的铜流量和存量，是耶鲁大学产业生态中心完成的一个综合项目的一部分。对于数据质量、准确性以及可靠性的讨论，请参见 Graedel 等（2002）和 Spatari 等（2002）的研究。基于这些数据评价铜管理实践具有一定挑战性。目前，欧洲是一个铜的开放系统，非常依赖进口。铜的总进口量（2000×10^3 t/a）比其本土由矿石加工得到的量多 3 倍（本土约为 590×10^3 t/a；矿石减去尾矿和矿渣）。铜利用产生了大量生产残留物，不过根据当前的系统边界，这些残留物并未包含在系统之内，因此在对欧洲铜管理进行评价时并未纳入考量。如果要进行实际的铜评估，那么含铜的进出口商品，例如旧废铜，也需要纳入考量。因此，需要界定一个概念上自成体系的系统：①独立于含铜商品和废物的输

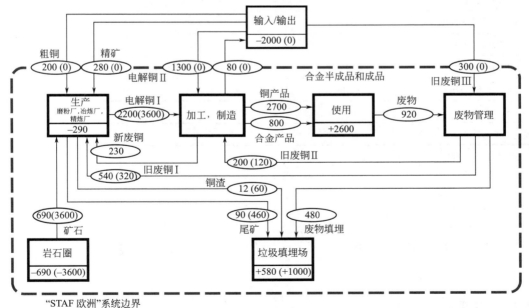

图 3.21　1994 年欧洲的铜流量和存量（值经过四舍五入，10^3 t/a），括号内的数值代表
一个概念上自成体系的铜系统，其消耗水平相同，但没有铜的输入和输出

（源自 Rechberger et al.，2002。获授权）

入、输出；②有外部流进入系统。在这个概念上的系统中，所有支持国内需求的铜完全由系统内部生产，同时消耗资源，产生废物残留。图 3.21 展示了没有供应发生的情景下估计的结果，在该封闭系统中，分析了与当下铜管理有关的所有的物质流。

表 3.22 给出了用于计算熵趋势的数据，铜的流动速度（$\dot{X}_i$）引自 Spatari 等（2002）的文献。铜的含量（c_i）及其变化范围有些引自文献，有些是最优估计。变化范围为评估最终熵变化趋势不确定性提供了依据。物质流速（$\dot{m}_i$）利用式（3.7）计算。

$$\dot{m}_i = \dot{X}_i / c_i \times 100 \tag{3.7}$$

表 3.22　欧洲铜管理物质流数据

物质	物质流($\dot{m}_i$)/(10^3t/a)	铜含量(c_i)/(g/100g)	铜流量($\dot{X}_i$)[5]/(10^3t/a)
矿石	69000	1(0.3~3)	690
精矿	930	25(20~35)	280
粗铜	205	98(96~99)	200
电解铜Ⅰ	2200	100	2200
流出存量(生产)	290	100	290
电解铜Ⅱ	1300	100	1300
尾矿	90000	0.1(0.1~0.75[1])	90
铜渣	1700	0.7(0.3[2]~0.7)	12
新废铜	260	90(80~99)[3]	230
旧废铜Ⅰ	680	80(20~99)	540
旧废铜Ⅱ	250	80(20~99)	200
旧废铜Ⅲ	380	80(20~99)	300
合金半成品和成品	110	70(7~80)[3]	80
产品(纯铜)	27000	10(1~50)[3]	2700
产品(铜合金)	11000	7(1~40)[3]	800
流入存量(使用)	1200000	0.2(0.1~0.3)[3]	2600
废物	460000	0.2(0.1~0.3)[3]	920
废物填埋	460000	0.10[4]	480

资料来源：Rechberger et al.，2002。

注：值经过四舍五入。

① 1900 年左右高值。

② 1925 年左右较低值。

③ 知情的估计值。

④ 根据废物管理过程质量平衡计算得到。

⑤ 源自 Spatari et al.，2002。

3.2.2.2　结果

（1）铜管理以及替代系统的 RSE——保持现状情景以及假定供应情景：独立于供应的欧洲利用式（3.3）～式（3.7）计算熵的变化趋势，数据见表 3.22 和图 3.21。图 3.22 显示了两个系统的铜全生命周期的 RSE 变化趋势，一个是 1994 年当时现状情景，另一个是独立于供应的情景（同时展示在图 3.21 中）。物质流在各阶段的分配见图 3.23。

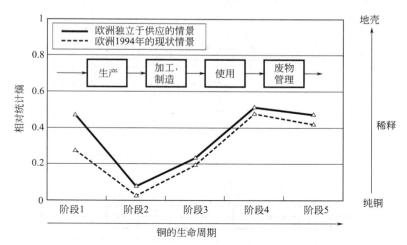

图 3.22　1994 年欧洲现状情景（开放系统）以及一个概念上的、独立于供应的情景（封闭或自主系统）下铜的全生命周期的 RSE 变化。两者变化趋势相同，但系统的总体性能存在差异（阶段 1 和阶段 5 之间的差异）（源自 Rechberger et al.，2002。获授权）

两个系统行为很类似，生产过程 RSE 从第 1 阶段到第 2 阶段都降低，因为矿石（铜含量为 1g/100g）经过冶炼得到粗铜（含量＞99.9g/100g）。注意第 2 阶段 RSE 并不为 0，因为开采的矿石和熔融混合物会产生残留废物（尾矿和矿渣）。生产过程越高效（所谓效率是指将含铜物质转化成铜的能力），第 2 阶段的 RSE 越接近 0，表示所有的铜变得更纯净。说明：为了减小阶段 1 到阶段 2 的 RSE 值，需要额外的能量输入（用于矿石粉碎、熔融等）。能源供应对 RSE 的影响并未考虑，因为能源供应不在系统范围之内。能源资源是否会对 RSE 产生影响，主要取决于使用的能源类型（煤炭、石油、水电）。不过，在本章中，系统边界设定参考斯帕塔里的描述（Spatari et al.，2002）。

利用精炼铜生产半成品和消费商品导致阶段 2 到阶段 3 的 RSE 升高，因为制造加工过程发生了铜的稀释，在生产铜合金时，显然需要加入其他材料。与此类似，将含铜产品安装到其他消费商品上（例如在汽车中安装铜电线），或者在基础设施上安装铜组件（从阶段 3 到阶段 4 转移，例如加热系统使用的铜管）同样会"稀释"铜。一般来说，该阶段铜的稀释程度无法获知。铜的位置、含量以及规格是未来铜管理与优化的必要条件。首先，有理由假设存量中铜的平均含量与留下存量离开的残留废物中的平均含量相同。铜的存量可以根据铜含量以及城市生活垃圾、建筑废物、金属废料、电子电气废物、报废汽车等废弃物的产生率确定（Bertram et al.，2002）。在阶段 4 向阶段 5 转移过程中，熵减小，因为废物收集和处理过程将铜从废物流中分离出来并进行浓缩是为了循环利用。熵变化呈现 V 字形趋势——生产过程（冶炼）熵降低，消费阶段熵升高（见图 3.22），O'Rourke 等（1996）、Ayres 等（1984）、Stumm 等（1974）、Georgescu-Roegen（1971）对其进行了定性分析。

现状情景和独立于供应系统情景的两个不同系统之间的熵变化趋势差异值得注意。首先，现状情景系统从一个很低的熵水平起始，因为输入商品中铜是浓缩状态。阶段 2 的差异归因于独立于供应情景的系统矿石产量增加，导致阶段 2 受到了大量生产残留废物的影响。在阶段 3 和阶段 4，现状情景和独立于供应情景之间的差异变化不大，因为两种情景的代谢

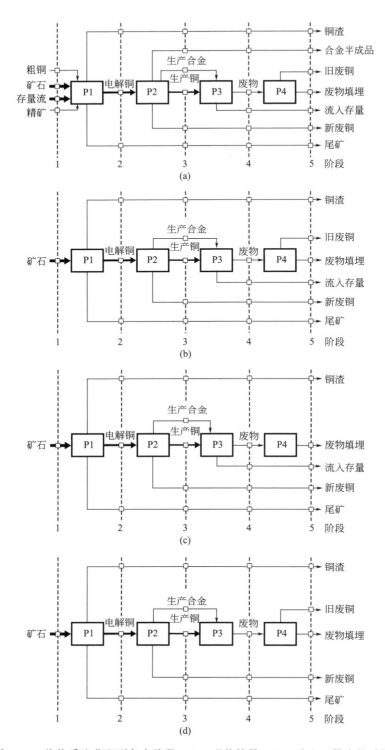

图 3.23 将物质流分配到各个阶段:(a) 现状情景;(b) 独立于供应的系统;
(c) 没有循环利用的独立于供应的系统;(d) 稳定状态下的独立于供应的系统
(源自 Rechberger et al., 2002。获授权)

在该阶段都没有太大变化。独立于供应情景下，没有旧废铜输入，导致循环利用率更低，所以废物管理效率相对较低。接下来只对独立于供应情景及其中的某些变化进行讨论，因为该情景囊括了欧洲铜管理有关的所有过程和流，同时纳入了欧洲内陆的外部影响。

系统的整体性能可以通过第 1 阶段和最后阶段之间的 RSE 差来量化，在该案例中，

$$\Delta RSE_{total} = \Delta RSE_{1-5} = [(RSE_5 - RSE_1)/RSE_1] \times 100 \tag{3.8}$$

其中，$\Delta RSE_{total} > 0$ 表示对象元素在系统中进行迁移的过程中被稀释或者耗散了。从资源节约和环境保护的视角来看，此时的 RSE 升高是有害的。如果无限持续升高，这样的管理行为将会带来长时间尺度的问题。相反，高循环利用率、先进的废物管理以及金属非耗散使用的情景下，RSE 表现出降低的趋势（$\Delta RSE_{total} < 0$）。在生命周期结束时，低熵值意味着：①只有一小部分资源被转移到含铜量低的产品中（例如作为油漆添加剂）或者耗散了（例如考虑污染排放的情况）；②大部分资源以浓缩或者相当纯净的形态（例如铜管）存在。通过填埋处理的废物最好应该与地壳中的特征类似，或者应该在填埋之前将其转化成类似的状态（Baccini，1989）。与地壳中元素类似的含铜物质处于与环境平衡的状态，其能值接近 0（Ayres et al.，1994；Ruth，1995；Ayres，1998）。因此，废物管理系统必须生产①高度浓缩的产品，具有高能值，与周边环境不平衡，②与地壳中元素类似的残留废物。低能值或零能值废物通过稀释的方法较容易获得，例如通过很高的烟囱排放大量低浓度废气，或将有害废物与混凝土混合，以阻止这些原料未来再进入利用过程。因此，某阶段 RSE 值低既意味着制造了高度浓缩（高能值）的产品，也意味着生产了低污染（低熵值）的产品。

（2）独立于供应的欧洲的循环利用

利用图 3.24 对循环利用与熵趋势的相关性进行分析。图中的数据表明，独立于供应的系统没有任何旧废铜或者新废铜的循环利用。与图 3.21 中的独立于供应的情景对比，可以发现该系统需要更多的矿石（＋63%）和更大数量的生产废物和消费废物的填埋（＋220%）。

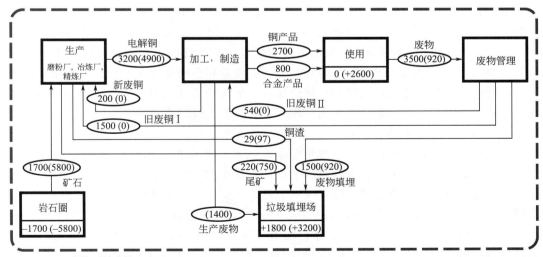

"STAF 欧洲"系统边界

图 3.24　使用过程中没有铜积累的独立于供应的欧洲的铜流量和存量（10^3 t/a）（稳定状态情景），括号中的值表示没有铜循环利用的情景（源自 Rechberger et al.，2002。获授权）

非循环利用情景的熵趋势见图 3.25。所有的 RSE 都升高了，说明阶段 2 和阶段 3 中没有生产残留，阶段 5 废物管理没有发挥作用。$\Delta RSE_{1-5} = +28\%$ 反映出管理战略相当糟糕。

当前阶段，旧废铜的循环利用率约为 40％，欧盟的有些国家甚至达到了 60％（Bertram et al.，2002）。假设在未来，所有国家都能达到这么高的循环利用率，独立于供应的系统的 ΔRSE_{1-5} 将从 -1％减小到 -4％（循环利用率 90％时，$\Delta RSE_{1-5} = -11$％）。这说明当下的废物管理对系统的整体性能影响是很有限的，究其原因，是因为进入废物管理的铜流量值相对太小了。

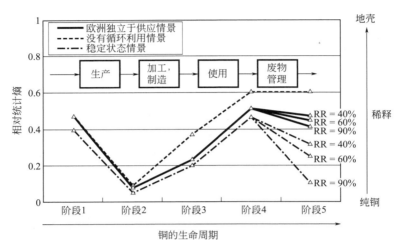

图 3.25　不同情景对铜生命周期相对统计熵的影响比较：欧洲独立于供应情景、没有循环
利用情景、不产生存量的稳定状态情景。评估表明，废物管理和回收在未来的资源
利用中发挥着关键作用（来自 Rechberger et al.，2002。获授权）

（3）稳定状态下的独立于供应的欧洲

图 3.24 同样给出了稳定状态情景下的流量。在该状态下，消费商品需求仍然与保持现状情景相同，但是使用过程输出等于存量的输入。未来，由于生命周期有限，大量物质将会变成废物，该情景就会发生（Brunner et al.，2001）。假设循环利用率为 60％，则 $\Delta RSE_{1-5} = -47$％。这说明在未来，废物管理对于铜的整体管理将起到决定性的作用。如果循环利用率为 90％，则 $\Delta RSE_{1-5} = -77$％。如今的商品和系统设计还无法达到如此高的循环利用率，同样，还需要定位铜流量和存量的所在。如果改进了设计过程，获取了所需信息，应用了先进废物管理技术，那么未来铜管理一定能降低 RSE，促进金属可持续管理。

（4）不确定性及敏感性

数据不确定性（物质流速度 $\dot{m}_i$ 和元素浓度 c_i）以及结果准确性是评价过程的基本信息。在大部分情况下，数据可获得性限制了统计工具在物质管理系统描述中的应用。物质流统计数据不会提供关于可靠性和不确定性的信息，例如标准差或者置信区间。有时，元素浓度范围可以通过文献调查确定。图 3.26 中，对独立于供应情景的 RSE 给出了上限值和下限值。这些限值通过估计表 3.22 中铜含量值的范围计算得到。因此，限值并不是统计分析值而是估计值。表 3.22 中，人为选择了一个相对较宽的范围，实际 RSE 趋势落在该范围内的可能性较大。不考虑物质流速的不确定性的情况下，这是正确的。ΔRSE_{1-5} 在 -23％到 28％（均值为 -1％）之间，可以满足初步评价要求。每个阶段的不确定性差别很大。阶段 1 的变化范围取决于矿石中铜含量的变化范围（0.5％～2％）；阶段 2 的变化范围很小，说明该阶段的 RSE 准确性较高；阶段 3 的不确定性最大，因为很多商品的平均铜含量都不可知；阶段 4 和阶段 5 的不确定性不高，大概与阶段 1 类似。

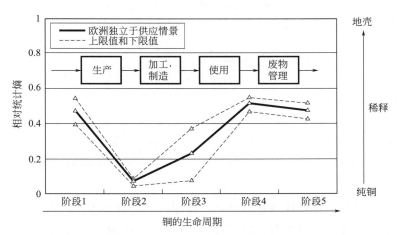

图 3.26 基本数据估计值浮动变化导致相对统计熵的变化

（来自 Rechberger et al.，2002。获授权）

分析结果进一步证明了使用中的存量具有未来铜资源潜力的猜测。阶段 4 和阶段 5 对于 1 吨铜具有相同的熵值，当计算 RSE 时，存量特征是存量中平均铜含量的估计值，表示铜在存量中是均匀分布的，并且稀释程度最大。该假设显然是不成功的。如果能获得存量中铜实际分布的更多信息，将会降低阶段 4 的 RSE 值。假设这一信息可以用于废物管理设计与优化，必须首先实现高循环利用率，以满足 $\Delta RSE_{1-5} < -70\%$ 的要求。

3.2.2.3 结论

当前的铜管理主要是分配模式的变化，大约覆盖了完全稀释和完全浓缩之间范围的 50%。由于新废铜和旧废铜循环利用，以及商品中耗散性使用比例很小，欧洲经济体（广义上的）的铜流量和存量基本是平衡的。分析表明，当前在用的铜存量具有成为二次资源的潜力，同时，还可以通过优化设计循环利用含铜商品进一步改善。如果废物管理适合循环利用和处理老化的存量产生的大量残留废物，几乎可以实现铜的可持续管理。因此，本案例展示了如何对不可再生资源进行管理以节约资源、保护环境。

3.2.3 案例研究 7：建筑废物管理

建筑材料是人类社会代谢的重要原材料，是建筑物、道路及其网络中的基质材料，在人类社会中的固体材料中的占比最大（见表 3.23）。这些材料在人类社会中滞留时间长，因此也会成为子孙后代的遗产。一方面，它们是未来的资源；另一方面，它们也有可能成为未来污染排放和环境负荷的来源。道路表面材料的循环利用是一个常见的再利用案例，很多国家都开展了这类循环利用。而填缝剂和油漆中的多氯联苯（PCBs）、保温材料和泡沫中的氯氟烃（CFCs）则都是污染排放的例子。因此，必须从资源节约和环境保护双重视角来谨慎管理建筑材料。未来的主要任务之一就是要创新建筑设计模式，便于建筑生命周期之后的建筑材料分离，主要部分能够用于新的建筑，而剩余的小部分则通过焚烧或填埋的方式进行处置。（焚烧有利于减少和浓缩那些需要确保长时间滞留的材料，例如塑料。）

表 3.23　1880—2000 年维也纳人均建筑材料使用量

时段	人均建筑材料使用量/[m³/(人·a)]	时段	人均建筑材料使用量/[m³/(人·a)]
1880—1890 年	0.8	1940—1950 年	0.1
1890—1900 年	0.4	1950—1960 年	0.1
1900—1910 年	0.1	1960—1970 年	0.1
1910—1920 年	0.1	1970—1980 年	2.4
1920—1930 年	0.1	1980—1990 年	3.3
1930—1940 年	1.4	1990—2000 年	4.3

资料来源：Fischer，1999。

　　本案例对从资源节约视角管理建筑材料进行探讨。同时将体积和质量都看作资源，主要有两方面的考虑。首先，研究表明，MFA 同样可以用于解决体积相关的资源问题，同时也有助于揭示某些建筑废物重新循环利用的一些关键难点。其次，通过 MFA 的方法对两种利用建筑废料生产循环利用材料的技术进行了对比。

3.2.3.1　"空洞"问题

　　从砂石场或者矿井开采建筑材料都会在地表留下巨大的空洞，由于建筑材料建成建筑之后，滞留时间往往达到数十年，因此往往需要 30～50 年的时间，建筑才能成为废料，填满这些空洞。在增长性经济体中，在某个时间点进入社会的建筑材料远远大于输出。因此，随着城市扩张，建筑存量长时间驻留，城市附近的空洞的体量也在不断加大。

　　图 3.27 和图 3.28 给出了 1880 年到 2000 年维也纳建筑材料的总使用量和人均使用量。随着年代的变化，建筑材料开采发生了巨大变化。经济危机（如 20 世纪 30 年代的经济大萧条以及战后时期）对建筑活动的影响非常显著。120 年的累积量可以导致空洞的总体量达到 $207 \times 10^{6} \mathrm{m}^{3}$（图 3.28），相当于当前人口下（150 万人）人均 $140 \mathrm{m}^{3}$。

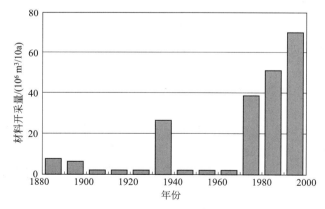

图 3.27　1880—2000 年建筑材料从地面开采并用于维也纳建设的情况

（来自 Fischer，1999）

　　有趣的是，20 世纪 90 年代城市快速发展造成的空洞总体积要比所有能够填埋的废物的总体积大得多。图 3.29 中，拉纳（Lahner，1994）构建了奥地利建筑材料平衡，建筑材料输入超出建筑废物输出大约 1 个数量级。除了此处讨论的空洞问题，输入远大于输出的现象

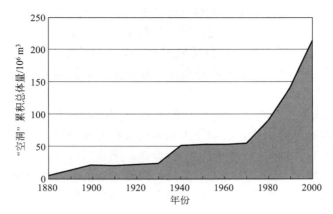

图 3.28 1880 年至 2000 年期间，维也纳周边因建筑材料开采而
产生的"空洞"累积总体量（来自 Fischer，1999）

还暗示了另外一个严重的问题：与建筑材料总需求量相比，可以循环利用的建筑废物数量小得多。因此，即使所有的废物都被循环利用，节约的原材料也只能满足一小部分原材料需求，也许很难用如此小的一个市场份额创造一个产品市场，特别是在新的、尚未完全了解的材料还存在不确定性，同时又没有太大利润空间的情况下。为了成功引入循环利用材料，必须建立技术和环境标准，开发以具有竞争力的价格提供更高质量产品的技术，并鼓励消费者利用新产品。

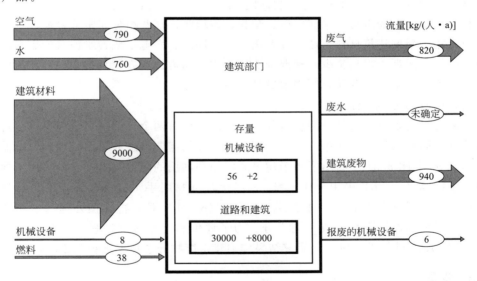

图 3.29 奥地利建筑材料使用情况（1995 年），对于增长性经济体来说，建筑材料的输入
远远大于建筑废物的输出（来自 Lahner，1994。获授权）

在维也纳的例子中，20 世纪 90 年代，处理处置的总废物（MSW，建筑废物等）年产生量约为 600000t，约为 800000m³（或 400kg/人，0.53m³/人）。图 3.29 中没有显示循环利用的废物，这部分大约占建筑材料年均消耗量 [4.3m³/(人·a)] 的 1/8。因此，几乎不可能通过填埋所有废物填满维也纳的这些空洞。需要说明的是，由于垃圾焚烧将生活垃圾的体积降至 1/10，维也纳实际填埋的废物的体积非常小。

通常垃圾填埋的数量（体积或重量）都不是问题，问题常常是特质（元素浓度）。一方面，废物被填埋回去时，大部分情况下组分已经和开采时完全不同了，因此废物材料与水、大气和微生物发生的相互作用很有可能与原始材料不同，从而产生一些污染排放，对地下水和填埋场附近造成污染。另一方面，自地质形成开始，原生材料就一直与当地环境互相作用。除了矿井、矿石区域之外，从这些原位地点输出的元素流通常都是微量的（背景流量或背景浓度），不会造成污染。

"空洞平衡"问题结论如下：城市不断扩大导致空洞，因此"空洞管理"重要且必要。这些形成的空洞空间有多种用途，例如休闲娱乐或废物处理处置。如果用作垃圾填埋场，那么质量方面的影响是首要因素，必须首先进行分析。填埋到这些空间中的废物要具有类似岩石的属性，除了矿化特点（例如处理之后焚烧）之外，还需要与水及环境达到平衡状态。废物处理处置的目标因而就升级为利用废物材料生产迁移性差的岩石。

3.2.3.2　MFA 用于比较不同的分离技术

建筑废料在所有固废中所占比例最大，因此，对于资源节约来说，收集、处理和循环利用这些废料意义重大。有大量技术可以利用建筑废料生产建筑材料，其中关键环节在于从危险的、污染的或者其他不适于建筑使用的材料中分离出适合建筑使用的材料。MFA 可以根据产品组分评价建筑废物分类企业的效率（例如，清洁组分产生与某些组分中污染物的积累）。

为了设计和控制建筑废物的循环利用过程，必须了解分类企业要处理的输入材料的组成。建筑材料的组分和数量取决于拆解过程。如果建筑物是直接被外力或爆破拆解的，得到的废物就会包括各种元素。而如果是选择性拆解的，就可以对不同组分进行归类收集，各种材料就相对均一，例如木材、水泥、砖、塑料、玻璃等。这些组分非常适合循环利用，粉碎之后，或者用于新的建筑材料生产，或者用作工业锅炉、发电厂或者水泥窑的燃料。两种不同类型的拆解方式都会得到至少一种混合建筑废物。暴力拆解方式只产生混合建筑废物，而选择性拆解方式产生的混合建筑废物数量则少得多，主要由一些不可循环的物质组成，例如塑料、复合材料和污染成分。

建筑废物分类企业主要处理混合组分，分类的目标有两个。第一，分类可以获得适合回收的清洁的、高质量的组分。第二，分类还可以分离出需要焚烧或填埋处理的不可循环利用物质。图 3.30 和图 3.31 中给出了用于建筑废料循环利用的两种技术，它们采用不同方式分离材料。工厂 A（25t/h）采用干式过程，包括大尺寸材料手工分拣、旋转滚筒筛分、破碎粉碎、锯齿形空气分级机、灰尘过滤器。工厂 B（60t/h）对废物的预处理基本相同，之后利用一个湿式分离器将废物分成不同组分。为了评价和比较两个过程在资源节约方面的性能，都利用 MFA 对其进行研究，研究结果作为建筑废物分选技术选择决策的依据。

3.2.3.3　步骤

由于几乎不可能通过直接分析确定未处理建筑废物的化学组成，因此对两个企业输入的材料只进行了称重，而没有进行分析。对所有分选产品进行采样和分析，再计算每种元素所有输出流量之和与测量周期内处理的建筑废物的质量之商，从而确定输入废物的组分。之所以该步骤如此处理，是因为分选企业生产的产品大小和组成更接近，比原始建筑废料分析起来更容易，也更经济。两个企业的输入并不相同，因为为分类厂 A 和 B 提供建筑废料的收集系统差别非常大。

Schachermayer 等（2000）、Brunner 等（1993）描述了分析方法，平衡了 2～9h 的时间

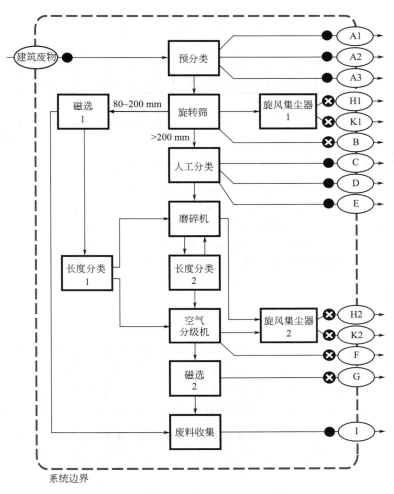

图 3.30　建筑废物（CW）分类工厂 A，干式过程

A1—大块混凝土和石块；A2—金属；A3—大块可燃物；B—<80mm 的物质；C—混凝土和石块；
D—金属；E—大块材料；F—轻质组分；G—重质组分；H1 和 H2—旋风分离器 1 和 2 产生的粉尘；
I—废铁；K1—滚筒/切碎机尾气；K2—空气分级机尾气；●—质量流量测量（m^3/h 和 t/h）；
❌—元素浓度测量（mg/kg）

段内的物质输入和输出。湿式过程在 5 个耗时较短的活动中进行分析，干式过程在 9h 内进行了全面分析。每小时采集所有输出商品的样本并分析和测量基质元素（＞1g/kg）和痕量元素（＜1g/kg）含量。尾气和废水则根据其相关标准进行采样。固体样品的大小在 5kg 到 500kg 之间，对等分样品进行粉碎研磨，直到粒径小于 0.2mm。能够进行磁分离的金属组分等不进行粉碎，而是根据其现有组分估计其中的含量。水泥和石块等超大材料也没有进行分析。水泥含量借鉴文献中的数值，石块组分假定与其他小石块成分相同。少量因研磨而缺少的样品无法进行组分分析。对总物质平衡的敏感性测试结果认为，这部分样品对于处理的总建筑废物的敏感性小于 5%。因为基本（大量）组分的组成已知（例如磁分离筛选出的组分铁含量<80%），所以假设由此造成的误差不会影响整体物质平衡和迁移系数。

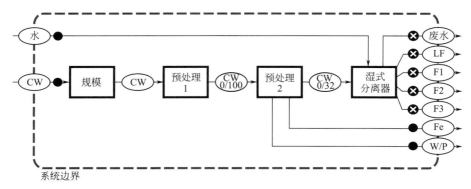

图 3.31   建筑废物（CW）分类工厂 B，湿式过程

预处理 1—切碎机和筛，0～100cm；预处理 2—人工分选、磁选机、研磨机、筛，0～32cm；

CW0/100 和 CW0/32—建筑废物粉碎、研磨、筛分，筛孔尺寸分别为 100cm 和 32cm；废水—包括沉淀

污泥；LF—轻质组分；F1 至 F3—循环利用的建筑材料（F1，16～32mm；F2，4～16mm；F3，0～4mm）；

Fe—废铁；W/P—含木材和塑料的组分；●—质量流量测量（m³/h 和 t/h）；✖—元素浓度测量（mg/kg）

3.2.3.4   结果

（1）建筑废物组成

与预期相同，工厂 A 和工厂 B 处理的建筑废物组成并不相同（见表 3.24）。工厂 A 中处理的材料含有更多的硫（石膏）、有机碳以及铁，而工厂 A 处理的材料中痕量金属的含量更是比工厂 B 高 1 个数量级。工厂 A 处理的建筑废物比工厂 B 处理的建筑废物受到了更加严重的污染，同时含有的无机物质更少。造成此现象的确切原因尚未可知，推测可能的原因如下。

表 3.24   干式分类工厂 A 和湿式分类工厂 B 处理的建筑废物组分与地壳平均含量比较

	元素	工厂 A 建筑废物（混合建筑废物）	工厂 B[①] 建筑废物（经过分类的建筑废物）	地壳平均含量
基质元素 /(g/kg)	S	5.8	1.1～2.9	0.3
	TC[②]	93	47～79	0.2
	TIC[③]	33	35～69	
	TOC[④]	60	2～21	
	Si	121	100～150	280
	Ca	150	120～200	41
	Al	9.5	8～15	81
	Fe	40	7～20	54
痕量元素 /(mg/kg)	Zn	790	24～66	70
	Pb	630	3～103	13
	Cr	150	13～32	100
	Cu	670	8～23	50
	Cd	1.0	0.10～0.22	0.1
	Hg	0.2	0.05～0.55	0.02

① 工厂 B 的数据是利用不同输入材料进行四次采样的结果，所以给出了变化范围。

② TC：总碳。

③ TIC：总无机碳。

④ TOC：总有机碳。

① 工厂 A 位于瑞士，分析时间为 1988 年；工厂 B 位于奥地利，分析时间为 1996 年。8 年的时间里，建筑废物管理发生了很大的变化。20 世纪 80 年代，混合建筑废物由分类工厂进行处理；20 世纪 90 年代，则已经变成了由选择性拆解和分拣企业处理，如此一来，工厂中输入的废料更清洁，材料一致性更好。

② 在分析时段，瑞士和奥地利建筑废物管理法律和实践都存在巨大差异。在瑞士，分析时段中，尚没有正式的法律框架。分类工厂 A 的 MFA 是对该类工厂生产可用的再利用建筑材料能力的首次尝试，分析结果旨在帮助建立新的策略，确定选择性拆解为优选项（见下面的结果）。8 年后，在奥地利，已经有强制性要求规定对建筑场地的某种超量物质进行分类，统一收集同一组分，诸如木材、金属、塑料、水泥等，因此工厂 B 的输入更清洁，这证明了瑞士制定的决策（选择性拆解）是恰当的。

③ 大部分建筑废物都来自建筑拆除而非新建建筑。由于经济循环模式不同（奥地利在第二次世界大战之后经济发展水平较低，经济恢复缓慢），瑞士和奥地利拆解的建筑也具有不同的生命周期。相对来说，瑞士的建筑废物来源于相对较新的建筑，建成大约 20～40 年，而奥地利 20 世纪 90 年代拆迁的建筑则更为老旧。

因此，工厂 A 的建筑废物组成可能代表了 20 世纪 50 年代到 60 年代的建筑材料特点，而工厂 B 的输入则更多来自战前时段（1930—1940 年），因此表现出了痕量元素组分的差异。

需要说明的是，此处提到的三个原因都没有开展深入调查，仅仅作为对建筑材料组分差异的可能解释。如果要获得关于建筑废物组分差异的重要发现，就必须从统计视角进行专门的分析，而这并不是对工厂 A 开展物质平衡分析的目的。

总之，在调查时段，工厂 A 收到的是混合废物，在建筑拆迁过程中几乎没有进行筛选。而工厂 B 收到的建筑废物大部分来源于手工分拣的废物，是看起来更适合回收利用的组分，其中不适合回收利用的材料已经在建筑场所被移除。

（2）分类产品的物质流

工厂 A 的物质平衡见表 3.25。干式分离得到了 14 种不同的产品，其中 4 种产品是废物，没有进一步使用（旋风集尘器 1 和 2 产生的灰尘，滚筒、切碎机和空气分级机产生的尾气）。剩余 10 种组分有一部分非常相似，因此，又进一步分为 5 个组分，即 Ⅰ、Ⅱ、Ⅲ、金属以及其他，见表 3.25 的底端。

表 3.25 建筑废物分类工厂 A 的物质平衡

物质	组成	物质流量/(10^3kg/d)	组分/(g/100g)
总输入	建筑废物	225.3	100
组分			
A1	大块混凝土、石块	8.5	3.8
A2	金属	3.08	1.3
A3	大颗粒可燃物	3.75	1.7
B	<80mm 的物质	102	45.3
C	混凝土、石块	4.14	1.8
D	金属	2.36	1.0
E	大颗粒物质	0.43	0.2
F	轻质组分	51.4	22.8
G	重质组分	47.7	21.2

续表

物质	组成	物质流量/(10^3 kg/d)	组分/(g/100g)
H1	旋风分离器产生的粉尘 1	0.16	0.06
H2	旋风分离器产生的粉尘 2	0.10	0.04
I	铁	1.73	0.8
K1	滚筒/切碎机尾气	n.d.	n.d.
K2	空气分级机尾气	n.d.	n.d.
新组分	Ⅰ＋Ⅱ＋Ⅲ＋金属＋其他	225.3	100
Ⅰ（＝B）	＜80mm	102	45.3
Ⅱ（＝F＋E＋A3）	轻质组分	55.6	24.7
Ⅲ（＝G＋C＋A1）	重质组分	60.3	26.8
金属（＝A2＋D＋E）	铁	7.13	3.1
其他（＝H＋K）	粉尘及尾气	0.26	0.1

注：n.d. 为未确定。

① 主要组分，包括：a.组分Ⅰ，粒径小于 80mm 的物质；b.组分Ⅱ，轻质组分；c.组分Ⅲ，重质组分。

② 次要组分，包括：a.废铁；b.其他，包括无用残留物（过滤粉尘和尾气）。

我们讨论完每个组分的化学组成之后，就会知道这样分类是非常合理的。

工厂 B 的商品平衡见表 3.26。首先，工厂 B 得到的组分更少，只得到了 7 类组分，其中 2 类具有重要性。轻质组分只占到 5.1g/100g，再次表明工厂 B 的输入含有的有机废物比工厂 A（塑料、纸张、轻质木材，诸如此类）更少。其次，与工厂 A 相比，工厂 B 得到了大量粒径＜4mm 的细粒径材料。工厂 B 的运营者为这类物质找到了很好的市场，而工厂 A 的消费者想要稍大一点的材料。注意，由于在建筑场地进行了废物分离，因此工厂 B 的废铁组分大约为工厂 A 的 1/20。

表 3.26   建筑废料分类工厂 B（对建筑废物提前进行了分类）的商品平衡

物质	组成	物质流量/(10^3 kg/h)	组分/(g/100g)
总输入		370～380	约 500
预分类的建筑废物		75	100
水		300	400
总输出		200～270	260～360
废水		130～190	170～250
（废水沉积物）①	（废水沉淀池的污泥）	(2.5～3.7)	(3.3～4.9)
LF	轻质组分	3.8	5.1
F1	分类组分 16～32mm	15	20
F2	分类组分 4～16mm	27	36
F3	分类组分 0～4mm	25	33
Fe	废铁	0.13	0.17
W/P	木材和塑料组分	0.05	0.07

注：输入和输出的数值差异主要是水损失造成的，经过浸湿过程之后，含水组分堆积放置时的失水量并未测量，而且也很难量化这些损失。

① 废水沉积物包含在废水中，但是产生于系统边界之外的一个过程（废水污泥沉淀池的沉淀过程）。

（3）分类产品的物质含量

两个建筑废物循环利用工厂的产品的组分及其物质含量见表 3.27。在两个工厂中，各组分都富含碳酸盐和硅酸盐，而有机碳含量都很低。同时，两个工厂都生产了轻质组分，包含大约 20％的总有机碳（TOC）和废铁组分。两个工厂产品化学组成的差异主要是输入物质的差异造成的。

表 3.27　干式(工厂 A) 和湿式(工厂 B) 建筑废物分类得到的产品的组分及其物质含量

元素		工厂 A 的产品					工厂 B 的产品					地壳平均含量
		I	Ⅱ	Ⅲ	G	金属铁	F1	F2	F3	LF	污水污泥	
基质元素 /(g/kg)	Si	160	n.d.	180	170	n.d	170±10	170±16	190±13	170±8	170	280
	Ca	180	91	160	160	n.d.	160±9	160±19	140±18	100±17	160±18	41
	Fe	12	16	20	22	800	15±5	16±6	16±5	20±5	20±3	54
	TC	62	210	48	47	n.d.	54±4	59±6	59±6	210±90	98±23	0.2
	TIC	41	17	38	34	n.d.	53±5	52±10	47±8	22±8	47±6	—
	TOC	21	190	9.9	12	n.d.	1.8±1	7±6	11±3	190±95	51±25	—
	Al	8.8	8.3	12	12	8.1	15±4	15±5	11±3	21±6	20±3	8.1
	S	7.3	5.7	3.9	4.3	n.d.	1.6±0.54	1.3±0.2	1.4±0.2	3.8±0.4	2.4±0.5	0.3
痕量元素 /(mg/kg)	Zn	540	1400	170	200	4900	35±8	34±8	48±5	65±9	200±91	70
	Cu	47	420	330	410	11500	16±3	21±6	22±6	30±7	45±4	50
	Pb	200	940	930	1200	1800	30±54	16±15	25±10	46±37	75±11	13
	Cr	160	90	130	140	760	24±3	25±9	25±10	110±22	41±7	100
	Cd	0.7	2.3	0.5	0.6	n.d.	0.12±0.01	0.11±0.005	0.13±0.01	0.2±0.07	0.31±0.08	0.1
	Hg	0.2	0.3	0.1	0.1	n.d.	0.11±0.07	0.17±0.08	0.47±0.31	0.7±0.03	3.1±1.7	0.02

注：n.d. 为未确定。

由于输入原因，工厂 A 干式分离得到的所有组分中重金属含量都超过了地壳中的含量。而工厂 B 由于处理的建筑废物更清洁，因此湿式分离得到的产品成分更接近地壳中的含量。尽管如此，工厂 B 中所有分析的组分中铅和汞的含量还是高于地壳含量。受到污染最严重的是干式分离得到的轻质组分Ⅱ，这些物质与 MSW 类似，有机碳含量较高（20％）。因此，该组分并不适于作为建筑材料再利用。这些组分可以作为废物通过燃烧产生能量，焚烧炉需要配备复杂的大气污染控制设备以去除酸性气体、颗粒物和汞、镉等挥发性重金属。

工厂 B 的轻质组分与 A 类似。最主要的差别是 B 的痕量金属含量更小。同时，工厂 B 通过湿式分离生产的单位建筑废物中的轻质组分含量（5.1g/100g）大约为工厂 A 通过干式分离得到的对应量（24.7g/100g）的 1/5。之所以产生这两项差异，主要是因为两个工厂输入原材料的不同。工厂 B 产生大量含有悬浮颗粒物的废水，这些废水大多进入沉淀池，形成污泥沉淀。这些污泥中污染物的含量要高于工厂 B 任何其他产品中污染物的含量，说明大部分重金属以小颗粒形式存在，能够在湿式分离过程将金属移除和转移到水相的假设是正确的。还有相当多的污水，其污染物含量不高，但是并没有得到控制，产生之后就"消失不见"了（工厂坐落在河岸上）。

（4）金属分配比例及迁移系数

建筑废物分类的首要目标是生产清洁的再生建筑材料。用化学术语来说，分类必须将建筑废物里含有的有害元素汇聚到不打算再利用的组分中。理想情况是循环利用组分中的元素含量接近于生产最初产品所用的建筑材料的含量水平，例如砂石、花岗岩、石膏等。第二个目标是最大限度地实现可利用的、清洁的物质流。第三个目标是分离出适合处理处置的废物，或者填埋，或者焚烧。如果在控制有害元素流进入某些分类组分方面能够取得成功，所有这些目标就都能实现。因此，首先要了解重金属在分类产品中的分配情况。

表 3.28 列出了工厂 A 和 B 的迁移系数（分配系数）。结果表明，干式分类和湿式分类都无法实现将所有有毒元素从再利用组分转移到处理组分中的目的。对于大部分组分来说，物质和元素的迁移系数十分接近，说明"真正的"富集或者消耗并没有发生。可以发现，工厂 B 的产品的质量更好一些，这是因为它输入的材料更清洁，而不是因为湿式分离取得的效果。MFA 揭示了两种技术的潜力，迁移系数有助于比较分离效率。

表 3.28 　在建筑废物分类工厂 A 和工厂 B 中某些选定元素的迁移系数 　　　　单位：10^{-2}

元素	工厂 A				工厂 B[①]				
	Ⅰ	Ⅱ	Ⅲ	金属	F1	F2	F3	LF	污泥
混合物	45	25	27	3	20	36	33	5.1	约 4
Si	60	n.d.	40	n.d.	21	38	33	3.9	4.6
Ca	56	15	29	n.d.	23	41	28	2.7	5.0
Fe	14	10	13	63	18	34	27	4.3	5.5
TOC	16	80	4	n.d.	2.2	15	21	46	15
Al	42	21	34	3	23	40	25	6.0	6.8
S	57	24	18	n.d.	20	29	24	9.1	6.7
Zn	31	44	5	20	16	28	31	5.5	21
Cu	3	15	13	69	16	38	31	5.5	10
Pb	14	37	40	9	25	24	30	7.2	14
Cd	29	57	14	n.d.	19	33	30	5.9	12
Hg	43	36	12	n.d.	5.7	16	35	6.8	37

注：n.d. 为未确定。

① 工厂 B 中金属废料的迁移系数 k_{Fe} 为 0.11，工厂 B 中废水的迁移系数 k_s 为 0.11，而所有其他废水的迁移系数 k_{is} 都小于 0.003。

迁移系数只展示了原子的迁移比例，因此并不能作为元素富集或耗竭情况的比较依据。图 3.32 给出了工厂 A 分选的主要组分中某些元素的富集情况（用主要组分中元素浓度与建筑废物中元素浓度商的对数值表示），用于度量富集或者消耗。在工厂 A 中，金属组分中主要富集的元素为铁、铜、锌以及铬。干式分类法在金属组分中成功富集了这些金属物质。有机碳、镉、汞和铅富集在轻质（可燃的）组分Ⅱ中。组分Ⅰ和组分Ⅲ类似，在这两种组分中，基质元素硅、钙和无机碳轻度富集，而有机碳和某些重金属则严重消耗。在组分Ⅰ中，除了铜，所有元素消耗都比组分Ⅲ中的元素消耗小 1 个数量级。对于混合建筑废物，如果这一过程的目的是生产与地壳组分含量近似的物质或原始建筑材料，那么这个数量级是非常必要的（见表 3.24）。在混合建筑废料分类中，还没有任何机械化方法适于控制所有有害元素流。

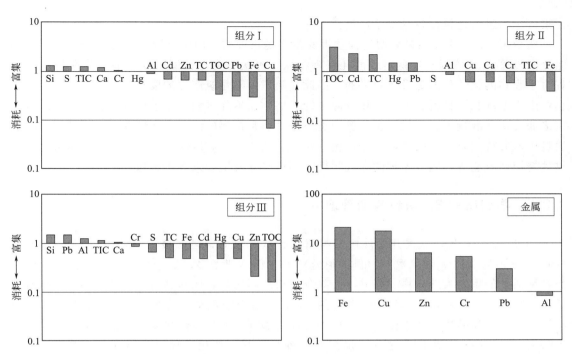

图 3.32　建筑废物分类工厂 A 分选的主要组分中某些元素的富集情况
（组分 Ⅰ 中 X 的含量/建筑废物中 X 的含量）

3.2.3.5　结论

工厂 A 通过干式分离，在轻质组分以及其他类似建筑材料两种组分中成功富集了可燃原料，该分离过程从两个组分中得到了大约 70% 的潜在有用建筑产品以及 3% 的可循环利用金属，剩余的大约 25% 组分不适合循环利用或填埋，必须进行焚烧。工厂 A 无法显著降低任何组分的污染水平。所有产品的核心缺陷都在于痕量金属的含量高。如果将工厂 A 的循环利用产品用于建设活动，将会导致建筑中重金属的含量远远超过地壳中的含量。如果对轻质组分进行焚烧处理，就必须有精密、昂贵的空气污染控制设备。因此，最重要的一步是能够在污染物进入建筑废物循环利用工厂之前开展选择性人工分拣。

由于输入更清洁，因此工厂 B 湿式分离得到的主要的两类组分相对清洁，更适合循环利用。尽管有一小部分重金属的含量要比地壳含量高一点，但是总体上看，大部分重金属（因为输入更清洁）都比工厂 A 的含量低得多。从总性能衡量，湿式过程与干式过程相仿，既有可能获得富含 TOC 和可燃物的组分，同时也能够保证在任何组分中都没有显著的有害金属的积累或消耗。对于工厂 A，轻质组分还包括大量有机碳，TOC 含量达到近 20%。填埋 TOC 含量如此高的物质需要长时间的后续维护，因此似乎更适合将轻质组分用作燃料。但是，由于汞等重金属的存在（见表 3.27），设计用来利用轻质组分的焚烧炉必须配备高效大气污染控制设备，以去除气态化的金属。

尽管两个分离过程的输入不同，但是在 MFA 和迁移系数帮助下，还是可以比较两个工厂的性能。从再利用视角来看，两个工厂的主要区别在于产品：工厂 A 生产砾石替代物，工厂 B 生产砂和砾石，到底生产砂还是砾石根据区域市场环境进行调整。从环境视角来看，两者并没有很大的区别。因为两个工厂都不能高效富集或消耗有害物质，主要产品组分中的元素含量与进入建筑废料的含量接近。

两个工厂的 MFA 结果表明选择性拆除策略是正确的。两个过程都不能在任何一个最终组分中显著（10 倍因子）富集或消耗有害物质，再次有力地证明了在当前发展阶段机械过程对于废物的化学分离是没有效果的。因此，随意拆除建筑产生的废物不适合建筑废物分类企业生产循环利用材料。为了优化资源节约战略，在拆除过程中单独回收材料，分别循环利用诸如砖块、混凝土、木材、金属等同类组分是非常重要的。在大多情况下，剩余组分可以通过机械分拣回收其中的可燃成分，包括塑料、油漆、管和线缆等，因为这部分组分适于通过焚烧炉回收能源，通过先进的大气污染控制措施除去诸如汞等重金属。

3.2.4　案例研究 8：塑料废物管理

20 世纪 30 年代，人类开始使用塑料材料。从此以后，诸如聚氯乙烯（PVC）、聚乙烯（PE）、聚丙烯（PP）和聚酰胺（例如尼龙）等材料迅速增多，如今已经成为广泛应用于人类各种活动的重要人造材料。当前，大部分塑料都利用化石燃料制造，而这是不可再生碳资源。塑料生产大约占化石燃料消耗总量的 5％，主要用于汽车、建筑、家具、衣物、包装材料等。为了提高品质，通常要向其中加入其他添加剂。尤其是诸如窗框、地板衬垫、挡泥板等耐用塑料制品，必须防止老化，能耐受紫外光、腐蚀性化学物质、温度改变等测试。所以，塑料材料通常需要聚合物与稳定剂、软化剂、颜料和填料混合制成。

3.2.4.1　塑料是 MSW 的主要组分之一

塑料在 MSW 流中所占比例可达到 10％～15％。此外，工业固废和建筑废物也是塑料废物的主要来源。有些塑料废物（特别是来源于塑料加工过程的废物）相对清洁，均质性强，适于回收利用。但是有些塑料往往是多种商品和元素的混合物，因此几乎无法循环利用。大部分塑料制品都具有高能值，所以成为废物后可以用作燃料。但由于稳定剂中含有重金属（铅、锌、镉等），有些含有氯的聚合物（如 PVC）燃烧过程会产生有毒物质，因此焚烧塑料废物的焚烧炉通常需要配置先进的大气污染控制设备。

如表 3.29 所示，包装材料相对清洁，大部分可以用作二次资源。另外，存量中的耐用塑料含有大量有毒元素，在未来，也必须对这些元素进行处理。因此，塑料循环利用和废物管理需要制定针对性措施，适用于处理特定种类的材料及其含有的成分。

表 3.29　奥地利塑料材料中的添加剂

材料	总消耗[1]/(1000t/a)	包装材料消耗[1]/(1000t/a)	总存量[2]/(1000t)
塑料	1000	250	6700
软化剂	14	3	180
Ba/Cd 稳定剂	0.25	0.0002	4
Pb 稳定剂	1.6	0.002	27
阻燃剂	2	0	34

资料来源：Fehringer et al.，1996。

注：滞留时间不长的塑料相对清洁，例如包装材料；长时间留在建筑、汽车以及其他用途存量中的塑料则含有镉、铅、有机锡化合物等大量的有害物质。

① 1992 年。

② 1994 年。

　　图 3.33 为奥地利塑料的流量和存量（Fehringer et al.，1996）。数据来源于塑料制造企业、废物管理，以及其他数据源。下面的讨论环节将聚焦在塑料废物管理，重点关注塑料作为能源利用以及有害物质来源的问题。1992 年，奥地利的 800 万消费者大概带来 110 吨塑料制品。很大一部分是十分耐用的商品（地板垫、窗框、汽车配件等），因此将其归入"人类社会存量"。图 3.33 中，该存量被链接到消费过程。其他塑料被用于生产非耐用材料的塑料产品，例如包装材料和一些消费商品。消费过程存量的净流入（输入减去输出）为 410×10^3 t/a。有 720×10^3 t/a 塑料废物从消费过程输出，其中 590×10^3 t/a 被填埋，剩余部分被焚烧或者循环利用。有一个有趣的现象，尽管 1992 年奥地利实施了《包装条例》，但没能改变包装状况，《包装条例》只管控了大约 7%（759×10^3 t/a 中有 49×10^3 t/a）的塑料废物，使其作为循环材料使用，而进入 MSW 焚烧炉与 MSW 一起焚烧的塑料废物大约有 71×10^3 t/a。到目前为止，最大比例的塑料废物（590×10^3 t/a）仍然以垃圾填埋的方式处理了。1 吨塑料含有的能量大约相当于 1 吨化石燃料。因此，大量能源被浪费。对塑料进行垃圾填埋，不仅仅是浪费资源，同时也违反了奥地利《废物管理法案》（BMUJF，1990）。该法案的目标是推动能源和材料等资源节约，法案明确提出要最小化垃圾填埋空间，而这些条款并未体现在图 3.33 的塑料废物管理实践中。不过，一项新的垃圾填埋条例规定禁止有机材料处理处置，使得该状况得到了大大改观。

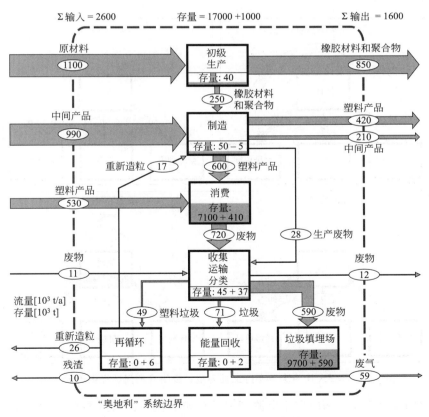

图 3.33　奥地利塑料流量和存量
（源自 Fehringer et al.，1996。获授权）

3.2.4.2　全局视角的塑料管理

从图 3.34 中可以看出，全局性的 MFA 方法具有巨大优势。如果只考虑 MSW（固废管理视角），塑料废物量 $200\times10^3\,t/a$，其中 80% 被填埋，20% 焚烧处理。一旦同时关注包装材料，推动立法，例如德国实施双元制体系，奥地利出台《包装条例》，就能推动相当大数量的塑料废物（$70\times10^3\,t/a$）被单独收集，而不再通过填埋（$-60\times10^3\,t/a$）或焚烧（$-10\times10^3\,t/a$）处理（包装条例视角）。但是由于塑料本身存在质量差异，并非所有单独收集的塑料废物都能作为聚合物循环利用，还有很大一部分塑料废物被水泥窑等用作燃料，因此塑料废物的循环利用量只有 $50\times10^3\,t/a$。

如果对所有塑料废物进行评估，可以发现垃圾填埋方式处理的占很大一部分（$590\times10^3\,t/a$）（全废物管理视角）。其中非常重要的是，如果不开展全国塑料流量和存量研究，就几乎不可能发现大量塑料废物被垃圾填埋处理了。只有平衡工艺消耗，估测不同塑料制品的平均滞留时间，才能对消费输出的废物进行可靠的评价。尽管有此可能，但是想要直接识别大量填埋垃圾中的塑料数量也是一项相当困难的工作。图 3.34 清晰地表明，必须基于国家或经济体中一套完整的废物流量和存量（资源管理视角），才能制定出有关塑料废物的合理决策。相反，如果仅将关注点局限在某一个废物种类，例如包装材料，则会造成资源废物管理决策并非优化方案。

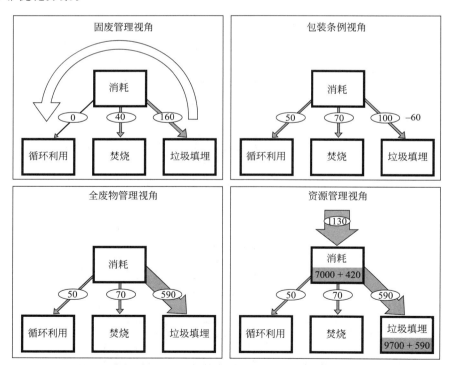

图 3.34　MFA 作为决策支持工具为塑料废物管理问题提供不同视角

在本案例中，MFA 方法应用于资源管理具有如下优势：从全国尺度建立总的塑料平衡关系，揭示塑料的重要流量和存量，有助于制定资源管理的恰当的优先选项。首先，识别出消费和填埋中最大的有用塑料存量（相应的资源和能源）。其次，识别出"消费"存量和填埋中由于塑料制品含有有毒组分导致的潜在威胁。未来，这些有毒物质需要谨慎地处理处置。该发现为控制聚合物及其有害添加剂，使其适合塑料循环利用和能源回收等再利用和最终处置过程奠定了基础。

3.2.5　案例研究 9：铝管理

一方面，铝已经在人类社会中积累了相当可观的存量。另一方面，铝具有作为二次原材料的潜力。所以这些存量作为二次原材料已经成为经济学以及环境学研究的热点领域（EC，2014）。对于评价未来人类社会资源潜力，以及优化铝管理方案来说，理解人类社会过去和当前的铝的利用方式是十分关键的问题。

在本案例中，利用静态和动态 MFA 方法分析了奥地利国家尺度的铝存量和流量，以为铝资源管理优化提供支持。通过静态 MFA，深入分析了奥地利 2010 年铝的利用方式（Buchner et al.，2014a）。之后，基于 1964—2012 年之间奥地利的铝生产和铝消费数据，建立动态模型（Buchner et al.，2015a）。利用动态 MFA，基于自上而下的方法（Laner et al.，2016），确定不同部门铝的在用存量，估计这些部门生命周期末端（EOL）进入废物管理和输出的铝的流量。动态模型利用单独的自下而上估计校正模型参数进行校准，模型结果基于独立估计和数据进行交叉检验。接下来，通过综合历史动态物质流模型的数据与未来铝消费情景，预测在用存量和旧废铝产生的未来趋势（Buchner et al.，2015b）。通过应用存量驱动方法（例如，将存量变化作为消费驱动因素）估测一部分部门未来的铝消费；利用输入驱动方法（即基于未来消费预测的方法，例如依据年增长速度预测）预测其他部门未来的铝消费；利用模型预测评估在给定的当前铝生产和废铝产生的趋势下，奥地利国内废铝是否具有满足国内废铝需求的潜力。最后，在模型中引入废铝质量因素，分析循环利用废铝与某些合金混合的限制因素，例如，压铸合金无法作为锻造合金再利用（Buchner，2015）。因此，模型可用于分析应用高级分拣技术的不同情景下利用混合的旧废铝生产压铸合金的潜力。

3.2.5.1　静态铝平衡

构建奥地利 2010 年铝静态 MFA 模型，分析当前国家尺度铝利用方式特征。该分析特别关注废物管理阶段，以及废铝市场的铝流量，从而为国家尺度铝利用的资源效率评估提供支持（Buchner et al.，2014a，2014b）。静态 MFA 模型通过 STAN 软件搭建，涵盖铝生命周期的所有主要阶段，从生产到加工，再到利用和废物管理。国外贸易流分析非锻造铝、半成品以及最终产品（间接铝流），以确定 2010 年最终铝需求总量。废铝总量（即消费后的废铝）通过国家新废铝（即消费之前的废铝）的二次再生铝量与国外旧废铝和非锻造铝净输入的平衡关系进行估计。不同使用部门的废铝数量通过综合自上而下估计和自下而上估计得到（Buchner，2015）。最后，基于数据质量指标对数据质量进行评价，基于结果确定所有输入数据的不确定性范围，包括平均值和标准差。

2010 年，奥地利国内二次铝产量总输出为 572×10^3 t/a，用于国内使用和出口（Buchner et al.，2014a）。2010 年，铝作为最终产品进入使用阶段的输入大约为 218×10^3 t/a［或 26kg/（人·a）］。建筑及基础设施、交通、包装为主要消费部门，消费了全国 86% 的铝（见图 3.35）。43% 的输入进入铝存量，导致存量大量增长，特别是建筑存量。旧废铝产量为 7kg/（人·a），其中 80% 在废物管理阶段得到循环利用。包装废物导致的铝损失最严重，造成约 30% 的铝被填埋，或者在废物热处理过程中被氧化。交通部门贡献了最大比例的铝生命周期末端流，这部分流主要以旧汽车形式出口到国外进一步利用，而没有进入本国的废物管理阶段。从生产角度来看，奥地利二次铝生产高度依赖于净进口，占到产品总输入的40%左右。由于国外废铝所占比例太高，很难进行新废铝和旧废铝的分离，国家生产中旧废铝利用量在0%～66%浮动，因此很难对国家铝资源需求进行定性评价。

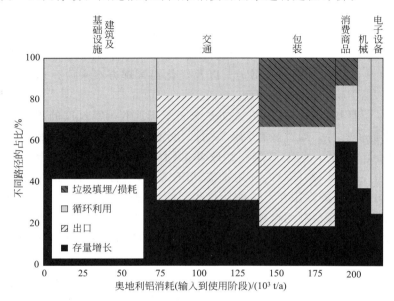

图 3.35　Buchner 等（2014a）的静态模型中各使用部门总铝消耗量以及不同流动路径的占比情况，例如：铝在建筑及基础设施部门的消耗量约为 70000t/a，其中 70%的消耗转化为存量增量

3.2.5.2　动态铝物质流模型

　　基于静态 MFA，构建动态物质流模型，深入分析铝在用存量以及废铝生产量随时间变化趋势。聚焦国家尺度分析，便于与其他估计结果进行比较从而提高模型输出的置信度，弥补大尺度动态物质流分析的不足（参考 Buchner et al.，2014a）。利用自上而下方法计算六个部门的在用铝存量［见式(3.9)］，用某年输入［$I(t)$］减去输出［$O(t)$］得到具体年份的在用存量增量；用所有过去时间段（1～T）的存量变化之和，加上第 0 年的初始存量 $S(0)$ 得到 T 时刻的总存量 $S(T)$。基于历史生产和消费数据估计金属在用存量，预测未来二次资源潜力，该方法广泛应用于动态物质流模拟中（例如，Pauliuk et al.，2013；Müller et al.，2014）。不过，由于使用部门的输出数据常常很难获得，因此，过去产品的输出通常利用具体部门的分布函数计算。对于具体末端使用部门，该函数定义为：将通过累加某年所有过往输入转变为过去产品的比例计算输出。通过卷积运算综合输入函数 $I(t)$ 与生命周期函数 $f_{lt}(t)$ 进行计算（Müller et al.，2014）［见式(3.10)］。式中，T 为输出所在年份；d 为制品已经持续使用的年限。因为一般情况下，该卷积运算没有解析解，所以一般通过单个年份分别计算求解。对于生命周期函数，可以用正态分布、对数正态分布、β 函数或韦布尔分布等统计分布函数描述物质在在用存量中的滞留时间（Melo，1999）。在当前研究中，韦布尔函数输入不同部门专有参数（即平均生命周期）的方法常用于模拟在用铝产品的以往行为（参考 Buchner et al.，2015a）。

$$S(T) = S(0) + \sum_{t=1}^{T} I(t) - O(t) \qquad (3.9)$$

$$O(T) = (If_{lt}) = \sum_{d=1}^{\infty} I(T-d)f_{lt}(d) \qquad (3.10)$$

式中，S 为存量；I 为输入；O 为输出；T 为分析的存量和输出的时间。

除了选择生命周期函数及其对应参数之外，还需要确定其他模型参数（例如部门分配比例、循环利用率），这些模型参数需要考虑不确定性，可能随时间发生变化，为了提高初始参数估计效果，利用独立的自下而上估计方法校正动态物质流模型。对交通和包装部门的输入流可以实现这样的估计，因为这些部门可以调校具体部门的部门分配比例。此外，模型结果可以利用其他研究和统计数据进行交叉检验，以评价结果真实性。通过模型校正和验证，铝资源的过去、当前以及未来利用和可用的废铝评价结果更为可靠。

基于铝的未来消耗以及在用存量的发展预测，可以评价奥地利到 2050 年的铝资源可获得性（Buchner et al.，2015b）。采用存量驱动方法确定六个铝在用存量部门中的三个（交通、建筑及基础设施、电子设备）的未来铝消耗量，并计算废铝的流量。尽管该方法被认为在长时间尺度上比输入流预测更为稳健，但是其并不适合其他铝在用存量部门，因为包装部门铝存量中积累量太小，而自下而上估计方法在机械制造和消费商品部门无法开展。因此，这些部门未来铝消费趋势通过假定从当前阶段（2012 年）开始年消费增长系数的方法进行计算。

铝动态物质流模型分析结果见图 3.36，其中标示了使用阶段总输入和总输出，以及在用存量随时间的变化。显然，铝消费自 20 世纪 60 年代中期（模拟时段开始）就开始增长，一直到如今（在模型中为 2012 年），并且预计在未来依然会保持增长。由于轻型汽车的发展，交通部门铝使用量预计会飞速增长。未来旧废铝的产生速度甚至将会比消费的增长速度更快，从当前的 130×10^3 t/a [14kg/（人·a）] 增长到 2030 年的 210×10^3 t/a [24kg/（人·a）]，2050 年的 290×10^3 t/a [31kg/（人·a）]（参考 Buchner et al.，2015b）。预计旧废铝增长量最大的部门为交通部门和建筑及基础设施部门，预计其总在用存量将从 2012 年的 3×10^6 t（360kg/人）分别增长到 2030 年的 3.9×10^6 t（440kg/人），2050 年的 5×10^6 t（530kg/人），相当于在未来 40 年，在用铝存量年均增长 1%。

3.2.5.3 人类社会存量满足需求的潜力

铝资源流量和存量不断增长，使得高效管理人类社会铝资源更加重要。对一个国家来说，国内二次资源能够满足国内铝需求是一个核心问题。因此，本研究利用废铝产生量动态模型的预测结果（见图 3.36），评估未来奥地利二次铝资源的"自给自足潜力"。

废铝产量从 2010 年到 2050 年翻了一番，为提高奥地利最终铝消费自给自足率带来机遇。假设不进口非锻造铝和废铝，同时不出口废铝，禁止出口富铝的生命周期末端（EOL）产品（例如生命周期末端汽车），提高废物管理中铝收集和循环利用比率（各部门收集率达到 90%～95%，加工损失为 2%），那么最终 2050 年用于消费的铝自给自足率预期也不会超过 75% [见 Buchner 等（2015b）的 R_{high} 情景]。因此，在既定的铝消费增长率情况下，即使假设循环利用效率非常高，在可见的未来也无法实现完全的自给自足。如果人均消费保持 2012 年的水平不变 [大约 23kg/（人·a）]，2050 年人类社会可获得的铝资源仍旧不足以完全满足需求量 [自给自足率将提高到 83%，见 Buchner 等（2015b）]。因此，如果想要实现国

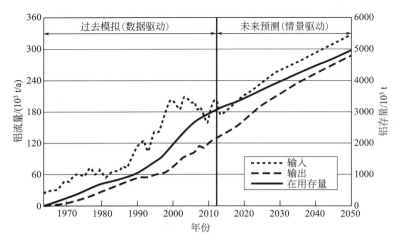

图 3.36   Buchner 等（2015b）分析的奥地利 1964 年至 2050 年期间铝的终端总需求
（进入到使用阶段的输入）、生命周期末端（EOL）流量（使用阶段的输出）以及
在用存量的变化

内可获得的二次原材料满足最终国内铝需求，只有降低铝消费才有可能实现，而从历史发展趋势来看，这几乎不可能。

关于循环经济，一个最主要的问题是，除了循环利用材料的数量要求之外，还有进入循环链的材料质量问题。对于铝来说，来自不同用途的旧废铝的混合物包括各种不同含量的合金元素，这将是旧废铝作为二次生产原料的关键限制因素。因此，未来铝自给自足率的提高还会受到铝循环利用以及二次原材料利用的质量两方面的约束。在初步评估中，利用动态铝物质流模型，将铸造合金与锻造合金区分开，预测这两种主要类型合金的废铝供应量。根据产品规格，铸造合金不能用于生产锻造合金，但是锻造合金可以用于生产铸造合金。因此，铸造合金生产是不同质量的废铝的汇（Buchner，2015）。通过比较进入国家最终铸造铝需求的当前和未来的铸造铝和混合废铝量，研究在封闭的国家系统中质量可能对铝循环造成的局限性。利用动态铝物质流模型分析不同情景，结果表明如果不开展铸造合金和锻造合金分离，在不久的将来，混合铝废料将过剩。这为未来金属管理发展指明了方向，应用先进分离技术进行废铝分离，将有可能防止到 2040 年出现混合废铝料比国家总铸造用铝需求大量过剩的情况。此外，还需要依赖新技术或国际贸易流补偿国家最终需求模式与废铝生产种类由合金组分导致的缺口。

MFA 模拟结果表明，如果要实现高循环利用率和闭合循环，当前的循环利用实践将会导致废铝质量与国内市场的不匹配。尽管这些发现只是基于“铝”和“奥地利”的案例得出的，只是一种金属，一个不大的国家，但是其很有可能对其他金属以及其他高度发达经济体（例如欧盟）也是适用的，因为这些国家和地区的消费模式非常接近。因此，实现金属循环利用，向循环经济转型，需要大力推行循环利用和废物分类，意味着对二次原材料的技术开发以及恰当的商品市场需求，因为金属废料的质量和成分是二次金属产品性能的决定因素。可见，动态 MFA 是支持循环经济领域铝相关政策的强大工具，同样也适用于其他金属。

思考题——3.2节

思考题 3.5　假设传统农业食物生产可以不需要土壤，以"水培"方式替代，那么食物供应行为对总营养盐（N、P）的需求以及损失会产生哪些主要变化？基于图 3.15 和图 3.16 进行讨论。

思考题 3.6　利用下述信息，完成后面的四个问题。

1996 年，大约 810×10^4 t/a 锌（Zn）矿石和 290×10^4 t/a 废锌被加工，用于生产 960×10^4 t/a 的锌。矿石加工会导致锌流失，约 23000×10^4 t/a 含有约 0.3% 锌的尾矿在开采过程中废弃，约 1400×10^4 t/a 5% 锌含量的熔融残渣损失，两者导致的锌流失大约都为 70×10^4 t/a。开采行为本身的废物不予考虑。锌进一步被制造成产品，可以粗略分为五类：镀锌钢材（330×10^4 t/a）、压铸材料（130×10^4 t/a）、黄铜（150×10^4 t/a）、锌板以及其他半成品（60×10^4 t/a）、化学品及其他用途（140×10^4 t/a）。

镀锌是指利用各种技术在铁或钢的表面镀上锌层以防止腐蚀。压铸是指通过挤压熔融的锌合金形成钢铸件的方式生产大量高强度、高密度组件的工艺（主要用于汽车制造产业）。黄铜是铜和锌的合金，其中锌含量约为 40%，黄铜常用于板材、线、管、拉伸材料等。锌板主要由锌和锌合金滚压成适合作为顶篷或覆层的薄板。最后一类主要是锌的耗散性使用，在此锌作为一种微量金属，用于油漆、汽车轮胎、刹车片、杀虫剂、动物饲料和食品添加剂、药品、化妆品等。加工制造也会产生生产废物（大约 150×10^4 t/a），主要是黄铜和镀锌残留物。

以产品形式进入使用阶段的锌总量为 810×10^4 t/a，废弃的锌约为 220×10^4 t/a，废物管理从废物流（废锌）中分离出 140×10^4 t/a。其余部分锌平均含量约为 0.1%，包括生活垃圾、建筑和拆解废料、电子电气废物、汽车拆解残留物、有害废物、工业固废、污水污泥等种类，最终被填埋（80×10^4 t/a）。关于其余部分的数据只是粗略估计值。商品物质流量、其中锌含量，以及最终锌流量见表 3.30。

表 3.30　全球经济系统中含锌商品的物质流量、锌含量以及锌流量

商品	物质流量/(10^6 t/a)	锌含量/%	锌流量/(10^6 t/a)
锌矿石	160	5	8.1
尾矿	230	0.3	0.7
矿渣	14	5	0.7
金属	9.6	100	9.6
生产废弃物	3.0	50	1.5
废旧锌	17	11	1.4
产品	1500	0.54	8.1
镀锌	83	4	3.3
压铸材料	1.3	99	1.3
黄铜	4.3	35	1.5
锌板及半成品	0.6	99	0.6
化学品及其他	1400	0.1	1.4

续表

商品	物质流量/(10^6 t/a)	锌含量/%	锌流量/(10^6 t/a)
进入存量的流	2200	0.27	5.9
耗散性损失	1700	0.07	1.3
废弃物	810	0.27	2.2
废弃物填埋	800	0.1	0.8

(a) 构建上述锌系统的物质流程图。

(b) 将流程图的物质流分配给各阶段，根据 3.2.2 节中图 3.23 的内容绘制流量关系图。

(c) 计算系统统计熵趋势，该趋势可持续吗？

(d) 如果 15% 消费/使用的锌并没有进入废物，也没有留存在存量中，而是流失到环境中，计算将会导致什么样的变化（假定锌流最终平均分散到土壤中）。

思考题 3.7   考虑下述假定区域建筑材料的流量和存量的定量流程图（见图 3.37）。

(a) 经过 100 年后，砂和砾石的存量，哪个将是最重要的（假设资源管理措施保持不变）？

(b) 为了循环利用建筑材料从而持续供应建筑材料（既包括建筑也包括地下部分），哪些条件是必需的？

(c) 在四种存量中，材料质量有哪些差异（哪个是第四种存量）？

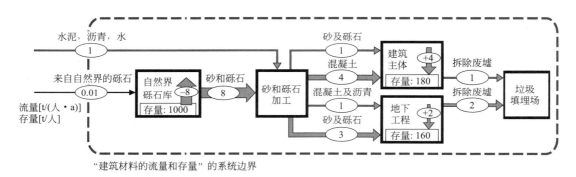

图 3.37   建筑材料的流量和存量的定量流程图

3.3   废物管理

MFA 非常适合为废物管理决策提供支持，原因如下：

① 在废物管理中，往往缺少废物数量和废物组分的信息。MFA 能够通过平衡废物产生过程或废物处理过程，计算出废物产生量及废物组分，从而非常适用于开展高效、低成本的相对较为准确的废物分析。

② 如第一章第一段所述，MFA 能够建立废物处理过程的输入和输出之间的联系。如果知道迁移系数，就可以评估某具体废物处理企业在给定输入的条件下是否能够达到目标。一般在废物管理中迁移系数是未知的，但是即使在某些输入和输出不可知的情况下，MFA 也可以计算出迁移系数。

③ 先进废物管理是经济学领域一个相对较新的分支，在不断增长的废物数量、新技术

以及不同利益相关方关注等因素推动背景下，废物管理迅速发展，急需关于未来方向的政策建议：某给定废物管理系统相对于预期目标有哪些缺陷？要达到既定目标，一个废物管理系统的成本效益如何？目标导向和成本效益如何度量和改进？

下述案例旨在阐明 MFA 如何用于废物分析、废物管理优化、废物政策分析，以及为废物管理决策提供支持。

3.3.1　MFA 应用于废物分析

要实现下述各目标，获知废物组成和废物产生速度的可靠信息十分关键：

① 识别循环利用潜力（生物质、纸张、金属、塑料等）。

② 废物处理厂设计和维护，包括大气和水污染控制技术（循环利用、焚烧、垃圾填埋）。

③ 预测废物处理和处置设施的污染排放。

④ 检验法律、物流和技术等措施在废物流的应用效果。

因为废物组成和产生速度总是在变化，所以必须分阶段对其进行分析，特别是当有新的消费商品进入市场时。因而，对废物组成及其随时间变化的趋势进行常规分析，并保持高成本效益，对于废物管理具有关键意义。本章介绍了描述 MSW 特征的方法，并进行了讨论，这些方法首先由布鲁纳（Brunner）和恩斯特（Ernst）在文章中提出（1986）。

特征化描述废弃原料使用的参数可以分为三组：

① MSW 中原料（例如纸张、玻璃、金属）的含量系数。

② 物理、化学或生物化学参数（例如密度、热值、生物可降解性）。

③ 元素含量（例如碳、汞、六氯苯）。

要解决废物管理的一个专门问题，通常不需要分析所有的参数。例如，循环利用研究，需要利用 MSW 中某些组成的含量系数信息，如纸张或玻璃。要预测污染排放，则需要知道 MSW 的元素组成。

总体来说，固废分析一般主要有三种方法（见图 3.38）。第一种是对 MSW 的直接分析，第二种和第三种则是基于 MFA 和质量平衡原则的间接方法。

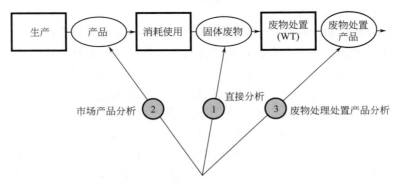

图 3.38　固体废物管理的分析方法（源自 Brunner et al.，1986。获授权）

① 直接分析，也称为"采样和分类"方法。收集特定的统计学上数量要求的 MSW，对废物商品进行采样、筛分、分析，之后干燥、粉碎，最后对元素进行分析。与产生的 MSW 总量相比，分析的样本量通常很小。该方法已经广泛应用于废物特征描述研究，在美国、欧

洲以及其他地区（Barghoorn et al.，1980；BUWAL，1984；Maystre et al.，1995）都有应用，并且已经出版了一些描述如何开展这类分析的手册（Yu et al.，1995）。

②　通过市场产品分析间接分析 MSW 组分。该方法需要关于产品生产和这些商品在使用和消费阶段的归趋的信息。通常利用从主要公司、专业组织或政府机构等产业源搜集的数据估计生产和消费的商品流，通过测量或假设这些商品的平均生命周期计算 MSW 的产生量。对每个产品类别的输入、输出和存量值进行校正。该方法于 20 世纪 70 年代早期被提出，从那时起，数据收集质量不断提高，数据库不断完善。分析结果得以和垃圾填埋、堆肥或循环利用的废物信息，以及直接废物分析研究的结果进行比较。美国环保署（EPA）应用该方法估测了 MSW 产生量（U.S.EPA，2002）。

③　利用关于废物处理处置产品的信息进行间接分析，计算 MSW 组成。该方法的优势在于废物处理的输出相较于输入的废物通常异质性更小。

如果监测所需的时间尺度过长，那么通过间接方法确定废物组成往往更具成本效益，更加准确（Morf et al.，1998）。

3.3.1.1　直接分析

直接分析最先用于确定废物组成。从不同的社区或区域，基于统计评价方法收集废物信息。样本大小常常在最小的 50kg 到最大的数吨之间变化。采集之后，人工将样品分成一定数量的不同组分（纸张、玻璃等），常常利用机械设备分离磁性金属，并将剩余未能识别出来的物质筛分成粒径不同的几组额外组分。为了确定每种组分的物理、化学参数，从每种物质中选择代表性样品，样品经过进一步准备（干燥、粉碎、筛分）后送入实验室进行分析。

直接分析法用于：

①　测量 MSW 中大部分物质含量。

②　确定 MSW 及其组分的能量和水分含量。

③　调查地理、人口和季节因素对 MSW 的物质含量的影响，确定某些参数。

④　评价废物组成随时间的变化。

⑤　评价不同分选收集措施对废物组成（例如纸张或玻璃成分）的影响，或者不同收集系统的影响（例如，垃圾箱的尺寸）。

但是，直接分析法同样存在很多局限和劣势。第一，人力资源需求过大，同时需要昂贵的设备。而且在技术设备和人力资源充足的情况下，分析一卡车的物质也至少需要半天的时间。一项关于 MSW 年变化的研究预计要消耗 15 人·月的劳动力，劳动者的工作心情和健康还很难保证。第二，进行玻璃、纸张分选之后，无法再进行分类的残留物的数量大都很大，往往要占到 MSW 总分析量的 40%～50%。由于这部分组分未知，因此依据这些分析仍然得不到最终结果，例如评价循环利用潜力。第三，痕量元素浓度的确定有待商榷。例如，如果对汞电池及其对 MSW 中重金属的贡献进行分析，有可能发现 1t MSW 中只有很少一点电池。那么平均下来，很有可能样品中的汞浓度只有一到几 mg/kg。但是，如果仅仅收集一个或两个 2kg 到 20kg 的 MSW 样本，样本中就很有可能根本没有汞电池，或者可能在随机选择的样品中包括 1 颗电池，从而导致结果认为 MSW 中的汞浓度非常高（锌汞电池中汞含量高达 30%）。这些挑战都列在图 3.39 中。如果选择的样本量过小，分析结果就很有可能含量太低。样本量的减少会导致研究结果的可能范围增大。因此，需要足够大的样本量，以获得能够反映待分析元素的真实含量的结果。第四，由于技术和经济原因，金属组分常常不开展化学-物理分析。然而这部分组分可能含有相当数量的重金属，因此直接分析法的结果只能代表最小值。第五，研磨和粉碎设备有可能会发生腐蚀和污染问题。

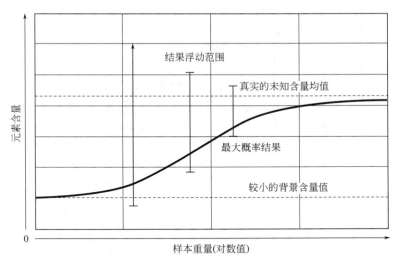

图 3.39 当样本重量越来越小，最大概率结果越来越远离真实均值
（源自 Pitard，1989。获授权）

这些问题说明，MSW 直接分析在确定化学参数特别是痕量元素分析方面存在某些不可避免的缺陷，因而，只有在采集大量样本、付出高昂经济代价的前提下，对废物材料进行直接化学分析才能反映出现场物质的组分含量。直接分析法可以用于确定 MSW 中的物质，但是显然，在分析 MSW 的原子水平的组成上存在一定缺陷。

3.3.1.2 间接分析：案例 10 和 11

直接分析法存在上述问题和局限，因而必须发展其他补充方法，能够以更少的人力和经济代价获得更加准确的结果。本节的案例介绍了 MFA 在间接分析中的应用。

3.3.1.2.1 案例研究 10：基于市场分析的废物分析

商品生产之后进入消费环节，使用完之后，或者再生利用，或者作为废物处理处置。大部分工业行业生产数据都非常准确，同时很多商品的路径也十分清晰，因此通常可以借此计算 MSW 的组成，该方法准确性高，而且不需要进行现场分析。下面利用 MSW 中的纸张、玻璃和含氯组作为案例阐释如何利用该方法分析物质组分和元素构成。

① 纸张。MSW 中量最大的单一物质是纤维素，就是纸张的主要成分。

对纸张进行循环利用或者作为垃圾处理处置，必须知道 MSW 中纸张的数量。图 3.40 显示了奥地利经济体中纸张的流动情况。数据主要来自纸浆及纸张生产企业，并经过其他可获得信息的检验。MSW 中纸张的量 [48kg/(人·a)] 等于总纸张消费量减去单独收集的量 [179kg/(人·a)] 和循环利用的废纸量 [131kg/(人·a)]。1996 年，奥地利人口约 810 万，产生 MSW 130×10^4 t/a，平均每人产生量 160kg/a。基于这些数据，可以算出奥地利 MSW 中平均含纸量为 30%（160kg MSW 中有 48kg 废纸）。该数据可以利用直接分析进行检验。

② 玻璃。图 3.41 为 2000 年瑞士的人均玻璃流动的简单平衡关系（Kampel，2002）。其中，只考虑了玻璃容器（瓶子、饮料容器等）。瑞士的 MSW 中玻璃含量 [2.8kg/(人·a)]

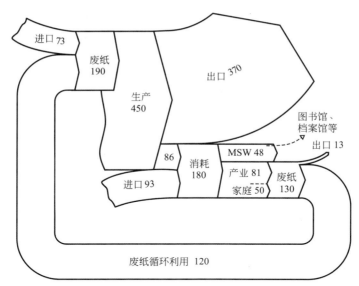

图 3.40　奥地利经济体中的纸张流动图（1996 年）[kg/(人·a)]
（源自 Austrian Paper Industry，1996）

等于消耗的玻璃量 [46.6kg/(人·a)] 减去循环利用的玻璃量 [43.8kg/(人·a)]。滞留时间超过一年的玻璃未计入在内。家庭存量中的累积量假设不足消耗量的 1%。瑞士人口为 720 万，MSW 产生量为 254×10^4 t/a，人均 MSW 产生量为 350kg/a。基于这些数据可以算出，瑞士 MSW 平均容器玻璃含量为 8g/kg。

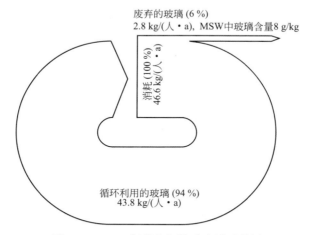

图 3.41　2000 年瑞士包装玻璃循环利用

　　大部分纸张产品和玻璃产品的生命周期都不到 1 年。因此，可以合理地假设在平衡时段，输入量等于输出量。但是对于其他滞留时间更长或者尚不可知的产品（例如建筑材料中的木材），建立平衡关系则非常困难。尽管如此，美国 EPA 对 MSW 产生量的研究表明该方法非常有效。坎贝尔（Kampel）应用该方法确定了澳大利亚、奥地利和瑞士玻璃废物管理的差异（Kampel，2002）。

　　③ 氯。假设 MSW 中氯主要来源为 PVC 和氯化钠（NaCl），而工厂材料、其他塑料材料以及其他产品中只包含很少量的氯。因此，可以利用 PVC 以及 NaCl 的消费数据，基于

对这些产品消费、利用过程和最终归趋的假设，粗略估算 MSW 中氯的含量。NaCl 和 PVC 的商品数据往往可以从专门工业行业年度报告中获得（例如盐矿运营商和塑料制造企业）。家庭中的 NaCl 主要是作为食物被食用。假设购买的 NaCl 废弃之后进入 MSW 的比例不超过 10%，大部分或者被使用，或者在准备食物的过程中流失后进入废水。在这两种情况下，氯离开家庭后都会进入废水。含有 PVC 商品的滞留时间很难确定，假设 50%±20% 的 PVC 储存在长生命周期的产品中，而其余部分则用于短滞留时间的包装材料和消费商品。注意 PVC 流尚未达到稳定状态，输入端每年增长很快。同时，由于某些产品滞留时间很长，因此 PVC 又在人类社会大量累积。因此，需要根据 PVC 的比例变化计算 MSW 中 PVC 的含氯量。尽管实际上对氯的估计做了多个假设，但是表 3.31 的数量级（5～10g/kg）与产品分析结果（7～12g/kg）匹配性很好。

优点：通过市场产品的物质平衡分析 MSW 的主要优势在于不需要进行测量，可以以较小代价快速评估 MSW 的组成。在大多数情况下，这种粗略的估计方法可以在国家尺度进行分析并取得不错的结果。但是，该方法并不适于不同区域之间的差异分析。通常获得生产/消费端产品的可靠数据比准确估计进入废物循环的比例更为重要。该方法的另外一个优势就是预测废物组成变化趋势的潜力。由于当前的产品决定着未来的废物组成，因此该方法是唯一适于未来废物组成预测的方法。

该方法的缺陷包括：对生产/消费数据的依赖，这些数据通常只有在国家尺度才可知；只有一小部分材料和元素的数据可获得。因此，还无法利用该方法从物理角度描述 MSW 的特征（例如密度和粒径）。

表 3.31　借助市场分析确定瑞士城市生活垃圾中的氯

项目	NaCl	PVC 最小值	PVC	PVC 最大值
消费/使用量/[kg/(人·a)]	5	8	8	8
废弃物中的比例/%	10	30	50	70
MSW 中的总质量/[kg/(人·a)]	0.5	2.4	4	5.6
Cl 含量/(g/kg)	610	580	580	580
Cl 的质量/[kg/(人·a)]	0.31	1.4	2.3	3.2
对 MSW 中 Cl 的贡献/(g/kg)	0.9	3.8	6.3	8.8
MSW 中总 Cl 含量（市场分析）/(g/kg)			5～10	
直接分析/(g/kg)		3.4～4.2		
产品分析/(g/kg)			7～12	

3.3.1.2.2　案例研究 11：废物处理产品分析

分析不同产品在废物处理过程中的产品是描述 MSW 特征的一个有力工具（Brunner et al.，1986）。其主要优势在于处理过程的均质化效应，这对本案例选择的垃圾焚烧来讲尤其契合。焚烧炉作为一个大的"热消化器"将各种元素从原产品中分离出来，最后形成比最初 MSW 更为均一的组分。如果对焚烧炉的所有残留物进行分析，经过一段时间确定总输入和总输出的物质流，就可以计算出进入工厂的输入的组分。如此一来，就有可能通过 MSW 焚烧炉确定指定元素的流动特征，以及计算输入废物的化学组成。该方法已经成功应用于多个垃圾焚烧炉（Brunner et al.，1986；Reimann，1989；Vehlow，1993；Belevi，1995；

Schachermayer et al.，1995；Morf et al.，1997；Belevi et al.，2000；Morf et al.，2000）。

① 步骤。一个大型焚烧炉的分析步骤如下。确定给定的测量周期（常规测量周期从几小时到几天不等），确定物质流过程中所有输入和输出的物质。用起重机测量输入焚烧炉的废物材料的质量。水和化学药剂的消耗量利用焚烧炉控制设备持续记录。燃烧消耗的空气量基于最终的物质平衡和空气鼓风机的能源消耗量进行计算。固体焚烧产品单独收集并称重。废水和尾气通过在线流量计常规监测，并转化为物质流。为确定化学组成，对底灰、滤饼、净化后的废水以及电除尘器收集的飞灰（ESP 飞灰）进行采样，并进行分析预处理。底灰异质性最强，因此分析之前需要进行深度处理。首先分离出铁屑，然后粉碎、研磨，对大颗粒物质进行称重但通常不进行分析，假定其主要含有铁（该假设并不适用于所有的焚烧炉）。对预处理后的底灰进行干燥处理（105℃烘干 24h，直到质量恒定），制成多个复合样品，然后加入研磨机进行研磨。同样，大颗粒假设主要含有铁。为计算平衡关系，所有底灰组分都要考虑。尽可能选取合适的过滤装置（以节约时间）对复合样品进行过滤，并研磨成实验需要的样品大小。废水和滤饼同质性较好，同样进行样品准备。与进行采样分析的固体和液体焚烧产品类似，同样采集尾气样品，以确定并未持续测量的元素的流量（主要是重金属）。高效采样计划、步骤，以及样品准备和分析方法的详细介绍请参见 Morf 等（2000）和 Morf 等（1997）的文献。

图 3.42 描述了在某 MSW 焚烧厂进行采样和物质流测量的位置。

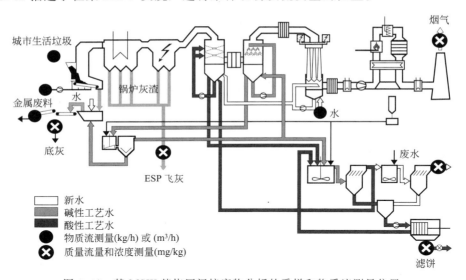

图 3.42　某 MSW 焚烧厂间接废物分析的采样和物质流测量位置

商品物质流乘以每种元素不同时段的各自浓度得到元素平衡关系。如前所述，并未对输入组分进行测量，而是通过焚烧产品中每种元素的物质流之和除以废物输出的物质流间接计算得到输入废物的组成 ［见式(3.11)］。

$$c_{\mathrm{MSW},j} = \frac{\sum_{i=1}^{k} c_{ij} \dot{m}_i}{\dot{m}_{\mathrm{MSW}}} \tag{3.11}$$

式中　k——焚烧产品种类数；

　　　j——元素。

利用该方法，确定 MSW 中 C、Cl、F、S 以及几种重金属的含量。表 3.32 列出了在奥地利和瑞士对 5 个焚烧炉开展的 6 项研究的结果。

表 3.32 5 个焚烧炉直接废物分析的结果　　　　　　单位：g/kg

元素	瑞士尔比 1981 年	瑞士米尔海姆 1984 年	瑞士圣加仑 1991 年	奥地利维也纳 1993 年	奥地利维尔斯 1996 年	奥地利维尔斯 1996 年
C	275±55	n.d.	370±40	190±10	252±25	265±28
Cl	6.9±1.7	n.d.	6.9±1.0	6.4	12.2±1.8	10.3±1.2
S	2,7±0.5	n.d.	1.3±0.2	2.9±0.2	4.2±0.14	4.1±0.17
F	0.14±0.06	n.d.	0.19±0.03	1.2±0.1	0.054±0.007	0.060±0.002
Fe	67±35	n.d.	29±5	42±1	37±0.25	43±0.2
Pb	0.43±0.13	0.57±0.43	0.70±0.10	0.60±0.10	0.40±0.079	0.49±0.088
Zn	2.01±1.51	1.1±0.5	1.4±0.2	0.83±0.07	1.2±0.069	1.3±0.14
Cu	0.27±0.07	0.46±0.19	0.70±0.20	0.36±0.03	0.59±0.13	0.52±0.076
Cd	0.0087±0.0019	0.012±0.0056	0.011±0.001	0.008±0.001	0.0107±0.0028	0.0084±0.0026
Hg	0.00083±0.00081	0.002	0.003±0.001	0.0013±0.0002	0.0019±0.00039	n.d.

资料来源：Morf et al.，1997。

注：n.d. 为未确定。

在分析废物时，不确定性分析和质量控制评估非常重要。鲍尔（Bauer，1995）提出了对这种间接废物分析方法的统计不确定性进行量化的方法。因此，可以利用该方法确定得到废物组分的可接受置信区间需要的改进。更多改进（每次采集更多样本，更大采样体量）得到更加可靠的结果（不确定性更低），就可以建立成本与准确性之间的关系。最终通过合理的成本就能够在足够小的置信区间（±20%）范围内获得置信度为 95% 的结果。莫夫（Morf）和布鲁纳（Brunner）进一步发展了该方法（1998）。基于 MFA 和迁移系数，他们提出一套每种元素只分析一种焚烧产品就能确定 MSW 组成的常规度量方法。他们给出了选择恰当的焚烧残留物进行分析、确定残留物分析的最小频次以及常规测量 MSW 组分的步骤和示例。

② 结果。图 3.43 和图 3.44 给出了这些 MSW 含量研究的结果（Brunner et al.，2004）。Cl 和 Hg 的月均值最大变动为 2 倍，而两种元素的日流量也变化很大。对于 Hg，变化十分显著，几天之内的变化最大能够达到 4 倍。这说明仅仅依靠随机时刻采样不足以确定 MSW 组成。

推荐的基于 MFA 方法分析单一焚烧残留物的常规度量废物组成的方法，与常规应用的直接分析法相比，在数据方面拥有巨大的优势。如果通过同样的途径测试几个 MSW 焚烧炉的废物组成，与开展常规直接废物分析相比，可以以更具成本效益的方式和更客观的途径比较废物组成。未来，建议 MSW 焚烧炉都设计并配备开展常规 MFA 的软件和硬件系统，开展废物分析。与传统方法的成本和准确性相比，该方法的额外花费少，投资回报率高。

废物处理产品分析的主要缺点在于无法确定废物中成分比例。例如，几乎无法计算纸张、塑料或者任何其他单一组分的含量。这意味着，大部分情况下，产品分析方法都局限于分析诸如能量、含水量以及总有机物和无机物含量等元素含量上。

③ 结论。选择更适合解决废物管理的专门问题的分析方法极为重要。一般来说，直接

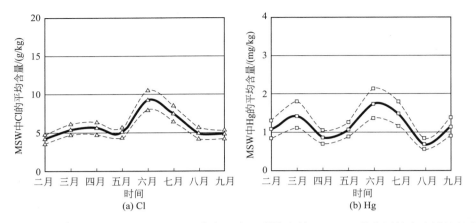

图 3.43　2000 年 2 月 1 日至 9 月 30 日期间，奥地利维也纳 Spittelau 焚烧厂城市生活垃圾中
Cl 和 Hg 的平均含量的逐月变化趋势，图中给出了均值以及约 95% 置信度的
下限值和上限值（引自 Brunner et al.，2004。获 Elsevier 授权）

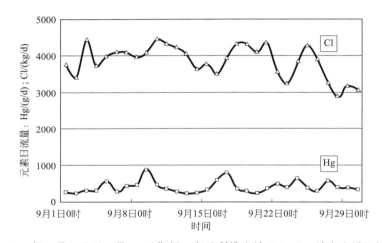

图 3.44　2000 年 9 月 1 日至 9 月 30 日期间，奥地利维也纳 Spittelau 城市生活垃圾焚烧厂的
Cl（kg/d）和 Hg（g/d）含量的逐日变化趋势（引自 Brunner et al.，2004，获 Elsevier 授权）

废物分析能够很好地分析 MSW 的某些组分的含量，但是昂贵，而且在确定可靠的元素组分时需要密集的劳动力。市场产品分析联合 MFA 的方法相对便宜，并且能快速确定 MSW 组分含量和元素组成，同时准确性能够满足要求。在很多情况下，该分析方法都可以应用于直接废物分析。不过，该方法仅限于能够从生产区企业获得信息以及存量中的滞留时间基本已知的那些物质。基于 MFA 的废物处理产品分析的方法不能进行物质组成分析，但是非常适于确定 MSW 中的元素组成，在确定废物元素的时间趋势方面则是最优的、最具成本效益的方法。

3.3.2　MFA 作为废物管理的决策支持工具

3.3.2.1　案例 12：ASTRA

在 ASTRA 案例研究中（ASTRA 是"奥地利废物处理处置不同情景评价"的德文首字

母简写），设定焚烧处理废物的不同处理情景，从实现"环境保护""资源节约""后续不需要管护的垃圾填埋"等不同废物管理目标的视角出发，展开对比研究（Fehringer et al.，1997）。之所以开展此项研究，是因为 1996 年奥地利新出台的《国家垃圾填埋条例》开始生效（Austrian Landfill Ordinance，1996），条例规定"自 2004 年开始，只有 TOC 含量小于 2％～5％的废物可以进行垃圾填埋，具体比例取决于填埋的类型（例如同质垃圾填埋、建筑废物填埋等）"。之所以规定填埋物质有机碳的含量，是因为有机碳可以被微生物利用，代谢产物为容易渗透的有机化合物，以及二氧化碳和甲烷。如果不能合理收集和处理，填埋气体就会带来全球变暖威胁。此外，生成的有机酸还可能导致重金属活化。因此，发生这些反应的填埋垃圾渗滤液会被各种有机污染物和无机污染物污染，导致渗滤液需要很长的时间（＞100 年）才能完全处理，从而与奥地利的"要求预防废物导致的问题转移到后代（填埋垃圾不需要后续再处理）"的废物管理目标相悖。

由于有机碳的限制，对于大部分垃圾来说，需要在填埋之前进行预处理，例如 MSW、污水污泥、建筑废物等。焚烧可以将有机碳高效转化成二氧化碳。为了保证废物处理技术的自由选择权，《国家垃圾填埋条例》规定机械-生物处理设施的产出物质可以不遵守 TOC 限值的规定。这些工厂只产生两种物质：一是可燃组分，通过机械分离得到，适于进一步回收能量；二是生物消解产物，经过生物过程以后，残留物 TOC 一般不会小于 5％，因为微生物很难在几个月内降解塑料和木质素等持久性有机化合物。因此，为该种垃圾设置了特例：如果热值低于 6000kJ/kg，就可以进行填埋。通过设置 TOC 限值，尽可能控制填埋物的反应，以支持废物管理目标。与之相比，热值限制并不会改善填埋实践效果或减少后续管护需求。此外，该特例也不是政治决策的原因。TOC 和热值的限制都防止了 2004 年之后未经处理的 MSW 填埋行为的发生。

有些工业行业愿意使用可燃废物作为化石燃料替代品，因为废物通常比燃料便宜，所以能有效降低生产成本。如果废物被污染了（例如含有 PCBs）或者存在其他难以解决的问题，这些废物依然可以创造价值。同时，废物中的生物炭是非常受欢迎的燃料，因为其不会加速全球变暖。

对于可燃废物，还有下述几种可能的处理选择：燃烧、在工业炉中混合燃烧（同时使用传统燃料和废物），机械分拣，生物消解。所有这些选择都会产生不同的环境影响，对奥地利《废物管理法案》（BMUJF，1990）中的废物管理目标造成的影响也不同。在 ASTRA 案例中，设置了可燃废物管理的不同情景，并从新的《国家垃圾填埋条例》以及《废物管理法案》目标的不同视角进行比较分析。

（1）步骤

ASTRA 项目包括以下几步：

① 选择废物处理工艺，界定废物管理系统，设置情景。

② 选择元素。

③ 选择废物。

④ 建立实际系统的质量平衡关系和元素平衡关系（见图 3.45）。

⑤ 提出并确定不同情景评价标准。

⑥ 改善可燃废物管理的优化情景设计（不同处理工艺的废物配置优化）。

⑦ 建立优化情景的总质量平衡关系以及元素平衡关系。

⑧ 比较实际系统与优化情景。

为了简化，此处并未详细介绍整个 ASTRA 研究的所有步骤，而是选择几个与案例研究结果和价值阐释相关的步骤进行讨论。

（2）平衡关系评价标准的选择与完善

从《废物管理法案》中的下述废物管理目标出发：

① 保护人体健康与环境。

② 节约能源、资源以及填埋空间。

③ 处理填埋废物，防止其对后代造成威胁。

最后一个目标体现了预防原则，因为垃圾填埋的长时间尺度行为未知，所以必须通过当代的废物处理和固定防止未来的可能排放。总体来说，这些都是宏观目标，因此需要确定用哪些具体指标来确定人体健康和环境得到了保护。

表 3.33 列出了 ASTRA 中采用的标准。选中的指标并非绝对意义上的解决方案，因为它们无法量化废物管理目标的实现程度。但是，这些指标有助于在实际情形与不同情景之间进行比较，给出诸如"情景 X 比实际情形好 Y％"的结论。

表 3.33   废物管理目标与评价方法

奥地利《废物管理法案》中明确的废物管理目标	评价方法及标准
保护人体健康与环境	所需空气量限值
节约能源与资源	高效利用废物中含有的能量
节约填埋空间	通过处理减小体积
垃圾填埋场未来不需要管护	填埋废物中的总有机碳 元素进入"最终汇"的归驱

（3）评价方法和标准

① ASTRA 中采用的临界空气体积，采用了瑞士生态分数方法，其定义为：

$$V_{i,\text{crit}} = \frac{E_i}{L_i} \tag{3.12}$$

$$V_{\text{crit}} = \sum_{i=1}^{n} V_{i,\text{crit}} \tag{3.13}$$

式中 E_i——元素 i 排放到空气中的量；

L_i——室内空气环境中元素 i 的浓度；

$V_{i,\text{crit}}$——将元素 i 的室内空气浓度稀释到一定程度所需要的理论空气体积。

具体物质的临界空气体积被加到最终评价指标（V_{crit}）中，最小体积为最优值。

② 废物能量利用效率计算公式如下：

$$效率 = \frac{替代化石燃料的能量(\text{J/a})}{废物中的能量(\text{J/a})} \times 100\% \tag{3.14}$$

废物燃烧可以直接或间接替代化石燃料。如果废物取代了化石燃料，就是直接替代。例如水泥窑使用塑料废物取代煤炭，该说法假设废物替代同等能量单位的化石燃料。从严格意义来说，只有当废物的热值和化石燃料的热值相同（差小于 20％）时这才是对的。废物在焚烧炉中被用于发电和/或产生热量供某网络使用，从而节约了没有 MSW 焚烧炉存在情况下的化石燃料，此时就称为间接替代。效率为 100％表示 1 能量单位的废物替代了相同能量当量的化石燃料。

③ 废物处理体积减小量用不同情景所需要的垃圾填埋空间的差值表示。

④ a.最终废物中的 TOC 基于物质和元素平衡评价；b."元素归趋"意味着每种元素最终会被转移到中间汇 A 或者最终汇 B 中去。这些汇包括：汇 1——循环利用产品，或者其他新的二次产品（例如水泥、砖块）（A）；汇 2——大气（A）；汇 3——水体（A）；汇 4——作为地下处理场所的岩石圈（B）；汇 5——作为垃圾填埋场的岩石圈（见图 3.45 中的灰色方块）（A＋B）。

汇 1、2 和 3 对大部分元素是中间汇，4 为最终汇，5 则是会渗透非常长时间的汇。对于每种元素，都需要确定合适的汇。例如，只有很小一部分镉会进入大气和水体，同时不希望转移到循环利用的商品或水泥中，因为在这些产品中镉是非必需元素，而且是在生命周期末端必须处理处置的物质。镉直接填埋会造成微小的长期风险，如果在专门设计的地下贮存场所进行处置，超过百万年也不会接触水体（例如盐矿井），这就是一种几乎完全没有环境污染的长久处置方案。因此，如果从为镉寻找合适的汇的角度来看，显然地下贮存是最佳方案。

对于氮，作为营养盐循环利用，或作为氮气（并非氮氧化物）排放进入大气都是合理的路径和汇。其他诸如地下水中的硝酸盐，或者大气中的氮氧化物等归趋，都被看作是不可取的路径。对于氯，进入河流水系，或者进入海洋等大的水体，在人类社会与自然地质含量的比值很小（例如小于 1％）的情况下，都被认为是可取的解决方案。元素归趋的标准表示为某种物质进入合适的环境要素中的比例（％），参考值（100％）是指可燃废物中该元素的总流量。

（4）实际情形的总质量平衡（1995）

通过分析统计数据以及官方组织的关于奥地利废物管理问题的研究，评价奥地利可燃废物的产生和实际流动情况。首先，认为可燃废物是定义为热值大于 5000kJ/kg 的干物质废物，其热值范围为在内燃系统中燃烧的范围。结果见表 3.34，废物产生总量为 3910×10^4 t/a，其中建筑废物及住房拆除废物为主要成分（包括土壤挖掘量，但是该成分中可燃物所占比例不高，仅为 2％）。从废物总量看，可燃废物总量为 850×10^4 t/a，占 22％，最主要成分为废旧木材（41％）以及家庭及类似机构产生的废物（26％）。废旧木材包括树皮、木屑、木块以及其他一些小物料。水净化和废水处理产生的废物主要包括来源于下水道以及污水处理厂的污泥和筛分垃圾。其他无害废物包括各种工业废物，这部分组分的主要成分几乎未知，而有害废物的统计数据较全面。总体来说，一个奥地利人，平均每年产生 1 吨可燃废物，其中四分之三分散在各处（产业、基础设施），消费者一般很难直接见到。

表 3.34 奥地利[①]总废物产生量及可燃组分

废物类别	总废物量 /(t/a)	废物可燃组分		
		占废物比例/%	产量/(t/a)	总可燃成分比例/%
来自家庭或其他来源的废物	2500000	87	2170000	26
建筑废物及住房拆除废物,包含挖掘的土壤	22000000	2	500000	6
废水处理残留物	2300000	41	940000	11
木材废物	3500000	100	3500000	41
其他无害废物	7800000	14	1130000	13
有害废物	1000000	22	220000	3
合计	39100000	22	8500000	100

① 人口 810 万。

　　图 3.45 描述了 1995 年奥地利可燃废物的流动情况。其中，大约 40％（$3400 \times 10^3 \, t/a$）用于回收利用，主要由木板生产产生的木屑和用于循环利用的废纸组成。大约 30％（$2600 \times 10^3 \, t/a$）被直接填埋。2004 年以后，填埋部分不再符合 1996 年《国家垃圾填埋条例》的规定，因此需要设计新的处理处置方案。不满足高级大气污染控制标准要求的一般焚烧炉和锅炉利用了大约 17％（$1400 \times 10^3 \, t/a$）的可燃废物进行能源回收。这些电厂装配有挡板室和沉降室、多管旋风除尘器、静电除尘器（ESP）或者袋式除尘器。常用的标准燃料为油、煤炭或生物质，排放限值并不像 MSW 焚烧炉一样严格。大约 9％（$770 \times 10^3 \, t/a$）在高标准设备中焚烧，这些电厂配置有先进大气污染控制系统（APC），可以轻松满足大部分严格的排放规定要求。最后，约 3％（$240 \times 10^3 \, t/a$）在机械-生物处理设备中处理。

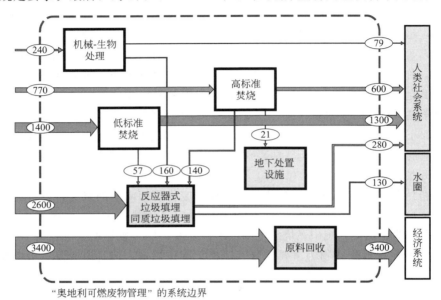

图 3.45　1995 年奥地利废物管理系统中可燃废物物质流（$10^3 \, t/a$）

（源自 Fehringer et al.，1997）

　　（5）废物元素选择和特征化

　　选择下列元素作为指标：碳、氮、氯、硫、镉、汞、铅、锌。之所以选择碳，是因为 2004 年开始限制 TOC 的值。氮是潜在的营养盐，同时也与水泥产业有关。水泥窑是奥地利氮氧化物排放的一个主要源（2.5％），此外还有交通（62％）、其他产业（17％）、家庭供暖（10％）（Hackl et al.，1997；Gangl et al.，2002）。废物中氮富集可能会导致这一排放值进一步升高。氯、硫、重金属化合物是主要的大气污染物。重金属因为资源潜力而备受关注。这些元素在可燃废物中的含量请参见表 3.35，其中给出的范围较宽，并且界定了废物含量的最大值和最小值：比化石燃料含有的污染物少的"清洁"废物，以及污染程度比 MSW 高得多的废物。

　　（6）不同处理工艺废物分配优化的标准

　　由于存在化学组分差异，需要将不同可燃废物"量身"分配给不同处理工艺。要达到废物管理目标，并非每种设施都具有处理任何废物的能力。为了确定废物处理分配问题，设计了下述标准。

表 3.35　可燃废物中的元素含量及其与其他燃料的对比（以干物质计）　　　单位：mg/kg

项目	C	N	S	Cl	Cd	Hg	Pb	Zn
均值	450000	9100	2300	4300	5.7	0.8	230	520
最小值	100000	200	60	10	0.01	0.001	<1	1
最大值	900000	670000	17000	480000	500	10	4000	16000
MSW	240000	7000	4000	8700	11	2	810	1100
煤炭	850000	12000	10000	1500	1	0.5	80	85
石油	850000	3000	15000	10	<1	0.01	10	20

首先，污染物含量比煤炭均值更低的废物适用于生产过程，诸如水泥窑或砖厂。含量根据单位燃料能值（例如，mg/kJ）而非单位质量确定。因为 1 吨废物并非必须替代 1 吨煤炭，而是需要通过废物利用来代替同样当量的能量。之所以确定该标准值是因为这能预防产品成为重金属等物质的汇。对于提高水泥、砖块、沥青等的含量是否会对环境产生影响，目前尚无定论。因此，通过该标准体现了预防原则，且达到了限制产品污染的目的。其次，一旦某些元素转移到这些产品中，就无法再回收利用。该标准主要考虑废物焚烧对空气质量的影响。当前最先进的 MSW 焚烧炉的大气排放很小，很多物质都会比现代空气污染防治法规的限值小几个数量级。因此，MSW 焚烧被认为是环境友好的方式，因此得到推荐。该标准要求任何废物焚烧设施都不能超过当前最先进的 MSW 焚烧炉的常规排放量。该标准限值通过下式计算：

$$c_{\max} = \frac{\mathrm{TC_I}}{\mathrm{TC_{CP}}} \times c_{\mathrm{MSW}} \tag{3.15}$$

最先进的焚烧技术焚烧后相关物质进入大气的迁移系数（$\mathrm{TC_I}$）可以通过调查获得。同样，MSW 中物质的平均含量（c_{MSW}）也很容易找到，这些常用值见表 3.35。特定焚烧过程的迁移系数（$\mathrm{TC_{CP}}$）必须利用 MFA 确定，拟进入某个具体焚烧工艺的焚烧废物中某元素的最大允许含量则为 $c_{\max}$。

（7）优化情景结果以及与实际情形的对比

将这些标准应用于实际情形，得到一个新的优化情景。表 3.36 列出了优化后的各焚烧工艺的垃圾配置。焚烧能力必须从 210×10^4 t/a 提高到 500×10^4 t/a，提高 1 倍多。一方面，现存的某些工厂已经能够符合要求（例如水泥、纸浆和纸张生产厂等），它们大部分都不需要太大的工艺调整或者不需要进行工艺调整就可以处理分配的废物，因此可以迅速完成微调。另一方面，新建焚烧厂配置先进 APC 技术，产能要求达到 280×10^4 t/a，这需要 5 年的时间，包括审批程序、财务程序、规划程序，以及施工。

表 3.36　优化情景下可燃废物含量及其与实际情形的差值　　　单位：mg/kg

项目	最优情景	与实际情形比较
MSW 焚烧	1500000	+1000000
高标准工业焚烧	2000000	+1800000
有害废物焚烧	70000	±0
木材工业	585000	−30000
生物质发电厂	110000	+10000

续表

项目	最优情景	与实际情形比较
造纸及纸浆行业	550000	+31000
水泥行业	170000	+77000
总计	5000000	+2900000

如果将上述评价标准应用到物质平衡中，就可以观察到从实际情形到优化情景的进步（图 3.46）。

① 计算出的 NO_x、SO_2、HCl、Cd、Hg、Pb、Zn 的临界空气体积减小了 43%。这让人很震惊，因为焚烧废物的量增加了 140%。究其原因是在实际情形中，这些数量相对较少的废物在缺乏充足大气污染控制设施的普通焚烧炉中焚烧。而优化情景下，所有废物都被分配给恰当的工厂，未受污染的废物在尾气清洁标准更低（但是足以满足要求）的焚烧炉中被利用，"更脏的"废物被分配给装配更好的焚烧工厂处理。

② 废物能量利用效率提高了 150%。在优化情景下，1 能量单位的废物取代相同能量当量的化石燃料几乎完全实现了。该进步的主要原因是，废物不需要再被填埋，而是用于能量回收，而且没有废物再进入机械-生物处理厂。

③ 填埋空间消耗降低了 80%。同样，该进步的主要原因是禁止废物直接填埋，以及不再使用机械-生物处理方式。对不同灰分含量的废物，焚烧使废物体积减小 80%～98%。

④ a.所有被填埋的残留物的 TOC 都低于 3%，这是从反应器式垃圾填埋向不需要后续管护的"永久储存"型填埋转变的关键一步；b. 转移到恰当的最终汇的元素比例提高了

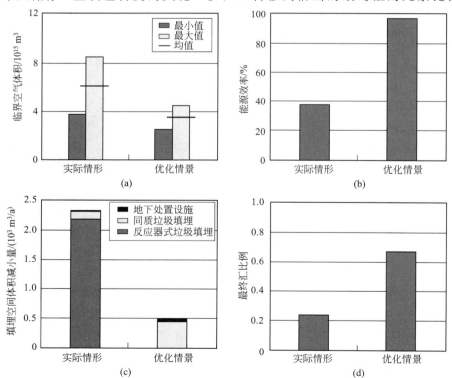

图 3.46　既定标准下废物管理实际情形与优化情景对比：（a）临界空气体积；
（b）能源效率；（c）填埋空间体积减小；（d）元素管理及"最终汇"

180％，这表示元素管理方面也取得了进步。

（8）结论

该案例表明，MFA 能够促进目标导向的废物管理。例如各种废物管理实践（如欧洲废物框架指令、瑞士废物管理指南、德国循环经济法）中设置的高层次的愿景目标，可以具体化为定义明确、标准合理的具体评价步骤，ASTRA 也提出了实现这一过程的方式。需要说明的是，废物管理的某个具体目标可能需要两种甚至更多评价方法开展综合评价。MFA 在该研究的多个层面上都有应用。

① 描述可焚烧废物管理系统的实际情形。

② 揭示废物分配缺陷，提出标准。

③ 辅助设计优化情景。

④ 阐释实际情形与优化情景之间的差异。

该研究成果揭示了新工厂的能力，可以作为规划和具体工程实践的基础。下一步进入情景的成本评估阶段（包括不确定性评价）。实际上，ASTRA 也完成了该部分内容，结果发现优化情景不需要过分提高处理处置（收集、分离、处理、垃圾填埋）的总成本就能实现。优化情景的主要缺陷也是该情景需要花费很长时间才能实现的原因在于：当下填埋的一大部分垃圾在未来将要焚烧处理，对于垃圾填埋场业主和运营商来说，这意味着他们将损失一部分商机，从而导致经济损失。垃圾填埋大多为长时间尺度投资，一般填埋时间都在 25 年到 50 年之间。显然，这种严格的改变很难在短时间内完成。同时，显然垃圾填埋场运营商将运用一切可能的法律和经济手段，延迟甚至阻挠垃圾填埋的所有战略改革。

3.3.2.2　案例 13：PRIZMA

在案例 PRIZMA（"在水泥行业利用残留物的正向清单：方式和方法"的德文首字母简写）中，分析了奥地利水泥窑利用可燃废物回收能量的情况（Fehringer et al.，1999）。在奥地利，水泥生产大约需要 1×10^7 GJ/a 的能量，用于生产 300×10^4 t/a 熟料，然后进一步加工成水泥。这些能量相当于平均热值 25MJ/kg 的废物 400000t。目前水泥行业能源需求的 27％由废物提供。熟料生产需要消耗大量能源，该部分支出在产品总成本中占有相当大份额。例如，欧洲水泥联盟估计能源占水泥生产成本的 30％～40％（CEMBUREAU，1999）。因此，水泥行业想尽办法减少能源成本。其中的解决方案之一是削减燃料消耗成本。废物可以作为替代燃料，与天然气、石油、煤炭等传统燃料相比，价格更低廉。另外一种方案就是提高能源效率或者采用其他原材料和技术以缩减成本。

奥地利水泥产业在利用废物回收能量方面具有丰富的历史经验。传统废物燃料包括废弃轮胎、废机油和溶剂，同时也曾尝试使用污水污泥、混合塑料、废木材以及肉骨粉［由牛海绵状脑病（疯牛病）导致的处置危机的结果之一］等材料。MSW 分类后的组分同样被作为一种燃料替代品。奥地利水泥产业计划在几年内实现 75％的能源需求由废物替代。除了预期的成本降低之外，该计划还能有效减少水泥行业的二氧化碳排放。因为在奥地利自 2004 年以后禁止有机废物直接垃圾填埋，由此产生的处理需求需要由水泥行业解决一部分。另外，并非所有废物都适合水泥生产，重金属含量高的废物可能会导致环境不可消纳的排放，并产生被污染的产品（水泥以及最终的混凝土）。因此，运营商以及政府都希望制定针对性政策，明确规定哪些废物适合能源回收。建立这样一份指南，可能的方案之一就是提出一套所谓的正面清单，通过正面清单，明确适合水泥窑能量回收的污染物类型特征。PRIZMA

的目标就是设计用以建立这样一份清单的标准。

（1）水泥制造工艺

奥地利常用的水泥制造工艺为旋风预热工艺。图 3.47 展示了该设施的流程。每个水泥厂的核心组件都是一条长铁管，最长达到 100m，直径达到 8m。这些铁管稍稍倾斜（3°～4°），以 1～4r/min 的速度缓慢旋转。水泥窑熟料生产的主要原材料为石灰石、白垩、泥灰土和矫正剂（例如亚铁材料）。这些物质的化学性质以及熟料的目标性质决定了混合比例，混合是生产工艺中的重要一步，保证恰当比例的原材料组分能均匀混合，从而能得到质量均一的熟料。原材料经过研磨，通过鼓气吹进机械预沉积位置（挡板），然后进入 ESP，在 ESP 中，原材料集中起来后被传送到储料仓，之后经过下列四个工序：蒸发和预热，煅烧，熟化，冷却。蒸发和预热可以去除原材料中的水分，提高温度。该工艺发生在旋风分离器中，原料与来自水泥窑的高温尾气混合，原材料自末端进入水泥窑（处于上部的水泥窑末端），重力作用以及水泥窑的旋转使得原材料充分混合，并以匀速向下流动，通过燃烧区。管道区铺设成排的耐火砖，以防止高温破坏窑体。煅烧温度为 600～900℃，使碳酸钙分解成氧化钙和二氧化碳。经过该过程，原材料质量损失约 40%。煅烧完成后进入熟化阶段，煅烧后的原材料融合成小硬球，呈黑色的小鹅卵石状。熟料在前端（水泥窑底部）流出，落入往复式炉排，开始冷却。燃料也从水泥窑的前端进入，并开始燃烧。火焰使窑升温，形成燃烧区，燃烧区温度最高，导致原材料中的化学物质发生融合。高温燃烧气继续向上运行，最后到达上部末端离开。水泥窑顶端附近的二次燃烧为煅烧过程提供需要的大量能量，燃烧区的产品温度在 1450℃ 左右，而主火焰的温度能达到 2000℃。冷却后的熟料储存在筒仓中。熟料研磨之后与石膏以及其他材料混合（例如煤炭燃烧生成的飞灰），生产细颗粒的灰状粉末，最后经过装袋后形成产品，准备向各地运输。冷却后的烟气（热量转移到旋风分离器中的原材料中）经过 ESP 处理后通过烟道排放到大气中。

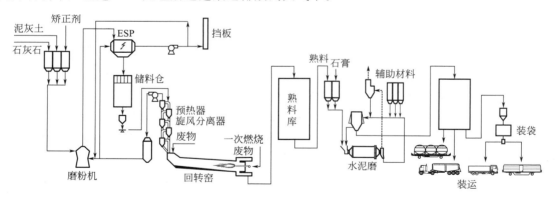

图 3.47　水泥窑（旋风预热器式）流程

总体来说，对于任何元素，都有两种进入和离开某一过程的方式：通过原材料或燃料进入，通过废气或产品离开。通过度量可以确定任一元素 A 在原材料和燃料之间的配比，最终得到 A 中 X 以燃料的方式、Y 以原材料的方式进入该过程，其中 $X+Y=100\%$。而对于废气和产品，则只能确定元素 A 的总量，几乎不可能确定熟料中有 $\tilde{X}$ 比例的 A 来源于燃料，$\tilde{Y}$ 比例的 A 来源于原材料（同样，$\tilde{X}+\tilde{Y}=100\%$），对于尾气也存在同样的情况。关于元素在熟料制造过程中的行为，只可能获得某些定性信息。不过，对于水泥窑中废物燃烧这样的特定问题，则必须知道经过燃料添加的元素（例如，通过燃料进入该过程的元素）在该过程中发生了哪些行为。

该过程包括两类特有的循环：

① 内部循环，出现在元素 i 在窑中蒸发时。元素 i 蒸发之后，进入炉窑的冷却组件，浓缩富集在原材料颗粒的表面，所以元素 i 再次回到窑中加热区，会再次发生蒸发。该循环是闭合的，并不断累积，直到形成新的平衡（理论上）。运营商可能通过绕过旋风分离器的方式尽可能破坏该循环。

② 外部循环，由于旋风分离器无法拦截细颗粒物（小于 $5\mu m$）而形成。但原材料颗粒进入炉窑后到离开生产线形成水泥之前，必须进入旋风分离器拦截的位置。细颗粒物被烟道气带入 ESP，并被以非常高的效率（大于 99%）从烟道气中分离出来，然后再次进入旋风分离器，旋风分离器仍然无法拦截这些细颗粒物。该循环是闭合的，会不断累积元素。

这些循环现象的存在，导致很难建立该过程的闭合的元素平衡关系，因此很难预测元素在该过程中的行为。为此，进行如下分析假设：经过燃料添加的元素（例如重金属）主要富集在有机混合体中。有机物在火焰区被分解，温度达到约 2000℃，这意味着有机的、可挥发的燃料添加的元素将会大量挥发。与燃料相反，原材料中的重金属被固定成矿物混合体的形式，原材料被加热到 1450℃，可以假定不是所有的金属都将挥发，一部分将留在固相继续进入熟化过程（烧结），也就是说，燃料添加来源的金属元素变成气相的可能性要高于原材料携带的。烟道气冷却之后（在旋风分离器中），金属将富集在颗粒物表面（原材料、飞灰）。对于所有金属来说，无论哪个来源（燃料或者原材料），该过程的速度都相同。假定某元素 χ 在燃料和原材料中的分配比例为 X/Y，那么上述挥发和富集过程表明，在旋风分离器颗粒中存在 χ 的不同比率 $\tilde{X}/\tilde{Y}$，$X/Y < \tilde{X}/\tilde{Y}$。细颗粒物通过旋风分离器后，一小部分也能通过 ESP，与原材料相比，水泥厂排放的颗粒物中重金属发生了富集，从该现象我们能发现这一点（见表 3.37）。由此我们可以认为，在该过程中，来自燃料的元素和来自原材料的同种元素表现出不同的行为特征，因此迁移系数也不同。然而，对于废物燃烧来说，确定来自燃料的元素的迁移系数是关键。

表 3.37 原材料及排放颗粒物中元素平均含量

项目	Cl	Cd	Hg	Pb	Zn
原材料/（mg/kg）	150	0.15	0.15	15	37
排放物/（mg/kg）	46000①	8	2000①	400	150
富集倍数	300	50	13000	27	4

① 气态和固态排放物与总排放颗粒物量呈相关关系。

（2）迁移系数评估

关于燃料迁移系数的不确定性研究形成了下述方法。大部分迁移系数通过设定假设极值来确定（见图 3.48）。对于下限值，假设来自燃料与来自原材料的元素在尾气和产品中都具有相同的比例，根据前面分析可知，这样就低估了来自燃料的元素进入尾气的迁移量。对于上限值，假设排放中只含有来自燃料的元素。显然，这样又高估了排放中燃料元素的贡献。但从另一个角度来说，这又是一个相对合理的上限设定，因为这是可能发生的迁移系数最高的情况。实际的迁移系数是位于上下限区间的值。该区间范围很大（例如，达到一个数量级）的情况下，采用上限一般不会出错，即采用相对较高的值。

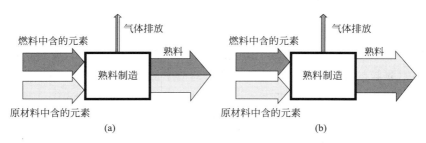

图 3.48　熟料制造过程中源自燃料的重金属归趋假设：（a）燃料中含有的元素进入
大气的迁移系数的下限；（b）迁移系数的上限

（3）废物燃料标准

如何界定适合水泥窑的废物"正向清单"？清单应该包括哪些元素？在 3.3.2.1 节，我们提出了关于废物燃烧元素选择的标准。水泥窑可以高效去除某些含碳组分，从而帮助简化了部分水泥加工制造过程的清单。结果显示，除了二氧化碳之外，其他含碳化合物排放量很少。氮氧化物排放是水泥生产的一个问题，但是这与废物再利用关系不大。气体在加工过程中的高温和长滞留时间，是含碳化合物矿化的关键，决定着氮氧化物的形成，而废物中的氮含量对氮氧化物形成影响不大。废物中的大部分硫都转移到熟料中，监测到的二氧化硫排放主要来自某些种类的原材料，像氮一样，这些排放并非废物燃烧造成的。氯会对产品质量产生影响，同时可能会导致旋风分离器堵塞，所以必须列入需要考虑的元素的正向清单中。清单中还列入了重金属镉和汞，因为其具有毒性和可挥发性。铅和锌一方面具有潜在毒性，但另一方面也是重要的资源。

废物作为熟料生产燃料，导致输入发生变化，同时也影响尾气和熟料，考虑这些因素，我们提出正向清单的 A、B、C 三条标准。

标准 A 针对尾气，已经在 3.3.2.1 节进行了表述。该标准提出，熟料制造的污染排放不得超过当前最先进的燃烧的常规排放水平，具体表示为：

$$c_{\max} = \frac{TC_I}{TC_{CM}} \times c_{MSW} \tag{3.16}$$

TC_I 为当前最先进的燃烧的迁移系数（已知）。同样，MSW 中物质的平均含量（c_{MSW}）已知（见表 3.38）。熟料生产的迁移系数（TC_{CM}）必须根据上述分析的迁移系数的可靠范围确定。对于标准 A，废物中某元素的最大允许含量则为 $c_{\max}$。

表 3.38　标准 A 数据：参考燃烧技术的迁移系数，参考废物（MSW）中的常规含量，
以及水泥生产过程废气的最大迁移系数

项目	Cl	Cd	Hg	Pb	Zn
TC_I	0.0005	0.0005	0.02	0.0001	0.0002
$c_{MSW}/(mg/kg)$	10000	10	2	500	1000
$TC_{CM,min}$	0.01	0.0002	0.4	0.0002	0.0001
$TC_{CM,max}$	0.02	0.0004	0.8	0.0008	0.0001

标准 B 针对熟料产品的质量，该标准的基本原则是人类社会物质流不能超过自然地质流的浮动范围（见 2.5.8 节）。在化学特征上，该标准首先将原材料作为自然地质流，就像

任何自然地质物质一样，原材料化学组分也表现出一定程度的波动。为了应用该标准，需要对熟料组分进行如下评价：情景 1 是原材料组分含量均值，情景 2 是原材料组分含量最大值。标准 B 认为由废物再利用导致的熟料组成的变化不能超过计算得到的自然地质变化。对于情景 1 和情景 2，生产的熟料平均燃料组成为煤（52%）、石油（21%）、天然气（3%）、废旧轮胎（6%）、塑料（5%）、废油（9%）及其他（比例值基于能量当量计算）。标准 B 的计算需要基于以下假设：原材料（RM）和燃料（F）之间的质量比例关系约为 10∶1；原材料来源的元素的迁移系数与燃料来源的元素的迁移系数相同；二氧化碳损失为 40%；燃料中的灰分含量忽略不计（通常约占原材料质量的 1%）。那么熟料的元素（以 Cl 为例）含量为

$$C_{Cl} = \frac{(c_F \times 1 + c_{RM} \times 10) \times TC_{Cl}}{10 \times (1-0.4)} \tag{3.17}$$

标准 B 计算需要的数据见表 3.39。计算标准 B 能够得到废物回收利用可能引入熟料中的某元素的最大负荷量。该负荷（例如，每吨熟料中含有多少克某元素）建立了回收利用的废物的总质量与废物中元素含量的依赖关系，结果为一条曲线（见图 3.49）。

表 3.39　废物再利用过程熟料最大允许负荷计算

项目	Cl	Cd	Hg	Pb	Zn
混合燃料中平均浓度/(mg/kg)	1100	0.9	0.4	60	65
原材料中平均浓度/(mg/kg)	150	0.15	0.15	15	37
原材料中最大浓度/(mg/kg)	400	0.5	0.5	42	110
向熟料的迁移系数	0.99	0.99	0.6	0.99	0.99
熟料中平均浓度/(mg/kg)	430	0.4	0.19	35	72
熟料中最大浓度/(mg/kg)	840	1.0	0.54	79	190
废物再利用的最大负荷/(mg/kg)	410	0.6	0.35	45	120
废物再利用的最大负荷/(t/a)	1200	1.7	1.1	130	360

注：基于一个 3×10^6 t/a 的熟料生产线。

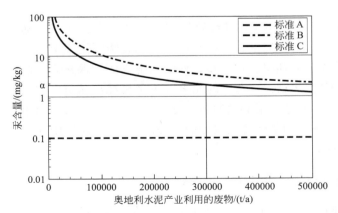

图 3.49　对于水泥窑回收利用的废物，Hg 的不同标准 A、B 和 C 对应的不同结果（Fehringer et al.，1999）。标准 A：气体排放；标准 B：产品质量；标准 C：金属稀释

标准 C 针对水泥生产的输入。如果假定奥地利全国总消耗量为 100%，那么可燃废物中镉和汞的含量占到约 40%（见表 3.40）。可见，可燃废物是这些重金属的重要来源。这是废

物管理对于多种重金属的总流动如此重要的原因之一。随之而来的水泥产业的问题是：这些元素中有多大份额将进入加工过程并最终汇集到水泥产品中？该问题很难找到标准答案。有些水泥生产商不希望他们的产品中含有有害物质，因此对应用污染的废物作为燃料持审慎的态度。而另外一些生产商则看到了利用更低价的废物燃料和大量废物带来的相对于其他竞争者更具经济优势的商机。假定水泥生产吸收了可燃废物中金属含量的 15%，结果列在表3.40 中。对于标准 B，结果为一条曲线，说明了废物总质量与废物中元素含量之间的依赖关系（见图 3.49）。

表 3.40　选定元素全国消耗量、可燃废物中含量以及水泥生产最大流估计

项目	Cl	Cd	Hg	Pb	Zn
全国消耗量/(t/a)	450000	80	10	32000	43000
可燃废物/(t/a)	30000	36	3.9	1600	3900
可燃废物中含量/%	6.6	45	39	5	9
进入水泥的比例/%	15	15	15	15	15
进入水泥的量/(t/a)	4500	5.4	0.6	240	590

（4）结果

假定最大废物数量或者最大元素数量可以转移到水泥窑中，计算选定元素的标准 A 和标准 C。计算需要知道进入尾气和进入熟料的废物中的元素的迁移系数参数，这些参数对于每个水泥工厂都需要单独确定，并且可能因为采用了不同的技术而呈现出差异很大的不同结果。图 3.49 给出了汞的结果。假设某废物（α）中汞含量为 2mg/kg，标准 B 的废物回收限值为 500000t/a，也就是说，在现实中，汞并没有限制熟料质量。水泥产业的行业限值（标准 C）是废物 α 的量为 300000t/a。而标准 A 则相对严格得多：只有汞含量低于 0.1mg/kg 的废物可以作为废物燃料，这在很大程度上缩减了可获得的废物的量。对于汞来说，需要评估改进 APC 技术的投资成本是否能够在可接受的时间范围内通过成本更低的废物燃料节约得到平衡。

（5）结论

案例 PRIZMA 展示了 MFA 在环境政策制定中的应用。推荐的标准考虑了具体系统以及具体工厂限制条件。标准 A 和 B 确保水泥窑中的废物利用不会污染大气（以及后续的土壤），同时也不会降低熟料质量。进一步延伸的系统方法确保只有有限的元素会转移到水泥和混凝土中（标准 C）。注意：被选定的元素并不是水泥产品所需要的，在回收和循环利用过程中会流失。因此，对这类汇的限制是合理的。在满足标准 A、B 和 C 的当前最先进的水泥窑中进行废物回收被认为是环境可接受的，因此，水泥窑利用废物可以作为目标导向的废物管理和资源管理的有效方案。

3.3.2.3　案例 14：废物产能同步循环利用镉

在有商业价值的矿石中，镉常常与其他金属共存。硫镉矿（CdS）是唯一重要的含镉矿石，含有锌，有时还有铅，以及复杂的铜-铅-锌混合物。因此，锌和铅生产商别无选择，而且，他们通常也生产镉。大部分镉（>80%）是作为从硫化物富集矿中提炼锌的副产物生产的。大约 90%～98% 的镉都出现在锌矿中，在锌的提取过程中得以回收（每得到 1t 精炼锌，大约可以回收 3kg 的镉）。大约占消费量 10% 的小部分镉，在二次资源循环利用过程中被提取，如钢厂电弧炉（EAF）的袋式除尘器收集的粉尘或者其他含镉产品。2000 年，全球镉的生产总量约为 19300 吨（U. S. Geological Survey，2001a）。

国际镉联盟估计，2001 年镉主要用于下列终端：电池，75%；颜料，12%；电镀和涂层，8%；塑料或类似合成产品的稳定剂，4%；非金属合金及其他用途，1%（U. S. Geological Survey，2001b）。发达国家镉用量约为 5~16g/（人·a）（Llewellyn，1994；Bergbäck et al.，2001；U. S. Geological Survey，2001b）。如今，镉的年均消费量达到约 20000t。与其他大部分金属相比，镉的产量并未明显上升，主要原因可能是削减甚至取消镉使用的监管压力，因为人们越来越意识到镉对人类的潜在毒性，以及在环境中累积带来的生态风险。与其他重金属（例如锌、硒）不同，镉不是生物圈必要元素，据目前所知，其没有有用的生物功能。镉累积在肾脏、肝脏中，影响蛋白质代谢，导致严重的紊乱、疼痛，甚至是死亡。此外，镉还能造成多种严重的损害，例如肺癌（Heinrich，1988；Waalkes，2000）和骨病（骨质软化和骨质疏松）（Verougstraete et al.，2002）。

在废物产能（WTE）工厂的输入废物中，一般镉的含量都在 8~12mg/kg（Brunner et al.，1986；Schachermayer et al.，1995；Morf et al.，2000；Verougstraete et al.，2002），大约为已探知地壳平均含量（0.2mg/kg）的 50 倍。如果对 MSW 进行填埋处理，虽然非氧化态镉流动性差，但其一旦被有机酸氧化就具有了流动性，能够进入地下水。镉及其某些化合物，例如氯化物，具有低沸点（Cd，765℃；$CdCl_2$，970℃），因此，镉与 Hg、Tl、Zn 和 Se 类似，都是可以气化的元素。在燃烧过程中，这些元素易于挥发，通过尾气从燃烧室逸出。

欧洲 MSW 的平均产生量在 150~400kg/（人·a），而美国当前垃圾收集量大约为 700kg/（人·a）。之所以差距比较大，是因为：第一，MSW 的界定不同。MSW 通常是指每天、每周或每两周在路边收集到的所有混合废物。例如，在某些区域，大块废物是单独收集的，因此并不会计入 MSW。而在有些地区，垃圾箱很大，可以同时收集 MSW 和大块废物。MSW 包括家庭产生的混合废物，还包括服务部门、小商店以及小企业产生的废物。废物产生量的影响因素包括收集部门允许的废物种类，收集频次，用于收集的垃圾桶或垃圾箱的尺寸，以及统计数据的编制方式。第二，循环利用程度的差异。分类收集纸张、生物质废物、玻璃、金属等能有效减少收集的垃圾量，最高可达到 50%。第三点和第四点原因是生活方式（例如，家庭和房子的大小，包装食物或是散装食物，等等）以及消费者购买力的差异。平均产生速度为 250kg/（人·a）的 MSW 中，可以收集到约 2.5g/（人·a）的镉，大约为全国镉年均人均消耗量的 25%。剩下的 75% 大部分都留存在具有长滞留时间的商品中，将在未来进入垃圾管理环节。一小部分镉可能存在于其他废物中（约 20%，主要包含在工业废物和建筑及拆迁废物的可燃组分中），一小部分通过排放和磨损等方式流失到环境中。

大部分 WTE 工厂都配置有先进的 APC 设备。如前所述，镉在燃烧过程中转移到尾气中，最后通过 APC 设备去除。尾气在热交换器中冷却，挥发态镉富集在粒径不大但比表面积却很大的颗粒表面。因此，超过 99.9% 的镉可以通过 ESP 或纤维滤膜等颗粒物滤膜除去。但这一前提是这些过滤设备必须在设计时具备去除微小颗粒的能力。剩余部分的镉在上游配有高压液滴（文丘里洗涤器）或吸附过滤器的湿式洗涤设备中去除。只有非常微小的量（<0.01%）通过烟道排放到大气中。图 3.50 显示了镉在当前最先进的燃烧技术中的迁移系数。

燃烧飞灰中镉的含量一般为 200~600mg/kg。相对来说，被循环利用的 EAF 的过滤灰尘中镉含量为 500~1000g/kg（Donald et al.，1996；Stegemann et al.，1997；Xia et al.，

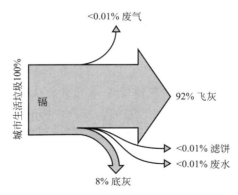

图 3.50 当前最先进的 WTE 处理厂中镉的迁移系数
（源自 Schachermayer et al.，1995，获授权）

2000；Zhao et al.，2000；Jarupisitthorn et al.，2003），这说明燃烧飞灰可以用于镉回收。

底灰和（或）飞灰热处理能够有效提高镉的回收潜力。例如，燃烧炉底灰充分热处理可以得到以下三种产品：

① 硅酸盐产品，平均镉含量与地壳含量类似，可以用于建筑。

② 金属熔融物，主要含有铁、铜以及其他地壳金属（高沸点金属）。

③ 气化态金属浓缩物。

应用这些技术处理飞灰，有助于提高镉及其他金属的高效回收利用效率。对于镉来说，MSW 的循环利用效率最大可以达到 90%（图 3.51）。另外一种可能是借助热处理方法，不产生浓缩物，而是使这些金属失去活性存留在陶瓷或玻璃相中（玻化）来回收利用。这些残留物可能接近最终的储存的质量（Baccini，1989）。

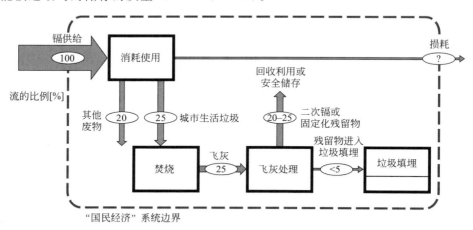

图 3.51 焚烧城市生活垃圾循环利用镉，城市生活垃圾、其他废物以及其他物质中
镉流的比例会因为技术和经济状况变化而不同

当前，大部分过去使用的镉进入垃圾填埋，对后代造成潜在威胁。循环利用的优势在于有效减少原矿镉的消耗量，从而减少进入人类社会中的镉的总量。为了安全处置人类社会中已经存在的大量镉，需要开发技术使镉失去活性。此外，还需要持续收集储存在建筑以及耐用性商品中的镉，并将其转化成可以安全储存在人类社会中的形式。注意，这两种方案都必须经过浓缩步骤，而事实证明热处理工艺具备实现该浓缩要求的能力。

3.3.2.4 案例 15：循环与汇——以 PBDEs 为例

（1）介绍

案例 15 有两个目的：第一，通过结果阐释元素尺度的 MFA 在支持城市尺度的废物管理决策中的应用；第二，通过案例阐释面向"清洁的循环"和"安全的最终汇"的废物管理战略。本研究的对象为 PBDEs，称为多溴联苯醚的一类化合物（图 3.52）。这类化合物是塑料废物管理的一个难点，因为其本身具有毒性，会影响聚合物的循环利用。

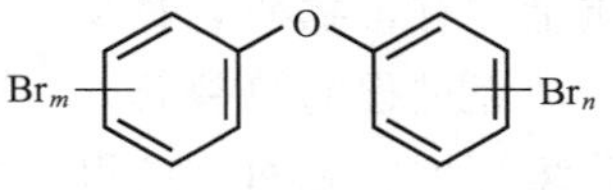

图 3.52　多溴联苯醚（PBDEs）$[C_{12}H_{(10-x)}Br_xO(x=1,2,\cdots,10=m+n)]$

PBDEs 由两个苯环组成，通过氧键连接在一起（又称联苯）。每个苯环都可以在 5 个可能的位置被 0～5 个溴原子取代，从而产生 209 种同系物（结构近似的同类化合物）。PBDEs 可以根据溴原子的数量归类，例如五溴、六溴、七溴、八溴联苯醚。一方面，它们是实用的化学物质，广泛用作塑料材料阻燃剂，被添加在各种产品中，例如运输工具（汽车、飞机）、建筑材料、家庭设备、穿戴用品、电子设备、隔热泡沫、纺织品等诸多方面。另一方面，有些同系物已经被证明对人类和环境具有严重的健康威胁，特别是含有 1～5 个溴原子的 PB-DEs。这些低溴 PBDEs 毒性更强，因为它们能够生物富集，影响甲状腺中的激素水平，同时还具有生殖威胁和神经破坏风险。因此，斯德哥尔摩大会（Stockholm Convention，2004）上，在保护人类健康和环境免于有害的持久性有机污染物（POPs）的目标中，明确提出限制某些 PBDEs 的生产，制定关于含有 PBDEs 废物的管理规定（UNEP，2015b）。PBDEs 通常以多种同系物的商业混合物的形式使用，一般不是以单一的形式，因此，通常采用 cPentaBDE 的缩写形式，表示商业上可获得的五溴联苯醚。

在含有 PBDEs 产品的生命周期末端，这些物质或者被循环利用，或者在燃烧炉和垃圾填埋场中被处理处置。为了实现废物管理的目标，即保护人类健康和环境、资源节约，首先就要了解 PBDEs 从源（工业合成）到汇（热裂解、垃圾填埋）的路径信息，还必须知道过去 PBDEs 已经形成了哪些存量，哪些当前依然存在，哪些有害的同系物需要通过何种收集系统（分类收集电子废物、塑料材料、建筑废物，以及生命周期末端的汽车）实现废物管理。同时，还需要了解循环利用和废物管理过程中含有 PBDEs 废物的归趋。MFA 可以提供各同系物存量以及从人类社会代谢到环境的流的信息，及其之间的联系。

案例 15 在城市尺度上（奥地利维也纳）研究了商用五溴联苯醚和商用八溴联苯醚（cPentaBDE，cOctaBDE）的流量和存量（Vyzinkarova et al.，2013），之所以选择城市尺度开展分析，是因为：

① 城市是 PBDEs 排放的热点地区。排放源附近地区的浓度远高于边远地区（Oliaei et al.，2010），例如与城市道路毗邻的土地（Luo et al.，2009；Gevao et al.，2011），以及垃圾填埋场和污水处理厂附近的土地和下垫面。

② 内陆的 PBDEs 流尚未被分析，而且，城市有害物处理处置对城市的内陆地区的依赖是显而易见的。

③ 废物管理战略由负责废物收集、循环利用以及处理处置的市政府和其他城市利益相关方共同制定，通常，市政府依据法律控制着城市范围内所有有害物质以及具有经济价值的

废物的管理方案。

④ 数据是在城市尺度上搜集的，例如 MSW 产生量、收集速度、处理能力，以及循环利用速度、处理过程的排放，市政府通常可以提供辖区内商品和元素的流量和存量信息。

（2）目标

本案例研究的目标包括：①识别奥地利维也纳市中 cPentaBDE 和 cOctaBDE 的源、路径、存量和汇；②确定进入循环利用或者进入某些恰当的最终汇的部分的比例；③提出满足"清洁的循环"和"安全的最终汇"战略的废物管理建议（Kral et al.，2013）。该战略要求废物循环利用得到的产品具有高质量，有害物质含量非常低（清洁的循环），从循环中去除的有害物质被完全破坏掉（例如，焚烧过程的热裂解），或者通过处理处置进入一个长时间尺度安全储存的汇，而且不需要后续管护。后两个过程，焚烧或者不需要后续管护的安全储存被称为最终的汇，因为这样处理后这些物质就不会再进入人类社会或者环境中。

这些目标主要源自欧洲关于 cPentaBDE 和 cOctaBDE 法案的两项核心指令（European Council，2003，2015）。法案规定污染物去除是处理的基本原则。法案禁止 cPentaBDE 和 cOctaBDE 含量超过 1g/kg 的废弃电子电气设备（WEEE）循环利用。另外，欧洲废物等级分类将废弃塑料循环利用列为优先等级。因此，循环利用 WEEE 以及其他含有 PBDEs 的废物的关键在于去除这些塑料废物中的 PBDEs，使其含量低于 1g/kg。工业界努力推动商用混合物向该目标前进，不过，最后能达到何种程度还有待观察。

（3）方法和数据

为了达到这些目标，已有研究采用元素流分析方法获取了关于 cPentaBDE 和 cOctaBDE 的流量和存量信息（Morf et al.，2003；Tasaki et al.，2004），但并未进行实验室分析。利用 STAN 软件模拟了流量和存量，并分析了不确定性。同时应用情景分析解决数据缺失以及不确定性过大的问题。

cPentaBDE 和 cOctaBDE 的 MFA 系统边界界定如下：空间边界为维也纳市的行政边界，时间边界为 2010 年一整年。分别从产品尺度和元素尺度开展流量和存量分析。包含 PBDEs 的商品见表 3.41。

表 3.41　不同部门 cPentaBDE 及 cOctaBDE 的使用情况

聚合物和行业		聚合物	应用	物质流估计
cPentaBDE	汽车	PUR	座椅、天花板、枕头、纺织品背涂层	汽车和建筑中 PUR 泡沫使用 cPentaBDE 总量的 90%～95%
	建筑	PUR	隔热泡沫	主要用料
		PVC	硬质塑料板	少量使用
	其他	多种	纺织品、印制电路板、电缆板、传送带等	其他用途少于总用途的 5%
cOctaBDE	汽车	HIPS PBT PA	仪表盘和方向盘	估计从少量使用到主要用料
	建筑	PE	热塑性塑料板	少量使用
	EEE	ABS	WEEE 类别 3 和 4，同时关注 CRT(阴极射线管)计算机显示器和电视	主要用料，估计占欧盟 cOctaBDE 用量的 95%

资料来源：UNEP，2015a；Morf et al.，2003；Leisewitz et al.，2000；Lassen et al.，1999。

注：PUR 为聚氨酯，PVC 为聚氯乙烯，HIPS 为高抗冲聚苯乙烯，PBT 为聚对苯二甲酸丁二酯，PA 为聚酰胺，PE 为聚乙烯，ABS 为丙烯腈-丁二烯-苯乙烯共聚物。不同来源的质量流量估计有所不同，尤其是 cOctaBDE，因此只具有指示性作用。

　　STAN 模型中设置了三个主要过程：消费，废物管理，环境（见图 3.53）。

　　每个主过程作为一个子系统都被进一步分为多个过程。消费过程用于量化人类社会在用的商品中 POP-PBDEs 的流量和存量，例如建筑材料、汽车、电子电气设备（EEE），同时也包括消费者的排放。因为某些溴化阻燃剂的逐步淘汰，建筑和汽车过程没有输入，只有输出，且现有存量也呈现出下降的态势。这些逐渐减少的存量或转移到废物管理过程中，或转移到环境中；其中，废物管理过程的流量最大，而转移到环境中的流量相对小得多。部分

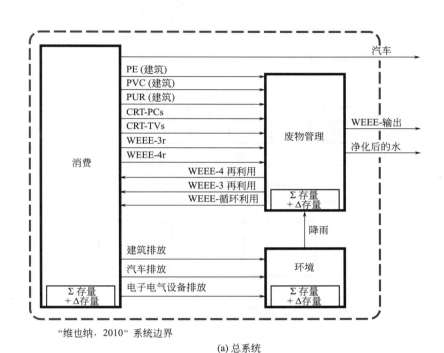

(a) 总系统

(b) 消费子系统

图 3.53

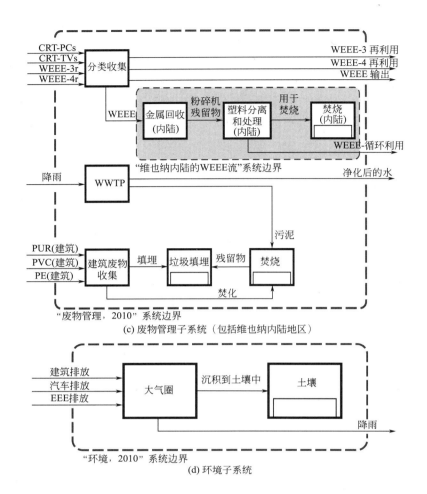

图 3.53　2010 年维也纳市多溴联苯醚的流量和存量模型。CRT-PCs：阴极射线管计算机显示器；
CRT-TVs：阴极射线管电视；EEE：电子电气设备；PE：聚乙烯；PUR：聚氨酯；
PVC：聚氯乙烯；WEEE：废弃电子电气设备；WEEE-3：WEEE 类别 3；
WEEE-3r：WEEE 类别 3，不包括屏幕设备（rest）；WEEE-4：WEEE 类别 4；
WEEE-4r：WEEE 类别 4，不包括屏幕设备（rest）；WWTP：污水处理厂

PBDEs 可在废物管理过程中被循环利用，但是并不清楚这些循环利用的产品流向何处。在图 3.53（b）中，所有再利用的 PBDEs 都作为输入进入 EEE 使用过程，但是在现实中并非如此，还有可能很大一部分会进入建筑和汽车过程。尽管如此，从三个过程的整体来看，将循环利用的 PBDEs 分配给消费子系统是可以接受的，也是正确的。循环利用的 PBDEs 流尤其重要，因为这样就延长了其生命周期。因此，不管当局逐步淘汰 POP-PBDEs 的目的是什么，也不管循环利用的 PBDEs 是进入汽车、建筑材料还是 EEE，消费者都会暴露在含有这些有害物质的环境中，持续到 PBDEs 被禁用后相当长的时间。

　　PBDEs 包含在维也纳收集和部分处理的各种废物材料中（见表 3.41）：WEEE［CRT-PCs（计算机显示器），CRT-TVs（电视）］，塑料建筑废物（聚氨酯、聚氯乙烯、聚乙烯），以及生命周期末端（EOL）汽车。对于 WEEE，已经明确了 10 个种类，其中类别 3（信息技术和通信设备）和类别 4（用电设备和太阳能光伏）与 POP-PBDEs 相关（Wäger et al.，

2011；UNEP，2015a）。本研究中只考虑类别 3 和类别 4，因为 EOL 汽车并不在维也纳市内处理，而是输出到系统之外，因此子系统废物管理并没有将其包括在内。

向"环境"的输入主要是消费者向大气的排放物，这些物质随后通过干湿沉降进入土壤和水体（包括生活污水）中。在文献中可以查到消费者的排放量，在存量中的占比范围从 cOctaBDE 占存量的 0.054% 到 cPentaBDE 的 0.39%（Morf et al.，2003；UNEP，2015a）。本研究中，现存 PBDEs 存量通过乘以这些排放因子获得。因为水体、沉降以及其他路径的流量较小，所以只考虑大气和土壤两个主要过程的量对环境子系统的贡献。对于维也纳排放计算的更多信息，请参见 Vyzinkarova 和 Brunner 的文献（2013）。

奥地利废物管理的三个核心目标是：保护人类健康与环境、资源节约和"免于后续管护"的环境管理实践。最后一个核心目标表示垃圾填埋要求之后的数十年到上百年内都不需要后续管护。同时，循环利用理念规定不允许循环利用有害物质，从而避免后代必须承担处理这些风险的负担。在过去，有很大比例 PBDEs 和其他塑料添加剂进入废物管理中，因此将废物管理作为一个主要的子系统进行专门分析意义重大（UNEP，2015b）。在维也纳，POPs 物质如果要满足上述要求，最好的办法就是在先进的市政 WTE 工厂进行燃烧，这些工厂可成为大部分 POPs 和 PBDEs 的最终汇（Vehlow et al.，1997），因为通过合理设计，它们可以完全矿化这些物质，仅有极小部分物质会排放到大气和水体中。2010 年，有两个主要输入进入维也纳的废物管理子系统，即 WEEE 和建筑废物。经过收集以后，WEEE 被分成再利用、输出到其他地方处理处置、燃烧和循环利用几个类别，建筑废物被分成焚烧和垃圾填埋两类。而大气沉降中包含的 PBDEs 是第三个类别，同时也是非常小的输入，经过下水管道系统收集后，被转移到生活污水处理厂。在处理厂中，PBDEs 由于溶解度低，且具有亲脂性，因此沉积在污泥中。

商品层面的数据从奥地利统计局（汽车）、奥地利协调处协调办公室（EAK-Austria）（在奥地利每年收集 WEEE，并分配"新的"和"以往的"设备）、以往在德国和瑞士出版的文献（建筑）获得，某些商品中的 POP-PBDEs 的平均含量从 UNEP（联合国环境规划署）获得（2015a），排放因子来自已有文献。

（4）不确定性处理

利用 STAN 软件分析数据不确定性。假设数据符合正态分布，均值为 μ，标准差为 σ。尽管通常来说该假设并不是实际情况，不过通过该假设可以利用误差传递进行数据校正。然而在现实中，不确定性越大，误差区间对称性越差（Hedbrant et al.，2000）。为了弥补信息缺失的缺点，解决不确定性数据过多的问题，需要借助情景分析。研究一共分析了三个案例，对每个案例都评价了设计的情景（从最接近现实的假设出发，之后每次改变一个参数）对 MFA 整个系统的影响。三个案例分别为：

① WEEE 类别 3 和类别 4 中包含的 cOctaBDE 拆分为：（a）CRT-PC 显示器和 CRT-TV（情景 1a）；（b）其他产品，包括屏幕（情景 1b）。预期（a）所含的 PBDEs 的浓度高于（b）。

② cOctaBDE 出现在汽车中，这在文献中几乎没有记录，不同的源之间偏差很大。

③ 建筑废物中 PBDEs 流中包含废塑料，其中关于通往焚烧或者填埋路径的不确定性从 4:1 到 1:4 之间变化。

表 3.42 列出了情景 1a 和 1b 的分析结果。关于这些数据的来源以及情景分析的详细信息，请参见 Vyzinkarova 和 Brunner 的文献（2013）。

表 3.42 **CRT-PCs、CRT-TVs、WEEE 类别 3 和类别 4 屏幕以外的聚合物（Wäger et al.，2010），来自家庭的 CRT-玻璃再利用时的粉碎残留物（HSR）（Schlummer et al.，2007），欧洲输入到维也纳的 CRT-PCs 和 CRT-TVs 聚合物（单一家庭样本）（Sindiku et al.，2014）中 cOctaBDE 的测量含量一览表**

数据	Wäger et al.,2010					Schlummer et al.,2007	Sindiku et al.,2014	
商品	CRT-TVs	CRT-PCs	WEEE-3r	WEEE-4r	混合-3r,4r	HSR(CRT)	CRT-TVs	CRT-PCs
样本中 cOctaBDE 含量/(g/kg)	P41a 1.03	P31a 0.51	C3a 0.4	C4a 0.15	M3a 0.19	HSR1 0.00	S1~S32 0.00	S1~S22 0.00
	P41b 0.05	P31b 0.14	C3b 0.05	C4b 0.15	M3b 1.56	HSR2 0.00	S33 6.60	
	P41c 0.67	P31c 0.66	C3c 0.1		M3c 0.38	HSR3 6.39	S34 59.30	
	P41d 0.05	P31d 10.6				HSR4 8.10	S35 64.10	
	P41e 3.54	P31e 0.79				HSR5 2.88	S36 290.00	
	P41f 0.66					HSR6 13.84		
	P41g 0.1					HSR7 6.35		
均值 μ/(g/kg)	0.87	2.54	0.18	0.15	0.71	5.37	11.67	0.00
中位值/(g/kg)	0.66	0.66	0.1	0.15	0.38	6.35	0.00	0.00
标准差 σ/(g/kg)	1.14	4.04	0.15	0.00	0.61	4.55	49.12	0.00
变异系数/%	131	159	84	0	85	85	421	0

（5）结果

研究得到三个主要结论：①废物管理控制着从消费者到最终汇的路径，因此在 PBDEs 的生命周期中发挥着重要的作用。②数据不确定性很高，未来还需要继续开展研究。③循环利用工厂对于实现清洁循环的目标至关重要。同时，质量控制需要监控塑料循环利用产品和污染排放，例如监控废物产能过程残留物和排放。

MFA 清晰展现了废物管理对人类健康和环境保护以及资源节约目标的关键作用（图 3.54）。最大量的 OctaBDE 和 PentaBDE 从消费子系统流入废物管理子系统。汽车不在维也纳市内处理，一部分在维也纳市外的维也纳汽车拆解企业处理，一部分输出。消费者向环境排放的 cPentaBDE（<10kg/a）和 cOctaBDE（<20kg/a）都很少，也不再是一个重要贡献源，随着消费存量的消耗，它们将持续下降。图 3.54 显示了消费存量中 cPentaBDE 和 cOctaBDE 的量，估计为（80±20）t cPentaBDE、（20±40）t cOctaBDE，两者以近乎同样的速度减少，cPentaBDE 存量减少速度为（-3±0.4）t/a，cOctaBDE 存量减少速度为（-3±5）t/a。如果这一趋势以静态和线性的方式持续下去，cPentaBDE 和 cOctaBDE 将分别在 24 年和 7 年内消耗完全，其中 cOctaBDE 具有高不确定性。

根据前述目标，废物管理需要规定使 POPs 进入热处理或者先进的 WTE 工厂或水泥窑这样的最终汇中。垃圾填埋同样也是 POPs 的汇，但与 WTE 或水泥生产过程完全热裂解相比，垃圾填埋经过数百年这样一个相当长的时间期限之后仍然会释放少量的 POPs。因此，垃圾填埋不能作为 PBDEs 的最终汇。MFA 帮助确定进入最终汇的 cOctaBDE 和 cPentaBDE 的比例，因此能够完成废物管理目标。cPentaBDE 的最大废物流 [（2±0.4）t/a] 包含在建筑废塑料（PUR 隔热泡沫）中。在案例研究开展的时段，并未确定这些建筑废塑料的最终归趋。因此，由于数据不足，基本不清楚 cPentaBDE 是否实现了最终汇的目标。

主要 cOctaBDE 流包含在 WEEE 中 [（1.3±3）t/a]，可能一部分包含在 EOL 汽车中 [（2±0.9）t/a]，这些汽车用于出口，成为一个跨国问题。根据 STAN 模拟结果，73% 的 cOctaBDE 进入废物管理，最终进入 WTE 工厂，表现为高不确定性 [（1.2±5）t/a]。5% 出口，5% 被填埋。通过循环利用，17% 的 cOctaBDE 进入废物管理之后又回到消费过程。但是，该流表现为高不确定性（±6t/a）。案例 1 情景分析表明 cOctaBDE 在 CRT-PCs、CRT-TVs、WEEE 3 类和 WEEE 4 类中的聚合物的输入浓度变化对结果产生很大影响（表 3.42），其中最大的影响是 CRT-PC 显示器和 WEEE 3 类含量的变动。

cOctaBDE 和 cPentaBDE 的案例都显示出了高不确定性。MFA 显然需要更好的数据。EEE 使用过程的不确定性主要是因为缺乏关于维也纳家庭中旧 EEE 存量的信息，因此，必须利用来自其他地区（瑞士）的人均统计数据计算维也纳 CRT-PCs 和 CRT-TVs 的存量。存量变化的高不确定性影响了循环利用流的估计。元素流计算依据为：商品流乘以聚合物系数乘以聚合物中元素含量。因此，整体不确定性源于这三个参数，是累加的结果。

当前关于上述三个参数的知识仍十分有限，为证明该说法，对 cOctaBDE 含量的可获得信息进行了回顾。参考数据包括欧洲 WEEE 流（Wäger et al.，2011）、住宅和 WEEE 拆解混合残留物（Schlummer et al.，2007），以及输出到尼日利亚的 CRT-PCs 和 CRT-TVs（Sindiku et al.，2014）（见表 3.43）。Vyzinkarova 和 Brunner（2013）进一步评价和讨论了数据，发现现存数据不足以支持高水平决策，需要补充更多可靠的、大量的、复杂的采样和分析。特别是，对于目标导向的废物管理和循环利用，必须以系统的、可重复的方式评价

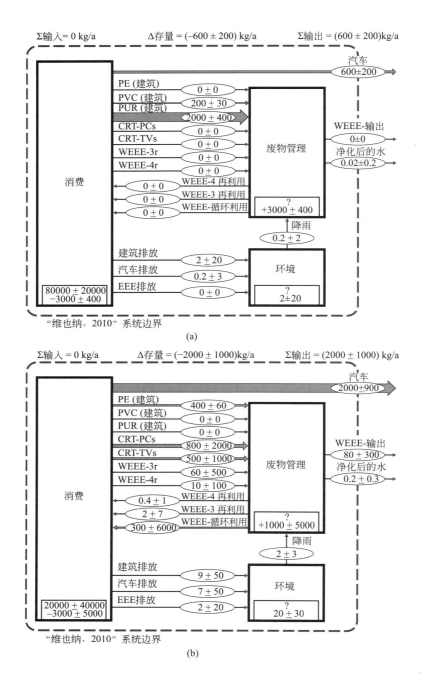

图 3.54　2010 年维也纳 cPentaBDE（a）和 cOctaBDE（b）的存量和流量，
利用 STAN 软件模拟（软件中存量单位为 t，流量单位为 t/a），
四舍五入至 1 位有效数字；两种元素的量均以商业混合物的形式给出；
"?"表示不知道环境（土壤）和废物管理（填埋场）中的多溴联苯醚
的存量；EEE 为电子电气设备；WEEE 为废弃电子电气设备

EOL 汽车、WEEE 和建筑废物等各种废物中 PBDEs 的含量。

同时，还需要提供关于循环利用过程的更多信息，从而确定不同循环利用技术的迁移系数。尽管是在缺乏足够数据的情况下对其进行了讨论，但是图 3.54 的 MFA 表明，显然，在维也纳 WEEE 管理中，cOctaBDE 有一部分直接进入了消费商品，在瑞士的一个类似研究中也观察到了同一现象（Morf et al.，2003；Morf et al.，2005）。

因此，必须采取行动。奥地利法律规定，各联邦政府管控工厂最少每 5 年就要处理有害废物（AWG，2002）。该规定应该延伸到某些涉及 POP-PBDEs 流的循环利用工厂。一旦在循环利用工厂开始监控产品和 PBDEs 排放，循环利用就有可能达到当下 WTE 工厂的同样高的标准，同时也将有利于追踪 POP-PBDEs 从源到最终汇的过程，确保通过废物管理可以实现"清洁的循环"和"安全的最终汇"的战略目标。

表 3.43 案例 1 情景分析结果：（1a）CRT-PCs 和 CRT-TVs 与（1b）WEEE-3r 和 WEEE-4r 聚合物中不同的 cOctaBDE 输入含量

情景 （1a 和 1b）		聚合物平均 流量/(t/a)	处理的 cOctaBDE 的平均比例/%	占比中 cOctaBDE 含量/(g/kg)	对系统的影响：cOctaBDE 循环利用流估计/(t/a)
1a	CRT-PCs	994	30	c_{min}[①] = 0.14	0.19±6.36
				c_{max}[②] = 10.6	0.68±6.63
				c_{mean}[③] = 2.54	0.29±6.06
				c_{median}[④] = 0.66	0.20±6.29
	CRT-TVs	1741	30	c_{min} = 0.05	0.23±6.17
				c_{max} = 3.54	0.52±6.24
				c_{mean} = 0.87	0.29±6.06
				c_{median} = 0.66	0.28±6.08
1b	WEEE-3r	808	42	c_{min} = 0.05	0.24±6.04
				c_{max} = 1.56	0.96±6.23
				c_{mean} = 0.18	0.29±6.06
				c_{median} = 0.38	0.39±6.07
	WEEE-4r	325	24	c_{min} = 0.15	0.29±6.06
				c_{max} = 1.56	0.46±6.10
				c_{mean} = 0.15	0.29±6.06
				c_{median} = 0.38	0.32±6.06

① 最小值；② 最大值；③ 平均值；④ 中位数。

（6）结论

通过本案例研究可以得到关于 MFA 的应用以及废物管理决策制定的结论。

① 关于 MFA 应用的几点结论

a. 对于 MFA，案例研究聚焦在元素尺度，分析表明，借助 MFA 和 STAN，同样可以研究界定范围内具有同类特征的元素的混合物。在研究中，对非常相似但是不完全一样的多种元素的商用混合物（例如 cOctaBDE）进行了分析和平衡。由于商用混合物是具有类似物理化学特征的同系物（对于 cOctaBDE，为六溴联苯醚到十溴联苯醚），因此可以将其作为一种元素进行分析。同时由于混合物也包含一些不同属性的元素，因此还需要对每种不同的元素进行分析和平衡。

案例研究证明，尽管元素流量和存量以及迁移系数信息非常有限，但是仍然可以建立起元素尺度的 MFA 模型。首先，获得了包含 POP-PBDEs 商品流量和存量的一组数据，相应产品中这些化学物质的含量可知。为了减小不确定性，可以借助情景分析，帮助识别出关键参数，作为模型关键输入。特别需要强调的是，虽然数据十分有限，还是可以建立 MFA/SFA，尽管不确定性一般会很高。随着研究和分析的不断深入，以及投入的不断增加，不确定性可以逐步降低。成本和不确定性之间存在一定的平衡关系：资源投入越多，不确定性越低。因此，对于 MFA 系统设计和数据收集来说，最具成本效益的方案就是，将获得满足项目目标的结论所必需的不确定性水平作为衡量标准。

b. 对于 MFA 系统设计和数据收集来说，系统边界选择十分关键。一般来说，界定系统的空间边界时一定要考虑数据收集可能性。如果数据由政府或者能够在城市尺度收集数据的某个机构掌握，那么城市就是一个理想的系统边界。商品有时就是这样的情况，但是对于元素往往不适用，几乎没有任何一个城市能够收集和掌握 PBDEs 流的相关数据。因此，必须将各种信息源联系起来以间接分析获取数据：通过国家数据重新计算城市的存量和流量，从其他城市区域获得缺失的数据信息。

选择城市尺度作为系统边界，对于城市管理的主题是有意义的。例如，负责废物管理的政府希望了解其废物管理实践是否符合联邦法律的规定，如果不符合，那么还需要采取哪些高效措施进行弥补。总体来说，PBDEs 案例认为，市政府运营 WTE 工厂，完全破坏有机组分，可以满足最终汇战略的要求。

② 关于废物管理决策制定的几点结论

a. 关于废物管理决策，显然，如果没有 PBDEs 的 MFA，就不可能识别出不符合法律规定的那些 PBDEs 流量和存量的关键点。MFA 建立源和汇的联系，在本案例中，一方面是含有 PBDEs 的商品，另一方面是循环利用产品、WTE 工厂以及污染排放。有意思的是，即使只有非常有限的数据，仍然可以相对准确地估计出受污染的循环，并得出并非所有的流都进入最终汇这些主要结论。

b. 现代废物管理的尴尬在于需要闭合循环。一方面，有时有害元素含在废物中，根本不适合循环利用。而另一方面，MFA 善于解决该困境，因为能够同时分析具有循环利用潜力的商品尺度和导致人类健康与环境风险的元素尺度。

c. 在维也纳，最大数量的 POP-PBDEs 包含在三种废物中：WEEE、建筑废物和 EOL 汽车。对于 cOctaBDE 来说，WEEE 以及汽车很可能占据最主要的流量。大部分 EOL 汽车都是从维也纳出口的，带来了跨地区挑战，而非一个当地问题。根据模拟结果，大约 73% 的 cOctaBDE 在配置有先进 APC 的 WTE 工厂被完全分解掉，相当于进入安全的最终汇。从废物管理目标的视角，也就是保护人类健康和环境的角度，cOctaBDE 在 WTE 工厂内实现了完全裂解的目标。

d. 相当一部分含有 POP-PBDEs 的废物被循环利用了。对于进入废物管理过程的 cOctaBDE，有 17% 会直接回到消费过程，而关于该归趋的前期和后续循环利用都缺乏信息。源自 WEEE 的二次塑料含有相当数量的 cOctaBDE，不过该结果具有高不确定性。根据不确定性分析，其主要原因是缺少关于欧洲 WEEE 类别 3 和类别 4 cOctaBDE 含量的可靠值，包括阴极射线管计算机和电视机。如果要进一步深入理解废物管理，制定决策，就必须得到更多关于循环利用过程的信息支持。

为了保护工人、人类健康和环境，需要更好的目标导向的数据，建立多溴联苯醚的流量和存量的质量平衡。其中需要废物组分信息、循环利用的塑料组分信息、关于迁移系数的数据，以及现有处理工厂（特别是循环利用工厂）中 POP-PBDEs 的排放信息。如果没有这些信息，例如 WTE 工厂的公开信息，将无法把含有 PBDEs 的废物高效分配给不同的废物处理工厂。之所以需要这些重要的充分的信息，是因为废物管理是关键过程。尽管可能因为政策生效，某个区域并没有大量输入 POP-PBDEs，但是仍然有可能因历史遗留而拥有很大的存量。

e. cPentaBDE 主要存在于建筑材料中，被填埋在建筑废物填埋场，形成一个在很长时间内不断释放微小数量 PBDEs 的长时间尺度的汇。从废物管理后期免于管护垃圾填埋场的目标角度来看，该行为并不符合法律规定。因此，由塑料制成并含有 POP-PBDEs 的 EOL 建筑材料，特别是 PUR 泡沫隔热材料、PVC 硬质塑料板、PE 顶板等，必须从建筑废物中分离出来，送到先进的 WTE 工厂，进行专门处理。通过 PBDEs 案例可以发现，MFA 非常适于支持废物管理的"清洁的循环"和"安全的最终汇"战略。

思考题——3.3 节

思考题 3.8　塑料废物含有高热值，是水泥窑、鼓风炉和生活垃圾焚烧炉的潜在燃料。包装塑料已经被用作水泥窑燃料：在不降低水泥质量的同时缩减了生产成本，同时也没有对排放造成很大影响。耐用性塑料产品（PVC 含量大约为 10%）废物具有高热值，但是却不适合在水泥窑中焚烧，因为其超过了水泥窑的氯化物处理能力。利用表 3.29，评估非包装塑料是否更适合鼓风炉或者 MSW 焚烧炉，只考虑环境和资源影响，不考虑经济性（额外投资、燃料成本节约）或技术性（预处理、填料和焚烧炉是否适合，等等），讨论重金属的最终汇，并利用本书中 MSW 焚烧的迁移系数（表 3.38），在图书馆或者互联网搜集关于鼓风炉的数据。

思考题 3.9　选择一个国家，评价该国 MSW 中纸张含量。首先，确定合适的系统（过程、流、系统边界）；其次，利用网络搜集关于该国纸浆、造纸行业的年度报告，确定流经系统的和系统内的流量；最后，搜集该国 MSW 产生率（例如，在环境保护主管部门的网站），计算结果。

思考题 3.10　Obernberger、Biedermann、Widmann 和 Riedl（1997）描述了生物质燃烧。基于论文提供的信息，计算谷物中镉（Cd）的含量，利用 3.3.1.2 节描述的方法，利用输出（各种灰的组分含量）计算输入（谷物）中的组分含量。将谷物中的 Cd 含量与你在文献中查到的数值进行比较。

思考题 3.11　图 3.55 描述了奥地利可燃废物管理的 Cd 平衡关系。结合 3.3.2.1 节中的图 3.45，讨论奥地利可燃废物流的总物质平衡，思考资源潜力和可能的环境风险负荷。

思考题 3.12　总结水泥制造商协会可能规定每年进入水泥窑的重金属量低于国家重金属消耗量的 15% 的原因。

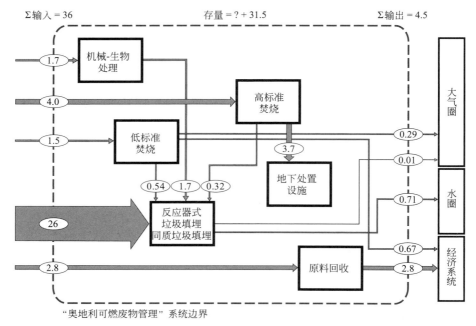

图 3.55　奥地利（1995 年）可燃废物管理对应的镉流量（t/a）

思考题 3.13　假定燃烧 1t MSW［铜（Cu）含量大约为 0.1％］产生如下固废残留物：250kg 底灰，25kg 飞灰，3kg 废铁，3kg 洗涤塔污水处理产生的中性污泥。大约 90％的 Cu 通过底灰、10％的 Cu 通过飞灰离开燃烧过程，而通过尾气、废铁屑等其他残留物的 Cu 流小于 1％，可以忽略不计。调查表明，底灰经过机械处理之后，大约 60％的 Cu 在一小部分金属浓缩物中被分离出来，该部分（大约 50％）含的 Cu 能够在金属加工厂回收利用。（a）MSW 和底灰机械处理联合过程的循环利用效率是多少？（b）计算焚烧、机械处理、金属加工过程链的元素富集效率（SCE）。（c）作为决策者，你是否支持该技术？为什么？

3.4　产业应用

　　MFA 在化工领域有着很悠久的应用历史。多年以来，主要用于利用分析化学方法对原材料及产品和副产品进行平衡分析，服务于化学过程反应设计、优化、质量控制等。虽然 MFA 在化学物生产领域应用广泛，但在其他工业流程领域的应用仍处在探索阶段。近年来，MFA 开始进入各种工业过程，例如金属生产、汽车或飞机工程。特别是在制造过程中，事实证明，MFA 在优化工艺和过程链方面产生了巨大优势（Krolczyk et al.，2015）。克罗齐克（Krolczyk）等尝试利用 MFA 工具分析、优化一个生产企业制造汽车、电子和农业等行业需要的组件的成本，他们提出，MFA 的主要优势在于通过分析流经生产企业的物质流量和存量，MFA 能够以系统的方式描绘出企业的整体面貌。他们特别强调了 MFA 是如何用于建立内部的运输网络关系、优化整体工作方案的，该生产企业借助 MFA 结果重组之后，大大降低了运输量，提高了原料供应和运输效率，降低了成本。

另外一个例子是 Trinkel、Kieberger、Rechberger 和 Fellner（2015）应用 MFA 对加工行业的分析。为了追踪一个鼓风炉工艺的重金属从源到产品和排放的路径，他们尝试建立各种重金属的平衡关系。但是，他们要面临多个挑战，特别是各种输入和输出原料中的重金属含量常常非常低，而且这些原料组成通常具有异质性，不适合代表性采样以及后续分析。例如，利用 MFA 研究通过鼓风炉的 Pb 时，面临着金属产品中 Pb 含量分析的挑战，利用不同的分析方法得到了多种不同含量值。此外，得到的数据说明 Pb 并没有均匀地分布在金属产品中，如此一来，开展的采样和分析步骤又需要推敲。这些案例表明了 MFA 在生产层面支持决策的优势和劣势。一旦缺少充分的采样和分析方法，在诸如鼓风炉这样一个复杂工艺过程中建立元素平衡关系将非常困难。

在接下来的部分，我们将介绍一个飞机内部面板制造行业的案例（Müller，2013）。该案例的特点在于将 MFA 与经济分析联系起来，同步预测价值流与商品流，同时将物质流量和存量与工作时间联系起来，帮助通过减少空闲时间、提高生产率优化生产线的经济效益。基茨齐亚（Kytzia，1998）曾尝试过应用类似的方法，设计了住宅建筑存量模型，纳入物质、能源、经济来源等因子。在她的研究中，资金流动包括成本和利润。该模型的挑战在于如何将利润分配给不同的成本主体。

Eisingerich（2015）关于稻米秸秆野外焚烧的 MFA 研究也遇到了同样的问题。作者将泰国农场的物质流和元素流与经济参数联系起来，希望借此改善小稻米农场的经济困境，同时减少环境负荷。执行过程中，在将利润分配给各个种植过程时，几乎无法覆盖所有的流和过程。穆勒（Müller，2013）在案例 16 中选择只关注生产成本而不考虑利润问题，从而成功规避了这些困难。之所以可以这样做，是因为过程优化的目标是降低生产成本，而非增加利润，因为利润是独立于生产过程的，无法通过生产过程优化提高利润。

3.4.1　案例研究 16：　MFA 作为制造业优化的支持工具

高效利用资源，同时不导致环境退化，不仅是公司的发展目标，同时也是可持续发展的目标之一。因此，降低单位产品的资源消耗、污染排放、废物产量和经济成本，是公司和社会共同关心的内容。该案例阐释了 MFA 在公司层面的应用，目的是降低资源消耗、提高经济效益。

对于企业来说，面临的主要困难是识别出哪些生产过程具有更高的资源节约、环境保护和经济优化潜力，在具体应用中要面临的挑战包括数据收集、效果评估，以及结果的不确定性。为了解决这些共性问题，本案例选择一个理想的制造系统，该系统生产飞机行业的高级组件（Müller，2013）。因为要解决 MFA 与经济参数建立联系这样的新问题，所以案例研究基于传统 MFA 和 STAN 软件提出了新的方法框架。

本案例中选择的公司为一个国际领导型企业，生产绝缘材料、表层板和复合材料。MFA 只分析了生产过程的一部分，仅涉及整个公司的一小部分业务。出于保密要求，此处隐去公司和商品的具体名称，以及具体的工艺过程，所有流量、存量和经济参数都进行了适度调整。尽管进行了各种调整，但是最终的结果和由此得到的结论仍然能够较好地阐释 MFA 在支持制造过程优化方面的作用。

3.4.1.1　目标

案例16旨在开发一种方法，以透明且易懂的方式描述复杂的生产系统，以最大限度地降低生产成本（主要目标），减少废物产生量、优化资源利用（次要目标）。这需要建立一个或数个模型，纳入所有相关的物质存量和流量、成本、生产时间，同时需要考虑不确定性（Müller，2013）。这些模型将验证MFA识别、分析、量化和刻画生产系统的可行性，并能帮助找出具有最高优化潜力的生产过程。它们展示每个过程的产物、产品、废物以及污染排放，相应的成本，以及生产某特殊产品或产生废物所需要的工作时间。同时，该案例也是STAN软件将MFA与成本、时间等经济参数联系起来的首次尝试。

这有助于理解整个生产过程，是资源利用效率、成本和时间优化的初始步骤。

选择STAN软件分析元素并不是本研究的主要目的，因为要在研究中提供分析有害物质的可靠方法，以解决健康保护和环境污染这类问题。

本案例研究拟回答以下问题：

① 利用STAN软件是否能同时预测生产过程的物质流和货币流？

② 利用STAN软件将二者结合起来的主要优势是什么？

③ 在风险评价中如何考虑不确定性？

④ 企业家如何利用STAN软件优化产品系统？

⑤ 为了满足从物质和经济两个角度描述生产过程的要求，STAN软件需要做哪些改进？

3.4.1.2　步骤

该案例一共构建了三个MFA模型（Müller，2013）。在第一个模型中，描述了生产单位产品的整个生产系统。在第二个模型中，分析了输入流的不确定性的影响。在第三个模型中，分析了界定时间区间内半成品的流动。这三个细分模型有助于全面理解生产过程，识别优化潜力，分析输入值不确定性的影响。三个模型的结果最后与公司配置的资源规划系统（ERP）的结果进行比较，同时该比较也作为结果核查方式之一。

根据以下步骤建立STAN软件的整个生产系统模型。

① 界定系统边界、单位、平衡时段以及成本。

② 解析生产系统结构，构建过程、物质流和存量、相关成本流和工作时间。

③ 执行STAN软件步骤1和2。

④ 收集流量、存量和工作时间等生产和经济数据，将信息录入STAN模型。为此，所有输入商品都按照与单位产品的量相应的值录入。

⑤ 通过平衡所有时段MFA系统以及校正误差在物质流尺度验证STAN模型。

⑥ 通过平衡所有时段MFA系统以及校正误差在货币流尺度验证STAN模型。

⑦ 通过比对STAN结果与另外已给规划或者质量控制系统的结果，核查模拟结果的可接受性水平，例如公司已经实施的ERP系统。

⑧ 应用结果，优化生产过程。

利用STAN模型平衡单一过程的物质流、货币流以及工作时间的简单示例见图3.56～图3.58。这些图显示，原则上，货币流和工作时间也可以按照物质流的同等方式来处理。

如此一来，单一 STAN 模型就可以方便地合并物质、货币值以及规定的工作时间这三个完全不同的方面。在本案例中，将 STAN 软件默认的能量单位调整为货币单位。

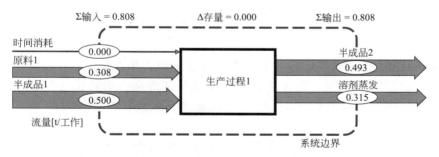

图 3.56　生产过程 1 的物质流示例 1，在 STAN 软件中，时间消耗（工作时间）表示为一个虚拟的物质流，在物质平衡中表示为 0，时间消耗量如图 3.58 和图 3.62 所示

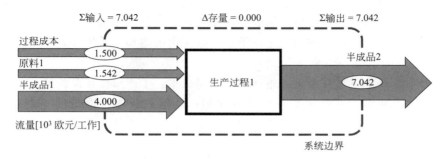

图 3.57　STAN 软件中对与生产过程 1 相关的货币流的处理，单个原材料的成本加上过程成本的总和等于产品的成本，过程成本包括生产过程中除原材料（如原料和半成品等）之外所产生的所有成本，过程成本与物质流无关，人工成本包含在过程成本中

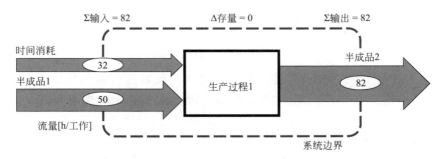

图 3.58　STAN 软件对与生产过程有关的工作时间的处理，原材料的工作时间与工艺产品的工作时间加和得到生产单位产品的总工作时间

　　系统空间边界由产品生产所需要的区域组成，包括生产机械、辅助设备，以及产品存放空间、运输空间。边界随时间的变化主要受产品系统的影响，进一步受到外界经济形势的影响。本案例中，以 1 个月持续生产时间为单位，调查了 10 个单位阶段，建立了平衡关系。根据 MFA 标准对物质流量和存量进行分析，建立平衡，相关的更多信息请参见 Müller（2013）的文献。

　　为了将成本融入 STAN 模型，软件提供的能量分析功能暂时被换成货币流，利用欧元单位（€）代替能量单位（J）。之所以如此，是因为这样更便于并且可以实现 STAN 模型在物质流和货币流之间转换，两者在时间上具有完全一致性（参考图 3.56 和图 3.57）。通过简单地点击，就可以查看 STAN 中预测的制造系统，呈现为包括流量和存量信息的物质流系统，或者是货币流系统。不过，到目前为止，无法实现同时描述能源层面的能量流。

本案例研究中的功能单位为 1 单位产品。在企业内为生产该 1 单位产品所发生的所有商品的过程和流都计入系统，包括废物、排放以及副产品。如果各过程非常复杂，那么建议将系统进一步拆分成子系统，这样可以规避黑箱效应，有助于理解系统深层次的子系统。

为对结果进行评价，界定了运营数（关键数）的概念。运营数有助于评价不同措施对生产系统的影响，是比较公司内外不同单元性能的基本工具。本案例选择了下述两组运营数。

生态运营数，聚焦资源效率、溶剂使用以及废物，因为这三个问题是公司关注的三个主要环境问题。①总物质效率：单位产品的总物质输入量；②固体辅助材料利用效率：单位产品的固体辅助材料输入量；③溶剂利用：单位产品使用的溶剂量；④废物产生：单位产品废物产生量。

经济运营数，聚焦下述五个关键指标。①材料成本：生产单位产品的原材料成本占总成本的比例；②加工成本：过程成本占总成本比例；③溶剂成本：溶剂成本占总成本比例；④固体辅助材料成本：固体辅助材料成本占总成本比例；⑤废物管理成本：生产单位产品的废物管理成本占总成本比例。

利用不确定性分析评估生产风险，有助于设置采购的优先选项，为选择低价或更加环境友好的替代品提供支持，或者界定对某具体生产工艺的承受程度。为此，在 STAN 软件中，计算所有输入流的不确定性，既包括物质流类别，也包括货币流类别。为了分析不确定性对结果的影响，设计不同情景，进行计算。更多信息和实践应用，请参见 Müller（2013）的文献。

3.4.1.3　结果

生产 1 单位产品的原材料、辅助材料、溶剂以及废物的过程和物质流见图 3.59～图 3.62。图 3.59 描述了生产 1 单位终端产品的所有物质流；图 3.60 描述了生产 1 单位终端产品的所有货币流；图 3.61 描述了生产 1 单位产品所需要的工作时间；图 3.62 描述了生产 1 单位半成品所需要的物质流。

基于图 3.59 和图 3.60，可以很容易分析物质流的成本驱动作用，确定这些流的经济改进重点，以及处理这些流的各过程的不同损失。利用运营数计算得到过程成本与材料成本的比率，从而在优化过程中确定优先选项。在案例研究中，过程成本和材料成本几乎相同［参见图 3.60，输出产品成本（476 欧元/产品）减去总输入材料成本（235 欧元/产品），差额（241 欧元/产品）即为运营成本］。我们建议缩减辅助材料成本，因为该部分对最终进入市场的产品影响最小。

情景分析可以评估生产变化带来的影响。表 3.44 所列变化是根据实际市场以及生产条件设计的。情景 1 中输入物质流 10% 的不确定性仅导致最终产品流 3.7% 的不确定性。因此可以针对输入端材料提出新标准，以提高输出端产品性能，维系高质量生产。

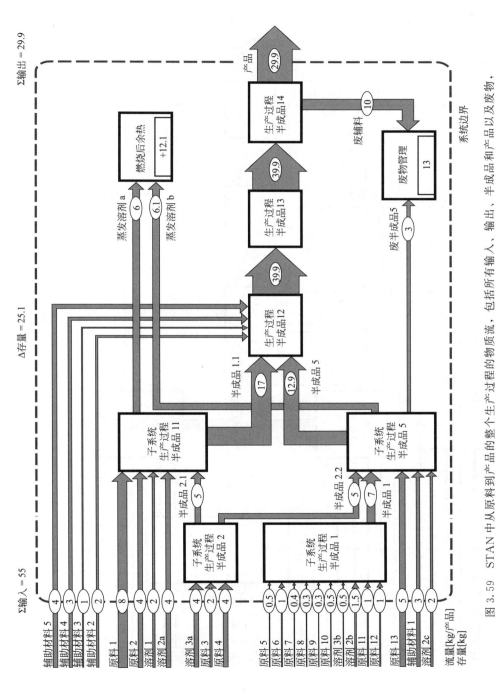

图 3.59 STAN 中从原料到产品的整个生产过程的物质流，包括所有输入、输出、半成品和产品以及废物，输出没有考虑燃烧后余热的废气排放以及废物处理残留

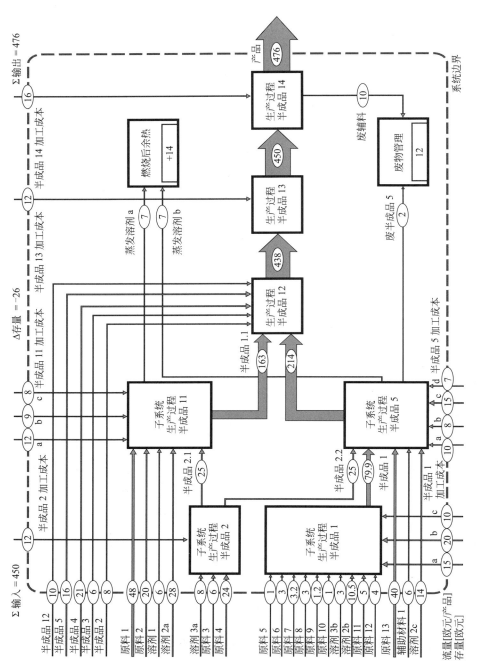

图 3.60 STAN 中整个生产过程的货币流，包括单位产品的所有材料成本和运营成本

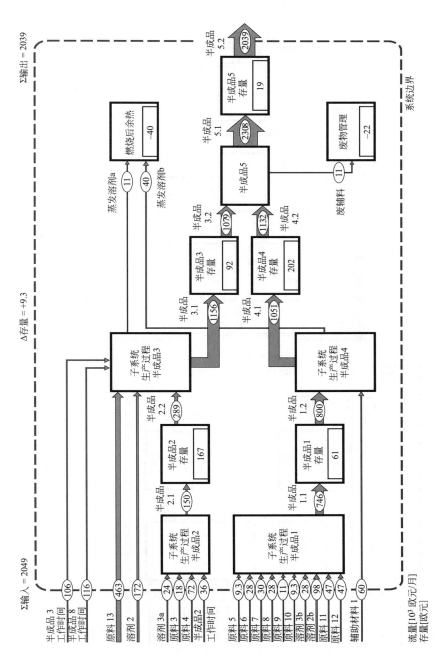

图 3.61 STAN 中一个月内生产单位半成品的单位时间成本流

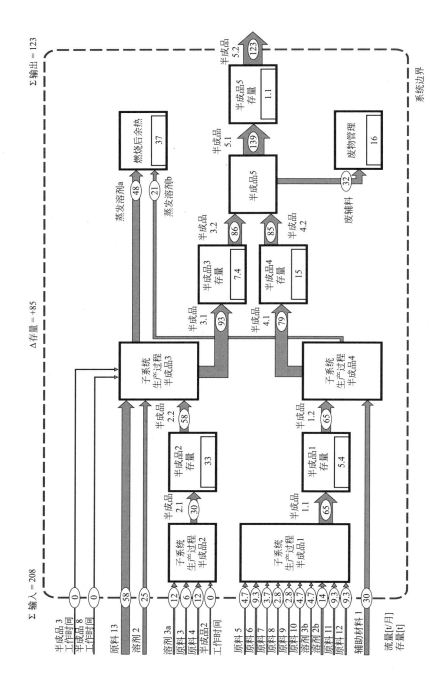

图 3.62　STAN 中一个月内产品制造的单位时间物质流

表 3.44 基于生产过程经济优化的情景分析评估不确定性

情景	情景说明	最终产品的不确定性	
		商品层面/%	成本层面/%
1	所有输入物质流 10% 的不确定性	3.7	1
2	所有输入流采购价格 10% 的不确定性	0	1.8
3	源自供应商:原材料成本 45% 的不确定性	0	6.4
4	源自生产变化:过程成本 20% 的不确定性	0	1.9

输入材料采购价格 10% 的不确定性（情景 2）会导致最终产品成本 1.8% 的不确定性。为了评价市场变化的影响，可以假设不确定性更大，从而可以计算出对相应总成本的影响，就可以通过预期未来市场波动，提出相对主动的商业战略。例如，在资源或者能源市场，如果这两种最重要的原材料价格浮动 45%，就会对最终产品造成最大的影响（情景 3）。在情景 4 中，则假设过程成本下浮 20%。情景分析结果表明，情景 3 对最终产品影响最大。对于整个生产过程的最终利润来说，最终产品成本增加还是减少 6.4% 是一个很大的数字。因此，为了降低企业风险，必须制定能够稳定两种最重要原材料成本的战略。在目前来看，也就是从一个供应商购买原材料。而运营成本变化则相关性不大。总的来说，表 3.44 中的情景设置非常适于制定保持生产经济稳定的优先选项。

图 3.63 显示了生产半成品所需要的时间。图中展示了关于半成品 5 的 10 个连续平衡期（10 个阶段）的 STAN 生产系统的结果。一方面，这有助于识别工作间的工作负荷；另一方面，可以计算生产 1 单位半成品或者 1 单位产品所需要的总时间。因为为了支持生产，很多半成品都是在公司内部生产的，所以这些半成品的可获得存量（图 3.64）以及时间信息是精细规划整个运营过程的基础。通过图 3.64，我们可以宏观掌握物质流量和存量，以及它们随时间的变化。从图中可以看出，制造过程并非"准时生产"运营模式，而是表现出一定的时间差。STAN 流程和图 3.64 可以帮助人事部门提高对存量和流量问题的认识，以将存量保持在相对较低的水平，减少废物产生。同样，它们也可以用于优化劳动力就业。

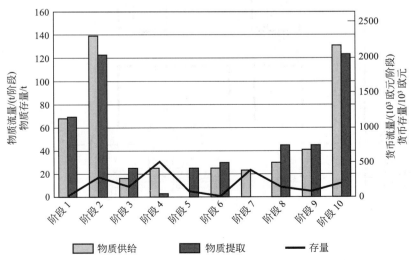

图 3.63 10 个平衡阶段中生产单位半成品的物质和货币的流量和存量

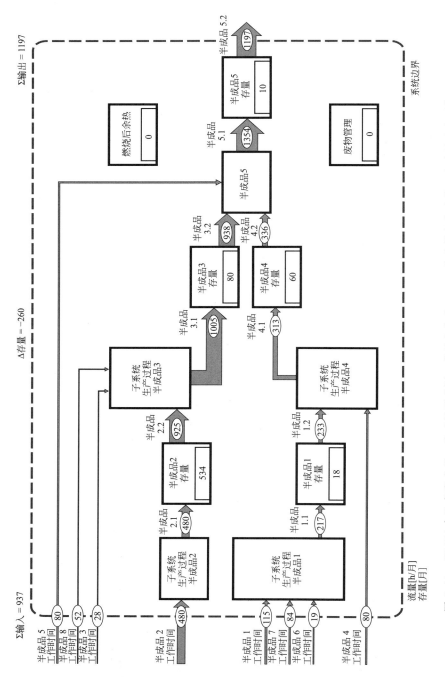

图 3.64　STAN 中生产半成品 5 的时间需求图，存量变化为 −260h，意味着在此阶段，半成品生产延期，所消耗的时间多于其他阶段，其原因可能是原材料供应不足

　　表 3.45 和表 3.46 总结了本研究确定的运营数。生态运营数表明生产过程存在相当大的改善潜力。总物质输入比有用的产品输出高 2.8 倍。同样，固体和液体（溶剂）辅助材料输入也高于产品输出，每生产 1kg 产品，将产生 0.5kg 废物。表 3.45 表明半成品 4 生产的运营数最大，因此是整个生产过程优化的首要对象。

表 3.45　半成品（SFP）及成品（FP）的生态运营数　　　单位：%

项目	SFP1	SFP2	SFP3	SFP4	SFP5	FP
单位产品总物质输入	140	167	150	200	125	276
单位产品固体辅助材料输入	40	67	50	100	25	125
单位产品溶剂消耗	40	67	50	40	0	60
单位产品废物产生量	0[①]	0[①]	0[①]	0[①]	0[①]	50

注：数字表示单位产品的物质流。

① 没有废物生成。

　　表 3.46 中的经济运营数显示，降低生产成本的努力应该聚焦在半成品 1、4、5 的生产上。给采购部门最好的建议是为半成品 2 和 3 争取最好的采购条件，因为它们的成本节约潜力最大。该案例表明，运营数为生产过程的成本节约提供了高效支持。

表 3.46　半成品（SFP）及成品（FP）的经济运营数　　　单位：%

经济运营数	SFP1	SFP2	SFP3	SFP4	SFP5	FP
材料成本	27	60	55	20	36	33
加工成本	56	24	24	57	43	34
辅助材料成本	17	16	18	19	18	28
溶剂成本	17	16	18	13	15	15
固体辅助材料成本	0	0	0	6	3	12
废物处理成本	0	0	3	4	4	5

注：数字表示占生产单位产品总成本的比例。

3.4.1.4　结论

　　MFA 应用于生产中物质流、货币流以及时间三个层面，结论见表 3.47。

表 3.47　加工制造过程的商品（物质流）、成本（货币流）以及时间
三个不同尺度 MFA 应用与结果

模型	尺度	结果
整个生产过程	商品	促进对生产系统的理解
		为物质流优化设计提供支持
	成本	识别高成本的过程和物质流动
不确定性	商品	揭示加工制造对最终产品不确定性的影响
	成本	将材料和劳动力成本波动效应纳入终端产品成本
		将过程成本波动效应纳入终端产品成本

续表

模型	尺度	结果
半成品	商品	揭示生产系统的实际物质流动
		揭示每一个加工制造步骤和工艺的物质存量需求
	成本	揭示加工制造系统的实际货币流动
		揭示每个工作单元需要的资本
	时间	揭示每个工作单元的工作负荷
		揭示半成品的最短加工时间

结果表明，使用该方法分析和刻画生产系统是可行的，STAN 软件也非常适于为决策提供支持。

最初提出的五个问题（3.4.1.1 节目标）的回答如下：

① 利用 STAN 软件是否能同时预测生产过程的物质流和货币流？严格地说，STAN 软件还无法完全适合将经济参数纳入分析范围。不过，可以通过将能源（J）替换为成本（欧元）的方式，很容易地分析货币流。但是也存在缺陷：当前还无法同时分析能源和成本，需要继续升级 STAN 软件，期待未来可以同时开展分析。

② 利用 STAN 软件将二者结合起来的主要优势是什么？STAN 软件帮助从物质流和货币流两个视角展示生产系统的全貌，并且可以快捷、便利地在两个层次之间进行切换，确保完全透明，具有可重复性，这有助于快速把握整个生产体系。

③ 在风险评价中如何考虑不确定性？STAN 软件非常适合核查并计算数据不确定性（参考第二章 2.4 节）。因而，基于输入数据的不确定性，就可以评估输出的不确定性，基于这些不确定性分析，企业可以制定决策。由于数据值和不确定性的输入值很容易调整，STAN 软件也可以很好地应用于情景分析。但是到目前为止，STAN 软件只能分析满足标准分布的数据。

④ 企业家如何利用 STAN 软件优化产品系统？（a）因为分析同时涵盖了物质流和经济流，STAN 流程图可以提供生产成本的全貌，以直观方式帮助探究高成本的原因，得出的结果非常适合为未来投资规划决策提供支持，设置优先战略，优化生产系统。（b）废物与最终产品的比例、资源利用与最终产品的比例都反映了潜在经济损失，有助于设置改进的优先选项。（c）工作时间计划揭示了哪些生产线可以通过减少空闲时间得到改善。

⑤ 为了满足从物质和经济两个角度描述生产过程的要求，STAN 软件需要做哪些改进？（a）生产线管理依赖于物质流、能量流、货币流以及时间流支出等的充足的信息支持。为了进一步完善 STAN 软件，需要将这四种流同时纳入软件分析，也就是说，当前的版本需要进一步增加货币、时间和劳动力中的另外两项。（b）结果提供的可能性需要进一步改善，同时应该补充展示所有物质和货币输入对最终产品组成影响的评价结果，从而可以针对单位产品生产精准设计总物质流和能量流。（c）如果设计运营数并嵌入STAN 软件中，就可以完成自动计算，节约时间和劳动力。不同场景、不同时间、运营数的变化可以通过一张图展示，就可以大大提高 STAN 软件优化生产的作用。（d）为了计算不确定性，当前 STAN 软件假定所有数据符合正态分布。STAN 软件结果有助于在输入数据时在不同分布方式之间进行选择，以及确定不确定性的下限和上限。（e）如果

能够建立 STAN 软件与 ERP 系统的联系，将极大促进 STAN 软件的应用，拓宽 STAN 软件的常规应用范围。

综上，案例 16 表明，成本分析和生产时间可以通过 STAN 软件与物质流量和存量联系起来，具体需要下述三个步骤：第一，模拟整个生产系统生产 1 单位产品所需要的物质流、货币流和工作时间。第二，模拟明确界定的时间区间范围内，从生产输入（原材料、辅助材料、溶剂）到产品输出（半成品）整个半成品生产的流。第三，模拟输入流数据不确定性的影响。通过这三个高度精细的模型可以识别、量化并实现生产系统资源效率、成本和时间的优化潜力分析。

对于全局性的研究，输入数据的质量是关键要素，因为其决定着结果的质量以及后续商业决策。为了收集合适且高质量的数据，构建这三个模型的花费相当巨大。不过，最终绘制的结果全貌图能够极大地帮助理解整个生产系统。此外，生产或输入商品的变化可以迅速反映到 STAN 软件中以便进行分析。因此，模型可以作为改善和优化生产过程的有效支持工具。另外，STAN 软件中纳入的成本和时间等经济参数对于高效生产系统决策至关重要。由于 STAN 软件的应用也包括元素层面，因此本方法可以进一步发展，以解决生产线的环境和健康问题。

3.5　区域物质管理

区域物质管理的目标是同步实现保护环境、节约资源、降低废物排放量。区域物质管理是一项综合战略，系统审视这三个问题，寻求最佳方案，要求同时考虑这三个问题，而非将其割裂开来。通过综合考量，可以减少工作量，可以获得比三个独立研究更多的信息，同时还能确保来自不同领域的结果可以相互融合，结论能够全面覆盖三个问题。对于区域物质管理来说，关键是要了解区域内物质主要的人类社会源和自然源、传输载体（传输路径）、存量以及汇，没有这些信息的支持就无法实施区域物质管理。为了实现上述目标，必须采取长远的观点，需要平衡数十年到上百年的物质流量和存量，以分析区域内是否发生了有害的或者有益的物质累积或耗竭。区域内使用的所有物质都需要进入安全的最终汇。如果无法进入安全的最终汇，就必须禁止这些物质的使用，或者在清晰的未来再利用目标和经济规划前提下，严格控制使用以及长时间尺度后的积累。

3.5.1　案例研究 17：区域铅管理

区域铅管理案例摘自案例 1（3.1.1 节），系统界定和数据收集在前文已有描述，之后的讨论仅涉及对于区域物质管理具有重要意义的结果和结论。

3.5.1.1　总流量和存量

区域输入铅总量为 340t/a，输出量为 280t/a（见图 3.1），主要输入为被拆解的废弃汽车，主要输出包括利用拆解汽车生产建筑用钢铁的钢铁厂过滤残留物包含的铅、建筑用钢铁中包含的铅以及 MSW 中的铅。输入和输出差额为 60t/a，主要累积在垃圾填埋场中。土壤中铅的自然地质存量约为 400t（自然地质存量一词并非严格意义上的精确值，因为相当一部分土壤中的铅是人类活动带来的）（Baccini et al.，1988）。比较而言，人类社会垃圾填埋场中的存量大得多，已经超过600t（＞10年，每年填埋60t）。与城市区域大部分物质类似（1.4.5.4节），区域内也发生了铅累积。自然地质传输媒介（大气、水体）导致的输入和输出很少，不到1%。从资源管理的角度来看，拆解残留物和过滤尘是首要关注对象；从环境角度来看，土壤沉积以及从填埋场到地表水和地下水的潜在铅渗漏是重点内容。

区域物质平衡的优势在于，利用一个简单的平衡，就可以核查环境、资源以及废物管理当前和未来的重点内容。例如，由于缺乏关于当地填埋垃圾及其组分的信息，就无法推测当地填埋垃圾向水体迁移的未知铅流，尽管流量可能很大。没有总体填埋垃圾的数量，但知道区域内大部分拆解残留物都在垃圾填埋场处置，基于一个简单的汽车拆解平衡，基于汽车制造商给出的信息假设铅流输入和拆解处理的汽车数量，以及冶炼厂利用和分析的金属组分中铅的含量信息，就有可能粗略估计垃圾填埋场铅的数量。

3.5.1.2　铅存量及其意义

当前填埋场中的铅存量超过600t，由此可以算出铅存量的翻倍时间（t_{2x}）大约为10年。也就是说，如果区域内人类活动100年保持不变，那么铅存量将从600t增加到7000t。根据1.4.5.1节的论述可知，目前还没有任何证据表明废物铅流量有下降的趋势。铅可能会累积到如此巨大的量，这是非常重要的信息，几乎输入的20%的铅都将留存在区域内，不会离开区域，滞留时间甚至超过10000年，直到缓慢的侵蚀作用将填埋的铅移除。所有被填埋的铅和累积在土壤中的铅都不会被再次利用，主要是因为含量相对较低，而且填埋材料的异质性也远远大于铅矿石。因此，在当前利用这些存量以获得经济利益几乎是不可能的，分析这些存量产生的大气排放也许可行，但尚未开展。区域物质管理人员必须清晰地意识到，未来必须转变对这些铅存量管理的目标，应该定位于将其从威胁转变成可用资源上，而这需要更多提高铅的品级和再利用的方法的支持（见3.5.4.1节第2条）。

3.5.1.3　铅流及其意义

铅流包括产品流、废物流以及排放流，管理目标是最大化利用产品中的铅，再利用废物中的铅，减少排放含量使其达到可接受水平。MFA揭示了最大铅流位置，标示了控制和管理的关键过程和商品。对于每一个环境要素（水体、土壤、大气），可能的源都被识别出来，并进行了部分量化。因此，在采取环境保护措施时，可以设置优先选项。

图3.1显示，区域河流输入点和输出点之间铅增加了1.4t/a。其中，0.31t/a来源于土壤下渗，0.14t/a来源于污水处理，另外1t/a的来源尚不清楚。这部分流量比例如此大，不太可能是土壤下渗或者WWTP排放测量失误造成的，最大的可能是来源于垃圾填埋场的拆解残留物渗漏。因此，如果仅仅减少量相对较少的WWTP污水排放中的铅几乎没有效果。首先需要开展调查，研究是否真的是拆解残留物填埋渗漏导致了如此大量的铅进入地表水。其次需要减少土壤的铅负荷，例如通过禁用含铅汽油（如20世纪80年代晚期做法），或者焚烧污水污泥，或者填埋失去流动性的飞灰。

MFA为环境影响评价提供支持，因而可以作为一个设计工具。图3.1显示，如果填埋垃圾保持在0.002～0.02t/a（占当前水输出流的0.1%～1%），可以断定垃圾填埋场（以及其他点源）的排放关系不大。考虑到铅垃圾填埋的总存量将近1000t，因此如果要求不对河流中水质浓度产生显著影响，那么填埋垃圾中的铅大约可以有不超过 $2 \times 10^{-6} \sim 20 \times 10^{-6}$（质量分数）具有流动性。该数字可以作为废物处理的设计目标，例如固定和固化。注意，该计算并没有考虑地下水污染。如果当地地下水流不大，滞留时间又长，前面计算的填埋垃圾产生的流就足以超过饮用水标准，因此将地下水纳入考量同样也很有必要。

3.5.1.4 区域铅管理

对于区域来说，与把不同问题地区的铅问题割裂开来相比，对铅进行综合管理要高效得多。例如下述三条结论：

① 对于没有在用的铅应该有意识地采取主动行动，将其累积在中间存量中，滞留时间要达到数十年。其目的在于建立铅以及其他金属的富集存量，一旦这些金属达到具有再利用经济效益的规模要求，就可以再利用。为了尽可能多地富集铅，拆解残留物应该在配置有高级大气污染控制设备的燃烧炉中处理。同时，矿化能够有效促进铅富集，使铅的浓度至少提高 10 倍，还有其他很多种类的物质适合该富集方法。此外，区域可以回收 MSW 焚烧过滤残渣，将其与汽车拆解残留物一起积累起来。铅中间存量完全不同于垃圾填埋场中的散泥或者 MSW，它们金属富集程度高，化学状态适于商业冶金再利用。因此，不建议利用水泥对其进行固化。中间存量应该是一个专门设计和建设的工程场地，必须便于维护并且能够持续到预期的时间长度，该时间需要结合经济因素确定。在经济规模以及应用技术的影响下，商业再利用材料有一个最小规模的下限，该最小规模除以废物产生速度就等于积累一定数量的用于商业循环利用的物质所需要的时间间隔。

② 再利用目标的富集和矿化保证大部分铅都被控制在人类社会范围，而不再对环境产生威胁。关于人类社会铅流的信息有助于识别排放铅污染的那些过程。基于区域流、沉积以及耗散模型，可以计算出水体和土壤中可接受的铅流量和铅沉积量，继而从毒性角度和预防原则角度（土壤或水体的铅输入等于铅输出）界定可接受水平（土壤或水体中铅浓度限值）。在任何情况下，都需要同时考虑铅的浓度和流量，同时还需要考虑下游地区铅的累积潜力。关于各过程的输入流以及可接受的输出流水平的信息，对于设计迁移系数以确保区域环境在长时间尺度之内得到保护，是十分有意义的。

③ 建立在物质账户基础上的监测有利于追踪铅的累积、消耗以及有害流。效果显著的监测位置包括：

a.建筑钢铁和冶炼厂过滤残留物等产品。这两种商品通常是为控制生产和产品质量进行分析的，监测结果有助于确定拆解汽车中的铅，为垃圾填埋的铅的调整方向预期提供指导。

b.汽油中铅含量。该数据由汽油生产商提供。

c.MSW 焚烧的过滤残留物。该信息与已知迁移系数联用，可以计算 MSW 中的铅流量。

d.污水污泥。污水污泥常规采样和监测能够获得下水道管网作为潜在资源的信息。同时，该分析是识别新排放或者确定下水道负荷已经被成功消除的基本工具。

e.地表水。对于水质评价，在区域地表水流出位置采样能够得到关于水圈总负荷的充足信息，特别是当上游区域能够提供同样的信息时。土壤样品监测将足以为土壤中铅的概况初步分析提供支持。不过，如 3.1.1 节提到的，常规土壤采样监测昂贵，且效率低下，同时无法基于此提前识别土壤中的有害积累或消耗。

3.5.2   案例研究 18：磷账户作为决策支持工具

本案例阐释了如何基于常规基础构建物质账户，从而提高 MFA 在分析复杂系统、发现区域代谢优化行动的重点领域的能力。如果某区域的 MFA 在某时间段重复开展（例如一年），就可以获得连续资源账户。Zoboli 等（2016）建立了奥地利的区域账户回顾项目，并从 1990 到 2011 年逐年编制磷资源的收支，以验证该项目的可行性，他们的工作获得了很多极具价值的发现。

首先，收支的工作量和数量并非线性相关。大部分时间都消耗在构建基础系统、确定数据来源上。一旦完善了这些内容，很快就可以建立好相关年的收支关系。

其次，即使在 22 年这样一个相对不长，同时经济又比较平稳的阶段，奥地利包括 122 个流量和 8 个存量的变化速度的全国磷收支（图 3.67），还是经历了出乎意料的显著变化，甚至其中某些阶段出现了突变。图 3.65 对此进行了阐释，通过参考 1990 年收支变化的程度分析了这些结果 [图 3.65（a）]。在这里，将流变化分为三个类型，即保持不变（无显著变化）、适度变化以及急剧变化。保持不变意味着某些流自 1990 年以来并未改变（几乎不现实）；急剧变化意味着某些流与 1990 年相比变化量超过两倍或者变为原来的一半以下；而当变化程度处于这两者之间时，则是适度变化。为了比较不同年份的不确定性的流，采用了不同的耐受水平（见图 3.65）。例如，1990 年，通过矿物肥料进口进入奥地利的磷流为 44.000t/a±8%；2003 年，该流量为 32000t/a±8%。采用耐受水平 ±0%～±15%，±σ% 表示适度变化，±20% 和 ±2σ 表示无（显著）变化。最终，结果显示磷对采用的耐受水平部分敏感。如果采用耐受水平在 0% 和 ±5% 之间，图 3.65 显示，三分之一的流量和存量的变化速度都是适度变化，而三分之二则达到了急剧变化的程度。如果耐受水平在 ±10% 到 ±20%，适度变化流量和存量的比例则逐步下降，直到 15%。其标准偏差显示，结果与 ±20% 范围非常类似。如果标准偏差增加到 2 倍，急剧变化和适度变化的比例则分别为 50% 和 5%。综上所述，分析表明半数流量和存量的变化速度都发生了相当程度的改变，某些流出现了，某些流消失了，而某些流则至少比初始值翻倍或者减少了一半。

除了研究流量和存量变化速度从给定年到后续某年的变化程度之外，本研究还分析了变化是渐变的还是突变的。从分析结果来看，大部分流受到逐步的适度变化的影响，但是 24%～33% 的流（取决于设定的耐受水平）至少发生了一次急剧变化，说明要特别注意这些程度大的突然的变化。结果还反映出当采用不确定性范围时，探查微小的年度变化有难度。不过，通过本研究发现，全国人类社会物质系统呈现出随时间变化不稳定的特点，至少磷表现出这样的特点。这说明，经典的 1 年时间 MFA 研究有助于理解系统代谢，但是如果要制定稳健的政策决策，必须不断更新。佐伯利（Zoboli）的研究表明，这样的更新是可行的。此外，多年方法还增加了对系统的理解，有助于提高模型的全面性，更适合形成物质账户统计和监测的基础。

MFA 时间序列分析能够直接指导决策的相关措施，图 3.66 奥地利的磷案例证实了这一点。在图 3.66（a）中可以发现，奥地利废物管理部门的总磷输入自 1990 年以来大量增加。废物管理的主要工作之一是收集各种物质。因此，该进步是积极的，在各种情况下都显示出部门的重要性（责任）在不断提高。另外，图 3.66（b）的时间序列表明，大量废磷损失到填埋垃圾和水泥中。水泥中的损失是污水污泥和肉类、骨粉（屠宰废物）在水泥窑中混合焚

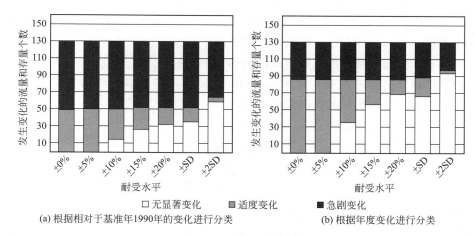

图 3.65 122 个流量和 8 个存量的变化程度：结果表达为不同耐受水平（利用不确定度阈值
确定是否可以实际检测到变化）；y 轴表示每个类别中的流量和存量的变化率

（源自 Zoboli et al.，2015）

烧造成的。比较这两个时间序列，可以发现损失占输入的比例随着时间而增加，这样一个显著的不利趋势表明需要采取应对措施。

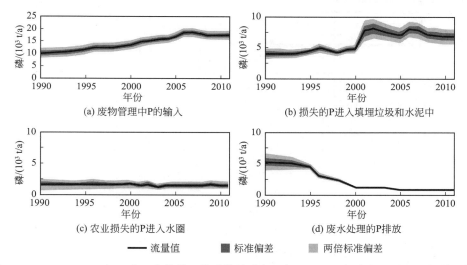

图 3.66 1990—2010 年，进入废物管理的磷持续增加，但是，（a）损失的 P 进入垃圾填埋场
和水泥中的量增加得更多，（b）一个需要采取行动的领域相当明确。农业损失的磷进入
水圈的数量一直很稳定，（c）揭露出优化施肥和耕作措施的努力相当低效；与此相反，
（d）污水处理厂的磷排放量显著降低，表明依赖该方案是非常有效的（Zoboli，2016）

图 3.66 的另外两个时间序列提供了磷通过排放进入水体的信息。点源排放可以大量缩减，但是非点源排放却非常平稳，同时在当下已经成为主要贡献源，例如农业土壤的排放（稀释、非点源）。对于某些重金属，点源比非点源排放易于控制，已经有多个研究得出了该结论，例如 Bergbäck 的研究（1992）。对于磷，可以发现，有效的水管理应该把更多精力聚焦在农业部分，这是决策者制定方案（充分的政策）时需要考虑的另外一个关键点。

佐伯利及其同事明确了奥地利的磷管理该如何优化以及能优化到什么程度的问题。他们利用 2013 年构建的一个细致的国家尺度模型作为一个参照系统（图 3.67），然后选择一系列旨在减少消耗、增加循环利用、降低磷排放的决策措施，讨论这些措施的可行性和局限。针对每项措施对于参考系统的潜在影响，都利用三个指标进行了量化和对比：输入依赖性、矿物肥料消耗以及向水体的排放。表 3.48 采用以 2013 年作为参考年的指标值的百分比形式，给出了每个行动目标所能实现的改进潜力。

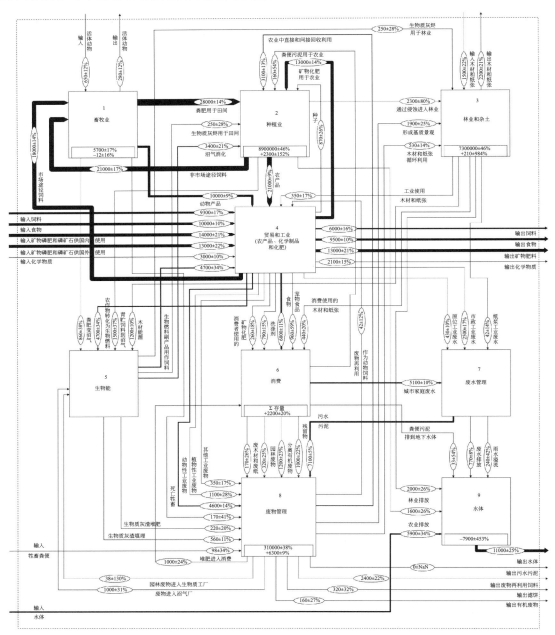

图 3.67 奥地利参考年 2013 年磷平衡（单位：t/a）

（引自 Zoboli et al.，2016）（NaN：误差评估不适用）

表 3.48　不同行动方案在国家磷管理方面取得的效果对比（通过三个指标反映）

行动方案	减少输入依赖程度	减少矿物化肥消耗程度	减少水体污染排放程度	主要数据限制	主要挑战
促进肉类和骨粉的磷循环利用	16%	23%	—	磷含量	循环利用化肥的法律框架和市场不确定性
促进污水污泥的磷循环利用	23%	32%	—	新的循环利用技术的性能和产品质量	循环利用化肥的法律框架和市场不确定性
促进堆肥的磷循环利用	11%	15%	—	当前使用份额；磷含量	大量堆肥厂的销售监管与协调
促进消化物的磷循环利用	—	—	—	原料数量与组成	生物气工厂数量多，产品异质性大
促进生物质底灰的磷循环利用	2%	3%	—	当前循环利用率；飞灰质量	缺少补偿物流损失的经济刺激计划
促进粪肥的磷循环利用	—	—	—	牲畜排泄因子；粪肥作肥料的利用效率	强化农业咨询服务
改进生活和工业有机废物管理	2%	3%	—	MSW 中磷含量；工业副产品的利用现状；预防食品浪费的潜力	家庭和类似机构抵触进一步增加分类收集行为；增加市政当局的后勤工作和支出
推进均衡、健康饮食	20%	—	5%～6%	系统反馈的复杂性	惯性导致行为难以改变；肉类供应商的反对
提高作物种植效率	8%	11%	—	牲畜排泄因子；作物中磷含量	强化农业咨询服务
饲料中磷含量优化	20%	—	—	当前优化状态；系统反馈的复杂性	强化农业咨询服务
减少清洁剂中磷的使用	4%	—	2%	—	—
减少其他工业过程磷的使用	—	—	—	物质流在工业中的应用	磷的可持续性
减少私人和公共绿地的过剩累积	11%	15%	—	家庭堆肥；堆肥出售给个人	惯性导致行为难以改变
减少点源排放	—	—	10%	原位工业处理厂负荷与性能	污水污泥中铁含量过高，会对多种磷回收技术产生影响
减少农业土壤流失量	12%	17%	13%	滞留过程；滞留的磷的长时间尺度行为	大规模实施；识别重点领域
2013 年指标值	18600t/a	13200t/a	4600t/a		
	2.2kg/(人·a)	1.6kg/(人·a)	0.54kg/(人·a)		

资料来源：Zoboli et al.，2016。

注：百分比表示相对于基准年（2013 年）的改善程度。

接下来，设计一个理想系统作为参考，综合所有方案，以获得综合性结论（图 3.68）。结果表明，输入依赖程度非常低，只有 0.23kg/（人·a）[2013 年为 2.2kg/（人·a）]，国内矿物肥料的消耗为零，同时还减少了 28% 的水体排放，说明奥地利的管理成效显著。

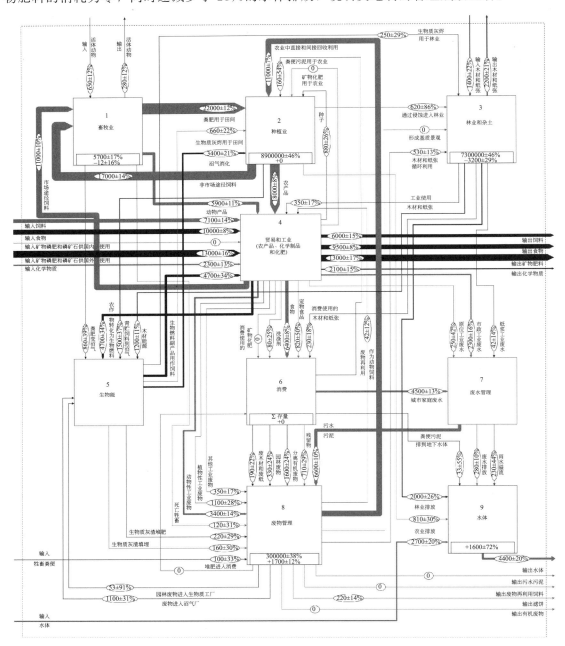

图 3.68　以 2013 年为参考，对奥地利磷平衡进行优化（单位：t/a），旨在通过优化降低进口依赖，减少矿物肥料消耗，削减水体污染排放（源自 Zoboli et al.，2016）

本研究通过系统的 MFA 方法，借助多个指标，量化了每个领域采取的行动对国家整体物质流动的相对影响，并适当开展了对比评价。在此基础之上，通过在参考模型中综合所有潜力方案，构建了一个理想的预期系统并实现可视化。通过详尽描述得到的精确结论对决策者非常有价值，有助于设计国家管理战略，设置优先选项，帮助领域专家拓宽研究的适用范围。下一步，这些研究需要与各行动目标实施的不同成本分析相互补充融合，因此，也提出了跨学科的研究需求和机会。

思考题——3.5 节

思考题 3.14 以图 3.1 中的铅案例为出发点，建立同一区域内的镉 MFA，假定没有主要的工业使用镉。利用本书提供的数据，例如表 3.29 和图 3.50，以及网络上镉在土壤、MSW 等中的含量数据。假定区域内 280000 人产生的 MSW 都在区域内焚烧。

（a）区域内采用"落后"焚烧和大气污染控制技术（到大气中的迁移系数为 0.10）的主要镉流量和存量如何？

（b）如果采用高级污染控制技术，迁移系数降低到 0.00001 之后，这些流量和存量如何变化？

（c）评估区域内采用两种不同技术的环境影响和资源影响。

第四章

展望：未来的方向

如各章案例研究所示，物质流分析研究人类社会系统的物质流量和存量，从而为人类社会研究提供了新的视角。物质流分析（MFA）和 STAN 软件作为核心工具，能够有效建立人类行为与资源消耗和环境负荷之间的联系。如果能借助书中描述的 MFA 方法，对人类使用物质的重要流量和存量进行统一分析，集合所有 MFA 结果信息，搭建起物质资源、路径、中间存量以及最终汇的数据库，将有助于实现更高效的资源利用。MFA 既可以对具有不同代谢特征的多个文化系统和经济体进行分析，又可以分析具体某个文化系统内初级生产和次级生产的部门、服务部门、消费者和政府。如果能够将两者有效融合，就能够建立起资源利用的全新方案，同时还能够为提高资源效率、城市规划和环境保护提供强有力的决策支持工具。本章重点讨论 MFA 的未来应用潜力。

4.1 关于 MFA 的未来

MFA 的发展主要基于两个方面的推动（Brunner，2001）。

首先，物质账户已经成为企业、区域和各国的一个标准分析程序。其主要目标是通过节约物质和能源节约资源，减少废物排放，减轻环境负荷。而实现这些目标的方式是要分析、评价和控制人类社会系统内商品和元素的流量和存量。就像财务账务一样，相比于那些没有使用 MFA 或者物质账户的人，开展物质研究的利益相关方具有很大的优势。因此，MFA 在现代社会中被越来越多的人使用，同时也促进了资源节约和环境保护效率的提高。

其次，MFA 将成为人类社会代谢（MoA）优化的一个主要设计工具。MFA 将有助于解释和理解经过漫长发展历史的复杂文化系统的代谢过程，支持新城市系统的发展，辅助从能源和物质消耗视角制定决策，设计更加高效的过程。它是新产品设计和新材料选择的关键工具，也是早期识别人类环境影响的工具。因此，MFA 还将继续用于支持驱动人类行为所必需的过程和物质的选择和设计，从而推动人类社会系统的持续进步。

这些愿景离现在还有多远？已经开发了大量方法，特别是在流量和存量的模拟以及 MFA 结果的评价领域。MFA 广泛应用于产业生态学（IE）、环境管理与保护、资源管理和废物管理等多个领域，已经成为生命周期评价、生态平衡、环境影响声明以及废物管理理念的基础。全球有多个团队以 MFA 作为常规工具开展这些方面的工作，收集了大量数据（如从聚氯乙烯账户到重金属清单和大尺度流域的营养盐平衡）。MFA 将采矿、生产、消费和废物管理联系在一起，从而成为从废物管理发展到资源管理的支持工具。近年来，MFA 研究开始面向效率不高的废物管理措施，帮助识别整个经济体内更加高效和目标导向的措施。因此，在未来，MFA 将更加重要，因其能推动废物管理领域达到一个新的更高的水平，MFA 可以识别出废物管理的局限，提出能够克服这些局限的、在其他经济部门更加高效而且作用更显著的措施。

　　然而，在生产、制造、贸易、商业以及产业层面，MFA 尚未实现重大突破。MFA 还没能在日常的废物管理决策中被当作标准的分析工具使用。尽管化学行业应用化学反应的物质平衡作为标准程序，但到目前为止，其他行业还没有发现应用该工具的优势，其他部门应用 MFA 的研究不多。案例 15 证明该工具也非常适合公司层面的环境管理和资源管理。但由于元素账户是一个新的、劳动力密集型的、经济代价高昂的工作，因此，到目前为止，大部分公司还没有发现在企业应用 MFA 的商业优势。因而，直到社会各个部门能够广泛接受上述思想，还有很长的路要走。

　　一方面，21 世纪之初，显然应用技术和系统节约资源的动力仍相对不足，经济信号表明资源不会在短期内耗竭。罗马俱乐部《增长的极限》（Meadows et al.，1972）的警告就像被现实证伪了一样：并没有在世纪之交耗竭资源，相反资源价格竟达到了历史最低。新的研究甚至也支持"无限增长"（Becker-Boost et al.，2001）的现实。另一方面，大量 MFA 研究（参见第三章）揭露出当前产业系统在环境影响和资源利用方面存在严重缺陷。MoA 依赖于化石燃料，能源需求巨大，不但导致全球气候变化，而且还面临着能源将在不远的未来枯竭的局面。许多种物质都在使用过后作为副产品耗散掉，有些超过水体、大气和土壤的承载能力，这种负面影响不但存在于区域尺度，而且在全球尺度也能被观察到。增长的极限假说首次出现在人类社会代谢的末端，并没有被证伪。相反，诸如全球累积问题、DDT 和 PCBs 问题、CFCs 引起的臭氧层破坏问题，以及气候变化（一部分是因为人类社会碳排放），都证明了该假说的正确性。土壤、湖泊、大气等自然库扮演着汇的角色，其承载能力已经出现下降趋势，因此必须将它们当作有限的资源加以节约利用。从人类社会代谢的物质平衡来看，显然，产业过程和消费行为使用的所有物质都需要安全的最终汇（Brunner et al.，2014）。未来几十年，一项主要工作将是把这些资源和汇联系起来，从地壳中开采的资源量必须与最终汇的承载力相匹配。人们已经达成共识，必须：①控制物质流路径，能够使物质进入已经证明了的可靠的最终汇中；②监控逐级开发最终汇的承载能力的过程；③逐步消除那些找不到安全的最终汇的元素。

　　一直以来 MoA 稳步发展，不断适应不同学科研究者不断变化的边界条件。研究团队和组织持续壮大，不断推进资源生产力提高、环境保护、生态足迹下降、可持续发展，拓展人类进步的定义，终将带来能源、物质与信息资源利用的重大改变。信息资源是尚未在本章中专门讨论的重要资源，信息包括来自社会的所有知识，包含科学、技术、文化艺术、教育、福利、管理。没有信息，物质资源也将失去价值。人类当前知识水平条件下，社会高度依赖于信息的存量和持续扩展。文化涨落常常伴随着信息资源的巨大发展和流失。从全球视角来看，如今这些资源处于非常高的位置。所谓的地球村包含了各种文化，是这个星球上所有信息的最大汇集地。我们所有的复杂系统（能源、水、食物、建筑材料的供应，商品、人类、信息的迁移等）都是大型的信息和知识的集合体，一旦失去综合的信息基础，这些系统将无法运作。MFA 是一种重要手段，可用于识别、收集、提供关于"物质世界"的信息，将"信息"资源与"物质"资源联系起来（Schwab et al.，2016），从而帮助人们更好地理解、设计和控制人类社会内的物质。但当下常常难以获得优质信息和数据，特别是关于区域问题的信息，因此有必要发展一系列新的关于物质历史和当前流量以及存量数据获取的工具，例如数据重建、反向通道以及利用冗余分析区域系统（Eklund，1995；Eklund et al.，1995）。未来，MFA 也将成为推进"信息"资源发展的重要工具。

应该采取什么措施推动 MFA 的广泛应用，从而接近上述目标呢？一系列措施都能促进未来 MFA 的应用。但首先，必须让各界普遍认识到物质作为资源、作为环境负荷、作为最终汇的组分的重要性。另外，需要将 MFA 融入学术圈，列入研究日程，从而推动 MFA 的广泛应用和进一步发展。此外，还需要推动方法的标准化，其中重要一步就是引入 STAN 软件，这款用户友好的免费软件，支持 MFA 领域的通用语言。同时，还需要建立 MFA 与其他学科的联系，例如，经济延伸 MFA（EE-MFA）可以联合分析和阐释物质流和经济流（Müller，2013；Kytzia，1998；Kytzia et al.，2002），这同样将推动 MFA 方法学的发展。最后，需要将 MFA 融入关于环境、废物和资源的立法的某些条款中。

4.2　标准化

MFA 要成为正式的资源管理决策工具，必须实现标准化。通过标准化最终构建统一的物质数据库，包括最重要的人类代谢过程、商品和元素流量及存量信息，共用共享，并不断更新。建立标准化数据库之后，各个解释性物质流账户工具及其评价方法［生态足迹、可持续过程指数（SPI）、生命周期分析（LCA）等］也可以加入进去。

标准化想要取得成功，需要满足下列先决条件：

① 国家和国际团体统一术语和概念。

② 通过专业教育和职业教育对学生和专业人员进行标准化 MFA 方法体系教育和培训（术语和步骤），培养熟悉 MFA 的专业人才，包括市政工程师、工艺工程师、建筑师、城市规划师、景观规划师、环境工程师、资源管理人员、废物管理专家、产品设计师等。这些专家将设计面向未来人类社会的商品、建筑和基础设施。

③ 开发 STAN 等量身定制的软件（包括统计工具），支持 MFA 应用和代谢系统模拟。同时还有助于推动 MFA 在学术界的广泛应用，以及咨询、工程、产业等领域和政府管理者使用。软件需要搭建链接到数据库和评价系统（LCA、生态足迹及资源效率）的通道。

④ 必须对 MFA 数据库进行专业开发和维护。广泛收集世界范围内的数据，包括不同的物质产生速度和组分含量、不同技术的迁移系数及其他相关数据，同时数据必须遵循统一的标准进行收集、处理、组织和存储，从而便于输入 MFA 商业软件，便于解决环境、资源和废物管理的各种问题。此外，还需要广泛宣传数据库，使其为专业人员和公众更好地服务，价格应亲民。到目前为止，关于如何、在哪里以及由谁建立这些数据库都尚未确定。

标准化的缺陷之一是，一旦建立了标准，就会阻碍进一步竞争、开发和改善。一旦某方法实现了标准化，大部分专家都使用同样的方法体系，方法多样性会降低，使用者的创新思想就会受到限制。科学技术以及完美的艺术和音乐的发展历史都表明标准化和规则在所有学科发展过程中都是必要条件。尽管如此，也总会有一些充满智慧的人们，他们并没有受到规则的局限，而是打破常规，不断推动学科领域的创新和发展。因而，尽管不可避免地存在一些负面影响，但是对 MFA 的应用进行标准化已经迫在眉睫。

4.3　MFA 与立法

如果基于 MFA 对环境管理、资源管理和废物管理进行立法，那么相应的决策和方案很可能更具成本效益，特别是对于那些目标导向的法律，与诸如成本效益分析或成本效率分析等社会科学方法联用，MFA 就能够成为一个强大的政策与目标符合性分析的支持工具。过去曾经使用过类似的联用方法，例如，通过设定不同管理情景定量分析废物管理目标的实现程度（Brunner et al.，2001）。

通过立法禁止有害元素，需要基于 MFA 的设计和控制。如果了解某元素的存量和流量，就可以通过情景分析预测禁令未来的影响结果。通过模拟元素的未来发展，与实际情形措施进行比较，一旦出现有价值的偏差，政策制定者就可能及时干预并进行修正。例如，存量发挥着持续排放的库的作用，所以制定政策停止某元素的生产，很可能无法实现环境负荷的持续削减，如果不知道具体存量值，很有可能实际效果根本达不到行动方案的预期。以 CFCs 为例，泡沫材料在建筑领域广泛使用，导致其成为存量，因此不管如何禁止 CFCs 的生产，建筑也会持续排放 CFCs（Obernosterer，1994）。除了能够预测元素流量和存量的下降趋势之外，一个系统的 MFA 研究还有助于确定探查被限制元素变化趋势的最佳监控位置，以保证获取的信息具有显著意义，从而最大程度地提高监测过程的准确性和成本效益。该方法也适合其他法律规定，例如，征收化石燃料、不可循环利用资源（例如铜、砾石）或者有害元素（例如镉）的能源/资源税。

此外，MFA 还有助于完善区域和国家废物管理计划。当前，这些计划主要关注由收集方式［例如，分类收集纸张、工业固废、混合生活垃圾（MSW）］或者废物的商品功能（包装功能）决定的单一废物流的处理处置问题。在未来，废物收集和管理需要更关注不同废物包含的元素，这样能更加高效地收集聚乙烯或者纤维素，而不是仅仅收集包装塑料或包装纸。

同时，研究表明，废物管理收集了大量有价值又有危害的元素（例如，锌、铜、汞、镉），随着废物流（例如，建筑和拆迁废物、电子电气废物）规模不断增大，未来这一现象将变得更为严峻。MFA 能够为废物管理决策提供基于元素的信息。这类信息十分重要，因为人类健康和环境保护以及资源节约目标都是元素导向的，而非商品导向。因此，废物管理战略必须主要聚焦在元素层面，而非仅仅聚焦在次要的商品层面。这有助于解决某些问题，例如发现适合的循环利用和处理技术，以及合理的残留物的最终汇。为了推动"清洁循环"和"安全的最终汇"战略，预防受污染废物和清洁废物混合，确定哪些废物和元素需要单独收集，同样需要关于元素的信息（Kral et al.，2013）。

MFA 领域的这些新进展，开始为政治和管理领域提供支持。以下来自德国和奥地利的两个例子是让人振奋的信号，它们展示了 MFA 和物质账户如何能够成为制定有效废物管理规划的常规支持工具。

自 1999 年开始，德国北莱茵-威斯特法伦州就开始要求将 MFA 应用于废物处理设施运营许可，根据一项条例，该州只为那些完成了整个工厂的全面 MFA 的新建废物处理厂的建设和运营颁发许可证。在 MFA 中，所有输入和输出商品以及商品中相关元素含量都必须进行统计分析，最后，建立起给定元素的质量平衡，包括迁移系数。为了支持该条例的实施，政府提前准备了一套数据库，包括废物组分、污染排放数据，以及特定废物处理工艺的迁移系数（Alwast et al.，2001）。该条例旨在确保决策者能够获得废物管理中考虑的所有过程的同样的信息。到目前为止，关于高级 MSW 焚烧炉的信息要远远多于其他任何一种热处理、机械处理或生物化学工艺，这有可能导致在选择不同技术时决策的不平衡。

另外一个例子就是《奥地利联邦废物管理计划（2001 年版）》在管理尺度方面的新的规定（Bundesministerium für Land-und Forstwirtschaft，Umwelt und Wasserwirtschaft，2001），其中包括使用 MFA 改进废物管理的若干模型，指出如何将 MFA 作为一个工具逐步实施以优化目标导向的废物管理。之所以在废物管理计划中纳入 MFA 工具，是因为以 MFA 为基础开展的包装材料、塑料废物管理（Fehringer et al.，1997）以及情景评价（Brunner et al.，2001）已经在奥地利《包装条例》完善和新废物管理理念设计方面发挥了重要作用。

4.4　产业生态学与人类社会代谢

IE（产业生态学）和 MoA 是 MFA 的主要应用领域。IE 强调产业系统及各组分之间的联系，MoA 利用系统方法分析人类行为及人类社会整体表现（Baccini et al.，2012）。在这两个领域，MFA 都已经成为广泛应用的工具，并且随着资源管理和环境保护诸多挑战不断涌现，未来应用还会更多。维系人类社会的元素、商品以及过程随着技术和经济创新不断发生变化。当前，从物质角度来看，这种变化表现出一定程度的随机性。除了经济标准之外，尚未建立关于材料和工艺的选择与使用的明确目标。如果将长久高效利用资源并符合生态要求设置为一个目标，MFA 将能够作为一项重要工具为人类社会重建、设计和维护的决策制定提供支持。

4.4.1　MFA 与 IE

IE 是一个快速发展的新生领域，从系统的视角分析当地、区域和全球产业部门和经济体的物质和能量使用，关注产业在削减整个产品生命周期中环境负荷的作用，从原材料开采到商品的生产和使用，再到产生的废物的管理。因此，IE 领域有很多专家成功应用 MFA 的案例。例如，分析全球物质流量和存量、改善资源效率等。MFA 的应用目标和分析的问题与 IE 在很多方面都很一致。IE 和 MFA 都解决不同尺度的问题，从局部尺度到全球尺度，从单个产品到整个经济体。IE 需要用系统的方法，全面考虑整个生命周期，从摇篮到最终汇，强调预防性思维，而 MFA 通过构建恰当的系统边界同样可以实现这些目标。因此，IE 在解决很多问题时，都会利用 MFA 进行初步的问题分析和系统分析。MFA 可以作为评价可获得数据的质量和完整性、识别数据需求的基本工具，能够帮助强化系统理解。MFA 的分析结果可以作为确定必要行动的环节的基础，而这些环节可以是选矿、加工、制造等工业过程，存量的累积或消耗过程，通过稀释或者点源排放有意或无意或者是无法避免地向环境的流失过程，以及垃圾填埋、倾倒等造成损失的过程。在这样的背景下，MFA 物质账户通过建立研究系统 MFA 的时间序列，可以有效扭转这一局面。首先，MFA 帮助深化对系统的理解。其次，帮助识别数据缺陷，例如缺少的数据或者系统误差。当对系统的时间序列分析进行数据校正时，往往一个或者多个流都向着同一方向调整，所以很有可能会发现这样的系统误差。最后，通过对问题流的趋势进行分析，可以获得关于应对方案紧迫性级别的信息。总体来说，MFA 能够帮助识别成功干预的施力位置，并依据不同行动措施的效果对其进行优先级排序。

4.4.2　MFA 作为产品设计和工艺改进的工具

在人类社会系统中，基础设施、交通设施、通信设施等寿命在 25 年到 100 年不等。因此，在该时间段内，需要不断建设新系统以替代旧系统。本节介绍了包括三个层面的过程，以此描述 MFA 如何可以以综合的方式规划和设计人类社会的未来，其结果为物质资源管理指明了新的方向。本节重点并未放在呈现未来上（这也可以实现），而是希望读者能够通过案例引发个人思考，深刻理解 MFA 在创新资源管理方式方面的潜力。

第一个层面，MFA 应该作为产品设计和工艺改进的标准工具，它能够为致力于改善产品和服务的产业、消费者、政府以及公益组织提供支持。MFA 应该与环境影响评价、生命周期评价以及面向环境管理的其他工具联用。废物管理情景选择、营养盐管理、金属管理以及其他资源管理决策应该以 MFA 为基础，这将有助于工程师、设计者、社区和政府提高决策水平。其目标是形成重要的大规模使用者群体，积累大量应用研究案例，揭示 MFA 在工艺设计方面的应用优势。此外，使用人数的增加，以及不同使用对象之间的交流，能够有效促进 MFA 在该领域及其相关领域的应用，提高应用效果。已经投入使用的、用户友好的、获得充分支持的 MFA 软件，诸如 STAN，也将推动 MFA 的应用。

4.4.3　MFA 作为系统设计的工具

第二个层面，将这些具体应用获得的知识和信息统一收集起来，并通过系统方法对其进行评价。基于这一新的知识，未来设计可以从受商品、过程或服务影响的整个系统角度进行全面考量。物质平衡已经成为目标导向的更大系统的设计和管理的基本要求，例如区域交通、供应和处理处置系统。按照统一标准调查和加工数据便于建立这些更大、更复杂的系统，数据账户被引入区域和国家尺度，国家物质流量和存量账户指标用于常规汇报，分析的结果可用于政策决策过程之中。对于某些指定元素，物质账户构建也可以在产业层面实施。公司收集数据，并基于这些信息优化行为绩效。此外，还可以构建公共数据库和私人数据库。上述进步均有助于推动系统从主要依赖于末端治理方式向资源导向的物质管理系统转变。通过与更加综合的关注整个人类社会资源流优化的方法联合，可以实现从末端治理措施入手，控制流向环境的物质流动。

4.4.4　MFA 作为人类社会代谢设计的工具

第三个层面，基于 MFA 对整个人类社会代谢进行设计。诸如食物供给、交通、住宿、清洁等人类行为，需要利用有限的资源和能源，同时也会对环境造成污染。为了实现在资源节约和长久环境保护约束下，提供必需的物质流量和存量这一目标，从目标导向的方法出发，在 MFA 的支持下，以一种高质量和具有一致性的方式开展数据收集、处理和评价。人类社会代谢的难题可以系统地逐步结合在一起，有组织地开展比较代谢研究，搭建复杂系统和大量物质的综合数据库。

在第三个层面，原始矿产资源开采被循环利用的"城市矿产"替代（Obernosterer et al.，2001；Johansson et al.，2013；Lederer et al.，2014）。城市存量中某些资源的储量甚至已经达到了和自然储量同一个数量级的水平。因此，城市系统的原材料供应必须从原始矿产资源的自然储量开采转移到从城市存量中回收二手资源，即所谓的城市矿产。因此，需要开发在较低的能源和原始材料消耗下，利用和维持城市存量的新方法。巴奇尼（Baccini）、奥斯瓦尔德（Oswald）及其同事提出了重建城市系统的第一套方法（Baccini et al.，2002；Baccini et al.，1998；Oswald et al.，2003）。在研究中，他们将城市区域的建筑结构、社会组织以及代谢过程联系在一起，开发出一套资源导向型城市的新战略。他们将 MFA 与建筑、规划以及社会经济问题进行跨学科结合，形成了称为"网络城市"的成果，一个代谢更加可持续的重建的城市区域。

城市系统对新的原始矿产资源的需求可以逐步被可再生材料取代。物质在加工、利用、循环或者处理处置过程中发生的耗散损失得到有效控制，并缩减到长时间尺度的可接受水平。所谓可接受是指环境和资源方面，能够循环利用资源，以将环境负荷减小到非常低的水平，能源需求很低，不产生进一步的物质需求，同时还要确保原有经济效益或创造新的经济效益。所有循环和线性利用产生的损失都需要为其寻找或设计合适的最终汇；如果找不到最终汇，这些损失就必须减少到最小，并进一步符合可能的汇的存量要求，否则就需要逐步淘汰这些元素。优化的物质管理可以预防有害元素在环境要素中长期、有害累积，以及几代人之内有限资源的枯竭。

因为元素持有者尽可能避免自己的汇损失，所以许多元素已经不再售卖，它们只是以租借的形式供制造商和终端使用者使用，以确保最小量的耗散损失。这种做法将推动更具资源效率的新产品开发（产品生命周期、物流系统），从而催生设计工艺的新目标：废物最小化、排放最小化，并持久耐用；消费末端组件或者元素易于分解，便于处理和再利用；方便维修和重复利用。为了达到这一目标，需要对材料进行标准化，避免使用复杂组分的材料，减少有害材料使用，减少产品中包含的元素数量，尽量使用可循环利用或者储量大的元素。

这需要在各种层面和尺度采取可能的行动：新产品、新工艺、新系统，新组织；区域、国家和跨国尺度。区域层面尤其重要，因为其最适合尝试新的战略和理念以积累经验。人类社会重建将影响人们的生活方式。反之，生活方式对物质流量和存量也会产生控制作用。对于未来材料管理，消费者的生活方式如何发展，以及消费者是否被鼓励选择资源节约的生活方式将非常关键。根据斯坦德尔-拉斯特（Steindl-Rast）和勒贝尔（Lebell）的研究（2002），存在几种商品处理方式：如果它们可以保持输入输出平衡，那么可以带来财富和快乐；但是如果它们只能被累积，就会带来危害和不利的发展。还是那个问题，什么是重要的——是经历还是占有——需要从资源管理视角给出新的答案。我们急需新的理念来展示如何通过更少的能源和资源消耗提高生活质量。最终，关注点将从物质增长向非物质的福利和发展转变。MFA 是该转型成为现实的必要支持要素，然而 MFA 只是一个工具，并非驱动力。未来，使用者可以以一种更具效益的方式应用 MFA。

参考文献

Abrahamson, N. (2007). Aleatory variability and epistemic uncertainty. Retrieved from http://www. ce. memphis. edu/7137/PDFs/Abrahamson/C05. pdf.

Ahbe, S. , Braunschweig, A. , and Müller-Wenk, R. (1990). Methodik für Ökobilanzen auf der Basis ökologischer Optimierung. *Schriftenreihe Umwelt No. 133*, Bern, Switzerland: BUWAL.

Allenby, B. (1999). Culture and industrial ecology. *Journal of Industrial Ecology*, 3(1), 2-4.

Allesch, A. , and Brunner, P. H. (2015). Material ǎow analysis as a decision support tool for waste management: A literature review. *Journal of Industrial Ecology*, 19(5), 753-764.

Alonso, E. , Sherman, A. M. , Wallington, T. J. , Everson, M. P. , Field, F. R. , Roth, R. , and Kirchain, R. E. (2012). Evaluating rare Earth element availability: A case with revolutionary demand from clean technologies. *Environmental Science and Technology*, 46(6), 3406-3414.

Alwast, H. , Koepp, M. , Thörner, T. , and Marton, C. (2001). Abfallverwertung in Industrieanlagen. Berichte *für die Umwelt, Bereich Abfall (7)*. Düsseldorf, Germany: Ministerium für Umwelt und Naturschutz, Landwirtschaft und Verbraucherschutz des Landes Nordrhein-Westfalen.

Amatayakul, W. , and Ramnäs, O. (2001). Life cycle assessment of a catalytic converter for passenger cars. *Journal of Cleaner Production*, 9(5), 395-403.

Anderberg, S. , Bergback, B. , and Lohm, U. (1989). Flow and distribution of chromium in the Swedish environment: A new approach to studying environmental pollution. *Ambio*, 18(4), 216-220.

Andersen, J. K. , Boldrin, A. , Christensen, T. H. , and Scheutz, V. (2010). Mass balances and life-cycle inventory for a garden waste windrow composting plant(Aarhus, Denmark). *Waste Management and Research*, 28(11), 1010-1020.

Andersson, K. , Ohlsson, T. , and Olsson, P. (1998). Screening life cycle assessment(LCA)of tomato ketchup: A case study. *Journal of Cleaner Production*, 6(3-4), 277-288.

Anonymous. (2000). Facts and figures for the chemical industry. *Chemical and Engineering News*, 78(26), 49.

Applegate, J. S. (2000). The precautionary preference: An American perspective on the precautionary principle. *Human and Ecological Risk Assessment(HERA)*, 6(3), 413-443.

Atkins, P. W. , and Beran, J. A. (1992). *General Chemistry*. New York: ScientiἈc American Inc.

Auer, M. (2012). MonteCarlito 1. 10. Retrieved from http://www. montecarlito. com/.

Austrian Landfill Ordinance. (1996). *DVO, BGBl, No. 164/96*. Vienna: Austrian Ministry for Agriculture, Forestry, Water and Environment.

Austrian Paper Industry. (1996). Personal communication.

Austrian Standard. (2005). *Stoffflussanalyse—Teil 1: Anwendung in der Abfallwirtschaft—Begriffe*. Berlin, Germany: Beuth Verlag.

Ayres, R. U. (1994). Industrial metabolism: Theory and policy. In R. U. Ayres and U. E. Simonis(Eds.), *Industrial Metabolism: Restructuring for Sustainable Development*. Tokyo: United Nations University Press.

Ayres, R. U. (1995). Life cycle analysis: A critique. *Resources, Conservation and Recycling*, 14(3-4), 199-223.

Ayres, R. U. (1998). Eco-thermodynamics: Economics and the second law. *Ecological Economics*, 26(2), 189-209.

Ayres, R. U. , and Ayres, L. W. (1999). Accounting for Resources. Vol. 2. *The Life Cycle of Materials*. Cheltenham, U. K. : Edward Elgar.

Ayres, R. U. , and Martinás, K. (1994). *Waste Potential Entropy: The Ultimate Ecotoxic*. 94/05/EPS. Fontainbleau, France: Centre for the Management of Environmental Resources, INSEAD.

Ayres, R. U. , and Nair, I. (1984). Thermodynamics and economics. *Physics Today*, 37(11), 62-71.

Ayres, R. U. , and Simonis, U. E. (1994). *Industrial Metabolism: Restructuring for Sustainable Development*. Tokyo: United Nations University Press.

Ayres, R. U. , Martinás, K. , and Ayres, L. W. (1996). *Eco-thermodynamics: Exergy and Life Cycle Analysis*. Fontainebleau, France: Working Paper 96/04/EPS, INSEAD.

Ayres, R. U. , Norberg-Bohm, V. , Prince, J. , Stigliani, W. M. , and Yanowitz, J. (1989). *Industrial Metabolism, the Environ-

ment, and Application of Materials-Balance Principles for Selected Chemicals. Laxenburg, Austria: International Institute for Applied System Analysis(IIASA).

Baccini, P. (1989). The landfill-reactor and final storage. *Lecture Notes in Earth Sciences*(Vol. 20). Berlin: Springer.

Baccini, P., and Bader, H. P. (1996). *Regionaler Stoffhaushalt—Erfassung, Bewertung, Steuerung*. Heidelberg, Germany+A77: Spektrum Akademischer Verlag GmbH.

Baccini, P., and Brunner, P. H. (1991). *Metabolism of the Anthroposphere*(1st Edition). Heidelberg, Germany: Springer.

Baccini, P., and Brunner, P. H. (2012). *Metabolism of the Anthroposphere—Analysis, Evalua-tion, Design*(2nd Edition). Cambridge, MA: The MIT Press.

Baccini, P., and Lichtensteiger, T. (1989). Conclusions and outlook. In P. Baccini(Ed.), *The Landfill, Reactor and Final Storage*(pp. 427-431). Berlin: Springer.

Baccini, P., and Oswald, F. (1998). *Netzstadt—Transdiziplinäre Methoden zum Umbau urbaner Systeme*. Zürich, Schweiz: Vdf Hochschulverlag AG an der ETH.

Baccini, P., Kytzia, S., and Oswald, F. (2002). Restructuring urban systems. In F. Moavenzadeh, K. Hanaki, and P. Baccini (Eds.), *Future Cities: Dynamics and Sustainability*. Dordrecht, The Netherlands: Kluwer Academic Publishers.

Baccini, P., von Steiger, B., and Piepke, G. (1988). Bodenbelastung durch Stoffäusse aus der Anthroposphäre. In K. E. Brassel and M. C. Rotach(Eds.), *Die Nutzung des Bodens in der Schweiz*, Zürich, Schweiz: Zürcher Hochschulforum.

Baehr, H. D. (1989). *Thermodynamik*(7th Edition). Berlin: Springer.

Barghoorn, M., Dobberstein, J., Eder, G., Fuchs, J., and Goessele, P. (1980). *Bundesweite Müllanalyse 1979—1980, Forschungsbericht 103 03 503*. Berlin, Germany: Technical University Berlin.

Barin, I. (1989). *Thermochemical Data of Pure Substances*. Weinheim, Germany: VCH.

BAS. (1987). *Statistisches Jahrbuch der Schweiz 1978/88*. Basel, Schweiz: Bundesamt für Statistik, Birkhäuser.

Bauer, G. (1995). *Die Stoffäußanalyse von Prozessen der Abfallwirtschaft unter Berücksichtigung der Unsicherheit*. (Dissertation), TU Wien, Wien.

Becker-Boost, E., and Fiala, E. (2001). *Wachstum ohne Grenzen—Globaler Wohlstand durch nachhaltiges Wirtschaften*. New York: Springer.

Beer, B. (1990). *Schlussbericht RESUB Luft*. Dübendorf, Switzerland: Eidgenössische Anstalt für Wasserversorgung, Abwasserreinigung und Gewässerschutz EAWAG, Abteilung Abfallwirtschaft und Stoffhaushalt.

Belevi, H. (1995). Dank Spurenstoffen ein besseres Prozessverständnis in der Kehrichtverbrennung. *EAWAG News*, 40 D, Dübendorf, Switzerland: EAWAG.

Belevi, H., and Moench, H. (2000). Factors determining the element behavior in municipal solid waste incinerators. 1. Field studies. *Environmental Science and Technology*, 34(12), 2501-2506.

Bergbäck, B. (1992). *Industrial Metabolism: The Emerging Landscape of Heavy Metal Emission in Sweden*. (Ph. D. thesis), Linköping University, Sweden.

Bergbäck, B., Johansson, K., and Mohlander, U. (2001). Urban metal åows—A case study of Stockholm. *Water, Air and Soil Pollution*: Focus, 1(3), 3-4.

Bertram, M., Graedel, T. E., Rechberger, H., and Spatari, S. (2002). The contemporary European copper cycle: Waste management subsystem. *Ecological Economics*, 42(1-2), 43-57.

Beven, K., and Young, P. (2013). A guide to good practice in modeling semantics for authors and referees. *Water Resources Research*, 49(8), 5092-5098. doi: 10. 1002/wrcr. 20393.

BMUJF. (1990). *Österreichisches Abfallwirtschaftsgesetz*, BGBl, No. 325/1990. Vienna, Austria: Federal Ministry for Environment, Youth, and Family.

BMUR. (1994). *Gesetz zur Förderung der Kreislaufwirtschaft und Sicherung der umweltver-träglichen Beseitigung von Abfällen KrW-/AbfG—Kreislaufwirtschafts-und Abfallgesetz*. Bundesministerium für Umwelt und Reaktorsicherheit. Berlin, Germany: Juristisches Informationssystem für die Bundesrepublik Deutschland.

Boltzmann, L. (1923). *Vorlesungen über Gastheorie*. Leipzig: Barth.

Brand, G., Braunschweig, A., Scheidegger, A., and Schwank, O. (1998). Bewertung in Ökobilanzen mit der Methode der ökologischen Knappheit—Ökofaktoren 1997. *Schriftenreihe Umwelt* No. 297. Bern, Switzerland: BUWAL.

Braunschweig, A. , and Müller-Wenk, R. (1993). *Ökobilanzen für Unternehmungen: Eine Wegleitung für die Praxis*. Bern, Switzerland: Haupt.

Brentrup, F. , Küsters, J. , Kuhlmann, H. , and Lammel, J. (2001). Application of the life-cycle assessment methodology to agricultural production: An example of sugar beet production with different forms of nitrogen fertilisers. *European Journal of Agronomy*, 14, 221.

Bringezu, S. (1997). Material Flow Analyses for Sustainable Development of Regions. *Proceedings of the ConAccount Conference*, 11-12 September 1997, Wuppertal Special 6, 57-66.

Bringezu, S. , Fischer-Kowalski, M. , Kleijn, R. , and Palm, V. (1997). Regional and national material flow accounting: From paradigm to practice of sustainability. *Proceedings of the ConAccount workshop 21-23 January, 1997, Wuppertal Special 4*, Leiden, The Netherlands: Wuppertal Institute for Climate, Environment, Energy.

Bringezu, S. , Fischer-Kowalski, M. , Kleijn, R. , and Palm, V. (1998). *The ConAccountAgenda: The concerted action on material flow analysis and its research and development agenda. Wuppertal Special, 8*. Wuppertal, Germany: Wuppertal Institute.

Bringezu, St. , Schütz, H. , and Moll, St. (2003). Rationale for and interpretation of economy-wide materials flow analysis and derived indicators. *Journal of Industrial Ecology*, 7(2), 43-64.

Brunner, P. H. (2001). Materials flow analysis: Vision and reality. *Journal of Industrial Ecology*, 5(2), 3-5.

Brunner, P. H. (2010). Clean cycles and safe final sinks. *Waste Management and Research*, 28(7), 575-576.

Brunner, P. H. , and Baccini, P. (1981). Die Schwermetalle, Sorgenkinder der Entsorgung? *Neue Zürcher Zeitung (Beilage Forschung und Technik)*, 70, 65.

Brunner, P. H. , and Baccini, P. (1992). Regional material management and environ-mental protection. *Waste Management and Research*, 10(2), 203-212.

Brunner, P. H. , and Bauer, G. (1994). Abfallwirtschaft und Stoffaußbewirtschaftung—Zieldefinition einer nachhaltigen Wirtschaft in Österreich Forschungs-und *Entwicklungsbedarf für den Übergang zu einer nachhaltigen Wirtschaftsweise in Österreich (Endbericht SUSTAIN)*. Graz: Institut für Verfahrenstechnik, TU-Graz.

Brunner, P. H. , and Ernst, W. R. (1986). Alternative methods for the analysis of munici-pal solid waste. *Waste Management and Research*, 4(2), 147-160.

Brunner, P. H. , and Kral, U. (2014). Final sinks as key elements for building a sustain-able recycling society. *Sustainable Environment Research*, 24(6), 443-448.

Brunner, P. H. , and Lampert, C. (1997). "Nährstoffe im Donauraum, Quellen und letzte Senken, " ("The Flow of Nutrients in the Danube River Basin"). *EAWAG News*, 6(43D, E, F), 15-17.

Brunner, P. H. , and Mönch, H. (1986). The flux of metals through municipal solid waste incinerators. *Waste Management and Research*, 4(1), 105-119.

Brunner, P. H. , and Rechberger, H. (2001). Anthropogenic metabolism and environmen-tal legacies. In T. Munn (Ed.), *Encyclopedia of Global Environmental Change* (Vol. 3, pp. 54-72). West Sussex, UK: John Wiley & Sons.

Brunner, P. H. , and Rechberger, H. (2004). *Practical Handbook of Material Flow Analysis 1st Edition*. Boca Raton, FL: Lewis Publishers/CRC Press.

Brunner, P. H. , and Stämpfli, D. M. (1993). Material balance of a construction waste sort-ing plant. *Waste Management and Research*, 11(1), 27-48.

Brunner, P. H. , Allesch, A. , Färber, B. , Getzner, M. , Grüblinger, G. , Huber-Humer, M. et al. (2016). *Benchmarking für die österreichische Abfallwirtschaft (Projekt Benchmarking)*. Bericht für das Bundesministerium für Land-und Forstwirtschaft, Umwelt und Wasserwirtschaft inkl. Ko-Finanzierungspartner. Retrieved from https://www. bml-fuw. gv. at/greentec/abfall-ressourcen/Bench marking-Studie. html. A156.

Brunner, P. H. , Allesch, A. , Getzner, M. , Huber-Humer, M. , Pomberger, R. , Müller, W. et al. (2015). *Benchmarking für die österreichische Abfallwirtschaft-Benchmarking for the Austrian waste management*. Vienna, Austria: Technische Universität Wien, Institut für Wassergüte, Ressourcenmanagement und Abfallwirtschaft.

Brunner, P. H. , Baccini, P. , Deistler, M. , Lahner, T. , Lohm, U. , Obernosterer, R. , and Van der Voet, E. (1998). *Materials*

Accounting as a Tool for Decision Making in Environmental Policy—Mac TEmPo Summary Report (4th European Commission Programme for Environment and Climate, Research Area III, Economic and Social Aspects of the Environment, ENV-CT96-0230).

Brunner, P. H., Daxbeck, H., and Baccini, P. (1994). Industrial metabolism at the regional and local level. In R. U. Ayres and U. E. Simonis(Eds.), *Industrial Metabolism Restructuring for Sustainable Development*. Tokyo: UN University.

Brunner, P. H., Daxbeck, H., Hämmerli, H., Rist, A., Henseler, G., Gajcy, D. et al. (1990). *RESUB—Der regionale Stoffhaushalt im Unteren Bünztal, Die Entwicklung einer Methodik zur Erfassung des regionalen Stoffhaushaltes(Development of a methologyo assess regional material management)*. Dübendorf, Switzerland: Eidgenössische Anstalt für Wasserversorgung, Abwasserreinigung und Gewässerschutz EAWAG, Abteilung Abfallwirtschaft und Stoffhaushalt, CH-8600.

Brunner, P. H., Döberl, G., Eder, M., Frühwirth, W., Huber, R., Hutterer, H., and Wöginger, H. (2001). Bewertung abfallwirtschaftlicher Maßnahmen mit dem Ziel der nachsorgefreien Deponie(Projekt BEWEND). *Monographien des UBA Band 149*, Vienna, Austria: Umweltbundesamt GmbH Wien. A130.

Brunner, P. H., Morf, L. S., and Rechberger, H. (2004). Thermal waste treatment—A necessary element for sustainable waste management. In I. Twardowska, H. E. Allen, A. A. F. Kettrup, and W. J. Lacy(Eds.), *Solid Waste: Assessment, Monitoring and Remediation 1st Edition*(pp. 783-806). Kidlington, Oxford: Elsevier Ltd.

Buchner, H. (2015). *Dynamic material flow modelling as a strategic resource management tool for Austrian aluminium flows*. (Doctoral thesis), Wien, Austria: Technische Universität Wien.

Buchner, H., Laner, D., Rechberger, H., and Fellner, J. (2014a). In-depth analysis of aluminum flows in Austria as a basis to increase resource efficiency. *Resources, Conservation and Recycling*, 93(0), 112-123.

Buchner, H., Laner, D., Rechberger, H., and Fellner, J. (2014b). Material flow analysis as basis for efficient resource management—The case of aluminium flows in Austria. *Metallurgical Research and Technology*, 111(6), 351-357.

Buchner, H., Laner, D., Rechberger, H., and Fellner, J. (2015a). Dynamic material flow modeling: An effort to calibrate and validate aluminum stocks and flows in Austria. *Environmental Science and Technology*, 49(9), 5546-5554.

Buchner, H., Laner, D., Rechberger, H., and Fellner, J. (2015b). Future raw material supply: Opportunities and limits of aluminium recycling in Austria. *Journal of Sustainable Metallurgy*, 1(4), 253-262.

Bundesamt für Umweltschutz. (1984). Ökobilanzen von Packstoffen, Zusammenfassender Übersichtsbericht. *Schriftenreihe Umweltschutz, No. 24*. Bern: Bundesamt für Umweltschutz.

Bundesministerium für Land-und Forstwirtschaft, Umwelt und Wasserwirtschaft. (2001). *Bundes-Abfallwirtschaftsplan—Bundesabfallbericht 2001*, Vienna, Austria: BMLFUW. A136.

Burgess, A. A., and Brennan, D. J. (2001). Application of life cycle assessment to chemical processes. *Chemical Engineering Science*, 56(8), 2589-2604.

BUWAL. (1984). *Abfallerhebung Schriftenreihe Umweltschutz 27*. Bern, Switzerland: Bundesamt für Umweltschutz.

Canter, L. W. (1996). *Environmental Impact Assessment*. New York: McGraw-Hill.

CEMBUREAU. (1999). *Alternative Fuels in Cement Manufacture: Technical and Environ-mental Review*. Brussels, Belgium: European Cement Association.

Cencic, O. (2004). Software for MFA. In P. H. Brunner and H. Rechberger(Eds.), *Practical Handbook of Material Flow Analysis 1st Edition*(pp. 80-132). Boca Raton, FL: Lewis Publishers/CRC Press.

Cencic, O. (2016). Nonlinear data reconciliation with software STAN. *Sustainable Environment Research*. [in press].

Cencic, O., and Frühwirth, R. (2015). A general framework for data reconciliation—Part I: Linear constraints. *Computers and Chemical Engineering*, 75, 196-208. doi: http://dx. doi. org/10. 1016/j. compchemeng. 2014. 12. 004.

Cencic, O., and Rechberger, H. (2008). Material flow analysis with software STAN. Environmental Engineering Management, 18(1), 3-7.

Cencic, O., Rechberger, H., and Kovacs, A. (2006). STAN—Software for substance flow analysis(Version 2. 5. 1302)[Computer software]. Vienna: TU Wien. Retrieved from http://www. stan2web. net.

Chen, P. C., Crawford-Brown, D., Chang, C. H., and Ma, H. W. (2014). Identifying the drivers of environmental risk through a model integrating substance flow and input-output analysis. *Ecological Economics*, 107, 94-103.

Chen, W. Q. , and Graedel, T. E. (2012). Anthropogenic cycles of the elements: A criti-cal review. *Environmental Science and Technology*, 46(16), 8574-8586.

Chertow, M. R. (2000). Industrial symbiosis: Literature and taxonomy. *Annual Review of Energy and the Environment*, 25, 313-337.

Clausius, R. (1856). Über verschiedene für die Anwendungen bequeme Formen der Hauptgleichungen der mechanischen Wärmetheorie. *Poggendorff's Annalenm*, (125), 353.

Cleveland, C. J. , and Ruth, M. (1998). Indicators of dematerialization and the materials intensity of use. *Journal of Industrial Ecology*, 2(3), 15-50.

Commoner, B. (1997). The relation between industrial and ecological systems. *Journal of Cleaner Production*, 5(1-2), 125-129.

Connelly, L. , and Koshland, C. P. (2001). Exergy and industrial ecology—Part 1: An exergy-based deΛnition of consumption and a thermodynamic interpretation of ecosystem evolution. *Exergy, An International Journal*, 1(3), 146-165.

Consoli, F. , Boustead, I. , Fava, J. , Franklin, W. , Jensen, A. , de Oude, N. , … Vignon, B. (1993). *Guidelines for life-cycle assessment: A "code of practice.* "Brussels: SETAC.

Costa, M. M. , Schaeffer, R. , and Worrell, E. (2001). Exergy accounting of energy and materials áows in steel production systems. *Energy*, 26(4), 363-384.

Daly, H. E. (1993). Sustainable growth: An impossibility theorem. In H. E. Daly and K. N. Townsend (Eds.), *Valuing the Earth* (pp. 271). Cambridge, MA: MIT Press.

de Fur, P. L. , and Kaszuba, M. (2002). Implementing the precautionary principle. *Science of the Total Environment*, 288(1-2), 155-165.

Desrochers, P. (2000). Market processes and the closing of 'industrial loops': A histori-cal reappraisal. *Journal of Industrial Ecology*, 4(1), 29-43.

Dittrich, M. , Bringezu, S. , and Schütz, H. (2012). The physical dimension of international trade, Part 2: Indirect global resource flows between 1962 and 2005. *Ecological Economics*, 79(1), 32-43.

DKI Deutsches Kupferinstitut. (1997). *Kupfer, Vorkommen, Gewinnung, Eigenschaften, Verarbeitung, Verwendung Informationsdruck*. Duesseldorf: Deutsches Kupferinstitut.

Do, N. T. , Trinh, D. A. , and Nishida, K. (2014). Modification of uncertainty analysis in adapted material flow analysis: Case study of nitrogen áows in the Day-Nhue River Basin, Vietnam. *Resources, Conservation and Recycling*, 88, 67-75.

Döberl, G. , Huber, R. , Brunner, P. H. , Eder, M. , Pierrard, R. , Schönbäck, W. et al. (2002). Long-term assessment of waste management options—A new, integrated and goal-oriented approach. *Waste Management and Research*, 20(4), 311-327.

Donald, J. R. , and Pickles, C. A. (1996). A kinetic study of the reaction of zinc oxide with iron powder. *Metallurgical and Materials Transactions B*, 27(3), 363-374.

Du, X. , and Graedel, T. E. (2011). Uncovering the global life cycles of the rare Earthelements. *Nature Scientific Reports*, 1, 145.

Dubois, D. , Fargier, H. , Ababou, M. , and Guyonnet, D. (2014). A fuzzy constraint-based approach to data reconciliation in material áow analysis. *International Journal of General System*, 43(8), 1-23.

Dutta, P. , and Ali, T. (2012). A hybrid method to deal with aleatory and epistemic uncer-tainty in risk assessment. *International Journal of Computer Applications*, 42(11), 37-43.

Duvigneaud, P. , and Denayeyer-De Smet, S. (1975). L'Ecosystème Urbs, in L'Ecosystème Urbain Bruxellois. In P. Duvigneaud and P. Kestemont (Eds.), *Productivité Biologique en Belgique* (pp. 581-597). Bruxelles: Traveaux de la Section Belge du Programme Biologique International.

EC. (1975). *Council Directive 75/442/EEC on waste (so-called EC-Waste Framework Directive)*. Brussels, Belgium: Official Journal of the European Union.

EC. (2014). *Communication from the Commission to the European Parliament, the Council, the European Economic and Social Committee and the Committee of the Regions—Towards a circular economy: A zero waste programme for Europe*. Brussels: European Commission.

Eder, P. , and Narodoslawsky, M. (1996). *Input-output based valuation of the compatibility of regional activities with en-*

vironmental assimilation capacities. Paper presented at the Inaugural Conference of the European Branch of the International Society for Ecological Economics, Paris.

Ehrenfeld, J. R. (1997). Industrial ecology: A framework for product and process design. *Journal of Cleaner Production*, 5 (1-2), 87-95.

Eidgenössische Kommission für Abfallwirtschaft. (1986). Leitbild für die Schweizerische Abfallwirtschaft. *Schriftenreihe Umweltschutz* No. 51. Bern: Bundesamt für Umwelt, Wald und Landschaft.

Eisingerich, K. (2015). *MFA as a Decision Support Tool for Resource Management in Emerging Economies—The Case of Optimizing Straw Utilization on Small Farms* (PhD Dissertation). Vienna, Austria: Technische Universität Wien.

EKA. (1986). *Leitbild für die Schweizerische Abfallwirtschaft der Eidgenössischen Kommission für Abfallwirtschaft. Schriftenreihe Umweltschutz* No. 51. Bern, Switzerland: Bundesamt für Umwelt, Wald und Landschaft.

Eklund, M. (1995). *Reconstruction of historical metal emissions and their dispersion in the environment* (Doctoral thesis). Linköping, Sweden: Linköping Studies in Arts and Science.

Eklund, M. , Bergbäck, B. , and Lohm, U. (1995). Reconstruction of historical cadmium and lead emissions from a Swedish aluminium works, 1726-1840. *Science of the Total Environment*, 170(1-2), 21-30.

Erkman, S. (1997). Industrial ecology: A historical view. *Journal of Cleaner Production*, 5(1-2), 1-10.

Erkman, S. (2002). The recent history of industrial ecology. In R. U. Ayres and L. W. Ayres(Eds.), *A Handbook of Industrial Ecology*. Northampton, MA: Edward Elgar.

Ertesvåg, I. S. , and Mielnik, M. (2000). Exergy analysis of the Norwegian society. *Energy*, 25(10), 957-973.

European Commission. (1985). *Directive on the Assessment of the Effects of Certain Public and Private Projects on the Environment*, 85/337/EEC. *Official Journal of the European Communities*. Brussels, Belgium.

European Commission. (2014). *Report on critical raw materials for the EU*. Brussels, Belgium: Ad hoc Working Group on defining critical raw materials, EuropeanCommission, DG Enterprise.

European Council. (2003). Directive 2002/96/EC of the European Parliament and of the Council of 27January 2003 on waste electrical and electronic equipment(WEEE). *Official Journal of the European Union L*, 37, 24-38.

European Council. (2015). Commission Delegated Directive(EU)2015/863 of 31March 2015 amending Annex II to Directive 2011/65/EU of the European Parliament and of the Council as regards the list of restricted substances. *Official Journal of the European Union L*, 137, 10-12.

European Union. (1975). *Council Directive 75/442/EEC on Waste(so-called EC-Waste Framework Directive)*.

European Union. (2000). Directive 2000/76/EC of the European Parliament and of the Council of 4 December 2000 on the Incineration of Waste. *Official Journal of the European Communities, Brussels*.

Eyerer, P. (Ed.)(1996). *Ganzheitliche Bilanzierung—Werkzeug zum Planen und Wirtschaften in Kreisläufen*. Berlin, Heidelberg: Springer Verlag.

Fehringer, R. , and Brunner, P. H. (1996). *Kunststoffäusse und die Möglichkeiten der Kunststoffverwertung in Österreich*. Vienna, Austria: Umweltbundesamt Wien GmbH.

Fehringer, R. , and Brunner, P. H. (1997, Jan.). *Flows of Plastics and their Possible Reuse in Austria*. Paper presented at the ConAccount Workshop, Wuppertal Institute and Science Centre, Leiden, The Netherlands.

Fehringer, R. , Rechberger, H. , and Brunner, P. H. (1999). *Positivlisten in der Zementindustrie: Methoden und Ansätze*. Vienna, Austria: Vereinigung der österreichischen Zementwerke(VÖZ).

Fehringer, R. , Rechberger, H. , Pesonen, H. -L. , and Brunner, P. H. (1997). *Auswirkungen unterschiedlicher Szenarien der thermischen Verwertung von Abfällen in Österreich(Project ASTRA)*. Vienna, Austria: Institute for Water Quality, Resource and Waste Management, Technische Universität Wien.

Fellner, J. , Lederer, J. , Purgar, A. , Winterstetter, A. , Rechberger, H. , Winter, F. , and Laner, D. (2015). Evaluation of resource recovery from waste incineration residues—The case of zinc. *Waste Management*, 37, 95-103.

Ferson, S. , and Ginzburg, L. R. (1996). Different methods are needed to propagate ignorance and variability. *Reliability Engineering and System Safety*, 54(2-3), 133-144. doi: http://dx. doi. org/10. 1016/S0951-8320(96)00071-3.

Fiedler, H. , and Hutzinger, O. (1992). Sources and sinks of dioxins: Germany. *Chemosphere*, 25(7-10), 1487-1491.

Finnveden, G. (1999). Methodological aspects of life cycle assessment of integrated solid waste management systems.

Resources, Conservation and Recycling, 26(3-4), 173-187.

Finnveden, G. , and Ekvall, T. (1998). Life-cycle assessment as a decision-support tool—The case of recycling versus incineration of paper. *Resources, Conservation and Recycling*, 24(3-4), 235-256.

Finnveden, G. , Björklund, A. , Ekvall, T. , and Mosberg, A. (2006). Models for Waste Management: Possibilities and Limitations. *Proceedings of the ISWA/DAKOFA Congress 1-5 October 2006*. Copenhagen, Denmark.

Fischer, T. (1999). *Zur Untersuchung verschiedener methodischer Ansätze zur Bestimmung entnommener mineralischer Baurohstoffmengen am Beispiel des Aufbaus von Wien(Diploma Thesis)*. Technische Universität Wien.

Fischer-Kowalski, M. , Haberl, H. , Hüttler, W. , Payer, H. , Schandl, H. , Winiwarter, V. , and Zangerl-Weisz, H. (1997). *Gesellschaftlicher Stoffwechsel und Kolonisierung von Natur: Ein Versuch in Sozialer Ökologie*. Amsterdam: Gordon and Breach Fakultas.

Frosch, R. A. , and Gallopoulos, N. E. (1989). Strategies for Manufacturing. *Scientific American*, 261(3), 144-152.

Furuholt, E. (1995). Life cycle assessment of gasoline and diesel. *Resources, Conservation and Recycling*, 14(3-4), 251-263.

Gangl, M. , Gugele, B. , Lichtblau, G. , and Ritter, M. (2002). *Luftschadstoff-Trends in Österreich 1980—2000*. Vienna: Federal Environmental Agency Ltd.

Georgescu-Roegen, N. (1971). *The Entropy Law and the Economic Process*. Cambridge, MA: Harvard University Press.

Gevao, B. , Ghadban, A. N. , Uddin, S. , Jaward, F. M. , Bahloul, M. , and Zafar, J. (2011). Polybrominated diphenyl ethers (PBDEs)in soils along a rural-urban-rural transect: Sources, concentration gradients, and profiles, *Environmental Pollution*, 159(12), 3666-3672.

Glöser, S. , Soulier, M. , and Tercero Espinoza, L. A. (2013). Dynamic analysis of global copper flows. Global stocks, postconsumer material flows, recycling indica-tors, and uncertainty evaluation. *Environmental Science and Technology*, 47(12), 6564-6572.

Goedkoop, M. (1995). *The Eco-Indicator 95*. Amersfoort, The Netherlands: Pré Consultants.

Gordon, R. B. (2002). Production residues in copper technological cycles. *Resources, Conservation and Recycling*, 36(2), 87-106.

Gorter, J. (2000). Zinc balance for the Netherlands. *Material Flow Accounting: Experience of Statistical Institutes in Europe*(p. 205). Brussels: Statistical Office of the European Communities.

Gottschalk, F. , Sonderer, T. , Scholz, R. W. , and Nowack, B. (2010). Possibilities and limi-tations of modeling environmental exposure to engineered nanomaterials by probabilistic material flow analysis. *Environmental Toxicology and Chemistry*, 29(5), 1036-1048.

Gove, P. B. (1972). *Webster's Seventh New Collegiate Dictionary*. Springfield, MS: G&C Merriam.

Graedel, T. E. (1998). *Streamlined Life-Cycle Assessment*. Englewood Cliffs, NJ: Prentice Hall.

Graedel, T. E. (2002). The contemporary European copper cycle: Introduction. *Ecological Economics*, 42(1-2), 5-7.

Graedel, T. E. (2004). Characterizing the cycles of metals. *Minerals and Energy*, 19, 271, A315.

Graedel, T. E. , and Allenby, B. R. (2002). *Industrial Ecology 2nd Edition*. Upper Saddle River, NJ: Prentice Hall.

Graedel, T. E. , Barr, R. , Chandler, C. , Chase, T. , Choi, J. , Christoffersen, L. , … and Zhu, C. (2011). Methodology of metal criticality determination. *Environmental Science and Technology*, 46(2), 1063-1070.

Graedel, T. E. , Bertram, M. , Fuse, K. , Gordon, R. B. , Lifset, R. , Rechberger, H. , and Spatari, S. (2002). The contemporary European copper cycle: The characteriza-tion of technological copper cycles. *Ecological Economics*, 42(1-2), 9-26.

Graedel, T. E. , van Beers, D. , Bertram, M. , Fuse, K. , Gordon, R. B. , Gritsinin, A. et al. (2004). Multilevel cycle of anthropogenic copper. *Environmental Science and Technology*, 38(4), 1242-1252.

Greenberg, R. R. , Zoller, W. H. , and Gordon, G. E. (1978). Composition and size dis-tributions of particles released in refuse incineration. *Environmental Science andTechnology*, 12(5), 566-573.

Guinée, J. B. , Gorrée, M. , Heijungs, R. , Huppes, G. , Kleijn, R. , de Koning, A. et al. (2001). *Life Cycle Assessment: An Operational Guide to the ISO Standards*. The Hague, The Netherlands: Ministry of Housing, Spatial Planning and the Environment.

Guralnik, D. B. , and Friend, J. H. (1968). *Webster's New World Dictionary of the American Language College Edition*. New York: World Publishing.

Güttinger, H. , and Stumm, W. (1990). Ökotoxikologie am Beispiel der Rheinverschmutzung durch den Chemie-Unf all bei Sandoz in Basel. *Naturwissenschaften* , 77(6), 253-261.

Haas, G. , Wetterich, F. , and Köpke, U. (2001). Comparing intensive, extensified and organic grassland farming in southern Germany by process life cycle assess-ment. *Agriculture, Ecosystems and Environment* , 83(1-2), 43-53.

Habersatter, K. (1991). Ökobilanzen von Packstoffen—Stand 1990. *Schriftenreihe Umwelt No. 132*. Bern, Switzerland: BU-WAL.

Habib, K. , Schibye, P. K. , Vestbø, A. P. , Dall, O. , and Wenzel, H. (2014). Material flow analysis of NdFeB magnets for Denmark: A comprehensive waste flow sampling and analysis approach. *Environmental Science and Technology* , 48 (20), 12229-12237.

Hackl, A. , and Mauschitz, G. (1997). *Emissionen aus Anlagen der österreichischen Zementindustrie II*. Vienna: Zement + Beton Handels-und Werbeges. m. b. H.

Haigh, N. (1994). The introduction of the precautionary principle into the UK. In T. O'Riordan and J. Cameron(Eds.), *Interpreting the Precautionary Principle* (Chap. 13). London: Earthscan Publications.

Hammond, A. , Adriaanse, A. , Rodenburg, E. , Bryant, D. , and Woodward, R. (1995). *Environmental Indicators: A Systematic Approach to Measuring and Reporting on Environmental Policy Performance in the Context of Sustainable Development*.

Hanley, N. , and Spash, C. L. (1995). *Cost-Benefit Analysis and the Environment*. Brookfield, VT: Edward Elgar.

Hashimoto, S. , Tanikawa, H. , and Moriguchi, Y. (2007). Where will the large amounts of materials accumulated within the economy go? A material flow analysis of construction materials. *Waste Management* , 27, 1725-1738.

Hatayama, H. , Daigo, I. , Matsuno, Y. , and Adachi, Y. (2012). Evolution of aluminum recycling initiated by the introduction of next-generation vehicles and scrap sorting technology. *Resources, Conservation and Recycling* , 66, 8-14.

Hedbrant, J. , and Sörme, L. (2000). Data vagueness and uncertainties in urban heavy metal data collection. *Water, Air, and Soil Pollution* , Focus 1, 43-53.

Heijungs, R. , Guinée, J. B. , Huppes, G. , Lankreijer, R. M. , Udo de Haes, H. A. , and Wegener-Sleeswijk, A. (1992). *Environmental Life-Cycle Assessment of Products: Guide and Backgrounds*. Leiden, The Netherlands: Centre of Environmental Science.

Heinrich, W. (1988). Carcinogenicity of cadmium—Overview of experimental and epidemiological results and their inﬂuence on recommendations for maximum concentrations in the occupational area. In M. Stoeppler and M. Piscator(Eds.), *Cadmium*. Berlin, Germany: Springer.

Hellweg, S. (2000). *Time- and Site-Dependent Life-Cycle Assessment of Thermal Waste Treatment Processes*. (Ph. D. thesis), Swiss Federal Institute of Technology, Zurich.

Hendrickson, C. , Horvath, A. , Joshi, S. , and Lave, L. (1998). Economic input- output models for environmental life-cycle assessment. *Environmental Science and Technology* , 32(7), 184A-191A.

Henseler, G. , Scheidegger, R. , and Brunner, P. H. (1992). Determination of materialﬂux through the hydrosphere of a region. *Vom Wasser* , 78, 91-116.

Hertwich, E. G. , Pease, W. S. , and Koshland, C. P. (1997). Evaluating the environmen-tal impact of products and production processes: A comparison of six methods. *Science of the Total Environment* , 196(1), 13-29.

Heyde, M. , and Kremer, M. (1999). *Recycling and Recovery of Plastics from Packagings in Domestic Waste*. Bayreuth, Germany: Eco-Informa Press.

Hileman, B. (1999). Prescription for a global biotechnology dialogue. *Chemical and Engineering News* , 77(29), 42.

Hinterberger, F. , Luks, F. , and Schmidt-Bleek, F. (1997). Material ﬂows vs. 'natural capital': What makes an economy sustainable? *Ecological Economics* , 23(1), 1-14.

Höglmeier, K. , Steubing, B. , Weber-Blaschke, G. , and Richter, K. (2015). LCA-based opti-mization of wood utilization under special consideration of a cascading use of wood. *Journal of Environmental Management* , 152(0), 158-170.

Holleman, A. F. , and Wiberg, E. (1995). *Lehrbuch der Anorganischen Chemie (101st edition)*. New York: Walter de Gruyter.

Huijbregts, M. A. J. (2000). Priority assessment of toxic substances in the frame of LCA: Time horizon dependency of toxicity potentials calculated with the multi-media fate, exposure and effects model USES-LCA. Retrieved from http://www. leidenuniv. nl/interfac/cml/lca2/.

Huntzicker, J. J. , Friedlander, S. K. , and Davidson, C. I. (1975). Material balance for auto-mobile emitted lead in Los Angeles basin. *Environmental Science and Technology*, 9(5), 448-457.

Hutterer, H. , Pilz, H. , Angst, G. , and Musial-Mencik, M. (2000). Stoffliche Verwertung von Nichtverpackungs-Kunststoffabfällen, Kosten-Nutzen-Analyse von Massnahmen auf dem Weg zur Realisierung einer umfassenden Stoffbewirtschaftung von Kunststoffabfällen. *Monographien 124*. Vienna: Austrian Federal Environmental Agency.

Ivanova, D. , Stadler, K. , Steen-Olsen, K. , Wood, R. , Vita, G. , Tukker, A. , and Hertwich, E. G. (2016). Environmental impact assessment of household consumption, *Journal of Industrial Ecology*, 20(3), 526-536.

Jarupisitthorn, C. , Pimtong, T. , and Lothongkum, G. (2003). Investigation of kinetics of zinc leaching from electric arc furnace dust by sodium hydroxide. *Materials Chemistry and Physics*, 77(2), 531-535.

Jasinski, S. M. (1995). The materials áow of mercury in the United States. *Resources, Conservation and Recycling*, 15(3-4), 145-179.

Jelinski, L. W. , Graedel, T. E. , Laudise, R. A. , McCall, D. W. , and Patel, C. K. N. (1992). Industrial ecology: Concepts and approaches. *Proceedings of the National Academy of Sciences of the United States of America*, 89(3), 793-797.

Johansson, N. , Krook, J. , Eklund, M. , and Berglund, B. (2013). An integrated review of concepts and initiatives for mining the technosphere: Towards a new taxonomy. *Journal of Cleaner Production*, 55, 35-44.

Johansson, P. -O. (1993). *Cost-Benefit Analysis of Environmental Change*. New York: Cambridge University Press.

Johnston, L. P. M. , and Kramer, M. A. (1995). Maximum likelihood data rectifica-tion: Steady-state systems. *AIChE Journal*, 41(11), 2415-2426. doi: 10. 1002/aic. 690411108.

Kampel, E. (2002). *Packaging Glass and Chlorine Fluxes of Australia, Austria, and Switzerland and Their Assessment with Different Software Tools(AUDIT and POWERSIM)*. (Master thesis), Technische Universität Wien, Wien.

Kelly, T. D. , and Matos, G. R. (2014). Historical statistics for mineral and material com-modities in the United States(2016 version): *U. S. Geological Survey Data Series 140*. Retrieved from http://minerals. usgs. gov/minerals/pubs/historical-statistics/.

Kesler, S. (1994). *Mineral Resources, Economics, and the Environment*. New York: Macmillan.

Kleijn, R. , Huele, R. , and Van der Voet, E. (2000). Dynamic substance áow analysis: The delaying mechanism of stocks, with the case of PVC in Sweden. *Ecological Economics*, 32(2), 241-254.

Kleijn, R. , Tukker, A. , and Van der Voet, E. (1997). Chlorine in the Netherlands, Part I, an overview. *Journal of Industrial Ecology*, 1(1), 95-116.

Kleijn, R. , Van der Voet, E. , and Udo de Haes, H. A. (1994). Controlling substance flows: The case of chlorine. *Environmental Management*, 18(4), 523-542.

Klinglmair, M. , Zoboli, O. , Laner, D. , Rechberger, H. , Astrup, T. F. , and Scheutz, C. (2016). The effect of data structure and model choices on MFA results: A compar-ison of phosphorus balances for Denmark and Austria. *Resources, Conservation and Recycling*, 109, 166-175.

König, A. (1997). *The Urban Metabolism of Hong Kong: Rates, Trends, Limits and Environmental Impacts*. Paper presented at the POLMET(Pollution in the Metropolitan and Urban Environment)Conference, Hong Kong.

König, A. (2002). Personal communication: In an introduction to a MFA seminar at the University of Hong Kong, König calls MFA the acronym for"Master of Fine Arts. "

Kral, U. , Brunner, P. H. , Chen, P. -C. , and Chen, S. -R. (2014). Sinks as limited resources? A new indicator for evaluating anthropogenic material áows. *Ecological Indicators*, 46, 596-609.

Kral, U. , Kellner, K. , and Brunner, P. H. (2013). Sustainable resource use requires"clean cycles"and safe"final sinks. " *Science of the Total Environment*, 461-462(100), 819-822.

Krauskopf, K. B. (1967). *Introduction to Geochemistry*. New York: McGraw-Hill.

Krauskopf, K. B. (1979). *Introduction to Geochemistry (2nd edition)*. New York: McGraw-Hill.

Krolczyk, J. B. , Krolczyk, G. M. , Legutko, S. , Napiorkowski, J. , Hloch, S. , Foltys, J. , and Tama, E. (2015). Material flow optimization—A case study in automotive industry. *Technical Gazette*, 22(6), 1447-1456.

Krotscheck, C., and Narodoslawsky, M. (1996). The Sustainable Process Index. A new dimension in ecological evalua-tion. *Ecological Engineering*, 6(4), 241-258.

Krotscheck, C., König, F., and Obernberger, I. (2000). Ecological assessment of integrated bioenergy systems using the Sus-tainable Process Index. *Biomass and Bioenergy*, 18(4), 341-368.

Krozer, J. (1996). Operational Indicators for Progress towards Sustainability, EU project final report, No. EV-5V-CT94-0374. Krozer, J., and Vis, J. C. (1998). How to get LCA in the right direction? *Journal of Cleaner Production*, 6(1), 53-61.

Kytzia, S. (1998). Wie kann man Stoffhaushaltssysteme mit ökonomischen Daten verknüpfen? In T. Lichtensteiger (Ed.), *Ressourcen im Bauwesen; Aspekte einer nachhaltigen Ressourcenbewirtschaftung im Bauwesen* (pp. 69-80). Zürich: Vdf Hochschulverlag an der ETH Zürich.

Kytzia, S., and Faist, M. (2002). *Joining economic and engineering perspectives in an integrated assessment of economic systems*. Paper presented at the International Conference on Input-Output Techniques, Montreal.

Kuriki, S., Daigo, I., Matsuno, Y., and Adachi, Y. (2010). Recycling potential of plati-num Group Metals in Japan. *Journal of the Japan Institute of Metals and Materials*, 74(12), 801-805.

Lahner, T. (1994). Steine und Erden—Für die ökologische Bewertung des Bauwesens ist eine Stoff-und Güterbilanz notwen-dig. *Müll Magazin*, 7(1), 9-10.

Landfield, A. H., and Karra, V. (2000). Life cycle assessment of a rock crusher. *Resources, Conservation and Recycling*, 28 (3-4), 207-217.

Landner, L., and Lindeström, L. (1998). *Zinc in society and in the environment*. Kil, Sweden: Swedish Environmental Re-search Group (MFG), serg@mfg. se.

Landner, L., and Lindeström, L. (1999). *Copper in Society and in the Environment (2nd Edition)*. Vaesteras, Sweden: Swedish Environmental Research Group.

Laner, D., and Rechberger, H. (2007). Treatment of cooling appliances: Interrelations between environmental protection, re-source conservation, and recovery rates. *Resources, Conservation and Recycling*, 52(1), 136-155.

Laner, D., and Rechberger, H. (2016). Material flow analysis. In M. Finkbeiner (Ed.), *Special Types of Life Cycle Assess-ment*. Dordrecht: Springer.

Laner, D., Rechberger, H., and Astrup, T. (2014). Systematic evaluation of uncertainty in material flow analysis. *Journal of Industrial Ecology*, 18(6), 859-870. doi: 10. 1111/jiec. 12143.

Lankey, R. L., Davidson, C. I., and McMichael, F. C. (1998). Mass balance for lead in the California South Coast Air Basin: An update. *Environmental Research*, 78(2), 86-93.

Lantzy, R. J., and Mackenzie, F. T. (1979). Atmospheric trace metals: Global cycles and assessment of manis im-pact. *Geochimica et Cosmochimica Acta*, 43, 511.

Larsen, T. A., Peters, I., Alder, A., Eggen, R., Maurer, M., and Muncke, J. (2001). Re-engineering the toilet for sustainable wastewater management. *Environmental Science and Technology*, 35(9), 192A-197A.

Lassen, C., and Løkke, S. (1999). *Brominated Flame Retardants—Substance Flow Analysis and Assessment of Alterna-tives*. Copenhagen, Denmark: The Danish Environmental Protection Agency.

Lederer, J., and Rechberger, H. (2010). Comparative goal-oriented assessment of con-ventional and alternative sewage sludge treatment options. *Waste Management*, 30(6): 1043-1056.

Lederer, J., Laner, D., and Fellner, J. (2014). A framework for the evaluation of anthro-pogenic resources: The case study of phosphorus stocks in Austria. *Journal of Cleaner Production*, 84, 368-381.

Legarth, J. B., Alting, L., Danzer, B., Tartler, D., Brodersen, K., Scheller, H., and Feldmann, K. F. (1995). A new strategy in the recycling of printed circuit boards. *Circuit World*, 21(3), 10-15.

Leisewitz, A., and Schwarz, W. (2000). Erarbeitung von Bewertungsgrundlagen zur Substitution umweltrelevanter Flammms-chutzmittel Band II: Flammhemmende Ausrüstung ausgewählter Produkte—anwendungsbezogene Betrachtung: Stand der Technik, Trend, Alternativen. Dessau, Germany: Umweltbundesamt.

Lentner, C. (1981). *Geigy Scientific Tables (8th Edition*, Vol. 1). Basle, Switzerland: Ciba-Geigy Ltd.

Lenzen, M., and Munksgaard, J. (2002). Energy and CO_2 life-cycle analyses of wind turbines-review and applications. *Renewable Energy*, 26(3), 339-362.

Leontief, W. (1977). *The Structure of the American Economy*, 1919-1929. White Plains, NY: repr. International Arts and Sciences Press(now M. E. Sharpe).

Leontief, W. W. (1966). *Input-Output Economics*. New York: Oxford University Press.

Lifset, R., and Graedel T. E. (2002). Industrial ecology: Goals and definition. In R. U. Ayres and L. W. Ayres(Eds.), *A Handbook of Industrial Ecology*. Northampton, MA: Edward Elgar.

Liu, G., Bangs, C. E., and Müller, D. B. (2012). Stock dynamics and emission pathways of the global aluminium cycle. *Nature Climate Change*, 3(4), 338-342.

Llewellyn, T. O. (1994). *Cadmium Materials Flow, Information Circular* 9380.

Lohm, U., Anderberg, S., and Bergbäck, B. (1994). Industrial metabolism at the national level: A case-study on chromium and lead pollution in Sweden, 1880-1980. In R. U. Ayres and U. E. Simonis(Eds.), *Industrial Metabolism—Restructuring for Sustainable Development*. Tokyo: The United Nations University.

Løvik, A. N., Modaresi, R., and Müller, D. B. (2014). Long-term strategies for increased recycling of automotive aluminum and its alloying elements. *Environmental Science and Technology*, 48(8), 4257-4265.

Luo, Y., Luo, X. J., Lin, Z., Chen, S. J., Liu, J., Mai, B. X., and Yang, Z. Y. (2009). Polybrominated diphenyl ethers in road and farmland soils from an e-waste recycling region in southern China: Concentrations, source profiles, and poten-tial dispersion and deposition. *Science of the Total Environment*, 407(3), 1105-1113.

Madron, F. (1992). *Process Plant Performance: Measurement and Data Processing for Optimization and Retrofits*. Chichester, West Sussex, England: Ellis Horwood Limited Co.

Major, R. H. (1938). Santorio Santorio. *Annals of Medical History*, 10, 369.

Månsson, N., Bergbäck, B., Hjortenkrans, D., Jamtrot, A., and Sörme, L. (2009). Utility of substance stock and àow studies—The Stockholm example. *Journal of Industrial Ecology*, 13(5), 674-686.

Martin, P. H. (1997). If you don't know how to fix it, please stop breaking it! The pre-cautionary principle and climate change. *Foundations of Science*, 2(2), 263-292.

Matthews, E., Amann, C., Bringezu, S., Fischer-Kowalski, M., Huttler, W., Kleijn, R. et al. (2000). *The Weight of Nations, Material Outàows from Industrial Economies*. Washington, DC: World Resources Institute.

Maystre, L. Y., and Viret, F. (1995). A goal-oriented characterization of urban waste. *Waste Management and Research*, 13 (3), 207-218.

Meadows, D. H., Meadows, D. L., Randers, J., and Behrens III, W. W. (1972). *The Limits to Growth*. London, GB: Earth Island.

Mee, L. D. (1992). The Black Sea in crisis: A need for concerted international action. *Ambio*, 21(4), 278-286.

Melo, M. T. (1999). Statistical analysis of metal scrap generation: The case of alumin-ium in Germany. *Resources, Conservation and Recycling*, 26(2), 91-113.

Metallgesellschaft Aktiengesellschaft. (1993). *Metallstatistik(Metal Statistics)*. Frankfurt am Main, Germany: Metallgesellschaft Aktiengesellschaft.

Michaelis, P., and Jackson, T. (2000a). Material and energy flow through the UK iron and steel sector. Part 1: 1954-1994. *Resources, Conservation and Recycling*, 29(1-2), 131-156.

Michaelis, P., and Jackson, T. (2000b). Material and energy àow through the UK iron and steel sector. Part 2: 1994-2019. *Resources, Conservation and Recycling*, 29(3), 209-230.

Miller, R., and Blair, P. (1985). *Input-output analysis: Foundations and extentions*. Englewood Cliffs, NJ: Prentice-Hall.

Modaresi, R., and Müller, D. B. (2012). The role of automobiles for the future of aluminum recycling. *Environmental Science and Technology*, 46(16), 8587-8594.

Morf, L. S., and Brunner, P. H. (1998). The MSW incinerator as a monitoring tool for waste management. *Environmental Science and Technology*, 32(12), 1825-1831.

Morf, L. S., Brunner, P. H., and Spaun, S. (2000). Effect of operating conditions and input variations on the partitioning of metals in a municipal solid waste incinerator. *Waste Management and Research*, 18(1), 4-15.

Morf, L., Buser, A., Taverna, R., Bader, H. -P., and Scheidegger, R. (2008). Dynamic substance flow analysis as a valuable risk evaluation tool—A case study for brominated ĭame retardants as an example of potential endocrine disrupters. *CHIMIA*, 62(5), 424-431.

Morf, L. S., Ritter, E., and Brunner, P. H. (1997). *Güter- und Stoffbilanz der MVA Wels*: Institut für Wassergüte und Abfallwirtschaft, TU Wien.

Morf, L. S., Taverna, R., Daxbeck, H., and Smutny, R. (2003). *Selected polybrominated flame retardants, PBDEs and TBBPA, substance flow analysis*. Bern, Switzerland: Swiss Federal Office for the Environment.

Morf, L., Tremp, J., Gloor, R., Huber, Y., Stengele, M., and Zennegg, M. (2005). Brominated ĭame retardants in waste electrical and electronic equipment: Substance flows in a recycling plant. *Environmental Science and Technology*, 39(22), 8691-8699.

Morgan, M. G., Henrion, M., and Small, M. (1990). *Uncertainty—A Guide to Dealing with Uncertainty in Quantitative Risk and Policy Analysis*. Cambridge, U. K.: Cambridge University Press.

Morris, W. (1982). *American Heritage Dictionary (2nd College Edition)*. Boston: Houghton Mifĭin.

Müller, D., Bader, H. -P., and Baccini, P. (2004). Physical characterization of regional timber management for a long-term scale. *Journal of Industrial Ecology*, 8(3), 65-88.

Müller, D. B. (2006). Stock dynamics for forecasting material flows—Case study for housing in The Netherlands. *Ecological Economics*, 59(1), 142-156.

Müller, E., Hilty, L. M., Widmer, R., Schluep, M., and Faulstich, M. (2014). Modeling metal stocks and flows: A review of dynamic material flow analysis methods. *Environmental Science and Technology*, 48(4), 2102-2113.

Müller, M. (2013). *Developing a method for economic and ecologic optimization of manufacturing processes based on material ĭow analysis (MFA)* (Doctoral dissertation). Vienna, Austria: Technische Universität Wien.

Müller-Wenk, R. (1978). *Die ökologische Buchhaltung: ein Informations-und Steuerungsinstrument für umweltkonforme Unternehmenspolitik*. Frankfurt: Campus Verlag.

MUNLV. (2000). *Die Stofŭaussanalyse im immissionsschutzrechtlichen Genehmigungsverfahren (Erlass)*. Düsseldorf, Germany: Ministerium für Umwelt und Naturschutz, Landwirtschaft und Verbraucherschutz des Landes N. W.

Myer, A., and Chaffee, C. (1997). Life-cycle analysis for design of the Sydney Olympic Stadium. *Renewable Energy*, 10(2-3), 169-172.

Narasimhan, S., and Jordache, C. (2000). *Data Reconciliation and Gross Error Detection—An Intelligent Use of Process Data*. Houston, Texas: Gulf Publishing.

Narodoslawsky, M., and Krotscheck, C. (1995). The sustainable process index (SPI): Evaluating processes according to environmental compatibility. *Journal of Hazardous Materials*, 41(2-3), 383-397.

Nassar, N. T., Barr, R., Browning, M., Diao, Z., Friedlander, E., Harper, E. M., … Graedel, T. E. (2011). Criticality of the geological copper family. *Environmental Science and Technology*, 46(2), 1071-1078.

Newcombe, K., Kalma, I. D., and Aston, A. R. (1978). The metabolism of a city: The case of Hong Kong. *Ambio*, 7(3), 3-15.

Nriagu, J. O. (1994). *Arsenic in the Environment*. West Sussex, U. K.: Wiley.

Obernberger, I., Biedermann, F., Widmann, W., and Riedl, R. (1997). Concentrations of inorganic elements in biomass fuels and recovery in the different ash fractions. *Biomass and Bioenergy*, 12(3), 211-224.

Obernosterer, R. W. (1994). *Flüchtige Halogenkohlenwasserstoffe FCKW, CKW, Halone Stoffflußanalyse Österreich*. (Diplomarbeit), TU Wien, Wien.

Obernosterer, R., and Brunner, P. H. (2001). Urban management: The example of lead. *Water, Air and Soil Pollution*, (Focus 1), 241-253.

Obernosterer, R., Brunner, P. H., Daxbeck, H., Gagan, T., Glenck, E., Hendriks, C. et al. (1998). *Materials Accounting as a Tool for Decision Making in Environ-mental Policy—Mac TEmPo Case Study Report—Urban Metabolism, The City of Vienna*.

Obrist, J., Steiger, B., Schulin, R., Schärer, F., and Baccini, P. (1993). Regionale Früherkennung der Schwermetall-und Phosphorbelastung von Landwirtschaftsböden mit der Stoffbuchhaltung "Proterra." *Landwirtsch. Schweiz*, (6), 513.

OECD. (2008). *Measuring Material Flows and Resource Productivity. The OECD Guide Volume I*. Paris, France: OECD

Publishing.

Oliaei, F. , Weber, R. , and Watson, A. (2010). PBDE contamination in minnesota land-Alls, waste water treatment plants and sediments as PBDE sources and reser-voirs. *Organohalogen Compounds*, 72, 1346-1349.

Organization for Economic Cooperation and Development(OECD). (1994). *Environmental Indicators*. Paris, France: OECD Publications.

O'Rourke, D. , Connelly, L. , and Koshland, C. P. (1996). Industrial ecology: A critical review. *International Journal of Environment and Pollution*, 6(2-3), 89-112.

Oswald, F. , and Baccini, P. (2003). *Netzstadt—Designing the Urban*. Basel, Switzerland: Birkhäuser.

Ott, C. , and Rechberger, H. (2012). The European phosphorus balance. *Resources, Conservation and Recycling*, 60(0), 159-172.

Patten, B. C. (1971). A primer for ecological modeling and simulation with analog and digital computers. In B. C. Patten (Ed.), *Systems Analysis and Simulation in Ecology*(Chap. 1). New York: Academic Press.

Pauliuk, S. , Wang, T. , and Müller, D. B. (2013). Steel all over the world: Estimating in-use stocks of iron for 200 countries. *Resources, Conservation and Recycling*, 71(0), 22-30.

Paumann, R. , Obernosterer, R. , and Brunner, P. H. (1997). *Wechselwirkungen zwischen anthropogenem und natürlichem Stoffhaushalt der Stadt Wien am Beispiel von Kohlenstoff, Stickstoff und Blei*.

Penman, H. L. (1948). Natural evaporation from open water, bare soil and grass. *Proceedings of the Royal Society of London A*, 193, 120-145.

Pesendorfer, D. (2002). Integrierte Stoff-und Ressourcenpolitik—Beitrag und Grenzen von Material Flow Analysis zu einem inputorientierten Ansatz. *Europäische Hochschulschriften, Band Politikwissenschaft*, 31 (445), ISBN 978-3-631-38807-5.

Pitard, F. F. (1989). *Pierre Gy's Sampling Theory and Sampling Practice*(Vol. Ⅱ). Boca Raton, FL: CRC Press.

Potting, J. , and Blok, K. (1995). Life-cycle assessment of four types of aoor covering. *Journal of Cleaner Production*, 3(4), 201-213.

Primault, B. (1962). Du calcul de l'évapotranspiration. *Archiv für Meteorologie, Geophysik und Bioklimatologie Serie B*, 12 (1), 124-150.

Raghu, N. K. , and James, F. L. (2007). Trapezoidal and triangular distributions for type B evaluation of standard uncertainty. *Metrologia*, 44(2), 117.

Rant, Z. (1956). Exergie, ein neues Wort für technische Arbeitsfähigkeit. *Forschung im Ingenieurwesen*, 22(1), 36.

Rauhut, A. , and Balzer, D. (1976). Verbrauch und Verbleib von Cadmium in der Bundesrepublik Deutschland im Jahr 1973. *Metall*, 30, 269.

Rechberger, H. (1999). *Entwicklung einer Methode zur Bewertung von Stoffbilanzen in der Abfallwirtschaft. (Doctoral Thesis)*. Vienna, Austria: Technische Universität Wien.

Rechberger, H. , and Brunner, P. H. (2002a). Die Methode der Stoffkonzentrierungsefᾼzienz(SKE)zur Bewertung von Stoffbilanzen in der Abfallwirtschaft. In G. Hösel, B. Bilitewski, W. Schenkel, and H. Schnurer(Eds.), *Müllhandbuch* (pp. 1-18). Berlin: Erich Schmidt Verlag.

Rechberger, H. , and Brunner, P. H. (2002b). A new, entropy based method to support waste and resource management decisions. *Environmental Science and Technology*, 36(4), 809-816.

Rechberger, H. , and Graedel, T. E. (2002). The contemporary European copper cycle: Statistical entropy analysis. *Ecological Economics*, 42(1-2), 59-72.

Reijnders, L. (1998). The factor X debate: Setting targets for eco-efficiency. *Journal of Industrial Ecology*, 2(1), 13-22.

Reimann, D. O. (1989). Heavy metals in domestic refuse and their distribution in incinerator residues. *Waste Management and Research*, 7(1), 57-62.

Resource Conservation and Recovery Act. (1976). U. S. Code Collection, Title 42, Chap. 82, Solid Waste Disposal, Subchap. I, General Provisions, Sec. 6902. Retrieved from http://www4. law. cornell. edu/uscode/42/6902. html

Ritthoff, M. , Rohn, H. , and Liedtke, C. (2002). MIPS berechnen—Ressourcenproduktivität von Produkten und Dienstleistungen. *Wuppertal Spezial* 27. Wuppertal, Germany: Wuppertal Institute.

Romagnoli, J. A. , and Sánchez, M. C. (2000). *Data processing and reconciliation for chemical process operations* (Vol. 2). San Diego, CA: Academic.

Rosen, M. A. , and Dincer, I. (2001). Exergy as the conầuence of energy, environment and sustainable development. *Exergy, An International Journal*, 1(1), 3-13.

Ruth, M. (1995). Thermodynamic implications for natural resource extraction and technical change in U. S. copper mining. *Environmental and Resource Economics*, 6(2), 187-206.

Rydh, C. J. , and Karlström, M. (2002). Life cycle inventory of recycling portable nickel-cadmium batteries. *Resources, Conservation and Recycling*, 34(4), 289-309.

Saltelli, A. , and Annoni, P. (2010). How to avoid a perfunctory sensitivity analysis. *Environmental Modelling and Software*, 25(12), 1508-1517. doi: http://dx. doi. org/10. 1016/j. envsoft. 2010. 04. 012.

Saltelli, A. , Ratto, M. , Andres, T. , Campolongo, F. , Cariboni, J. , Gatelli, D. , ⋯ and Tarantola, S. (2008). Global Sensitivity Analysis. The Primer. Chichester, England: John Wiley & Sons, Ltd.

Sand, P. H. (2000). The precautionary principle: A European perspective. *Human and Ecological Risk Assessment (HERA)*, 6(3), 445-458.

Sandin, P. (1999). Dimensions of the precautionary principle. *Human and Ecological Risk Assessment (HERA)*, 5(5), 889-907.

Sax, N. I. , and Lewis, R. J. (1987). *Hawley's Condensed Chemical Dictionary (11th Edition)*. New York: Van Nostrand Reinhold.

Schachermayer, E. , Bauer, G. , Ritter, E. , and Brunner, P. H. (1994). *Messung der Güter- und Stoffbilanz einer Müllverbrennungsanlage (Project MAPE)*. Vienna, Austria: Umweltbundesamtes Wien GmbH.

Schachermayer, E. , Lahner, T. , and Brunner, P. H. (2000). Assessment of two different separation techniques for building wastes. *Waste Management and Research*, 18(1), 16-24.

Schachermayer, E. , Rechberger, H. , Maderner, W. , and Brunner, P. H. (1995). *Systemanalyse und Stoffbilanz eines kalorischen Kraftwerkes (SYSTOK)*. Vienna, Austria: Umweltbundesamt Wien GmbH.

Scheffer, F. (1989). *Lehrbuch der Bodenkunde (12th Edition)*. Stuttgart, Germany: Ferdinand Enke.

Schleisner, L. (2000). Life cycle assessment of a wind farm and related externalities. *Renewable Energy*, 20(3), 279-288.

Schlummer, M. , Gruber, L. , Mäurer, A. , Wolz, G. , and Van Eldik, R. (2007). Characterisation of polymer fractions from waste electrical and electronic equipment (WEEE) and implications for waste management. *Chemosphere*, 67, 1866—1876.

Schmidt, M. , and Häuslein, A. (1997). *Ökobilanzierung mit Computerunterstützung—Produktbilanzen und betriebliche Bilanzen mit dem Programm Umberto*. Berlin, Germany: Springer Verlag.

Schmidt-Bleek, F. (1994). *Wieviel Umwelt braucht der Mensch? MIPS—Das Mass für ökologisches Wirtschaften*. Berlin: Birkhäuser.

Schmidt-Bleek, F. (1997). *Wieviel Umwelt braucht der Mensch? Faktor 10—das Maß für ökologisches Wirtschaften*. Munich: DTV.

Schmidt-Bleek, F. (1998). *Das MIPS-Konzept*. Munich: Droemer Knaur.

Schmidt-Bleek, F. , Bringezu, S. , Hinterberger, F. , Liedtke, C. , Spangenberg, J. , Stiller, H. , and Welfen, M. J. (1998). *MAIA-Einführung in die Material-Intensitäts-Analyse nach dem MIPS-Konzept*. Berlin: Birkhäuser.

Schönbäck, W. , Kosz, M. , and Madreiter, T. (1997). *Nationalpark Donauauen: Kosten-Nutzen-Analyse*. New York: Springer.

Schwab, O. , Laner, D. , and Rechberger, H. (in press). Quantitative evaluation of data quality in regional material ầow analysis. *Journal of Industrial Ecology*.

Schwab, O. , Zoboli, O. , and Rechberger, H. (2016). Data characterization framework for material ầow analysis. *Journal of Industrial Ecology*, 20, 1-10.

Science Communication Unit. (2013). *Policy In-depth Report: Resource Efficiency Indicators*. University of the West of England, Ed. ; Science for Environment Report Produced for the European Commission DG Environment. Bristol, UK: University of the West of England.

Seppälä, J. , Koskela, S. , Melanen, M. , and Palperi, M. (2002). The Finnish metals industry and the environment. *Resources, Conservation and Recycling*, 35(1-2), 61-76.

Seppälä, J. , Melanen, M. , Jouttijärvi, T. , Kauppi, L. , and Leikola, N. (1998). Forest industry and the environment: A life cycle assessment study from Finland. *Resources, Conservation and Recycling*, 23(1-2), 87-105.

Seppelt, R. , Manceur, A. M. , Liu, J. , Fenichel, E. P. , and Klotz, S. (2014). Synchronized peak-rate years of global resources use. *Ecology and Society*, 19(4), 50.

Settle, D. M. , and Patterson, C. C. (1980). Lead in albacore: Guide to lead pollution in Americans. *Science*, 207(4436), 1167-1176.

Shannon, C. E. (1948). A mathematical theory of communications. *Bell System Technical Journal (formerly AT&T Tech. J.)*, (27), 379.

Sindiku, O. , Babayemi, J. , Osibanjo, O. , Schlummer, M. , Schluep, M. , Watson, A. , and Weber, R. (2014). Polybrominated diphenyl ethers listed as Stockholm Convention POPs, other brominated áame retardants and heavy metals in e-waste poly-mers in Nigeria. *Environmental Science and Pollution Research International*, 22(19), 14489-14501.

Sobańtka, A. , and Rechberger, H. (2013). Extended statistical entropy analysis(eSEA)for improving the evaluation of Austrian wastewater treatment plants. *Water Science and Technology*, 67(5), 1051-1057.

Sobańtka, A. P. , Zessner, M. , and Rechberger, H. (2012). The extension of statistical entropy analysis to chemical compounds. *Entropy*, 14, 2413-2426.

Sobańtka, A. P. , Pons, M. -N. , Zessner, M. , and Rechberger, H. (2013a). Implementation of extended statistical entropy analysis to the efáuent quality index of the benchmarking simulation model no. 2, *Water*, 6, 86-103.

Sobańtka, A. P. , Thaler, S. , Zessner, M. , and Rechberger, H. (2013b). Extended statistical entropy analysis for the evaluation of nitrogen budgets in Austria. *International Journal of Environmental Science and Technology*, 11 (7), 1947-1958.

Somlyódy, L. , Brunner, P. H. , and Kroiß, H. (1999). Nutrient balances for Danube countries: A strategic analysis. *Water Science and Technology*, 40(10), 9-16.

Somlyódy, L. , Brunner, P. H. , Fenz, R. , Kroiß, H. , Lampert, C. , and Zessner, M. (1997). *Nutrient Balances for Danube Countries*. Final Report Project EU/AR/102A/91, Service Contract 95-0614. 00, PHARE Environmental Program for the Danube River Basin ZZ 9111/0102. Vienna, Austria: Consortium TU Vienna Institute for Water Quality and Waste Management, and TU Budapest Department of Water and Waste Water Engineering.

Song, H. -S. , and Hyun, J. C. (1999). A study on the comparison of the various waste management scenarios for PET bottles using the life-cycle assessment(LCA)methodology. *Resources, Conservation and Recycling*, 27(3), 267-284.

Spatari, S. , Bertram, M. , Fuse, K. , Graedel, T. E. , and Rechberger, H. (2002). The contemporary European copper cycle: 1 year stocks and áows. *Ecological Economics*, 42(1-2), 27-42.

Stahel, U. , Fecker, I. , Förster, R. , Maillefer, C. , and Reusser, L. (1998). Bewertung von Ökoinventaren für Verpackungen. *Schriftenreihe Umwelt No. 300*. Bern, Switzerland: BUWAL.

STAN. (2016). STAN software for substance áow analysis[Software]. Retrieved from http://www. stan2web. net/.

Steen, I. (1998). Phosphorous availability in the 21st century—Management of a non-renewable resource. *Phosphorus and Potassium*, 217, 25-31.

Stegemann, J. A. , Caldwell, R. J. , and Shi, C. (1997). Variability of Åeld solidiÅed waste. *Journal of Hazardous Materials*, 52(2-3), 335-348.

Steindl-Rast, D. , and Lebell, S. (2002). *Music of Silence*. Berkeley, CA: Seastone.

Steinmüller, H. , and Krotscheck, C. (1997). *Regional assessment with the sustainable process index (SPI) concept*. Paper presented at the 7th International Conference on Environ-Metrics, Innsbruck.

Stigliani, W. M. , Jaffé, P. R. , and Anderberg, S. (1993). Heavy metal pollution in the Rhine Basin. *Environmental Science and Technology*, 27(5), 786-793.

Stockholm Convention. (2004). The Stockholm Convention on Persistent Organic Pollutants. Retrieved from http://chm. pops. int/TheConvention/Overview/tabid/3351/Default. aspx.

Stumm, W. , and Davis, J. (1974). Kann Recycling die Umweltbeeinträchtigung vermind-ern? *Recycling: Lösung der Umwelt-*

krise?Zurich:Gottlieb Duttweiler-Institut für wirtschaftliche und soziale Studien.

Szargut, J. , Morris, D. , and Steward, F. (1988). *Exergy Analysis of Thermal, Chemical, and Metallurgical Processes*. New York:Hemisphere Publishing.

Tanikawa, H. , Fishman, T. , Okuoka, K. , and Sugimoto, K. (2015). The weight of society over time and space:A comprehensive account of the construction material stock of Japan, 1945-2010. *Journal of Industrial Ecology*, 19(5), 778-791.

Tasaki, T. , Takasuga, T. , Osako, M. , and Sakai, S. (2004). Substance flow analysis of brominated flame retardants and related compounds in waste TV sets in Japan. *Waste Management*, 24(6), 571-580.

Tauber, C. (1988). Spurenelemente in Flugaschen. Köln:Verlag TÜV Rheinland GmbH.

Thomas, V. , and Spiro, T. (1994). *Emissions and Exposures to Metals:Cadmium and Lead, in Industrial Ecology and Global Change. Cambridge*, U. K. :Cambridge University Press.

Tonini, D. , Martinez-Sanchez, V. , and Astrup, T. F. (2013). Material resources, energy, and nutrient recovery from waste: Are waste refineries the solution for the future?*Environmental Science and Technology*, 47(15), 8962-8969.

Trinkel, V. , Kieberger, N. , Rechberger, H. , and Fellner, J. (2015). Material flow account-ing at plant level—Case study heavy metal flows in blast furnace processes. In J. Lederer, D. Laner, H. Rechberger, and J. Fellner(Eds.), *International Workshop Mining the Technosphere:Drivers and Barriers, Challenges and Opportunities*, Vienna, Austria:Technische Universität Wien.

Truttmann, N. , and Rechberger, H. (2006). Contribution to resource conservation by reuse of electrical and electronic household appliances. *Resources, Conservation and Recycling*, 48(3), 249-262.

Tukker, A. , and Kleijn, R. (1997). *Using SFA and LCA in a precautionary approach:The case of chlorine and PVC*. In ConAccount workshop, edited by S. Bringezu et al. Leiden, The Netherlands:Wuppertal Institute for Climate, Environment and Energy.

U. S. Bureau of Mines. (1933-1996). *Minerals Yearbook 1932-1994*. Washington, DC:U. S. Department of the Interior(formerly U. S. Bureau of Mines).

U. S. EPA. (2002). *Municipal solid waste in the United States:2000 facts and figures EPA 530-R-02-001*. Washington, DC:Office of Solid Waste and Emergency Response.

U. S. Geological Survey. (2001a). Mineral Commodity Summaries, Cadmium. Retrieved from http://minerals. usgs. gov/minerals/pubs/commodity/cadmium/.

U. S. Geological Survey. (2001b). Minerals Yearbook, Cadmium. Retrieved from http://minerals. usgs. gov/minerals/pubs/commodity/cadmium/.

Udluft, P. (1981). Bilanzierung des Niederschlagseintrags und Grundwasseraustrags von anorganischen Spurenstoffen. *Hydrochemisch-hydrogeologische Mitteilungen*, 4, 61-80.

Udo de Haes, H. A. (1996). *Towards a Methodology for Life Cycle Assessment*. Brussels, Belgium:SETAC Europe.

Udo de Haes, H. A. , Heijungs, R. , Huppes, G. , Van der Voet, E. , and Hettelingh, J. -P. (2000). Full mode and attribution mode in environmental analysis. *Journal of Industrial Ecology*, 4(1), 45-56.

UNEP. (2015a). Draft guidance for the inventory of polybrominated diphenyl ethers(PBDEs)listed under the Stockholm Convention on Persistent Organic Pollutants. Retrieved from http://chm. pops. int/Implementation/NIPs/Guidance/GuidancefortheinventoryofPBDEs/tabid/3171/Default. aspx.

UNEP. (2015b). Guidance on best available techniques and best environmental practices for the recycling and disposal of wastes containing polybrominated diphenyl ethers(PBDEs)listed under the Stockholm Convention on Persistent Organic Pollutants. United Nations Environment Programme. Retrieved from http://chm. pops. int/Portals/0/download. aspx?d=UNEP-POPS-COP. 7-INF-22. English. pdf.

United Nations Conference on Environment and Development. (1992). *Report of the Conference, Rio de Janeiro, A/CONF. 151/26/Rev. 1. 1*, New York.

Vadenbo, C. , Hellweg, S. , and Guillén-Gosálbez, G. (2014a). Multi-objective optimization of waste and resource management in industrial networks—Part I:Model description. *Resources, Conservation and Recycling*, 89(0), 52-63.

Vadenbo, C. , Guillén-Gosálbez, G. , Saner, D. , and Hellweg, S. (2014b). Multi-objective optimization of waste and resource management in industrial networks—Part Ⅱ:Model application to the treatment of sewage sludge. *Resources, Conserva-*

tion and Recycling, 89(0), 41-51.

Valsaraj, K. T. (2000). *Elements of Environmental Engineering*. Boca Raton, FL: CRC Press.

Van der Voet, E. (1996). *Substances from Cradle to Grave: Development of a Methodology for the Analysis of Substance Flows through the Economy and the Environment of a Region*. Amsterdam: Optima Druck.

Van der Voet, E. (2002). Substance flow analysis methodology. In: R. U. Ayres and L. W. Ayres(Eds.), *A Handbook of Industrial Ecology*. Cheltenham, UK: Edward Elgar.

Van der Voet, E., Guinée, J. B., and Udo de Haes, H. A. (2000). *Heavy Metals: A Problem Solved?* Dordrecht, The Netherlands: Kluwer Academic Publishers.

Van der Voet, E., van Egmond, L., Kleijn, R., and Huppes, G. (1994). Cadmium in the European Community: A policy-oriented analysis. *Waste Management and Research*, 12(6), 507-526.

Vehlow, J., and Mark, E. (1997). *Electrical and Electronic Plastics Waste Co-combustion with Municipal Solid Waste for Energy Recovery*. Brussels, Belgium: Association of Plastics Manufacturers in Europe(APME). Retrieved from http:// www. seas. columbia. edu/earth/wtert/sofos/nawtec/nawtec05/nawtec05-19. pdf.

Vehlow, J. (1993). *Heavy Metals in Waste Incineration*. Paper presented at the DAKOFA Conference, Copenhagen, Denmark.

Verougstraete, V., Lison, D., and Hotz, P. (2002). A systematic review of cytogenetic studies conducted in human populations exposed to cadmium compounds. *Mutation Research—Reviews in Mutation Research*, 511(1), 15-43.

Vidal, B. (1985). *Histoire de la Chemie*. Paris: Presses Universitaire de France.

Vogel, F. (1996). *Beschreibende und schließende Statistik*. Wien: R. Oldenbourg.

von Steiger, B., and Baccini, P. (1990). *Regionale Stoffbilanzierung landwirtschaftlicher Böden*. Bern-Liebefeld, Schweiz: Nationales Forschungsprogramm Boden NFP 22.

von Weizsäcker, E. U., Lovins, A. B., and Lovins, L. H. (1997). *Faktor vier. Doppelter Wohlstand—halbierter Verbrauch*. Munich: Droemer Knaur.

Vyzinkarova, D., and Brunner, P. H. (2013). Substance flow analysis of wastes contain-ing polybrominated diphenyl ethers: The need for more information and for final sinks. *Journal of Industrial Ecology*, 17(6), 900-911.

Waalkes, M. P. (2000). Cadmium carcinogenesis in review. *Journal of Inorganic Biochemistry*, 79(1-4), 241-244.

Wackernagel, M., and Rees, W. (1996). *Our Ecological Footprint—Reducing Human Impact on the Earth*. Philadelphia: New Society Publishers.

Wackernagel, M., Monfreda, C., and Deumling, D. (2002). *Ecological Footprint of Nations* (November 2002 update), Redefining Progress. Retrieved from http://www. redefiningprogress. org/publications/ef1999. pdf.

Wäger, P. A., Schluep, M., Müller, E., and Gloor, R. (2011). RoHS regulated substances in mixed plastics from waste electrical and electronic equipment. *Environmental Science and Technology*, 46(2), 28-635.

Wall, G. (1977). *Exergy—A Useful Concept within Resource Accounting*. Göteborg, Sweden: Institute of Theoretical Physics, Chalmers University of Technology and University of Göteborg.

Wall, G. (1993). *Exergy, ecology and democracy—Concepts of a vital society*. Paper pre-sented at the ENSEC'93 International Conference on Energy Systems and Ecology, Krakow, Poland.

Wall, G., Sciubba, E., and Naso, V. (1994). Exergy use in the Italian society. *Energy*, 19, 1267-1274.

Widman, J. (1998). Environmental impact assessment of steel bridges. *Journal of Constructional Steel Research*, 46(1-3), 291-293.

Wiedmann, T., Schandl, H., Lenzen, M., Moran, D., Su, S., West, J., and Kanemoto, K. (2013). The material footprint of nations. *PNAS*, 112(20), 6271-6276.

Wilson, D. (1990). Recycling of demolition wastes. In F. Moavenzadeh(Ed.), *Concise Encyclopedia of Building and Construction Materials* (pp. 517-518). Oxford: Pergamon/Elsevier.

Winterstetter, A., Laner, D., Rechberger, H., and Fellner, J. (2015). Framework for the evaluation of anthropogenic resources: A landfill mining case study—Resource or reserve? *Resources, Conservation and Recycling*, 96(0), 19-30.

Wrisberg, N., Udo de Haes, H. A., Triebswetter, U., Eder, P., and Clift, R. (2002). *Analytical Tools for Environmental Design and Management in a Systems Perspective*. Dordrecht, The Netherlands: Kluwer Academic Publishers.

Xia, D. K. , and Pickles, C. A. (2000). Microwave caustic leaching of electric arc furnace dust. *Minerals Engineering*, 13(1), 79-94.

Yamasue, E. , Matsubae, K. , Nakajima, K. , Hashimoto, S. , and Nagasaka, T. (2013). Using total material requirement to evaluate the potential for recyclability of phospho-rous in steelmaking dephosphorization slag. *Journal of Industrial Ecology*, 17(5), 722-730.

Yu, C. C. , and Maclaren, V. (1995). A comparison of two waste stream quantification and characterization methodologies. *Waste Management and Research*, 13(4), 343-361.

Yue, Q. , Lu, Z. W. , and Zhi, S. K. (2009). Copper cycle in China and its entropy analysis. *Resources, Conservation and Recycling*, 53(12), 680-687.

Zadeh, L. A. (1965). Fuzzy sets. *Information and Control*, 8, 338-353.

Zeltner, C. , Bader, H. P. , Scheidegger, R. , and Baccini, P. (1999). Sustainable metal management exemplified by copper in the USA. *Regional Environmental Change*, 1(1), 31-46.

Zessner, M. , Fenz, R. , and Kroiss, H. (1998). Waste water management in the Danube Basin. *Water Science and Technology*, 38, 41-49.

Zhao, Y. C. , and Stanforth, R. (2000). Integrated hydrometallurgical process for production of zinc from electric arc furnace dust in alkaline medium. *Journal of Hazardous Materials*, 80(1-3), 223-240.

Zoboli, H. (2016). Novel approaches to enhance regional nutrients management and monitoring applied to the Austrian phosphorous case study(PhD Thesis). Vienna: Technische Universität Wien.

Zoboli, O. , Laner, D. , Zessner, M. , and Rechberger, H. (2015). Added values of time series in material flow analysis: The Austrian phosphorus budget from 1990 to 2011. *Journal of Industrial Ecology*. doi:10. 1111/jiec. 1238.

Zoboli, O. , Zessner, M. , and Rechberger, H. (2016). Supporting phosphorus management in Austria: Potential, priorities and limitations. *Science of the Total Environment*, 565, 313-323.

Zuser, A. , and Rechberger, H. (2011). Considerations of resource availability in technology development strategies: The case study of photovoltaics. *Resources, Conservation and Recycling*, 56, 56-65.